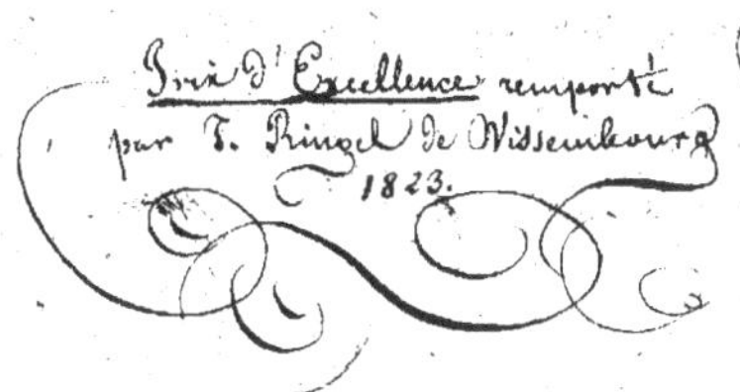
Prix d'Excellence remporté
par J. Ringel de Wissembourg
1823.

Johannes Ringel 1824
Theo: Stud.

AF561813

ÉLÉMENTS
DE
GÉOMÉTRIE,

AVEC DES NOTES;

PAR A. M. LEGENDRE,

MEMBRE DE L'INSTITUT ET DE LA LÉGION D'HONNEUR, DE LA SOCIÉTÉ ROYALE DE LONDRES, etc.

ONZIÈME ÉDITION.

A PARIS,

CHEZ FIRMIN DIDOT, IMPRIMEUR,
Libraire pour les Mathématiques, la Marine, l'Architecture, les éditions stéréotypes, etc.
RUE JACOB, n° 24.

1817.

AVERTISSEMENT.

D'APRÈS l'avis de plusieurs professeurs distingués, on s'est déterminé à rétablir, dans cette onzieme édition, la théorie des paralleles à-peu-près sur la même base qu'Euclide. Il en résultera plus de facilité pour les étudiants, et cette raison a paru prépondérante, d'autant que les objections auxquelles est encore sujette la théorie des paralleles, ne peuvent être entièrement résolues que par des considérations analytiques, telles que celles qui sont exposées dans la note deuxieme.

La démonstration de la surface de la zône sphérique a été simplifiée d'après une remarque faite par M. Pilatte, professeur de mathématiques au Lycée d'Angers.

Enfin, un beau mémoire sur les polyèdres, présenté récemment à l'Institut par M. Cauchy, ingénieur des ponts et chaussées, a fourni le moyen de démontrer, à la fin de la note XIIe, le théorême que supposent les définitions 9 et 10 du onzième livre d'Euclide, ce qui ajoute un nouveau degré de perfection à cette partie des éléments.

Tels sont les principaux changements et améliorations qu'offre cette édition; on a d'ailleurs apporté de nouveaux soins à l'exécution typographique, et la gravure des planches a été refaite à neuf.

Le lecteur qui voudra se borner, au moins dans une premiere lecture, aux simples éléments, peut passer sans inconvénient les notes, appendices, et généralement tout ce qui est imprimé en petits caracteres, comme étant moins utile ou exigeant une étude plus approfondie. Il reviendra ensuite sur ces objets, s'il le juge à propos, en choisissant ceux qui lui conviendront le mieux, d'après l'avis d'un professeur éclairé.

N. B. Les nombres mis en marge indiquent les propositions auxquelles on devra recourir pour l'intelligence des démonstrations. Un seul nombre, comme 4, indique la proposition IV du livre courant : deux nombres, 20. 3, indiquent la XXe proposition du livre III. Dans la Trigonométrie on a distingué les articles et les renvois par des chiffres romains.

ÉLÉMENTS
DE GÉOMÉTRIE.

LIVRE PREMIER.

LES PRINCIPES.

DÉFINITIONS.

I. La Géométrie est une science qui a pour objet la mesure de l'étendue.

L'étendue a trois dimensions, longueur, largeur et hauteur.

II. La *ligne* est une longueur sans largeur.

Les extrémités d'une ligne s'appellent *points* : le point n'a donc pas d'étendue.

III. La *ligne droite* est le plus court chemin d'un point à un autre.

IV. Toute ligne qui n'est ni droite ni composée de lignes droites est une *ligne courbe*.

Ainsi, AB est une ligne droite, ACDB une ligne *brisée* ou composée de lignes droites, et AEB est une ligne courbe. fig. 1.

V. *Surface* est ce qui a longueur et largeur, sans hauteur ou épaisseur.

VI. Le *plan* est une surface, dans laquelle prenant deux points à volonté, et joignant ces deux points par une ligne droite, cette ligne est toute entiere dans la surface.

VII. Toute surface qui n'est ni plane ni composée de surfaces planes est une *surface courbe*.

VIII. *Solide* ou *corps* est ce qui réunit les trois dimensions de l'étendue.

fig. 2. IX. Lorsque deux lignes droites AB, AC, se rencontrent, la quantité plus ou moins grande dont elles sont écartées l'une de l'autre, quant à leur position, s'appelle *angle;* le point de rencontre ou d'*intersection* A est le *sommet* de l'angle; les lignes AB, AC, en sont les *côtés*.

L'angle se désigne quelquefois par la lettre du sommet A seulement, d'autres fois par trois lettres BAC ou CAB, ayant soin de mettre la lettre du sommet au milieu.

Les angles sont, comme toutes les quantités, susceptibles d'addition, de soustraction, de multiplication, et de division : ainsi l'angle DCE est la somme des deux angles DCB, BCE, et l'angle DCB est la différence des deux angles DCE, BCE. fig. 20.

fig. 3. X. Lorsque la ligne droite AB rencontre une autre droite CD, de telle sorte que les angles adjacents BAC, BAD soient égaux entre eux, chacun de ces angles s'appelle un *angle droit;* et la ligne AB est dite *perpendiculaire* sur CD.

fig. 4. XI. Tout angle BAC plus petit qu'un angle droit est un *angle aigu;* tout angle plus grand DEF est un *angle obtus*.

fig. 5. XII. Deux lignes sont dites *parallèles*, lorsque, étant situées dans le même plan, elles ne peuvent se rencontrer à quelque distance qu'on les prolonge l'une et l'autre.

XIII. *Figure plane* est un plan terminé de toutes parts par des lignes.

Si les lignes sont droites, l'espace qu'elles renferment s'appelle *figure rectiligne* ou *polygone*, et les lignes elles-mêmes prises ensemble forment le contour ou *périmetre* du polygone. fig. 6.

XIV. Le polygone de trois côtés est le plus simple de tous, il s'appelle *triangle;* celui de quatre côtés s'appelle *quadrilatere;* celui de cinq, *pentagone;* celui de six, *hexagone*, etc.

XV. On appelle triangle *équilatéral* celui qui a ses trois côtés égaux; triangle *isoscele*, celui dont deux côtés seulement sont égaux; triangle *scalene*, celui qui a ses trois côtés inégaux. fig. 7. fig. 8. fig. 9.

XVI. Le triangle *rectangle* est celui qui a un angle droit. Le côté opposé à l'angle droit s'appelle *hypoténuse :* ainsi ABC est un triangle rectangle en A, le côté BC est son hypoténuse. fig. 10.

XVII. Parmi les quadrilateres on distingue :

Le *quarré*, qui a ses côtés égaux et ses angles droits. (Voyez la prop. XXVIII, liv. I). fig. 11.

Le *rectangle*, qui a les angles droits sans avoir les côtés égaux. (Voyez la même prop.) fig. 12.

Le *parallélogramme* ou *rhombe*, qui a les côtés opposés parallèles. fig. 13.

Le *losange*, dont les côtés sont égaux sans que les angles soient droits. fig. 14.

Enfin le *trapeze*, dont deux côtés seulement sont paralleles. fig. 15.

XVIII. On appelle *diagonale* la ligne qui joint les sommets de deux angles non adjacents : telle est AC. fig. 42.

XIX. Polygone *équilatéral* est celui dont tous les côtés sont égaux; polygone *équiangle*, celui dont tous les angles sont égaux.

XX. Deux polygones sont *équilatéraux entre eux*,

lorsqu'ils ont les côtés égaux chacun à chacun, et placés dans le même ordre, c'est-à-dire, lorsqu'en suivant leurs contours dans un même sens, le premier côté de l'un est égal au premier de l'autre, le second de l'un au second de l'autre, le troisieme au troisieme, et ainsi de suite. On entend de même ce que signifient deux polygones *équiangles entre eux*.

Dans l'un ou l'autre cas, les côtés égaux ou les angles égaux s'appellent côtés ou angles *homologues*.

N. B. Dans les quatre premiers livres il ne sera question que de figures planes ou tracées sur une surface plane.

Explication des termes et des signes.

Axiome est une proposition évidente par elle-même.

Théorême est une vérité qui devient évidente au moyen d'un raisonnement appelé *démonstration*.

Problême est une question proposée qui exige une *solution*.

Lemme est une vérité employée subsidiairement pour la démonstration d'un théorême ou la solution d'un problême.

Le nom commun de *proposition* s'attribue indifféremment aux théorêmes, problêmes, et lemmes.

Corollaire est la conséquence qui découle d'une ou de plusieurs propositions.

Scholie est une remarque sur une ou plusieurs propositions précédentes, tendant à faire apercevoir leur liaison, leur utilité, leur restriction, ou leur extension.

Hypothese est une supposition faite, soit dans l'énoncé d'une proposition, soit dans le courant d'une démonstration.

Le signe $=$ est le signe de l'égalité; ainsi l'expression $A=B$ signifie que A égale B.

Pour exprimer que A est plus petit que B, on écrit $A<B$.

Pour exprimer que A est plus grand que B, on écrit $A>B$.

Le signe $+$ se prononce *plus*; il indique l'addition.

Le signe $-$ se prononce *moins*; il indique la soustraction : ainsi $A+B$ représente la somme des quantités A et B; $A-B$ représente leur différence ou ce qui reste en ôtant B de A; de même $A-B+C$, ou $A+C-B$, signifie que A et C doivent être ajoutés ensemble, et que B doit être retranché du tout.

Le signe $\times$ indique la multiplication; ainsi $A\times B$ représente le produit de A multiplié par B. Au lieu du signe $\times$ on emploie quelquefois un point; ainsi $A.B$ est la même chose que $A\times B$. On indique aussi le même produit sans aucun signe intermédiaire par AB; mais il ne faut employer cette expression que lorsqu'on n'a pas en même temps à employer celle de la ligne AB distance des points A et B.

L'expression $A\times(B+C-D)$ représente le produit de A par la quantité $B+C-D$. S'il fallait multiplier $A+B$ par $A-B+C$, on indiquerait le produit ainsi $(A+B)\times(A-B+C)$; tout ce qui est renfermé entre parentheses est considéré comme une seule quantité.

Un nombre mis au devant d'une ligne ou d'une quantité, sert de multiplicateur à cette ligne ou à cette quantité; ainsi, pour exprimer que la ligne AB est prise trois fois, on écrit 3 AB; pour désigner la moitié de l'angle A, on écrit $\frac{1}{2}$ A.

Le quarré de la ligne AB se désigne par $\overline{AB}^2$; son cube par $\overline{AB}^3$. On expliquera en son lieu ce que signifient précisément le quarré et le cube d'une ligne.

Le signe $\sqrt{}$ indique une racine à extraire ; ainsi $\sqrt{2}$ est la racine quarrée de 2 ; $\sqrt{A \times B}$ est la racine du produit $A \times B$, ou la moyenne proportionnelle entre A et B.

AXIÔMES.

1. Deux quantités égales à une troisieme sont égales entre elles.
2. Le tout est plus grand que sa partie.
3. Le tout est égal à la somme des parties dans lesquelles il a été divisé.
4. D'un point à un autre on ne peut mener qu'une seule ligne droite.
5. Deux grandeurs, ligne, surface ou solide, sont égales, lorsqu'étant placées l'une sur l'autre elles coïncident dans toute leur étendue.

PROPOSITION PREMIERE.

THÉORÊME.

Les angles droits sont tous égaux entre eux.

fig. 16. Soit la ligne droite CD perpendiculaire à AB, et GH à EF ; je dis que les angles ACD, EGH seront égaux entre eux.

Prenez les quatre distances égales CA, CB, GE, GF, la distance AB sera égale à la distance EF, et on pourra placer la ligne EF sur AB, de maniere que le point E tombe en A, et le point F en B. Ces deux lignes ainsi posées coïncideront entièrement l'une avec l'autre ; car, sans cela, il y aurait deux

lignes droites de A en B, ce qui est impossible *, ax. 4.
donc le point G, milieu de EF, tombera sur le point C, milieu de AB. Le côté GE étant ainsi appliqué sur CA, je dis que le côté GH tombera sur CD ; car supposons, s'il est possible, qu'il tombe sur une ligne CK différente de CD ; puisque, par hypothese *, *def. 10.
l'angle EGH = HGF, il faudrait qu'on eût ACK = KCB. Mais l'angle ACK est plus grand que ACD, l'angle KCB est plus petit que BCD ; d'ailleurs, par hypothese, ACD = BCD ; donc ACK est plus grand que KCB ; donc la ligne GH ne peut tomber sur une ligne CK différente de CD ; donc elle tombe sur CD, et l'angle EGH sur ACD ; donc tous les angles droits sont égaux entre eux.

PROPOSITION II.

THÉORÊME.

Toute ligne droite CD, *qui en rencontre une autre* AB, *fait avec celle-ci deux angles adjacents* ACD, BCD, *dont la somme est égale à deux angles droits.* fig. 17.

Au point C, élevez sur AB la perpendiculaire CE. L'angle ACD est la somme des angles ACE, ECD ; donc ACD + BCD sera la somme des trois ACE, ECD, BCD. Le premier de ceux-ci est droit, les deux autres font ensemble l'angle droit BCE ; donc la somme des deux angles ACD, BCD est égale à deux angles droits.

Corollaire I. Si l'un des angles ACD, BCD est droit, l'autre le sera pareillement.

Corollaire II. Si la ligne DE est perpendiculaire à AB, réciproquement AB sera perpendiculaire à DE. fig. 18.

Car, de ce que DE est perpendiculaire à AB, il

s'ensuit que l'angle ACD est égal à son adjacent DCB, et qu'ils sont tous deux droits. Mais de ce que l'angle ACD est un angle droit, il s'ensuit que son adjacent ACE est aussi un angle droit ; donc l'angle ACE=ACD, donc AB est perpendiculaire à DE.

fig. 34. *Corollaire* III. Tous les angles consécutifs BAC, CAD, DAE, EAF, formés d'un même côté de la droite BF, pris ensemble, valent deux angles droits ; car leur somme est égale à celle des deux angles adjacents BAC, CAF.

PROPOSITION III.

THÉORÊME.

Deux lignes droites qui ont deux points communs coïncident l'une avec l'autre dans toute leur étendue, et ne forment qu'une seule et même ligne droite.

fig. 19. Soient les deux points communs A et B; d'abord les deux lignes n'en doivent faire qu'une entre A et B, car sans cela il y aurait deux lignes droites de A
* ax. 4. en B, ce qui est impossible*. Supposons ensuite que ces lignes étant prolongées, elles commencent à se séparer au point C, l'une devenant CD, l'autre CE. Menons au point C la ligne CF, qui fasse avec CA l'angle droit ACF. Puisque la ligne ACD est droite,
* pr. 2. cor. 1. l'angle FCD sera un angle droit*; puisque la ligne ACE est droite, l'angle FCE sera pareillement un angle droit. Mais la partie FCE ne peut pas être égale au tout FCD; donc les lignes droites qui ont deux points A et B communs, ne peuvent se séparer en aucun point de leur prolongement; donc elles ne forment qu'une seule et même ligne droite.

PROPOSITION IV.

THÉORÊME.

Si deux angles adjacents ACD, DCB, *valent ensemble deux angles droits, les deux côtés extérieurs* AC, CB, *seront en ligne droite.* fig. 20.

Car si CB n'est pas le prolongement de AC, soit CE ce prolongement; alors la ligne ACE étant droite, la somme des angles ACD, DCE, sera égale à deux droits*. Mais, par hypothese, la somme des angles ACD, DCB, est aussi égale à deux droits; donc ACD + DCB serait égale à ACD + DCE; retranchant de part et d'autre l'angle ACD, il resterait la partie DCB égale au tout DCE, ce qui est impossible; donc CB est le prolongement de AC.

*pr. 2.

PROPOSITION V.

THÉORÊME.

Toutes les fois que deux lignes droites AB, DE, *se coupent, les angles opposés au sommet sont égaux.* fig. 21.

Car puisque la ligne DE est droite, la somme des angles ACD, ACE, est égale à deux droits; et puisque la ligne AB est droite, la somme des angles ACE BCE, est égale aussi à deux droits; donc la somme ACD + ACE est égale a la somme ACE + BCE. Retranchant de part et d'autre le même angle ACE, il restera l'angle ACD égal à son opposé BCE.

On démontrerait de même que l'angle ACE est égal à son opposé BCD.

Scholie. Les quatre angles formés autour d'un point par deux droites qui se coupent valent ensemble quatre angles droits; car les angles ACE, BCE pris ensemble, valent deux angles droits, et les deux autres ACD, BCD, ont la même valeur.

fig. 22. En général, si tant de droites qu'on voudra CA, CB, etc., se rencontrent en un point C, la somme de tous les angles consécutifs ACB, BCD, DCE, ECF, FCA, sera égale à quatre angles droits : car si on formait au point C quatre angles droits au moyen de deux lignes perpendiculaires entre elles, le même espace serait rempli, soit par les quatre angles droits, soit par les angles successifs ACB, BCD, etc.

PROPOSITION VI.

THÉORÊME.

Deux triangles sont égaux, lorsqu'ils ont un angle égal compris entre deux côtés égaux chacun à chacun.

fig. 23. Soit l'angle A égal à l'angle D, le côté AB égal à DE, le côté AC égal à DF; je dis que les triangles ABC, DEF, seront égaux.

En effet, ces triangles peuvent être posés l'un sur l'autre de maniere qu'ils coïncident parfaitement. Et d'abord si on place le côté DE sur son égal AB, le point D tombera en A et le point E en B : mais puisque l'angle D est égal à l'angle A, dès que le côté DE sera placé sur AB, le côté DF prendra la direction AC. De plus DF est égal à AC; donc le point F tombera en C, et le troisieme côté EF couvrira exactement le troisieme côté BC; donc le triangle DEF est égal au triangle ABC*.

*ax. 5.

Corollaire. De ce que trois choses sont égales dans deux triangles, savoir, l'angle A = D, le côté AB = DE, et le côté AC = DF, on peut conclure que les trois autres le sont, savoir, l'angle B = E, l'angle C = F, et le côté BC = EF.

PROPOSITION VII.

THÉORÊME.

Deux triangles sont égaux, lorsqu'ils ont un côté égal adjacent à deux angles égaux chacun à chacun.

Soit le côté BC égal au côté EF, l'angle B égal à l'angle E, et l'angle C égal à l'angle F; je dis que le triangle DEF sera égal au triangle ABC. fig. 23.

Car, pour opérer la superposition, soit placé EF sur son égal BC, le point E tombera en B, et le point F en C. Puisque l'angle E est égal à l'angle B, le côté ED prendra la direction BA; ainsi le point D se trouvera sur quelque point de la ligne BA. De même, puisque l'angle F est égal à l'angle C, la ligne FD prendra la direction CA, et le point D se trouvera sur quelque point du côté CA; donc le point D qui doit se trouver à-la-fois sur les deux lignes BA, CA, tombera sur leur intersection A; donc les deux triangles ABC, DEF, coïncident l'un avec l'autre, et sont parfaitement égaux.

Corollaire. De ce que trois choses sont égales dans deux triangles, savoir, BC = EF, B = E, C = F, on peut conclure que les trois autres le sont, savoir, AB = DE, AC = DF, A = D.

PROPOSITION VIII.

THÉORÊME.

Dans tout triangle un côté quelconque est plus petit que la somme des deux autres.

Car la ligne droite BC, par exemple, est le plus fig. 23.

déf. 3. court chemin de B en C, donc BC est plus petit que BA + AC.

PROPOSITION IX.

THÉORÈME.

fig. 24. *Si d'un point* O *pris au-dedans du triangle* ABC, *on mène aux extrémités d'un côté* BC *les droites* OB, OC, *la somme de ces droites sera moindre que celle des deux autres côtés* AB, AC.

Soit prolongé BO jusqu'à la rencontre du côté AC en D; la ligne droite OC est plus courte que OD +
pr. 8. DC: ajoutant de part et d'autre BO, on aura BO + OC < BO + OD + DC, ou BO + OC < BD + DC.

On a pareillement BD < BA + AD; ajoutant de part et d'autre DC, on aura BD + DC < BA + AC. Mais on vient de trouver BO + OC < BD + DC; donc à plus forte raison, BO + OC < BA + AC.

PROPOSITION X.

THÉORÈME.

fig. 25. *Si les deux côtés* AB, AC, *du triangle* ABC *sont égaux aux deux côtés* DE, DF, *du triangle* DEF, *chacun à chacun; si en même temps l'angle* BAC, *compris par les premiers, est plus grand que l'angle* EDF, *compris par les seconds; je dis que le troisieme côté* BC *du premier triangle sera plus grand que le troisieme* EF *du second.*

Faites l'angle CAG = D, prenez AG = DE, et joignez CG, le triangle GAC sera égal au triangle DEF, puisqu'ils ont par construction un angle égal
pr. 6. compris entre côtés égaux; on aura donc CG = EF. Maintenant il peut y avoir trois cas, selon que le point

G tombe hors du triangle ABC, ou sur le côté BC; ou au-dedans du même triangle.

Premier cas. La ligne droite GC est plus courte que $GI + IC$, la ligne droite AB est plus courte que $AI + IB$; donc $GC + AB$ est plus petit que $GI + AI + IC + IB$, ou, ce qui est la même chose, $GC + AB < AG + BC$. Retranchant d'un côté AB et de l'autre son égale AG, il restera $GC < BC$: or $GC = EF$; donc on aura $EF < BC$. fig. 25.

Second cas. Si le point G tombe sur le côté BC, il est évident que GC ou son égale EF sera plus petit que BC. fig 26.

Troisieme cas. Enfin si le point G tombe au-dedans du triangle ABC, on aura, suivant le théorême précédent, $AG + GC < AB + BC$. Retranchant d'une part AG, et de l'autre son égale AB, il restera $GC < BC$, ou $EF < BC$. fig. 27.

Scholie. Réciproquement si les deux côtés AB, AC, du triangle ABC sont égaux aux deux côtés DE, DF, du triangle DEF; si, de plus, le troisieme côté CB du premier triangle est plus grand que le troisieme EF du second, je dis que l'angle BAC du premier triangle sera plus grand que l'angle EDF du second.

Car si on nie cette proposition, il faudra que l'angle BAC soit égal à EDF, ou qu'il soit plus petit que EDF, dans le premier cas, le côté CB serait égal à EF*; dans le second, CB serait plus petit que EF; or l'un et l'autre est contraire à la supposition; donc BAC est plus grand que EDF.

PROPOSITION XI.

THÉORÊME.

Deux triangles sont égaux, lorsqu'ils ont les trois côtés égaux chacun à chacun.

fig. 23. Soit le côté AB = DE, AC = DF, BC = EF, je dis qu'on aura l'angle A = D, B = E, C = F.

Car si l'angle A était plus grand que l'angle D, comme les côtés AB, AC, sont égaux aux côtés DE, DF, chacun à chacun, il s'ensuivrait, par le théorême précédent, que le côté BC est plus grand que EF; et si l'angle A était plus petit que l'angle D, il s'ensuivrait que le côté BC est plus petit que EF; or, BC est égal à EF; donc l'angle A ne peut être ni plus grand ni plus petit que l'angle D; donc il lui est égal. On prouvera de même que l'angle B = E, et que l'angle C = F.

Scholie. On peut remarquer que les angles égaux sont opposés à des côtés égaux : ainsi les angles égaux A et D sont opposés aux côtés égaux BC, EF.

PROPOSITION XII.

THÉORÊME.

Dans un triangle isoscele, les angles opposés aux côtés égaux sont égaux.

fig. 28. Soit le côté AB = AC, je dis qu'on aura l'angle C = B.

Tirez la ligne AD du *sommet* A au point D, milieu de la *base* BC, les deux triangles ABD, ADC, auront les trois côtés égaux chacun à chacun; savoir AD commun, AB = AC par hypothese, et BD = DC par construction; donc, en vertu du théorême précédent, l'angle B est égal à l'angle C.

Corollaire. Un triangle équilatéral est en même temps équiangle, c'est-à-dire, qu'il a ses angles égaux.

Scholie. L'égalité des triangles ABD, ACD, prouve en même temps que l'angle BAD = DAC, et que l'angle BDA = ADC; donc ces deux derniers sont droits; *donc la ligne menée du sommet d'un triangle isoscele au milieu de sa base, est perpendiculaire à cette base, et divise l'angle du sommet en deux parties égales.*

Dans un triangle non isoscele on prend indifféremment pour *base* un côté quelconque, et alors son *sommet* est celui de l'angle opposé. Dans le triangle isoscele on prend particulièrement pour base le côté qui n'est point égal à l'un des deux autres.

PROPOSITION XIII.

THÉORÊME.

Réciproquement, si deux angles sont égaux dans un triangle, les côtés opposés seront égaux, et le triangle sera isoscele.

Soit l'angle ABC=ACB, je dis que le côté AC sera égal au côté AB. fig. 29.

Car si ces côtés ne sont pas égaux, soit AB le plus grand des deux. Prenez BD=AC, et joignez DC. L'angle DBC est, par hypothese, égal à ACB; les deux côtés DB, BC sont égaux aux deux AC, CB; donc le triangle DBC * serait égal au triangle ACB. *pr. 6. Mais la partie ne peut pas être égale au tout; donc il n'y a point d'inégalité entre les côtés AB, AC; donc le triangle ABC est isoscele.

PROPOSITION XIV.

THÉORÊME.

De deux côtés d'un triangle, celui-là est le plus grand qui est opposé à un plus grand angle, et réciproquement, de deux angles d'un triangle, celui-là est le plus grand qui est opposé à un plus grand côté.

fig. 30. 1° Soit l'angle $C > B$, je dis que le côté AB opposé à l'angle C est plus grand que le côté AC opposé à l'angle B.

Soit fait l'angle $BCD = B$; dans le triangle BDC
*pr. 13. on aura * $BD = DC$. Mais la ligne droite AC est plus courte que $AD + DC$, et $AD + DC = AD + DB = AB$; donc AB est plus grand que AC.

2° Soit le côté $AB > AC$, je dis que l'angle C opposé au côté AB sera plus grand que l'angle B opposé au côté AC.

Car si on avait $C < B$, il s'ensuivrait, par ce qui vient d'être démontré, $AB < AC$, ce qui est contre la
*pr. 13. supposition. Si on avait $C = B$, il s'ensuivrait * $AB = AC$, ce qui est encore contre la supposition ; donc il faut que l'angle C soit plus grand que B.

PROPOSITION XV.

THÉORÊME.

fig. 31. *D'un point* A *donné hors d'une droite* DE, *on ne peut mener qu'une seule perpendiculaire à cette droite.*

Car supposons qu'on puisse en mener deux AB et AC ; prolongeons l'une d'elles AB d'une quantité $BF = AB$, et joignons FC.

Le triangle CBF est égal au triangle ABC : car l'angle CBF est droit ainsi que CBA, le côté CB est commun, et le côté $BF = AB$; donc ces triangles
*pr. 6. sont égaux *, et il s'ensuit que l'angle $BCF = BCA$. L'angle BCA est droit par hypothese ; donc l'angle BCF l'est aussi. Mais si les angles adjacents BCA, BCF, valent ensemble deux angles droits, il faut que la ligne

ACF soit droite *; d'où il résulte qu'entre les deux mêmes points A et F, on pourrait mener deux lignes droites ABF, ACF; ce qui est impossible *; donc il est pareillement impossible que deux perpendiculaires soient menées d'un même point sur la même ligne droite. *pr. 4. *ax. 4.

Scholie. Par un même point C donné sur la ligne AB, il est également impossible de mener deux perpendiculaires à cette ligne : car si CD et CE étaient ces deux perpendiculaires, l'angle DCB serait droit ainsi que BCE, et la partie serait égale au tout. fig. 17.

PROPOSITION XVI.

THÉORÊME.

Si d'un point A *situé hors d'une droite* DE *on mene la perpendiculaire* AB *sur cette droite, et différentes obliques* AE, AC, AD, *etc., à différents points de cette même droite :* fig. 31.

1° *La perpendiculaire* AB *sera plus courte que toute oblique.*

2° *Les deux obliques* AC, AE, *menées de part et d'autre de la perpendiculaire à des distances égales* BC, BE, *seront égales.*

3° *De deux obliques* AC *et* AD, *ou* AE *et* AD, *menées comme on voudra, celle qui s'écarte le plus de la perpendiculaire sera la plus longue.*

Prolongez la perpendiculaire AB d'une quantité BF=AB, et joignez FC, FD.

1° Le triangle BCF est égal au triangle BCA, car l'angle droit CBF=CBA, le côté CB est commun, et *pr. 6. le côté BF=BA ; donc* le troisieme côté CF est égal au troisieme AC. Or, ABF ligne droite est plus courte que ACF ligne brisée ; donc AB moitié de ABF est plus courte que AC moitié de ACF ; donc 1°, la perpendiculaire est plus courte que toute oblique.

2° Si on suppose BE=BC, comme on a en outre AB commun et l'angle ABE=ABC, il s'ensuit que le triangle ABE est égal au triangle ABC ; donc les côtés AE, AC sont égaux ; donc 2°, deux obliques qui s'écartent également de la perpendiculaire sont égales.

3° Dans le triangle DFA la somme des lignes AC,
pr. 9. CF, est plus petite que la somme des côtés AD, DF ; donc AC, moitié de la ligne ACF, est plus courte que AD moitié de ADF ; donc 3°, les obliques qui s'écartent le plus de la perpendiculaire sont les plus longues.

Corollaire I. La perpendiculaire mesure la vraie distance d'un point à une ligne, puisqu'elle est plus courte que toute oblique.

II. D'un même point on ne peut mener à une même ligne trois droites égales : car si cela était, il y aurait d'un même côté de la perpendiculaire deux obliques égales, ce qui est impossible.

PROPOSITION XVII.

THÉORÈME.

fig. 32. *Si par le point* C, *milieu de la droite* AB, *on éleve la perpendiculaire* EF *sur cette droite ; 1° chaque point de la perpendiculaire sera également distant des deux extrémités de la ligne* AB ; 2° *tout point situé hors de la perpendicu-*

laire sera inégalement distant des mêmes extrémités A *et* B.

Car, 1° puisqu'on suppose $AC=CB$, les deux obliques AD, DB, s'écartent également de la perpendiculaire; donc elles sont égales. Il en est de même des deux obliques AE, EB, des deux AF, FB, etc.; donc 1°, tout point de la perpendiculaire est également distant des extrémités A et B.

2° Soit I un point hors de la perpendiculaire; si on joint IA, IB, l'une de ces lignes coupera la perpendiculaire en D, d'où tirant DB, on aura $DB=DA$. Mais la ligne droite IB est plus petite que la ligne brisée $ID+DB$, et $ID+DB=ID+DA=IA$; donc $IB<IA$; donc 2°, tout point hors de la perpendiculaire est inégalement distant des extrémités A et B.

PROPOSITION XVIII.

THÉORÊME.

Deux triangles rectangles sont égaux lorsqu'ils ont l'hypoténuse égale et un côté égal.

Soit l'hypoténuse $AC=DF$, et le côté $AB=DE$, je dis que le triangle rectangle ABC sera égal au triangle rectangle DEF. fig. 33.

L'égalité serait manifeste si le troisieme côté BC était égal au troisieme EF : supposons, s'il est possible, que ces côtés ne soient pas égaux, et que BC soit le plus grand. Prenez $BG=EF$, et joignez AG. Le triangle ABG est égal au triangle DEF; car l'angle droit B est égal à l'angle droit E, le côté $AB=DE$, et le côté $BG=EF$; donc ces deux triangles sont égaux*, et on a par conséquent $AG=DF$; mais, par hypo- * pr. 6.

these, DF=AC; donc AG=AC. Mais l'oblique AC
pr.16. ne peut être égale à AG, puisqu'elle est plus éloignée de la perpendiculaire AB; donc il est impossible que BC differe de EF; donc le triangle ABC est égal au triangle DEF.

PROPOSITION XIX.

THÉORÊME.

fig. 35. *Si deux lignes droites* AC, BD, *sont perpendiculaires à une troisieme* AB, *ces deux lignes seront paralleles, c'est-à-dire, qu'elles ne pourront se rencontrer à quelque distance qu'on les*
*déf.12. *prolonge**.

Car si elles pouvaient se rencontrer en un point O, d'un côté ou de l'autre de la ligne AB, il existerait deux perpendiculaires OA, OB, abaissées d'un même point
pr.15. sur une même droite AB, ce qui est impossible.

PROPOSITION XX.

LEMME.

fig. 35. *La droite* BD *étant perpendiculaire à* AB, *si une autre droite* AE *fait avec* AB *l'angle aigu* BAE, *je dis que les droites* BD, AE, *prolongées suffisamment, se rencontreront.*

D'un point quelconque F pris dans la direction AE, soit abaissée sur AB la perpendiculaire FG; le point G ne tombera pas en A, puisque l'angle FAB est moindre qu'un droit; il peut encore moins tomber en H sur le prolongement de BA, puisqu'alors il y aurait deux perpendiculaires KA, KH, abaissées d'un même point K sur une même droite AH. Donc il faut que le point G tombe, comme la figure le représente, dans la direction AB.

Soit pris maintenant sur la ligne AE un autre point L à une distance AL plus grande que AF et soit abaissée sur AB la perpendiculaire LM, on prouvera, comme dans le cas précédent, que le point M ne peut tomber ni en G, ni sur la direction GA ; il tombe donc sur la direction GB, de sorte que la distance AM sera nécessairement plus grande que AG.

J'observe de plus que si la figure est construite avec soin et qu'on prenne AL double de AF, on trouvera que AM est exactement double de AG ; de même si on prend AL triple de AF, on trouvera que AM est triple de AG, et en général il y aura toujours le même rapport entre AM et AG, qu'entre AL et AF. Cette proportion étant posée, il s'ensuit non seulement que la droite AE suffisamment prolongée doit rencontrer BD, mais qu'on peut même assigner sur AE la distance du point de concours de ces deux droites. Cette distance devra être le quatrieme terme de la proportion AG : AB :: AF : x.

Scholie. L'explication précédente, fondée sur un rapport qui n'est pas déduit du seul raisonnement, et pour lequel on a recours à des mesures prises sur une figure construite exactement, n'a pas le même degré de rigueur que les autres démonstrations de la géométrie élémentaire. Nous ne la donnons ici que comme un moyen simple de s'assurer de la vérité de la proposition, et nous renvoyons, pour la démonstration rigoureuse, à la deuxieme des notes jointes aux éléments.

PROPOSITION XXI.

THÉORÊME.

fig. 36. *Si deux droites* AC, BD, *font avec une troisieme* AB, *deux angles intérieurs* CAB, ABD, *dont la somme soit égale à deux droits, les deux lignes* AC, BD, *seront paralleles.*

Du point G milieu de AB, menez la droite EGF perpendiculaire à AC, je dis que cette même droite sera perpendiculaire à BD; en effet, la somme GAE+GBD est égale par hypothese à deux angles droits, la somme GBF+GBD est pareillement egale à deux
pr. 2. angles droits; donc en retranchant de part et d'autre l'angle GBD, il restera l'angle GAE=GBF. D'ailleurs les angles AGE, BGF, sont égaux comme opposés au sommet; donc les triangles AGE, BGF, ont un côté égal adjacent à deux angles égaux. Donc ils sont
pr. 7. égaux, donc l'angle BFG=AEG; mais l'angle AEG est droit par construction, donc les droites AC, BD, sont perpendiculaires à une même droite EF; donc
pr. 19. elles sont paralleles.

PROPOSITION XXII.

THÉORÊME.

fig. 36. *Si deux lignes droites* AI, BD, *font avec une troisieme* AB, *deux angles intérieurs* BAI, ABD, *dont la somme soit moindre que deux angles droits, les lignes* AI, BD, *prolongées, se rencontreront.*

Menez AC de maniere que l'angle CAB soit égal à ABF, c'est-à-dire, de maniere que les deux angles CAB, ABD, pris ensemble fassent deux angles droits, et achevez le reste de la construction comme dans le théorême précédent. Puisque l'angle AEK est droit, AE est une perpendiculaire plus courte que l'oblique AK; donc dans le triangle AEK*, l'angle AKE opposé au côté AE est plus petit que l'angle droit AEK opposé au côté AK. Donc l'angle IKF égal à AEK, est plus petit qu'un droit; donc les lignes KI, FD prolongées doivent se rencontrer*.

*pr. 14.

*pr. 20.

Scholie. Si les lignes AM et BD faisaient avec AB deux angles BAM, ABD, dont la somme fût plus grande que deux angles droits, alors les deux lignes AM, BD, ne se rencontreraient pas au-dessus de AB, mais elles se rencontreraient au-dessous. Car les deux angles BAM, BAN, valent deux droits, ainsi que les deux angles ABD, ABF; donc ces quatre angles pris ensemble valent quatre angles droits. Mais la somme des deux angles BAM, ABD, vaut plus que deux droits, donc la somme des deux restants BAN, ABF, vaut moins; donc les deux droites AN, BF, prolongées doivent se rencontrer.

Corollaire. Par un point donné A on ne peut mener qu'une seule parallele à une ligne donnée BD. Car il n'y a qu'une ligne AC qui fasse la somme des deux angles BAC + ABD égale à deux angles droits; celle-là est la parallele demandée: toute autre ligne AI ou AM ferait la somme des angles intérieurs plus petite ou plus grande que deux angles droits; donc elle rencontrerait la ligne BD.

PROPOSITION XXIII.

THÉORÊME.

Si deux lignes paralleles AB, CD, *sont rencontrées par une sécante* EF, *la somme des* fig. 37.

angles intérieurs AGO, GOC, *sera égale à deux angles droits.*

Car si elle était plus grande ou plus petite les deux droites AB, CD, se rencontreraient d'un côté ou de
pr. 22. l'autre et ne seraient pas paralleles.

Corollaire I. Si l'angle COC est droit, l'angle AGO sera aussi un angle droit; donc toute ligne perpendiculaire à l'une des paralleles est perpendiculaire à l'autre.

Corollaire II. Puisque la somme AGO + GOC est égale à deux angles droits, et que la somme GOD + GOC est aussi égale à deux angles droits; si on retranche de part et d'autre GOC, on aura l'angle AGO
pr. 5. =GOD. D'ailleurs AGO=BGE, et GOD=COF; donc les quatre angles aigus AGO, BGE, GOD, COF, sont égaux entre eux; il en est de même des quatre angles obtus AGE, BGO, GOC, DOF. On peut observer de plus qu'en ajoutant l'un des quatre angles aigus à l'un des quatre obtus, la somme sera toujours égale à deux angles droits.

Scholie. Les angles dont on vient de parler, comparés deux à deux, prennent différents noms. Nous avons déja appelé les angles AGO, GOC, *intérieurs d'un même côté;* les angles BGO, GOD, ont le même nom; les angles AGO, GOD, s'appellent *alternes-internes*, ou simplement *alternes*, il en est de même des angles BGO, GOC. Enfin on appelle *internes-externes* les angles EGB, GOD, ou EGA, GOC, et *alternes-externes* les angles EGB, COF, ou AGE, DOF. Cela posé on peut regarder les propositions suivantes comme étant déja démontrées.

1° Les angles intérieurs d'un même côté, pris ensemble, valent deux angles droits.

2° Les angles alternes-internes sont égaux, ainsi que les angles internes-externes, et les angles alternes-externes.

Réciproquement si dans ce second cas deux angles de même nom sont égaux, on peut conclure que les lignes auxquelles ils se rapportent sont paralleles. Soit, par exemple, l'angle AGO=GOD; puisque GOC + GOD, est égal à deux droits, on aura aussi AGO + GOC égal à deux droits, donc* les lignes AG, CO, sont paralleles. *pr. 21.

PROPOSITION XXIV.

THÉORÊME.

Deux lignes AB, CD, *paralleles à une troisieme* EF, *sont paralleles entre elles.* fig. 38.

Menez la sécante PQR perpendiculaire à EF. Puisque AB est parallele à EF, la sécante PR sera perpendiculaire à AB*; de même puisque CD est parallele à EF, la sécante PR sera perpendiculaire à CD. Donc AB et CD sont perpendiculaires à la même droite PQ; donc elles sont paralleles*. *cor. 1. pr. 23. *pr. 19.

PROPOSITION XXV.

THÉORÊME.

Deux paralleles sont par-tout également distantes.

Etant données les deux paralleles AB, CD, si par deux points pris à volonté, on éleve sur AB les deux perpendiculaires EG, FH, les droites EG, FH, seront en même temps perpendiculaires à CD*; je dis de plus que ces droites seront égales entre elles. fig. 39. *pr. 23.

Car en tirant GF, les angles GFE, FGH, considérés par rapport aux paralleles AB, CD, seront égaux
sch. pr. 23. comme alternes-internes; de même puisque les droites EG, FH, sont perpendiculaires à une même droite AB, et par conséquent paralleles entre elles, les angles EGF, GFH, considérés par rapport aux paralleles GE, FH, seront égaux comme alternes-internes. Donc les deux triangles EFG, FGH, ont un côté commun FG adjacent à deux angles égaux, chacun à chacun; donc ces deux triangles sont
pr. 7. égaux; donc le côté EG qui mesure la distance des paralleles AB, CD, au point E, est égal au côté FH, qui mesure la distance de ces mêmes paralleles au point F.

PROPOSITION XXVI.

THÉORÊME.

fig. 40. *Si deux angles* BAC, DEF, *ont les côtés paralleles, chacun à chacun, et dirigés dans le même sens, ces deux angles seront égaux.*

Prolongez, s'il est nécessaire, DE jusqu'à la rencontre de AC en G; l'angle DEF est égal à DGC,
pr. 23. parce que EF est parallele à GC; l'angle DGC est égal à BAC, parce que DG est parallele à AB; donc l'angle DEF est égal à BAC.

Scholie. On met dans cette proposition la restriction que le côté EF soit dirigé dans le même sens que AC et ED dans le même sens que AB; la raison en est que si on prolonge FE vers H, l'angle DEH aurait ses côtés paralleles à ceux de l'angle BAC, mais ne lui serait pas égal. Dans ce cas, l'angle DEH et l'angle BAC feraient ensemble deux angles droits.

PROPOSITION XXVII.

THÉORÊME.

Dans tout triangle, la somme des trois angles est égale à deux angles droits.

Soit ABC un triangle quelconque; prolongez le côté CA vers D, et menez au point A la droite AE parallele à BC. fig. 41.

A cause des paralleles AE, CB, les angles ACB, DAE, considérés par rapport à la sécante CAD, seront égaux comme internes-externes; de même les angles ABC, BAE, considérés par rapport à la sécante AB, seront égaux comme alternes-internes; donc les trois angles du triangle ABC font la même somme que les trois angles CAB, BAE, EAD; donc cette somme est égale à deux angles droits*. * cor. 1. pr. 2.

Corollaire I. Deux angles d'un triangle étant donnés ou seulement leur somme, on connaîtra le troisieme en retranchant la somme de ces angles de deux angles droits.

II. Si deux angles d'un triangle sont égaux à deux angles d'un autre triangle, chacun à chacun, le troisieme de l'un sera égal au troisieme de l'autre, et les deux triangles seront équiangles entre eux.

III. Dans un triangle il ne peut y avoir qu'un seul angle droit; car s'il y en avait deux, le troisieme devrait être nul; à plus forte raison un triangle ne peut-il avoir qu'un seul angle obtus.

IV. Dans tout triangle rectangle la somme des deux angles aigus est égale à un angle droit.

pr. 12. V. Tout triangle équilatéral, devant être équiangle, chacun de ses angles sera égal au tiers de deux angles droits; de sorte que si l'angle droit est exprimé par l'unité, l'angle du triangle équilatéral sera exprimé par $\frac{2}{3}$.

fig. 41. VI. Dans tout triangle ABC l'angle extérieur BAD est égal à la somme des deux intérieurs opposés B et C; car AE étant parallele à BC, la partie BAE est égale à l'angle B, et l'autre partie DAE est égale à l'angle C.

PROPOSITION XXVIII.

THÉORÊME.

La somme de tous les angles intérieurs d'un polygone est égale à autant de fois deux angles droits qu'il y a d'unités dans le nombre de côtés moins deux.

fig. 42. Soit ABCDE etc. le polygone proposé; si du sommet d'un même angle A, on mene à tous les sommets des angles opposés, les diagonales AC, AD, AE, etc., il est aisé de voir que le polygone sera partagé en cinq triangles, s'il a sept côtés, en six triangles, s'il a huit côtés, et en général, en autant de triangles que le polygone a de côtés moins deux; car ces triangles peuvent être considérés comme ayant pour sommet commun le point A, et pour bases les différents côtés du polygone, excepté les deux qui forment l'angle A. On voit en même temps que la somme des angles de tous ces triangles ne differe point de la somme des angles du polygone; donc cette derniere somme est égale à autant de fois deux angles droits qu'il y a de triangles, c'est-à-dire, qu'il y a d'unités dans le nombre des côtés du polygone moins deux.

Corollaire I. La somme des angles d'un quadrilatere est égale à deux angles droits multipliés par 4—2, ce qui fait quatre angles droits; donc si tous les angles d'un quadrilatere sont égaux, chacun d'eux sera un angle droit, ce qui justifie la définition XVII où l'on a supposé que les quatre angles d'un quadrilatere sont droits, dans le cas du rectangle et du quarré.

II. La somme des angles d'un pentagone est égale à deux angles droits multipliés par 5—2, ce qui fait 6 angles droits; donc lorsqu'un pentagone est équiangle, chaque angle est égal au cinquieme de six angles droits, ou à $\frac{6}{5}$ d'un angle droit.

III. La somme des angles d'un hexagone est de $2\times(6-2)$ ou 8 angles droits; donc dans l'hexagone équiangle, chaque angle est le sixieme de huit angles droits, ou les $\frac{4}{3}$ d'un angle droit; ainsi de suite.

Scholie. Si on voulait appliquer cette proposition aux polygones qui ont des angles *rentrants*, il faudrait considérer chaque angle rentrant comme étant plus grand que deux angles droits. Mais, pour éviter tout embarras, nous ne considérerons désormais que les polygones à angles *saillants*, qu'on peut appeler autrement *polygones convexes*. Tout polygone convexe est tel qu'une ligne droite, menée comme on voudra, ne peut rencontrer le contour de ce polygone en plus de deux points. fig. 43.

PROPOSITION XXIX.

THÉORÊME.

Les côtés opposés d'un parallélogramme sont égaux ainsi que les angles opposés.

fig. 44. Tirez la diagonale BD, les deux triangles ADB, DBC, ont le côté commun BD; de plus, à cause des
pr. 23. paralleles AD, BC, l'angle ADB=DBC, et à cause des paralleles AB, CD, l'angle ABD=BDC; donc
pr. 7. les deux triangles ADB, DBC, sont égaux; donc le côté AB opposé à l'angle ADB est égal au côté DC opposé à l'angle égal DBC, et pareillement le troisieme côté AD est égal au troisieme BC; donc les côtés opposés d'un parallélogramme sont égaux.

En second lieu, de l'égalité des mêmes triangles il s'ensuit que l'angle A est égal à l'angle C, et aussi que l'angle ADC, composé des deux angles ADB, BDC, est égal à l'angle ABC, composé des deux angles DBC, ABD; donc les angles opposés d'un parallélogramme sont égaux.

Corollaire. Donc deux paralleles AB, CD, comprises entre deux autres paralleles AD, BC, sont égales.

PROPOSITION XXX.

THÉORÊME.

fig. 44. *Si dans un quadrilatere* ABCD *les côtés opposés sont égaux, en sorte qu'on ait* AB=CD, *et* AD=BC, *les côtés égaux seront paralleles, et la figure sera un parallélogramme.*

Car, en tirant la diagonale BD, les deux triangles ABD, BDC, auront les trois côtés égaux chacun à chacun; donc ils seront égaux; donc l'angle ADB opposé au côté AB, est égal à l'angle DBC opposé au côté CD; donc* le côté AD est parallele à BC. Par une semblable raison, AB est parallele à CD; donc le quadrilatere ABCD est un parallélogramme. *pr. 23.

PROPOSITION XXXI.

THÉORÊME.

Si deux côtés opposés AB, CD, *d'un quadrilatere sont égaux et paralleles, les deux autres côtés seront pareillement égaux et paralleles, et la figure* ABCD *sera un parallélogramme.* fig. 44.

Soit tirée la diagonale BD; puisque AB est parallele à CD, les angles alternes ABD, BDC, sont égaux*: d'ailleurs le côté AB=DC, le côté DB est commun, donc le triangle ABD est égal au triangle DBC*; donc le côté AD=BC, l'angle ADB=DBC, et par conséquent AD est parallele à BC; donc la figure ABCD est un parallélogramme. *pr. 23. *pr. 6.

PROPOSITION XXXII.

THÉORÊME.

Les deux diagonales AC, DB, *d'un parallélogramme se coupent mutuellement en deux parties égales.* fig. 45.

Car, en comparant le triangle ADO au triangle COB, on trouve le côté AD=CB, l'angle ADO=CBO*; et l'angle DAO=OCB; donc ces deux trian- *pr. 23.

pr. 7. gles sont égaux; donc AO, côté opposé à l'angle ADO, est égal à OC, côté opposé à l'angle OBC; donc aussi DO = OB.

Scholie. Dans le cas du losange, les côtés AB, BC, étant égaux, les triangles AOB, OBC, ont les trois côtés égaux chacun à chacun, et sont par conséquent égaux; d'où il suit que l'angle AOB=BOC, et qu'ainsi les deux diagonales d'un losange se coupent mutuellement à angles droits.

LIVRE II.

LE CERCLE ET LA MESURE DES ANGLES.

DÉFINITIONS.

I. La *circonférence du cercle* est une ligne courbe, dont tous les points sont également distants d'un point intérieur qu'on appelle *centre*. fig. 46.

Le *cercle* est l'espace terminé par cette ligne courbe.

N. B. Quelquefois dans le discours on confond le cercle avec sa circonférence; mais il sera toujours facile de rétablir l'exactitude des expressions, en se souvenant que le cercle est une surface qui a longueur et largeur, tandis que la circonférence n'est qu'une ligne.

II. Toute ligne droite CA, CE, CD, etc., menée du centre à la circonférence, s'appelle *rayon* ou *demi-diametre;* toute ligne, comme AB, qui passe par le centre, et qui est terminée de part et d'autre à la circonférence, s'appelle *diametre.*

En vertu de la définition du cercle, tous les rayons sont égaux; tous les diametres sont égaux aussi, et doubles du rayon.

III. On appelle *arc* une portion de circonférence telle que FHG.

La *corde* ou *sous-tendante* de l'arc est la ligne droite FG qui joint ses deux extrémités.

IV. *Segment* est la surface ou portion de cercle comprise entre l'arc et la corde.

N. B. A la même corde FG répondent toujours deux arcs FHG, FEG, et par conséquent aussi deux segments; mais c'est toujours le plus petit dont on entend parler, à moins qu'on n'exprime le contraire.

V. *Secteur* est la partie du cercle comprise entre un arc DE et les deux rayons CD, CE, menés aux extrémités de cet arc.

fig. 47. VI. On appelle *ligne inscrite dans le cercle*, celle dont les extrémités sont à la circonférence, comme AB;

Angle inscrit, un angle tel que BAC, dont le sommet est à la circonférence, et qui est formé par deux cordes;

Triangle inscrit, un triangle tel que BAC, dont les trois angles ont leurs sommets à la circonférence;

Et en général *figure inscrite*, celle dont tous les angles ont leurs sommets à la circonférence: en même temps on dit que le cercle est *circonscrit* à cette figure.

fig. 48. VII. On appelle *sécante* une ligne qui rencontre la circonférence en deux points: telle est AB.

VIII. *Tangente* est une ligne qui n'a qu'un point de commun avec la circonférence: telle est CD.

Le point commun M s'appelle *point de contact*.

IX. Pareillement deux circonférences sont *tangentes* l'une à l'autre, lorsqu'elles n'ont qu'un point de commun.

fig. 160. X. Un polygone est *circonscrit à un cercle*, lorsque tous ses côtés sont des tangentes à la circonférence; dans le même cas on dit que le cercle est *inscrit* dans le polygone.

PROPOSITION PREMIERE.

THÉORÈME.

fig. 49. *Tout diametre AB divise le cercle et sa circonférence en deux parties égales.*

Car si on applique la figure AEB sur AFB, en conservant la base commune AB, il faudra que la ligne courbe AEB tombe exactement sur la ligne courbe AFB, sans quoi il y aurait dans l'une ou dans l'autre des points inégalement éloignés du centre, ce qui est contre la définition du cercle.

PROPOSITION II.

THÉORÊME.

Toute corde est plus petite que le diametre.

Car si aux extrémités de la corde AD on mene les rayons AC, CD, on aura la ligne droite $AD < AC + CD$, ou $AD < AB$. fig. 49.

Corollaire. Donc la plus grande ligne droite qu'on puisse inscrire dans un cercle est égale à son diametre.

PROPOSITION III.

THÉORÊME.

Une ligne droite ne peut rencontrer une circonférence en plus de deux points.

Car si elle la rencontrait en trois, ces trois points seraient également distants du centre; il y aurait donc trois droites égales menées d'un même point sur une même ligne droite, ce qui est impossible *. *pr. 16, liv. 1.

PROPOSITION IV.

THÉORÊME.

Dans un même cercle ou dans des cercles égaux, les arcs égaux sont sous-tendus par des cordes égales, et réciproquement les cordes égales sous-tendent des arcs égaux.

Le rayon AC étant égal au rayon EO, et l'arc AMD égal à l'arc ENG, je dis que la corde AD sera égale à la corde EG. fig. 50.

Car le diametre AB étant égal au diametre EF, le demi-cercle AMDB pourra s'appliquer exactement sur le demi-cercle ENGF, et la ligne courbe AMDB coïncidera entièrement avec la ligne courbe ENGF. Mais on suppose la portion AMD égale à la portion ENG; donc le point D tombera sur le point G; donc la corde AD est égale à la corde EG.

Réciproquement, en supposant toujours le rayon AC=EO, si la corde AD=EG, je dis que l'arc AMD sera égal à l'arc ENG.

Car en tirant les rayons CD, OG, les deux triangles ACD, EOG, auront les trois côtés égaux chacun à chacun, savoir, AC=EO, CD=OG, et AD=
11, EG; donc ces triangles sont égaux; donc l'angle ACD=EOG. Mais en posant le demi-cercle ADB sur son égal EGF, puisque l'angle ACD=EOG, il est clair que le rayon CD tombera sur le rayon OG, et le point D sur le point G; donc l'arc AMD est égal à l'arc ENG.

PROPOSITION V.

THÉORÊME.

Dans le même cercle ou dans des cercles égaux, un plus grand arc est sous-tendu par une plus grande corde, et réciproquement, si toutefois les arcs dont il s'agit sont moindres qu'une demi-circonférence.

fig. 50. Car soit l'arc AH plus grand que AD, et soient menées les cordes AD, AH, et les rayons CD, CH: les deux côtés AC, CH, du triangle ACH sont égaux aux deux côtés AC, CD, du triangle ACD: l'angle
*10, 1. ACH est plus grand que ACD; donc * le troisieme côté AH est plus grand que le troisieme AD; donc la corde qui sous-tend le plus grand arc est la plus grande.

Réciproquement, si la corde AH est supposée plus grande que AD, on conclura des mêmes triangles que l'angle ACH est plus grand que ACD, et qu'ainsi l'arc AH est plus grand que AD.

Scholie. Nous supposons que les arcs dont il s'agit sont plus petits que la demi-circonférence. S'ils étaient plus grands, la propriété contraire aurait lieu; l'arc augmentant, la corde diminuerait, et réciproquement : ainsi l'arc AKBD étant plus grand que AKBH, la corde AD du premier est plus petite que la corde AH du second.

PROPOSITION VI.

THÉORÈME.

Le rayon CG, *perpendiculaire à une corde* AB, *divise cette corde et l'arc sous-tendu* AGB, *chacun en deux parties égales.* fig. 51.

Menez les rayons CA, CB; ces rayons sont, par rapport à la perpendiculaire CD, deux obliques égales; donc ils s'écartent également de la perpendiculaire*; donc AD=DB. * 16, 1.

En second lieu, puisque AD=DB, CG est une perpendiculaire élevée sur le milieu de AB; donc * tout point de cette perpendiculaire doit être également distant des deux extrémités A et B. Le point G est un de ces points; donc la distance AG=BG. Mais si la corde AG est égale à la corde GB, l'arc AG sera égal à l'arc GB*; donc le rayon CG, perpendiculaire à la corde AB, divise l'arc sous-tendu par cette corde en deux parties égales au point G. * 17, 1. * pr. 4.

Scholie. Le centre C, le milieu D de la corde AB, et le milieu G de l'arc sous-tendu par cette corde, sont trois points situés sur une même ligne perpendiculaire à la corde. Or il suffit de deux points pour déterminer la position d'une ligne droite; donc toute ligne droite qui passe par deux des points mentionnés, passera nécessairement par le troisieme, et sera perpéndiculaire à la corde.

Il s'ensuit aussi que *la perpendiculaire élevée sur le milieu d'une corde passe par le centre et par le milieu de l'arc sous-tendu par cette corde.*

Car cette perpendiculaire n'est autre que celle qui serait abaissée du centre sur la même corde, puisqu'elles passent toutes deux par le milieu de la corde.

PROPOSITION VII.

THÉORÊME.

fig. 52. *Par trois points donnés,* A, B, C, *non en ligne droite, on peut toujours faire passer une circonférence, mais on n'en peut faire passer qu'une.*

Joignez AB, BC, et divisez ces deux droites en deux parties égales par les perpendiculaires DE, FG; je dis d'abord que ces perpendiculaires se rencontreront en un point O.

Car les lignes DE, FG, se couperont nécessairement si elles ne sont pas paralleles. Or supposons qu'elles fussent paralleles; la ligne AB, perpendicu-
23, 1. laire à DE, serait perpendiculaire à FG, et l'angle K serait droit; mais BK, prolongement de BD, est différente de BF, puisque les trois points A, B, C, ne sont pas en ligne droite; donc il y aurait deux perpendiculaires BF, BK, abaissées d'un même point
15, 1. sur la même ligne, ce qui est impossible; donc les perpendiculaires DE, FG, se couperont toujours en un point O.

Maintenant le point O, comme appartenant à la perpendiculaire DE, est à égale distance des deux
17, 1. points A et B; le même point O, comme appartenant

à la perpendiculaire FG, est à égale distance des deux points B, C; donc les trois distances OA, OB, OC, sont égales; donc la circonférence décrite du centre O et du rayon OB passera par les trois points donnés A, B, C.

Il est prouvé par-là qu'on peut toujours faire passer une circonférence par trois points donnés, non en ligne droite; je dis de plus qu'on n'en peut faire passer qu'une.

Car s'il y avait une seconde circonférence qui passât par les trois points donnés A, B, C, son centre ne pourrait être hors de la ligne DE*, puisqu'alors il serait inégalement éloigné de A et de B; il ne pourrait être non plus hors de la ligne FG par une raison semblable; donc il serait à-la-fois sur les deux lignes DE, FG. Or deux lignes droites ne peuvent se couper en plus d'un point; donc il n'y a qu'une circonférence qui puisse passer par trois points donnés. * 17, 1.

Corollaire. Deux circonférences ne peuvent se rencontrer en plus de deux points; car si elles avaient trois points communs, elles auraient le même centre, et ne feraient qu'une seule et même circonférence.

PROPOSITION VIII.

THÉORÊME.

Deux cordes égales sont également éloignées du centre; et de deux cordes inégales, la plus petite est la plus éloignée du centre.

1° Soit la corde AB=DE : divisez ces cordes en deux également par les perpendiculaires CF, CG, et tirez les rayons CA, CD. fig. 53

Les triangles rectangles CAF, DCG, ont les hypoténuses CA, CD, égales; de plus le côté AF

moitié de AB, est égal au côté DG, moitié de DE;
18, 1. donc ces triangles sont égaux, et le troisieme côté CF est égal au troisieme CG; donc, 1° les deux cordes égales AB, DE, sont également éloignées du centre.

2° Soit la corde AH plus grande que DE, l'arc
* pr. 5. AKH sera plus grand que l'arc DME*: sur l'arc AKH prenez la partie ANB=DME, tirez la corde AB, et abaissez CF, perpendiculaire sur cette corde, et CI, perpendiculaire sur AH; il est clair que CF
16, 1. est plus grand que CO, et CO plus grand que CI*; donc à plus forte raison CF > CI. Mais CF=CG, puisque les cordes AB, DE, sont égales; donc on a CG > CI; donc de deux cordes inégales la plus petite est la plus éloignée du centre.

PROPOSITION IX.

THÉORÈME.

fig. 54. *La perpendiculaire* BD, *menée à l'extrémité du rayon* CA, *est une tangente à la circonférence.*

Car toute oblique CE est plus longue que la per-
16, 1. pendiculaire CA; donc le point E est hors du cercle; donc la ligne BD n'a que le point A commun avec la
déf. 8. circonférence; donc BD est une tangente.

Scholie. On ne peut mener par un point donné A qu'une seule tangente AD à la circonférence; car si on en pouvait mener une autre, celle-ci ne serait plus perpendiculaire au rayon CA; donc, par rapport à cette nouvelle tangente, le rayon CA serait une oblique, et la perpendiculaire, abaissée du centre sur cette tangente, serait plus courte que CA; donc cette prétendue tangente entrerait dans le cercle, et serait une sécante.

PROPOSITION X.

THÉORÊME.

Deux paralleles AB, DE, *interceptent sur la circonférence des arcs égaux* MN, PQ. fig. 55.

Il peut arriver trois cas.

1° Si les deux paralleles sont sécantes, menez le rayon CH perpendiculaire à la corde MP, il sera en même temps perpendiculaire à sa parallele NQ*; donc * 23, 1. le point H sera à-la-fois le milieu de l'arc MHP et celui de l'arc NHQ*; on aura donc l'arc MH=HP, * 6. et l'arc NH=HQ: de-là résulte MH—NH=HP —HQ, c'est-à-dire MN=PQ.

2° Si des deux paralleles AB, DE, l'une est sécante, l'autre tangente; au point de contact H menez le rayon CH; ce rayon sera perpendiculaire à la tangente DE*, et aussi à sa parallele MP. Mais puisque * 9. CH est perpendiculaire à la corde MP, le point H est le milieu de l'arc MHP; donc les arcs MH, HP, compris entre les paralleles AB, DE, sont égaux. fig. 56.

3° Enfin si les deux paralleles DE, IL, sont tangentes, l'une en H, l'autre en K, menez la sécante parallele AB, vous aurez, par ce qui vient d'être démontré, MH=HP et MK=KP; donc l'arc entier HMK=HPK, et de plus on voit que chacun de ces arcs est une demi-circonférence.

PROPOSITION XI.

THÉORÊME.

Si deux circonférences se coupent en deux points, la ligne qui passe par leurs centres sera perpendiculaire à la corde qui joint les points d'intersection, et la divisera en deux parties égales.

fig. 57 et 58. Car la ligne AB, qui joint les points d'intersection, est une corde commune aux deux cercles. Or si sur le milieu de cette corde on élève une perpendiculaire,
* 6. elle doit passer par chacun des deux centres C et D*. Mais par deux points donnés on ne peut mener qu'une seule ligne droite; donc la ligne droite, qui passe par les centres, sera perpendiculaire sur le milieu de la corde commune.

PROPOSITION XII.

THÉORÊME.

Si la distance des deux centres est plus courte que la somme des rayons, et si en même temps le plus grand rayon est moindre que la somme du plus petit et de la distance des centres, les deux cercles se couperont.

fig. 57 et 58. Car pour qu'il y ait lieu à intersection, il faut que le triangle CAD soit possible: il faut donc non seu-
fig. 57. lement que CD soit $<AC+AD$, mais aussi que le
fig. 58. plus grand rayon AD soit $<AC+CD$. Or, toutes les fois que le triangle CAD pourra être construit, il est clair que les circonférences décrites des centres C et D, se couperont en A et B.

PROPOSITION XIII.

THÉORÊME.

fig. 59. *Si la distance* CD *des centres de deux cercles est égale à la somme de leurs rayons* CA, AD, *ces deux cercles se toucheront extérieurement.*

Il est clair qu'ils auront le point A commun; mais ils n'auront que ce point; car, pour qu'ils eussent deux points communs, il faudrait que la distance des centres fût plus petite que la somme des rayons.

PROPOSITION XIV.

THÉORÊME.

Si la distance CD *des centres de deux cercles est égale à la différence de leurs rayons* CA, AD, *ces deux cercles se toucheront intérieurement.* fig. 60

D'abord il est clair qu'ils ont le point A commun: ils n'en peuvent avoir d'autre; car pour cela il faudrait que le plus grand rayon AD fût plus petit que la somme faite du rayon AC et de la distance des centres CD*, ce qui n'a pas lieu. * 12.

Corollaire. Donc, si deux cercles se touchent, soit intérieurement, soit extérieurement, les centres et le point de contact sont sur la même ligne droite.

Scholie. Tous les cercles qui ont leurs centres sur la droite CD, et qui passent par le point A, sont tangents les uns aux autres; ils n'ont entre eux que le seul point A de commun. Et si par le point A on mene AE perpendiculaire à CD, la droite AE sera une tangente commune à tous ces cercles. fig. 59 et 60.

PROPOSITION XV.

THÉORÊME.

Dans le même cercle ou dans des cercles égaux, les angles égaux ACB, DCE, *dont le sommet est au centre, interceptent sur la circonférence des arcs égaux* AB, DE. fig. 61.

Réciproquement, si les arcs AB, DE, *sont égaux, les angles* ACB, DCE, *seront aussi égaux.*

Car, 1° si l'angle ACB est égal à l'angle DCE, ces deux angles pourront se placer l'un sur l'autre; et comme leurs côtés sont égaux, il est clair que le point A tombera en D, et le point B en E. Mais alors l'arc AB doit aussi tomber sur l'arc DE; car si les deux arcs n'étaient pas confondus en un seul, il y aurait dans l'un ou dans l'autre des points inégalement éloignés du centre, ce qui est impossible; donc l'arc AB=DE.

2° Si on suppose AB=DE, je dis que l'angle ACB sera égal à DCE; car si ces angles ne sont pas égaux, soit ACB le plus grand, et soit pris ACI=DCE; on aura, par ce qui vient d'être démontré, AI=DE : mais, par hypothese, l'arc AB=DE; donc on aurait AI=AB, ou la partie égale au tout, ce qui est impossible; donc l'angle ACB=DCE.

PROPOSITION XVI.

THÉORÊME.

fig 62. *Dans le même cercle ou dans des cercles égaux, si deux angles au centre* ACB, DCE, *sont entre eux comme deux nombres entiers, les arcs interceptés* AB, DE, *seront entre eux comme les mêmes nombres, et on aura cette proportion:* Angle ACB:angle DCE::arc AB:arc DE.

Supposons, par exemple, que les angles ACB, DCE, soient entre eux comme 7 est à 4; ou, ce qui revient au même, supposons que l'angle M, qui servira de commune mesure, soit contenu sept fois dans l'angle ACB, et quatre dans l'angle DCE. Les angles partiels ACm, mCn, nCp, etc. DCx, xCy, etc., étant égaux entre eux, les arcs partiels Am, mn,
15. np, etc., Dx, xy, etc., seront aussi égaux entre eux; donc l'arc entier AB sera à l'arc entier DE comme 7 est à 4. Or il est évident que le même raisonnement aurait toujours lieu, quand à la place de 7 et 4 on aurait d'autres nombres quelconques; donc, si le rapport des angles ACB, DCE, peut être exprimé

en nombres entiers, les arcs AB, DE, seront entre eux comme les angles ACB, DCE.

Scholie. Réciproquement, si les arcs AB, DE, étaient entre eux comme deux nombres entiers, les angles ACB, DCE, seraient entre eux comme les mêmes nombres, et on aurait toujours ACB:DCE :: AB:DE; car les arcs partiels Am, mn, etc., Dx, xy, etc., étant égaux, les angles partiels ACm, mCn, etc., DCx, xCy, etc., sont aussi égaux.

PROPOSITION XVII.

THÉORÊME.

Quel que soit le rapport des deux angles ACB, ACD, *ces deux angles seront toujours entre eux comme les arcs* AB, AD, *interceptés entre leurs côtés et décrits de leurs sommets comme centres avec des rayons égaux.* fig. 63.

Supposons le plus petit angle placé dans le plus grand: si la proposition énoncée n'a pas lieu, l'angle ACB sera à l'angle ACD comme l'arc AB est à un arc plus grand ou plus petit que AD. Supposons cet arc plus grand, et représentons-le par AO, nous aurons ainsi :

Angle ACB:angle ACD :: arc AB.arc AO.

Imaginons maintenant que l'arc AB soit divisé en parties égales dont chacune soit plus petite que DO, il y aura au moins un point de division entre D et O : soit I ce point, et joignons CI; les arcs AB, AI, seront entre eux comme deux nombres entiers, et on aura en vertu du théorême précédent :

Angle ACB:angle ACI :: arc AB:arc AI.

Rapprochant ces deux proportions l'une de l'autre, et observant que les antécédents sont les mêmes, on en conclura que les conséquents sont proportionnels, et qu'ainsi

Angle ACD:angle ACI :: arc AO:arc AI.

Mais l'arc AO est plus grand que l'arc AI : il faudrait donc, pour que la proportion subsistât, que l'angle ACD fût plus grand que l'angle ACI; or au contraire il est plus petit; donc il est impossible que l'angle ACB soit à l'angle ACD comme l'arc AB est à un arc plus grand que AD.

On démontrerait par un raisonnement entièrement semblable que le quatrieme terme de la proportion ne peut être plus petit que AD; donc il est exactement AD; donc on a la proportion :

Angle ACB:angle ACD :: arc AB:arc AD.

Corollaire. Puisque l'angle au centre du cercle et l'arc intercepté entre ses côtés ont une telle liaison que quand l'un augmente on diminue dans un rapport quelconque, l'autre augmente ou diminue dans le même rapport, on est en droit d'établir l'une de ces grandeurs pour la mesure de l'autre : ainsi nous prendrons désormais l'arc AB pour la mesure de l'angle ACB. Il faut seulement observer, dans la comparaison des angles entre eux, que les arcs qui leur servent de mesure doivent être décrits avec des rayons égaux; car c'est ce que supposent toutes les propositions précédentes.

Scholie I. Il paraît plus naturel de mesurer une quantité par une quantité de la même espèce, et sur ce principe il conviendrait de rapporter tous les angles à l'angle droit : ainsi l'angle droit étant l'unité de mesure, un angle aigu serait exprimé par un nombre compris entre 0 et 1, et un angle obtus par un nombre entre 1 et 2. Mais cette maniere d'exprimer les angles ne serait pas la plus commode dans l'usage; on a trouvé beaucoup plus simple de les mesurer par des arcs de cercle, à cause de la facilité de faire des arcs égaux à des arcs donnés, et pour beaucoup d'autres raisons. Au reste, si la mesure des angles par les arcs de cercle est en quelque sorte indirecte, il n'en est pas moins facile d'obtenir par leur moyen la mesure directe et absolue; car si vous comparez l'arc qui sert de mesure à un angle avec le quart de la circonférence, vous aurez le rapport de l'angle donné à l'angle droit, ce qui est la mesure absolue.

Scholie II. Tout ce qui a été démontré dans les trois propositions précédentes pour la comparaison des angles avec les arcs, a lieu également pour la comparaison des secteurs avec les arcs : car les secteurs sont égaux lorsque les angles le sont, et en général ils sont proportionnels aux angles; donc *deux secteurs* ACB, ACD, *pris dans le même cercle ou dans des cercles égaux, sont entre eux comme les arcs* AB, AD, *bases de ces mêmes secteurs.*

On voit par-là que les arcs de cercle qui servent de mesure aux angles peuvent aussi servir de mesure aux différents secteurs d'un même cercle ou de cercles égaux.

PROPOSITION XVIII.

THÉORÊME.

L'angle inscrit BAD *a pour mesure la moitié de l'arc* BD *compris entre ses côtés.* fig. 64 et 65.

Supposons d'abord que le centre du cercle soit situé dans l'angle BAD, on menera le diametre AE et les rayons CB, CD. L'angle BCE, extérieur au triangle ABC, est égal à la somme des deux intérieurs CAB, ABC * : mais le triangle BAC étant isoscele, l'angle CAB=ABC; donc l'angle BCE est double de BAC. L'angle BCE, comme angle au centre, a pour mesure l'arc BE; donc l'angle BAC aura pour mesure la moitié de BE. Par une raison semblable, fig.

* 23, 1.

l'angle CAD aura pour mesure la moitié de ED; donc BAC+CAD ou BAD aura pour mesure la moitié de BE+ED ou la moitié de BD.

fig. 65. Supposons en second lieu que le centre C soit situé hors de l'angle BAD, alors menant le diametre AE, l'angle BAE aura pour mesure la moitié de BE, l'angle DAE la moitié de DE; donc leur différence BAD aura pour mesure la moitié de BE moins la moitié de ED, ou la moitié de BD.

Donc tout angle inscrit a pour mesure la moitié de l'arc compris entre ses côtés.

fig. 66. *Corollaire* I. Tous les angles BAC, BDC, etc., inscrits dans le même segment sont égaux; car ils ont pour mesure la moitié du même arc BOC.

fig. 67. II. Tout angle BAD inscrit dans le demi-cercle est un angle droit; car il a pour mesure la moitié de la demi-circonférence BOD, ou le quart de la circonférence.

Pour démontrer la même chose d'une autre maniere, tirez le rayon AC; le triangle BAC est isoscele, ainsi l'angle BAC=ABC; le triangle CAD est pareillement isoscele; donc l'angle CAD=ADC; donc BAC+CAD ou BAD=ABD+ADB. Mais si les deux angles B et D du triangle ABD valent ensemble le troisieme BAD, les trois angles du triangle vaudront deux fois l'angle BAD; ils valent d'ailleurs deux angles droits; donc l'angle BAD est un angle droit.

fig. 66. III. Tout angle BAC inscrit dans un segment plus grand que le demi-cercle, est un angle aigu; car il a pour mesure la moitié de l'arc BOC moindre qu'une demi-circonférence.

Et tout angle BOC, inscrit dans un segment plus petit que le demi-cercle, est un angle obtus; car il a pour mesure la moitié de l'arc BAC plus grande qu'une demi-circonférence.

IV. Les angles opposés A et C d'un quadrilatere inscrit ABCD, valent ensemble deux angles droits; car l'angle BAD a pour mesure la moitié de l'arc BCD, l'angle BCD a pour mesure la moitié de l'arc BAD; donc les deux angles BAD, BCD, pris ensemble, ont pour mesure la moitié de la circonférence; donc leur somme équivaut à deux angles droits. fig. 68.

PROPOSITION XIX.

THÉORÊME.

L'angle BAC, *formé par une tangente et une corde, a pour mesure la moitié de l'arc* AMDC *compris entre ses côtés.* fig. 69.

Au point de contact A menez le diametre AD; l'angle BAD est droit *, il a pour mesure la moitié de la demi-circonférence AMD, l'angle DAC a pour mesure la moitié de DC; donc BAD + DAC ou BAC a pour mesure la moitié de AMD, plus la moitié de DC, ou la moitié de l'arc entier AMDC. *9.

On démontrerait de même que l'angle CAE a pour mesure la moitié de l'arc AC compris entre ses côtés.

Problémes relatifs aux deux premiers livres.

PROBLÊME PREMIER.

Diviser la droite donnée AB *en deux parties égales.* fig. 70.

Des points A et B, comme centres, avec un rayon plus grand que la moitié de AB, décrivez deux arcs qui se coupent en D; le point D sera également éloigné des points A et B : marquez de même au-dessus ou au-dessous de la ligne AB un second point E également éloigné des points A et B, par les deux points D, E, tirez la ligne DE; je dis que DE coupera la ligne AB en deux parties égales au point C.

Car les deux points D et E étant chacun également éloignés des extrémités A et B, ils doivent se trouver tous deux dans la perpendiculaire élevée sur le milieu de AB. Mais par deux points donnés il ne peut passer qu'une seule ligne droite; donc la ligne DE sera cette perpendiculaire elle-même qui coupe la ligne AB en deux parties égales au point C.

PROBLÊME II.

fig. 71. *Par un point* A, *donné sur la ligne* BC, *élever une perpendiculaire à cette ligne.*

Prenez les points B et C à égale distance de A, ensuite des points B et C, comme centres, et d'un rayon plus grand que BA, décrivez deux arcs qui se coupent en D; tirez AD qui sera la perpendiculaire demandée.

Car le point D, étant également éloigné de B et de C, appartient à la perpendiculaire élevée sur le milieu de BC; donc AD est cette perpendiculaire.

Scholie. La même construction sert à faire un angle droit BAD en un point donné A sur une ligne donnée BC.

PROBLÊME III.

fig. 72. *D'un point* A, *donné hors de la droite* BD, *abaisser une perpendiculaire sur cette droite.*

Du point A, comme centre, et d'un rayon suffisamment grand, décrivez un arc qui coupe la ligne BD aux deux points B et D; marquez ensuite un point E également distant des points B et D, et tirez AE qui sera la perpendiculaire demandée.

Car les deux points A et E sont chacun également

distants des points B et D; donc la ligne AE est perpendiculaire sur le milieu de BD.

PROBLÈME IV.

Au point A *de la ligne* AB, *faire un angle égal à l'angle donné* K. fig. 73.

Du sommet K, comme centre, et d'un rayon à volonté, décrivez l'arc IL terminé aux deux côtés de l'angle; du point A, comme centre, et d'un rayon AB égal à KI, décrivez l'arc indéfini BO; prenez ensuite un rayon égal à la corde LI; du point B, comme centre, et de ce rayon, décrivez un arc qui coupe en D l'arc indéfini BO; tirez AD, et l'angle DAB sera égal à l'angle donné K.

Car les deux arcs BD, LI, ont des rayons égaux et des cordes égales; donc ils sont égaux*; donc l'angle BAD=IKL. *4, 2.

PROBLÈME V.

Diviser un angle ou un arc donné en deux parties égales. fig. 74.

1° S'il faut diviser l'arc AB en deux parties égales, des points A et B, comme centres, et avec un même rayon, décrivez deux arcs qui se coupent en D; par le point D et par le centre C tirez CD qui coupera l'arc AB en deux parties égales au point E.

Car les deux points C et D sont chacun également distants des extrémités A et B de la corde AB; donc la ligne CD est perpendiculaire sur le milieu de cette corde; donc elle divise l'arc AB en deux parties égales au point E*. *6, 2.

2° S'il faut diviser en deux parties égales l'angle ACB, on commencera par décrire du sommet C, comme centre, l'arc AB, et le reste comme il vient d'être dit. Il est clair que la ligne CD divisera en deux parties égales l'angle ACB.

Scholie. On peut, par la même construction, diviser chacune des moitiés AE, EB, en deux parties égales; ainsi, par des sous-divisions successives, on divisera un angle ou un arc donné en quatre parties égales, en huit, en seize, etc.

PROBLÊME VI.

fig. 75. *Par un point donné* A, *mener une parallele à la ligne donnée* BC.

Du point A, comme centre, et d'un rayon suffisamment grand, décrivez l'arc indéfini EO; du point E, comme centre, et du même rayon, décrivez l'arc AF, prenez ED = AF, et tirez AD qui sera la parallele demandée.

Car en joignant AE, on voit que les angles alternes AEF, EAD, sont égaux; donc les lignes AD, EF, sont paralleles *.

*23, 1.

PROBLÊME VII.

fig. 76. *Deux angles* A *et* B *d'un triangle étant donnés, trouver le troisieme.*

Tirez la ligne indéfinie DEF, faites au point E l'angle DEC = A, et l'angle CEH = B : l'angle restant HEF sera le troisieme angle requis; car ces trois angles pris ensemble valent deux angles droits.

PROBLÊME VIII.

fig. 77. *Étant donnés deux côtés* B *et* C *d'un triangle et l'angle* A *qu'ils comprennent, décrire le triangle.*

Ayant tiré la ligne indéfinie DE, faites au point D l'angle EDF égal à l'angle donné A; prenez ensuite DG = B, DH = C, et tirez GH; DGH sera le triangle demandé.

PROBLÈME IX.

Étant donnés un côté et deux angles d'un triangle, décrire le triangle.

Les deux angles donnés seront ou tous deux adjacents au côté donné, ou l'un adjacent, l'autre opposé : dans ce dernier cas, cherchez le troisieme*, vous aurez ainsi les deux angles adjacents. Cela posé, tirez la droite DE égale au côté donné, faites au point D l'angle EDF égal à l'un des angles adjacents, et au point E l'angle DEG égal à l'autre; les deux lignes DF, EG, se couperont en H, et DEH sera le triangle requis.

* pr. 7. fig. 78.

PROBLÈME X.

Les trois côtés A, B, C, *d'un triangle étant donnés, décrire le triangle.* fig. 79.

Tirez DE égal au côté A; du point E, comme centre, et d'un rayon égal au second côté B, décrivez un arc; du point D, comme centre, et d'un rayon égal au troisieme côté C, décrivez un autre arc qui coupera le premier en F; tirez DF, EF, et DEF sera le triangle requis.

Scholie. Si l'un des côtés était plus grand que la somme des deux autres, les arcs ne se couperaient pas; mais la solution sera toujours possible, si la somme de deux côtés, pris comme on voudra, est plus grande que le troisieme.

PROBLÈME XI.

Étant donnés deux côtés A *et* B *d'un triangle, avec l'angle* C *opposé au côté* B, *décrire le triangle.* fig. 80.

Il y a deux cas : 1° si l'angle C est droit ou obtus, faites l'angle EDF égal à l'angle C; prenez DE=A, du point E, comme centre, et d'un rayon égal au côté donné B, décrivez un arc qui coupe en F la ligne DF; tirez EF, et DEF sera le triangle demandé.

Il faut, dans ce premier cas, que le côté B soit plus grand que A, car l'angle C étant droit ou obtus, est le plus grand des angles du triangle; donc le côté opposé doit être aussi le plus grand.

fig. 81. 2° Si l'angle C est aigu, et que B soit plus grand que A, la même construction a toujours lieu, et DEF est le triangle requis.

fig. 82. Mais si, l'angle C étant aigu, le côté B est moindre que A, alors l'arc décrit du centre E avec le rayon EF=B, coupera le côté DF en deux points F et G, situés du même côté de D; donc il y aura deux triangles DEF, DEG, qui satisferont également au problême.

Scholie. Le problême serait impossible dans tous les cas, si le côté B était plus petit que la perpendiculaire abaissée de E sur la ligne DF.

PROBLÊME XII.

fig. 83. *Les côtés adjacents* A *et* B *d'un parallelogramme étant donnés avec l'angle* C *qu'ils comprennent, décrire le parallélogramme.*

Tirez la ligne DE=A, faites au point D l'angle FDE=C, prenez DF=B; décrivez deux arcs, l'un du point F comme centre, et d'un rayon FG=DE, l'autre du point E, comme centre et d'un rayon EG=DF : au point G, où ces deux arcs se coupent, tirez FG, EG; et DEGF sera le parallélogramme demandé.

Car, par construction, les côtés opposés sont égaux;
* 30, 1. donc la figure décrite est un parallélogramme *, et ce parallélogramme est formé avec les côtés donnés et l'angle donné.

Corollaire. Si l'angle donné est droit, la figure sera

un rectangle; si, de plus, les côtés sont égaux, ce sera un quarré.

PROBLÈME XIII.

Trouver le centre d'un cercle ou d'un arc donné.

Prenez à volonté dans la circonférence ou dans l'arc trois points A, B, C; joignez ou imaginez qu'on joigne AB et BC, divisez ces deux lignes en deux parties égales par les perpendiculaires DE, FG; le point O, où ces perpendiculaires se rencontrent, sera le centre cherché. fig. 84

Scholie. La même construction sert à faire passer une circonférence par les trois points donnés A, B, C, et aussi à décrire une circonférence dans laquelle le triangle donné ABC soit inscrit.

PROBLÈME XIV.

Par un point donné mener une tangente à un cercle donné.

Si le point donné A est sur la circonférence, tirez le rayon CA, et menez AD perpendiculaire à CA; AD sera la tangente demandée *. fig. 85. *9, 2.

Si le point A est hors du cercle, joignez le point A et le centre par la ligne droite CA; divisez CA en deux également au point O; du point O, comme centre, et du rayon OC, décrivez une circonférence qui coupera la circonférence donnée au point B; tirez AB, et AB sera la tangente demandée. fig. 86.

Car en menant CB, l'angle CBA, inscrit dans le demi-cercle, est un angle droit *; donc AB est perpendiculaire à l'extrémité du rayon CB, donc elle est tangente. *18, 2.

Scholie. Le point A étant hors du cercle, on voit qu'il y a toujours deux tangentes égales AB, AD, qui passent par le point A : elles sont égales, car les triangles rectangles CBA, CDA, ont l'hypoténuse CA

commune, et le côté CB = CD; donc ils sont
18, 1. égaux; donc AD = AB, et en même temps l'angle CAD = CAB.

PROBLÈME XV.

fig. 87. *Inscrire un cercle dans un triangle donné* ABC.

Divisez les angles A et B en deux également par les lignes AO et BO qui se rencontreront en O; du point O abaissez les perpendiculaires OD, OE, OF, sur les trois côtés du triangle; je dis que ces perpendiculaires seront égales entre elles; car, par construction, l'angle DAO = OAF, l'angle droit ADO = AFO; donc le troisieme angle AOD est égal au troisieme AOF. D'ailleurs le côté AO est commun aux deux triangles AOD, AOF, et les angles adjacents au côté égal sont égaux; donc ces deux triangles sont égaux; donc DO = OF. On prouvera de même que les deux triangles BOD, BOE, sont égaux; donc OD = OE, donc les trois perpendiculaires OD, OE, OF, sont égales entre elles.

Maintenant si du point O, comme centre, et du rayon OD, on décrit une circonférence, il est clair que cette circonférence sera inscrite dans le triangle ABC; car le côté AB, perpendiculaire à l'extrémité du rayon OD, est une tangente : il en est de même des côtés BC, AC.

Scholie. Les trois lignes qui divisent en deux également les trois angles d'un triangle, concourent en un même point.

PROBLÈME XVI.

fig. 88 et 89. *Sur une droite donnée* AB, *décrire un segment* capable *de l'angle donné* C, *c'est-à-dire, un segment tel que tous les angles qui y sont inscrits soient égaux à l'angle donné* C.

Prolongez AB vers D, faites au point B l'angle DBE = C, tirez BO perpendiculaire à BE, et GO perpendiculaire sur le milieu de AB; du point de rencontre O, comme centre, et du rayon OB, décrivez un cercle, le segment demandé sera AMB.

Car puisque BF est perpendiculaire à l'extrémité du rayon OB, BF est une tangente, et l'angle ABF a pour mesure la moitié de l'arc AKB*; d'ailleurs l'angle AMB, comme angle inscrit, a aussi pour mesure la moitié de l'arc AKB, donc l'angle AMB = ABF = EBD = C; donc tous les angles inscrits dans le segment AMB sont égaux à l'angle donné C. * 19, 2.

Scholie. Si l'angle donné était droit, le segment cherché serait le demi-cercle décrit sur le diametre AB.

PROBLÊME XVII.

Trouver le rapport numérique de deux lignes droites données AB, CD, *si toutefois ces deux lignes ont entre elles une mesure commune.* fig. 90.

Portez la plus petite CD sur la plus grande AB autant de fois qu'elle peut y être contenue; par exemple, deux fois, avec le reste BE.

Portez le reste BE sur la ligne CD, autant de fois qu'il peut y être contenu, une fois, par exemple, avec le reste DF.

Portez le second reste DF sur le premier BE, autant de fois qu'il peut y être contenu, une fois, par exemple, avec le reste BG.

Portez le troisieme reste BG sur le second DF, autant de fois qu'il peut y être contenu.

Continuez ainsi jusqu'à ce que vous ayez un reste qui soit contenu un nombre de fois juste dans le précédent.

Alors ce dernier reste sera la commune mesure des lignes proposées, et, en le regardant comme l'unité, on trouvera aisément les valeurs des restes précédents et enfin celles des deux lignes proposées, d'où l'on conclura leur rapport en nombres.

Par exemple, si l'on trouve que GB est contenu deux fois juste dans FD, BG sera la commune mesure des deux lignes proposées. Soit BG = 1, on aura FD = 2; mais EB contient une fois FD plus GB; donc EB = 3; CD contient une fois EB plus FD; donc CD = 5; enfin AB contient deux fois CD plus EB; donc AB = 13; donc le rapport des deux lignes AB, CD, est celui de 13 à 5. Si la ligne CD était prise pour unité, la ligne AB serait $\frac{13}{5}$, et si la ligne AB était prise pour unité, la ligne CD serait $\frac{5}{13}$.

Scholie. La méthode qu'on vient d'expliquer est la même que prescrit l'arithmétique pour trouver le commun diviseur de deux nombres; ainsi elle n'a pas besoin d'une autre démonstration.

Il est possible que, quelque loin qu'on continue l'opération, on ne trouve jamais un reste qui soit contenu un nombre de fois juste dans le précédent. Alors les deux lignes n'ont point de commune mesure, et sont ce qu'on appelle *incommensurables* : on en verra ci-après un exemple dans le rapport de la diagonale au côté du quarré. On ne peut donc alors trouver le rapport exact en nombres : mais en négligeant le dernier reste, on trouvera un rapport plus ou moins approché, selon que l'opération aura été poussée plus ou moins loin.

PROBLÈME XVIII.

fig. 91. *Deux angles* A *et* B *étant donnés, trouver leur commune mesure, s'ils en ont une, et de-là leur rapport en nombres.*

Décrivez avec des rayons égaux les arcs CD, EF, qui servent de mesure à ces angles; procédez ensuite pour la comparaison des arcs CD, EF, comme dans le problême précédent; car un arc peut être porté sur un arc de même rayon, comme une ligne droite sur une ligne droite. Vous parviendrez ainsi à la commune mesure des arcs CD, EF, s'ils en ont une, et a leur rapport en nombres. Ce rapport sera le même que celui des angles donnés *; et si DO est la commune mesure des arcs, DAO sera celle des angles. * 17, 2.

Scholie. On peut ainsi trouver la valeur absolue d'un angle en comparant l'arc qui lui sert de mesure à toute la circonférence : par exemple, si l'arc CD est à la circonférence comme 3 est à 25, l'angle A sera les $\frac{3}{25}$ de quatre angles droits, ou $\frac{12}{25}$ d'un angle droit.

Il pourra arriver aussi que les arcs comparés n'aient pas de commune mesure; alors on n'aura pour les angles que des rapports en nombres plus ou moins approchés, selon que l'opération aura été poussée plus ou moins loin.

LIVRE III.

LES PROPORTIONS DES FIGURES.

DÉFINITIONS.

I. J'APPELLERAI *figures équivalentes* celles dont les surfaces sont égales.

Deux figures peuvent être équivalentes, quoique très-dissemblables : par exemple, un cercle peut être équivalent à un quarré, un triangle à un rectangle, etc.

La dénomination de figures égales sera conservée à celles qui étant appliquées l'une sur l'autre, coïncident dans tous leurs points : tels sont deux cercles dont les rayons sont égaux, deux triangles dont les trois côtés sont égaux chacun à chacun, etc.

II. Deux figures sont *semblables*, lorsqu'elles ont les angles égaux chacun à chacun et les *côtés homologues* proportionnels. Par côtés homologues on entend ceux qui ont la même position dans les deux figures, ou qui sont adjacents à des angles égaux. Ces angles eux-mêmes s'appellent *angles homologues*.

Deux figures égales sont toujours semblables; mais deux figures semblables peuvent être fort inégales.

III. Dans deux cercles différents, on appelle *arcs semblables*, *secteurs semblables*, *segments semblables*, ceux qui répondent à des angles au centre égaux.

fig. 92. Ainsi l'angle A étant égal à l'angle O, l'arc BC est semblable à l'arc DE, le secteur ABC au secteur ODE, etc.

IV. La *hauteur* d'un parallélogramme est la perpendiculaire EF qui mesure la distance des deux côtés opposés AB, CD, pris pour bases. fig. 93.

V. La *hauteur* d'un triangle est la perpendiculaire AD abaissée du sommet d'un angle A sur le côté opposé BC pris pour base. fig. 94.

VI. La *hauteur* du trapeze est la perpendiculaire EF menée entre ses deux côtés paralleles AB, CD. fig. 95.

VII. L'*aire* ou la surface d'une figure sont des termes à-peu-près synonymes. L'aire désigne plus particulièrement la quantité superficielle de la figure en tant qu'elle est mesurée ou comparée à d'autres surfaces.

N. B. Pour l'intelligence de ce livre et des suivants, il faut avoir présente la théorie des proportions, pour laquelle nous renvoyons aux traités ordinaires d'arithmétique et d'algebre. Nous ferons seulement une observation, qui est très importante pour fixer le vrai sens des propositions, et dissiper toute obscurité, soit dans l'énoncé, soit dans les démonstrations.

Si on a la proportion A:B::C:D, on sait que le produit des extrêmes A × D est égal au produit des moyens B × C.

Cette vérité est incontestable pour les nombres; elle l'est aussi pour des grandeurs quelconques, pourvu qu'elles s'expriment ou qu'on les imagine exprimées en nombres; et c'est ce qu'on peut toujours supposer : par exemple, si A, B, C, D, sont des lignes, on peut imaginer qu'une de ces quatre lignes, ou une cinquieme, si l'on veut, serve à toutes de commune mesure et soit prise pour unité; alors A, B, C, D représentent chacune un certain nombre d'unités, entier ou rompu, commensurable ou incommensurable, et la proportion entre les lignes A, B, C, D, devient une proportion de nombres.

Le produit des lignes A et D, qu'on appelle aussi leur *rectangle*, n'est donc autre chose que le nombre d'unités linéaires contenues dans A, multiplié par le nombre d'unités linéaires contenues dans B; et on conçoit facilement que ce produit peut et doit être égal à celui qui résulte semblablement des lignes B et C.

Les grandeurs A et B peuvent être d'une espèce, par exemple, des lignes, et les grandeurs C et D d'une autre espece, par exemple, des surfaces; alors il faut toujours regarder ces grandeurs comme des nombres : A et B s'exprimeront en unités linéaires, C et D en unités superficielles, et le produit $A \times D$ sera un nombre comme le produit $B \times C$.

En général, dans toutes les opérations qu'on fera sur les proportions, il faut toujours regarder les termes de ces proportions comme autant de nombres, chacun de l'espece qui lui convient, et on n'aura aucune peine à concevoir ces opérations et les conséquences qui en résultent.

Nous devons avertir aussi que plusieurs de nos démonstrations sont fondées sur quelques-unes des regles les plus simples de l'algebre, lesquelles s'appuyent elles-mêmes sur les axiômes connus : ainsi si l'on a $A = B + C$, et qu'on multiplie chaque membre par une même quantité M, on en conclut $A \times M = B \times M + C \times M$; pareillement si l'on a $A = B + C$ et $D = E - C$, et qu'on ajoute les quantités égales, en effaçant $+C$ et $-C$ qui se détruisent, on en conclura $A + D = B + E$, et ainsi des autres. Tout cela est assez évident par soi-même; mais, en cas de difficulté, il sera bon de consulter les livres d'algebre, et d'entre-mêler ainsi l'étude des deux sciences.

PROPOSITION PREMIERE.

THÉORÊME.

Les parallélogrammes qui ont des bases égales et des hauteurs égales, sont équivalents.

fig. 96. Soit AB la base commune des deux parallélogrammes ABCD, ABEF, puisqu'ils sont supposés avoir la même hauteur, les bases supérieures DC, FE, seront situées sur une même ligne parallele à AB. Or on a par la nature des parallélogrammes $AD = BC$, et $AF = BE$; par la même raison on a $DC = AB$, et $FE = AB$; donc $DC = FE$; donc, retranchant DC et FE de la même ligne DE, les restes CE et DF seront égaux.

Il suit de-là que les triangles DAF, CBE, sont équilatéraux entre eux, et par conséquent égaux *. *11, 1.

Mais si du quadrilatere ABED on retranche le triangle ADF, il reste le parallélogramme ABEF; et si du même quadrilatere ABED on retranche le triangle CBE, il reste le parallélogramme ABCD; donc les deux parallélogrammes ABCD, ABEF, qui ont même base et même hauteur, sont équivalents.

Corollaire. Tout parallélogramme ABCD est équivalent au rectangle ABEF de même base et de même fig. 97 hauteur.

PROPOSITION II.

THÉORÊME.

Tout triangle ABC *est la moitié du parallélo-* fig. 98. *gramme* ABCD *qui a même base et même hauteur.*

Car les triangles ABC, ACD, sont égaux *. *31, 1.

Corollaire I. Donc un triangle ABC est la moitié du rectangle BCEF qui a même base BC et même hauteur AO; car le rectangle BCEF est équivalent au parallélogramme ABCD.

Corollaire II. Tous les triangles qui ont des bases égales et des hauteurs égales, sont équivalents.

PROPOSITION III.

THÉORÊME.

Deux rectangles de même hauteur sont entre eux comme leurs bases.

Soient ABCD, AEFD, deux rectangles qui ont pour fig. 99. hauteur commune AD; je dis qu'ils sont entre eux comme leurs bases AB, AE.

Supposons d'abord que les bases AB, AE, soient

commensurables entre elles, et qu'elles soient, par exemple, comme les nombres 7 et 4 : si on divise AB en 7 parties égales, AE contiendra 4 de ces parties; élevez à chaque point de division une perpendiculaire à la base, vous formerez ainsi sept rectangles partiels, qui seront égaux entre eux, puisqu'ils auront même base et même hauteur. Le rectangle ABCD contiendra sept rectangles partiels, tandis que AEFD en contiendra quatre; donc le rectangle ABCD est au rectangle AEFD comme 7 est à 4, ou comme AB est à AE. Le même raisonnement peut être appliqué à tout autre rapport que celui de 7 à 4; donc, quel que soit ce rapport, pourvu qu'il soit commensurable, on aura,

ABCD : AEFD :: AB : AE.

fig. 100. Supposons, en second lieu, que les bases AB, AE, soient incommensurables entre elles; je dis qu'on n'en aura pas moins,

ABCD : AEFD :: AB : AE.

Car si cette proportion n'est pas vraie, les trois premiers termes demeurant les mêmes, le quatrieme sera plus grand ou plus petit que AE. Supposons qu'il soit plus grand et qu'on ait,

ABCD : AEFD :: AB : AO.

Divisez la ligne AB en parties égales plus petites que EO, il y aura au moins un point de division I entre E et O : par ce point élevez sur AI la perpendiculaire IK; les bases AB, AI, seront commensurables entre elles, et ainsi on aura, par ce qui vient d'être démontré,

ABCD : AIKD :: AB : AI.

Mais on a, par hypothese,

ABCD : AEFD :: AB : AO.

Dans ces deux proportions les antécédents sont égaux; donc les conséquents sont proportionnels, et il en résulte,

AIKD : AEFD :: AI : AO

Mais AO est plus grand que AI; donc, pour que cette proportion subsistât, il faudrait que le rectangle AEFD fût plus grand que AIKD; or, au contraire, il est plus petit; donc la proportion est impossible; donc ABCD ne peut être à AEFD comme AB est à une ligne plus grande que AE.

Par un raisonnement entièrement semblable, on prouverait que le quatrieme terme de la proportion ne peut être plus petit que AE; donc il est égal à AE.

Donc, quel que soit le rapport des bases, deux rectangles de même hauteur ABCD, AEFD, sont entre eux comme leurs bases AB, AE.

PROPOSITION IV.

THÉORÊME.

Deux rectangles quelconques ABCD, AEGF, *sont entre eux comme les produits des bases multipliées par les hauteurs, de sorte qu'on a* ABCD : AEGF : : AB × AD : AE × AF. fig. 101.

Ayant disposé les deux rectangles de maniere que les angles en A soient opposés au sommet, prolongez les côtés GE, CD, jusqu'à leur rencontre en H; les deux rectangles ABCD, AEHD, ont même hauteur AD; ils sont donc entre eux comme leurs bases AB, AE : de même les deux rectangles AEHD, AEGF, ont même hauteur AE; ils sont donc entre eux comme leurs bases AD, AF : ainsi on aura les deux proportions,

ABCD : AEHD : : AB : AE.
AEHD : AEGF : : AD : AF.

Multipliant ces proportions par ordre, et observant que le moyen terme AEHD peut être omis comme multiplicateur commun à l'antécédent et au conséquent, on aura,

ABCD:AEGF::AB × AD:AE × AF.

Scholie. Donc on peut prendre pour mesure d'un rectangle le produit de sa base par sa hauteur, pourvu qu'on entende par ce produit celui de deux nombres, qui sont le nombre d'unités linéaires contenues dans la base, et le nombre d'unités linéaires contenues dans la hauteur.

Cette mesure, d'ailleurs, n'est pas absolue, mais seulement relative; elle suppose qu'on évalue semblablement un autre rectangle en mesurant ses côtés par la même unité linéaire; on obtient ainsi un second produit, et le rapport des deux produits est égal à celui des rectangles, conformément à la proposition qu'on vient de démontrer.

Par exemple, si la base du rectangle A est de trois unités et sa hauteur de dix, le rectangle sera représenté par le nombre 3 × 10, ou 30, nombre qui ainsi isolé ne signifie rien; mais si on a un second rectangle B dont la base soit de douze unités et la hauteur de sept, le second rectangle sera représenté par le nombre 7 × 12, ou 84 : de-là on conclura que les deux rectangles A et B sont entre eux comme 30 est à 84; donc, si on convenait de prendre le rectangle A pour l'unité de mesure dans les surfaces, le rectangle B aurait alors pour mesure absolue $\frac{84}{30}$, c'est-à-dire qu'il serait égal à $\frac{84}{30}$ d'unités superficielles.

Il est plus ordinaire et plus simple de prendre le quarré pour l'unité de surface, et on choisit le quarré dont le côté est l'unité de longueur; alors la mesure que nous avons regardée simplement comme relative devient absolue : par exemple le nombre 30, par lequel nous avons mesuré le rectangle A, représente 30 unités superficielles, ou 30 de ces quarrés dont le côté est égal à l'unité : c'est ce que la fig. 102 rend sensible.

fig. 102.

On confond assez souvent en géométrie le produit de deux lignes avec leur *rectangle*, et cette expression a même passé en arithmétique pour désigner le produit de deux nombres inégaux, comme on emploie celle de *quarré* pour exprimer le produit d'un nombre multiplié par lui-même.

Les quarrés des nombres 1, 2, 3, etc., sont 1, 4, 9, etc. Aussi voit-on que le quarré fait sur une ligne double est quadruple; sur une ligne triple, il est neuf fois plus grand, et ainsi de suite. fig. 103.

PROPOSITION V.

THÉORÊME.

L'aire d'un parallélogramme quelconque est égale au produit de sa base par sa hauteur.

Car le parallélogramme ABCD est équivalent au rectangle ABEF, qui a même base AB et même hauteur BE*; or celui-ci a pour mesure AB×BE** : Donc AB×BE est égal à l'aire du parallélogramme ABCD. fig. 97. *1. **4.

Corollaire. Les parallélogrammes de même base sont entre eux comme leurs hauteurs, et les parallélogrammes de même hauteur sont entre eux comme leurs bases; car A, B, C, étant trois grandeurs quelconques, on a généralement A×C:B×C::A:B.

PROPOSITION VI.

THÉORÊME.

L'aire d'un triangle est égale au produit de sa base par la moitié de sa hauteur.

Car le triangle ABC est la moitié du parallélogramme ABCE, qui a même base BC et même hauteur AD*: or, la surface du parallélogramme fig. 104. *2.

* 5. $= BC \times AD$*; donc celle du triangle $= \frac{1}{2} BC \times AD$ ou $BC \times \frac{1}{2} AD$.

Corollaire. Deux triangles de même hauteur sont entre eux comme leurs bases, et deux triangles de même base sont entre eux comme leurs hauteurs.

PROPOSITION VII.

THÉORÊME.

fig 105. *L'aire du trapeze* ABCD *est égale à sa hauteur* EF, *multipliée par la demi-somme des bases paralleles,* AB, CD.

Par le point I, milieu du côté CB, menez KL parallele au côté opposé AD, et prolongez DC jusqu'à la rencontre de KL.

Dans les triangles IBL, ICK, on a le côté $IB = IC$ par construction, l'angle $LIB = CIK$, et l'angle
* 23. 1. $IBL = ICK$, puisque CK et BL sont paralleles *;
* 7, 1. donc ces triangles sont égaux *; donc le trapeze ABCD est équivalent au parallélogramme ADKL, et il a pour mesure $EF \times AL$.

Mais on a $AL = DK$, et puisque le triangle IBL est égal au triangle KCI, le côté $BL = CK$; donc $AB + CD = AL + DK = 2\,AL$, et ainsi AL est la demi-somme des bases AB, CD; donc enfin l'aire du trapeze ABCD est égale à la hauteur EF multipliée par la demi-somme des bases AB, CD, ce qui s'exprime ainsi : $ABCD = EF \times \left(\frac{AB + CD}{2}\right)$.

Scholie. Si par le point I, milieu de BC, on mene IH, parallele à la base AB, le point H sera aussi le milieu de AD, car la figure AHIL est un parallélogramme, ainsi que DHIK, puisque les côtés opposés sont paralleles : on a donc $AH = IL$ et $DH = IK$; or, $IL = IK$, puisque les triangles BIL, CIK, sont égaux; donc $AH = DH$.

On peut remarquer que la ligne HI $=$ AL $= \frac{AB+CD}{2}$; donc l'aire du trapeze peut s'exprimer aussi par EF $\times$ HI : elle est donc égale à la hauteur du trapeze multipliée par la ligne qui joint les milieux des côtés non paralleles.

PROPOSITION VIII.

THÉORÊME.

Si une ligne AC *est divisée en deux parties* AB, BC, *le quarré fait sur la ligne entiere* AC *contiendra le quarré fait sur une partie* AB, *plus le quarré fait sur l'autre partie* BC, *plus deux fois le rectangle compris sous les deux parties* AB, BC, *ce qu'on exprime ainsi*, $\overline{AC}^2$ *ou* $(AB+BC)^2 = \overline{AB}^2 + \overline{BC}^2 + 2\,AB \times BC$. fig. 106.

Construisez le quarré ACDE, prenez AF $=$ AB, menez FG parallele à AC, et BH parallele à AE.

Le quarré ABCDE est divisé en quatre parties : la premiere ABIF est le quarré fait sur AB, puisqu'on a pris AF $=$ AB : la seconde IGDH est le quarré fait sur BC ; car puisqu'on a AC $=$ AE, et AB $=$ AF, la différence AC $-$ AB est égale à la différence AE $-$ AF, ce qui donne BC $=$ EF ; mais à cause des paralleles IG $=$ BC, et DG $=$ EF, donc HIGD est égal au quarré fait sur BC. Ces deux parties étant retranchées du quarré total, il reste les deux rectangles BCGI, EFIH, qui ont chacun pour mesure AB $\times$ BC ; donc le quarré fait sur AC, etc.

Scholie. Cette proposition revient à celle qu'on démontre en algebre pour la formation du quarré d'un binôme, et qui est ainsi exprimée :

$$(a+b)^2 = a^2 + 2ab + b^2.$$

PROPOSITION IX.

THÉORÊME.

fig. 107. *Si la ligne* AC *est la différence des deux lignes* AB, BC, *le quarré fait sur* AC *contiendra le quarré de* AB, *plus le quarré de* BC, *moins deux fois le rectangle fait sur* AB *et* BC; *c'est-à-dire qu'on aura* $\overline{AC}^2$ *ou* $(AB - BC)^2 = \overline{AB}^2 + \overline{BC}^2 - 2\,AB \times BC$.

Construisez le quarré ABIF, prenez $AE = AC$, menez CG parallele à BI, HK parallele à AB, et achevez le quarré EFLK.

Les deux rectangles CBIG, GLKD, ont chacun pour mesure $AB \times BC$: si on les retranche de la figure entiere ABILKEA, qui a pour valeur $\overline{AB}^2 + \overline{BC}^2$, il est clair qu'il restera le quarré ACDE, donc, etc.

Scholie. Cette proposition revient à la formule d'algebre $(a - b)^2 = a^2 + b^2 - 2ab$.

PROPOSITION X.

THÉORÊME.

Le rectangle fait sur la somme et la différence de deux lignes, est égale à la différence des
fig 108. *quarrés de ces lignes : ainsi on a* $(AB + BC) \times (AB - BC) = \overline{AB}^2 - \overline{BC}^2$.

Construisez sur AB et AC les quarrés ABIF, ACDE; prolongez AB d'une quantité $BK = BC$, et achevez le rectangle AKLE.

La base AK du rectangle est la somme des deux lignes AB, BC, sa hauteur AE est la différence de ces mêmes lignes; donc le rectangle $AKLE = (AB + BC) \times (AB - BC)$. Mais ce même rectangle est composé des deux parties ABHE + BHLK; et la partie BHLK est égale au rectangle EDGF, car BH=DE et BK=EF; donc AKLE=ABHE+EDGF. Or, ces deux parties forment le quarré ABIF moins le quarré DHIG, qui est le quarré fait sur BC; donc enfin $(AB+BC)\times(AB-BC)=\overline{AB}^2-\overline{BC}^2$.

Scholie. Cette proposition revient à la formule d'algebre $(a+b)(a-b)=a^2-b^2$.

PROPOSITION XI.

THÉORÊME.

Le quarré fait sur l'hypoténuse d'un triangle rectangle est égal à la somme des quarrés faits sur les deux autres côtés.

Soit ABC un triangle rectangle en A : ayant formé des quarrés sur les trois côtés, abaissez de l'angle droit sur l'hypoténuse la perpendiculaire AD que vous prolongerez jusqu'en E ; tirez ensuite les diagonales AF, CH. fig. 109.

L'angle ABF est composé de l'angle ABC plus l'angle droit CBF : l'angle CBH est composé du même angle ABC plus l'angle droit ABH; donc l'angle ABF =HBC. Mais AB=BH comme côtés d'un même quarré, et BF=BC par la même raison; donc les triangles ABF, HBC, ont un angle égal compris entre côtés égaux; donc ils sont égaux*. * 6, 1.

Le triangle ABF est la moitié du rectangle BDEF, (ou pour abréger BE) qui a même base BF et même hauteur BD*. Le triangle HBC est pareillement la moitié du quarré AH; car l'angle BAC étant droit ainsi que BAL, AC et AL ne font qu'une même ligne droite parallele à HB; donc le triangle HBC et le quarré AH, qui ont la base commune BH, ont aussi la hauteur commune AB; donc le triangle est la moitié du quarré. * pr. 2.

On a déja prouvé que le triangle ABF est égal au triangle HBC; donc le rectangle BDEF, double du triangle ABF, est équivalent au quarré AH, double du triangle HBC. On démontrera de même que le rectangle CDEG est équivalent au quarré AI; mais les deux rectangles BDEF, CDEG, pris ensemble, font le quarré BCGF; donc le quarré BCGF, fait sur l'hypoténuse, est égal à la somme des quarrés ABHL, ACIK, faits sur les deux autres côtés; ou, en d'autres termes, $\overline{BC}^2 = \overline{AB}^2 + \overline{AC}^2$.

Corollaire I. Donc le quarré d'un des côtés de l'angle droit est égal au quarré de l'hypoténuse moins le quarré de l'autre côté, ce qu'on exprime ainsi: $\overline{AB}^2 = \overline{BC}^2 - \overline{AC}^2$.

fig. 118. *Corollaire* II. Soit ABCD un quarré, AC sa diagonale; le triangle ABC étant rectangle et isoscele, on aura $\overline{AC}^2 = \overline{AB}^2 + \overline{BC}^2 = 2\overline{AB}^2$; donc *le quarré fait sur la diagonale* AC *est double du quarré fait sur le côté* AB.

On peut rendre sensible cette propriété en menant par les points A et C des paralleles à BD, et par les points B et D des paralleles à AC: on formera ainsi un nouveau quarré EFGH qui sera le quarré de AC. Or, on voit que EFGH contient huit triangles égaux à ABE, et que ABCD en contient quatre; donc le quarré EFGH est double de ABCD.

Puisque $\overline{AC}^2 : \overline{AB}^2 :: 2 : 1$, on a, en extrayant la racine quarrée, AC : AB :: $\sqrt{2} : 1$; donc *la diagonale d'un quarré est incommensurable avec son côté.*

C'est ce qu'on développera davantage dans une autre occasion.

fig. 109. *Corollaire* III. On a démontré que le quarré AH est équivalent au rectangle BDEF; or, à cause de la hauteur commune BF, le quarré BCGF est au rectangle BDEF comme la base BC est à la base BD; donc,

$$\overline{BC}^2 : \overline{AB}^2 :: BC : BD.$$

Donc *le quarré de l'hypoténuse est au quarré d'un des côtés de l'angle droit comme l'hypoténuse est au segment adjacent à ce côté.* On appelle ici *segment* la partie de l'hypoténuse déterminée par la perpendiculaire abaissée de l'angle droit; ainsi BD est le segment adjacent au côté AB, et DC est le segment adjacent au côté AC. On aurait semblablement,

$$\overline{BC}^2 : \overline{AC}^2 :: BC : CD.$$

Corollaire IV. Les rectangles BDEF, DCGE, ayant aussi la même hauteur, sont entre eux comme leurs bases BD, CD. Or, ces rectangles sont équivalents aux quarrés $\overline{AB}^2$, $\overline{AC}^2$; donc,

$$\overline{AB}^2 : \overline{AC}^2 :: BD : DC.$$

Donc *les quarrés des deux côtés de l'angle droit sont entre eux comme les segments de l'hypoténuse adjacents à ces côtés.*

PROPOSITION XII.

THÉORÈME.

Dans un triangle ABC, *si l'angle* C *est aigu, le quarré du côté opposé sera plus petit que la somme des quarrés des côtés qui comprennent l'angle* C; *et si l'on abaisse* AD *perpendiculaire sur* BC, *la différence sera égale au double du rectangle* BD × CD; *de sorte qu'on aura,* fig. 110.

$$\overline{AB}^2 = \overline{AC}^2 + \overline{BC}^2 - 2\,BC \times CD.$$

Il y a deux cas. 1° Si la perpendiculaire tombe audedans du triangle ABC, on aura BD = BC — CD, et par conséquent * $\overline{BD}^2 = \overline{BC}^2 + \overline{CD}^2 - 2\,BC \times CD.$ * 9.

ajoutant de part et d'autre $\overline{AD}^2$, et observant que les triangles rectangles ABD, ADC, donnent $\overline{AD}^2 + \overline{BD}^2 = \overline{AB}^2$ et $\overline{AD}^2 + \overline{DC}^2 = \overline{AC}^2$, on aura $\overline{AB}^2 = \overline{BC}^2 + \overline{AC}^2 - 2\,BC \times CD$.

9. 2° Si la perpendiculaire AD tombe hors du triangle ABC, on aura $BD = CD - BC$, et par conséquent $\overline{BD}^2 = \overline{CD}^2 + \overline{BC}^2 - 2\,CD \times BC$. Ajoutant de part et d'autre $\overline{AD}^2$, on en conclura de même,

$$\overline{AB}^2 = \overline{BC}^2 + \overline{AC}^2 - 2\,BC \times CD.$$

PROPOSITION XIII.

THÉORÊME.

fig. 111. *Dans un triangle* ABC, *si l'angle* C *est obtus, le quarré du côté opposé* AB *sera plus grand que la somme des quarrés des côtés qui comprennent l'angle* C, *et si on abaisse* AD *perpendiculaire sur* BC, *la différence sera égale au double du rectangle* BC × CD, *de sorte qu'on aura,*

$$\overline{AB}^2 = \overline{AC}^2 + \overline{BC}^2 + 2\,BC \times CD.$$

La perpendiculaire ne peut pas tomber au-dedans du triangle; car si elle tombait, par exemple, en E, le triangle ACE aurait à-la-fois l'angle droit E et
27, 1. l'angle obtus C, ce qui est impossible; donc elle tombe au-dehors, et on a $BD = BC + CD$. De là
8. résulte $\overline{BD}^2 = \overline{BC}^2 + \overline{CD}^2 + 2\,BC \times CD$. Ajoutant de part et d'autre $\overline{AD}^2$ et faisant les réductions comme dans le théorême précédent, on en conclura $\overline{AB}^2 = \overline{BC}^2 + \overline{AC}^2 + 2\,BC \times CD$.

Scholie. Le triangle rectangle est le seul dans lequel la somme des quarrés de deux côtés soit égale au quarré du troisieme; car si l'angle compris par ces côtés est aigu, la somme de leurs quarrés sera plus grande que le quarré du côté opposé; s'il est obtus, elle sera moindre.

PROPOSITION XIV.

THÉORÊME.

Dans un triangle quelconque ABC, *si on mene du sommet au milieu de la base la ligne* AE, *je dis qu'on aura* $\overline{AB}^2+\overline{AC}^2=2\,\overline{AE}^2+2\,\overline{BE}^2$. fig. 112.

Abaissez la perpendiculaire AD sur la base BC, le triangle AEC donnera par le théorême XII,

$$\overline{AC}^2=\overline{AE}^2+\overline{EC}^2-2\,EC\times ED.$$

Le triangle ABE donnera par le théorême XIII,

$$\overline{AB}^2=\overline{AE}^2+\overline{EB}^2+2\,EB\times ED.$$

Donc, en ajoutant et observant que EB=EC, on aura,

$$\overline{AB}^2+\overline{AC}^2=2\,\overline{AE}^2+2\,\overline{EB}^2.$$

Corollaire. Donc, *dans tout parallélogramme, la somme des quarrés des côtés est égale à la somme des quarrés des diagonales.*

Car les diagonales AC, BD, se coupent mutuellement en deux parties égales au point E*; ainsi le triangle ABC donne, fig. 113. * 32, 1

$$\overline{AB}^2+\overline{BC}^2=2\,\overline{AE}^2+2\,\overline{BE}^2.$$

Le triangle ADC donne pareillement,

$$\overline{AD}^2+\overline{DC}^2=2\,\overline{AE}^2+2\,\overline{DE}^2.$$

Ajoutant membre à membre, en observant que BE= DE, on aura,

$$\overline{AB}^2+\overline{AD}^2+\overline{DC}^2+\overline{BC}^2=4\,\overline{AE}^2+4\,\overline{DE}^2.$$

Mais $4\,\overline{AE}^2$ est le quarré de 2 AE ou de AC; $4\,\overline{DE}^2$ est le quarré de BD; donc la somme des quarrés des côtés est égale à la somme des quarrés des diagonales,

PROPOSITION XV.

THÉORÊME.

fig. 114. *La ligne* DE, *menée parallèlement à la base d'un triangle* ABC, *divise les côtés* AB, AC, *proportionnellement; de sorte qu'on a* AD : DB :: AE : EC.

Joignez BE et DC; les deux triangles BDE, DEC, ont même base DE; ils ont aussi même hauteur, puisque les sommets B et C sont situés sur une parallele à la base; donc ces triangles sont équivalents*.

* 2.

Les triangles ADE, BDE, dont le sommet commun est E, ont même hauteur et sont entre eux comme leurs bases AD, DB*; ainsi on a,

* 6.

ADE : BDE :: AD : DB.

Les triangles ADE, DEC, dont le sommet commun est D, ont aussi même hauteur, et sont entre eux comme leurs bases AE, EC; donc,

ADE : DEC :: AE : EC.

Mais le triangle BDE = DEC; donc, à cause du rapport commun dans ces deux proportions, on en conclura AD : DB :: AE : EC.

Corollaire I. De là résulte *componendo* AD + DB : AD :: AE + EC : AE, ou AB : AD :: AC : AE, et aussi AB : BD :: AC : CE.

fig. 115. *Corollaire* II. *Si entre deux droites* AB, CD, *on mene tant de paralleles qu'on voudra* AC, EF, GH, BD, etc., *ces droites seront coupées proportionnellement, et on aura* AE : CF :: EG : FH :: GB : HD.

Car soit O le point de concours des droites AB, CD; dans le triangle OEF, où la ligne AC est menée parallèlement à la base EF, on aura OE : AE :: OF : CF, ou OE : OF :: AE : CF. Dans le triangle OGH, on aura semblablement OE : EG :: OF : FH, ou OE : OF :: EG : FH; donc, à cause du rapport commun,

OE:OF, ces deux proportions donnent AE:CF:: EG:FH. On démontrera de la même maniere que EG: FH::GB:HD, et ainsi de suite; donc les lignes AB, CD, sont coupées proportionnellement par les paralleles EF, GH, etc.

PROPOSITION XVI.

THÉORÊME.

Réciproquement si les côtés AB, AC, *sont coupés proportionnellement par la ligne* DE, *en sorte qu'on ait* AD : DB :: AE : EC, *je dis que la ligne* DE *sera parallele à la base* BC. fig. 116

Car si DE n'est pas parallele à BC, supposons que DO en soit une; alors, suivant le théorême précédent, on aura AD:BD::AO:OC. Mais, par hypothese, AD:DB::AE:EC; donc on aurait AO:OC:: AE:EC; proportion impossible, puisque d'une part l'antécédent AE est plus grand que AO, et que de l'autre le conséquent EC est plus petit que OC; donc la parallele à BC menée par le point D ne peut différer de DE; donc DE est cette parallele.

Scholie. La même conclusion aurait lieu si on supposait la proportion AB:AD::AC:AE. Car cette proportion donnerait AB—AD:AD::AC—AE:AE, ou BD:AD::CE:AE.

PROPOSITION XVII.

THÉORÊME.

La ligne AD, *qui divise en deux parties égales l'angle* BAC *d'un triangle, divisera la base* BC *en deux segments* BD, DC, *proportionnels aux côtés adjacents* AB, AC; *de sorte qu'on aura* BD:DC::AB:AC. fig. 117

Par le point C menez CE parallele à AD jusqu'à la rencontre de BA prolongé.

Dans le triangle BCE, la ligne AD est parallele à la
* 15. base CE; ainsi on a la proportion *,

BD:DC::AB:AE.

Mais le triangle ACE est isoscele; car, à cause des
paralleles AD, CE, l'angle ACE=DAC, et l'angle
* 23, 1. AEC=BAD * : or, par hypothese, DAC=BAD;
* 13, 1. donc l'angle ACE=AEC, et par suite AE=AC *;
substituant donc AC à la place de AE dans la proportion précédente, on aura,

BD:DC::AB:AC.

PROPOSITION XVIII.

THÉORÊME.

Deux triangles équiangles ont les côtés homologues proportionnels et sont semblables.

fig. 119. Soient ABC, CDE, deux triangles qui ont les angles égaux chacun à chacun, savoir BAC=CDE, ABC=DCE, et ACB=DEC; je dis que les côtes homologues ou adjacents aux angles égaux, seront proportionnels, de sorte qu'on aura BC:CE::AB:CD::AC:DE.

Placez les côtés homologues BC, CE, dans la même direction, et prolongez les côtés BA, ED, jusqu'à ce qu'ils se rencontrent en F.

Puisque BCE est une ligne droite, et que l'angle
*23, 1. BCA=CED, il s'ensuit que AC est parallele à DE *.
Pareillement, puisque l'angle ABC=DCE, la ligne AB est parallele à DC; donc la figure ACDF est un parallélogramme.

Dans le triangle BFE la ligne AC est parallele à la
15. base FE, ainsi on a BC:CE::BA:AF. A la place de
AF mettant son égale CD, on aura,

BC:CE::BA:CD.

Dans le même triangle BFE, si on regarde BF comme la base, CD est une parallele à cette base, et on a la proportion BC:CE::FD:DE. A la place de FD mettant son égale AC, on aura,

BC:CE::AC:DE.

Enfin de ces deux proportions qui contiennent le même rapport, BC:CE, on peut conclure aussi,

AC:DE::BA:CD.

Donc les triangles équiangles BAC, CDE, ont les côtés homologues proportionnels : mais, suivant la définition II, deux figures sont semblables, lorsque elles ont à-la-fois les angles égaux chacun à chacun, et les côtés homologues proportionnels; donc les triangles équiangles BAC, CDE, sont deux figures semblables.

Corollaire. Pour que deux triangles soient semblables, il suffit qu'ils aient deux angles égaux chacun à chacun, car alors le troisieme sera égal de part et d'autre, et les deux triangles seront équiangles.

Scholie. Remarquez que, dans les triangles semblables, les côtés homologues sont opposés à des angles égaux; ainsi l'angle ACB étant égal à DEC, le côté AB est homologue à DC ; de même AC et DE sont homologues comme étant opposés aux angles égaux ABC, DCE : les côtés homologues étant reconnus, on forme aussitôt les proportions :

AB:DC::AC:DE::BC:CE.

PROPOSITION XIX.

THÉORÊME.

Deux triangles qui ont les côtés homologues proportionnels, sont équiangles et semblables.

Supposons qu'on ait BC:EF::AB:DE::AC:DF; je dis que les triangles ABC, DEF, auront les angles égaux, savoir, A=D, B=E, C=F. fig. 120

Faites au point E l'angle FEG=B et au point F l'angle EFG=C, le troisieme G sera égal au troisieme A, et les deux triangles ABC, EFG, seront équiangles; donc on aura par le théorême précédent BC:EF::AB:EG : mais, par hypothese, BC:EF::AB:DE; donc EG=DE. On aura encore, par le même théorême, BC:EF::AC:FG, or on a, par hypothese, BC:EF::AC:DF; donc FG=DF; donc les triangles EGF, DEF, ont les trois côtés égaux
*11, 1. chacun à chacun; donc ils sont égaux *. Mais, par construction, le triangle EGF est équiangle au triangle ABC; donc aussi les triangles DEF, ABC, sont équiangles et semblables.

Scholie I. On voit par ces deux dernieres propositions, que dans les triangles, l'égalité des angles est une suite de la proportionnalité des côtés, et réciproquement, de sorte qu'une de ces conditions suffit pour assurer la similitude des triangles. Il n'en est pas de même dans les figures de plus de trois côtés; car, dès qu'il s'agit seulement des quadrilateres, on peut, sans changer les angles, altérer la proportion des côtés, ou, sans altérer les côtés, changer les angles; ainsi la proportionnalité des côtés ne peut être une suite de l'égalité des angles, ni
fig. 121. *vice versâ*. On voit, par exemple, qu'en menant EF parallele à BC, les angles du quadrilatere AEFD sont égaux à ceux du quadrilatere ABCD; mais la proportion des côtés est différente: de même, sans changer les quatre côtés AB, BC, CD, AD, on peut rapprocher ou éloigner le point B du point D, ce qui altérera les angles.

Scholie II. Les deux propositions précédentes qui n'en font proprement qu'une, jointes à celle du quarré de l'hypoténuse, sont les propositions les plus importantes et les plus fécondes de la géométrie; elles suffisent presque seules à toutes les applications et à la résolution de tous les problêmes : la raison en est que toutes les figures peuvent se partager en triangles, et un triangle quelconque en deux triangles rectangles. Ainsi les propriétés générales des triangles renferment implicitement celles de toutes les figures.

PROPOSITION XX.

THÉORÊME.

Deux triangles qui ont un angle égal compris entre côtés proportionnels, sont semblables.

Soit l'angle A = D, et supposons qu'on a AB : fig. 122.
DE : : AC : DF ; je dis que le triangle ABC est semblable à DEF.

Prenez AG = DE et menez GH parallele à BC,
l'angle AGH sera égal à l'angle ABC* ; et le triangle *23. 1.
AGH sera équiangle au triangle ABC ; on aura donc AB : AG :: AC : AH : mais, par hypothese, AB : DE :: AC : DF, et par construction AG = DE ; donc AH = DF. Les deux triangles AGH, DEF, ont donc un angle égal compris entre côtés égaux ; donc ils sont égaux. Or le triangle AGH est semblable à ABC ; donc DEF est aussi semblable à ABC.

PROPOSITION XXI.

THÉORÊME.

Deux triangles qui ont les côtés homologues paralleles, ou qui les ont perpendiculaires chacun à chacun, sont semblables.

Car, 1° si le côté AB est parallele à DE, et BC à fig. 123.
EF, l'angle ABC sera égal à DEF* ; si de plus AC est *26. 1.
parallele à DF, l'angle ACB sera égal à DFE, et aussi

BAC à EDF : donc les triangles ABC, DEF, sont équiangles ; donc ils sont semblables.

fig. 124. 2° Soit le côté DE perpendiculaire à AB, et le côté DF à AC ; dans le quadrilatere AIDH les deux angles I et H seront droits ; les quatre angles valent
* 28, 1. ensemble quatre angles droits *; donc les deux restants IAH, IDH, valent deux angles droits. Mais les deux angles EDF, IDH, valent aussi deux angles droits ; donc l'angle EDF est égal à IAH ou BAC : pareillement si le troisieme côté EF est perpendiculaire au troisieme BC, on démontrera que l'angle DFE=C, et DEF=B ; donc les deux triangles ABC, DEF, qui ont les côtés perpendiculaires chacun à chacun, sont équiangles et semblables.

Scholie. Dans le cas des côtés paralleles, les côtés homologues sont les côtés paralleles, et, dans celui des côtés perpendiculaires, ce sont les côtés perpendiculaires. Ainsi, dans ce dernier cas, DE est homologue à AB, DF à AC, et EF à BC.

Le cas des côtés perpendiculaires pourrait offrir une situation relative des deux triangles, différente de celle qui est supposée dans la fig. 124 ; mais l'égalité des angles respectifs se démontrerait toujours, soit par des quadrilateres tels que AIDH, dont deux angles sont droits, soit par la comparaison de deux triangles qui, avec des angles opposés au sommet, auraient chacun un angle droit : d'ailleurs on pourrait toujours supposer qu'on a construit au-dedans du triangle ABC un triangle DEF, dont les côtés seraient paralleles à ceux du triangle comparé à ABC, et alors la démonstration rentrerait dans le cas de la fig. 124.

PROPOSITION XXII.

THÉORÊME.

Les lignes AF, AG, etc., *menées comme on voudra par le sommet d'un triangle, divisent proportionnellement la base* BC *et sa parallele* DE, *de sorte qu'on a* DI : BF : : IK : FG : : KL : GH, etc. fig. 125

Car, puisque DI est parallele à BF, le triangle ADI est équiangle à ABF, et on a la proportion DI:BF :: AI:AF ; de même IK étant parallele à FG, on a AI:AF :: IK:FG ; donc, à cause du rapport commun AI:AF, on aura DI:BF :: IK:FG. On trouvera semblablement IK:FG :: KL:GH, etc. ; donc la ligne DE est divisée aux points I, K, L, comme la base BC l'est aux points F, G, H.

Corollaire. Donc, si BC était divisée en parties égales aux points F, G, H, la parallele DE serait divisée de même en parties égales aux points I, K, L.

PROPOSITION XXIII.

THÉORÊME.

Si de l'angle droit A *d'un triangle rectangle on abaisse la perpendiculaire* AD *sur l'hypoténuse;* fig. 126.

1° *Les deux triangles partiels* ABD, ADC, *seront semblables entre eux et au triangle total* ABC ;

2° *Chaque côté* AB *ou* AC *sera moyen proportionnel entre l'hypoténuse* BC *et le segment adjacent* BD *ou* DC ;

3° *La perpendiculaire* AD *sera moyenne proportionnelle entre les deux segments* BD, DC.

Car, 1° le triangle BAD et le triangle BAC ont l'angle commun B ; de plus l'angle droit BDA est égal à l'angle droit BAC ; donc le troisieme angle BAD de l'un est égal au troisieme C de l'autre ; donc ces deux triangles sont équiangles et semblables. On démontrera de même que le triangle DAC est semblable au triangle BAC; donc les trois triangles sont équiangles et semblables entre eux.

2° Puisque le triangle BAD est semblable au triangle BAC, leurs côtés homologues sont proportionnels. Or, le côté BD dans le petit triangle est homologue à BA dans le grand, parce qu'ils sont opposés à des angles égaux, BAD, BCA; l'hypoténuse BA du petit est homologue à l'hypoténuse BC du grand; donc on peut former la proportion BD : BA :: BA : BC. On aurait de la même maniere DC:AC :: AC:BC; donc, 2° chacun des côtés AB, AC, est moyen proportionnel entre l'hypoténuse et le segment adjacent à ce côté.

3° Enfin la similitude des triangles ABD, ADC, donne, en comparant les côtés homologues, BD: AD :: AD:DC; donc, 3° la perpendiculaire AD est moyenne proportionnelle entre les segments BD, DC de l'hypoténuse.

Scholie. La proportion BD:AB :: AB:BC donne, en égalant le produit des extrêmes à celui des moyens, $\overline{AB}^2 = BD \times BC$. On a de même $\overline{AC}^2 = DC \times BC$, donc $\overline{AB}^2 + \overline{AC}^2 = BD \times BC + DC \times BC$; le second membre est la même chose que $(BD + DC) \times BC$, et il se réduit à $BC \times BC$ ou $\overline{BC}^2$; donc on a $\overline{AB}^2 + \overline{AC}^2 = \overline{BC}^2$; donc le quarré fait sur l'hypoténuse BC est égal à la somme des quarrés faits sur les deux autres côtés AB, AC. Nous retombons ainsi sur la proposition du quarré de l'hypoténuse par une voie très-différente de celle que nous avions suivie; d'où l'on voit qu'à proprement parler, la proposition du quarré de l'hypoténuse est une suite de la proportionnalité des côtés dans les triangles équiangles.

Ainsi les propositions fondamentales de la géométrie se réduisent, pour ainsi dire, à celle-ci seule, que les triangles équiangles ont leurs côtés homologues proportionnels.

Il arrive souvent, comme on vient d'en voir un exemple, qu'en tirant des conséquences d'une ou de plusieurs propositions, on retombe sur des propositions déja démontrées. En général ce qui caractérise particulièrement les théorêmes de géométrie, et ce qui est une preuve invincible de leur certitude, c'est qu'en les combinant ensemble d'une maniere quelconque, pourvu qu'on raisonne juste, on tombe toujours sur des résultats exacts. Il n'en serait pas de même si quelque proposition était fausse, ou n'était vraie qu'à-peu-près; il arriverait souvent que, par la combinaison des propositions entre elles, l'erreur s'accroîtrait et deviendrait sensible. C'est ce dont on voit des exemples dans toutes les démonstrations où nous nous servons de la *réduction à l'absurde*. Ces démonstrations, où l'on a pour but de prouver que deux quantités sont égales, consistent à faire voir que, s'il y avait entre elles la moindre inégalité, on serait conduit par la suite des raisonnements à une absurdité manifeste et palpable; d'où l'on est obligé de conclure que ces deux quantités sont égales.

Corollaire. Si d'un point A de la circonférence on mene les deux cordes AB, AC, aux extrémités du diametre BC, le triangle BAC sera rectangle en A *; donc, 1° *la perpendiculaire* AD *est moyenne proportionnelle entre les deux segments* BD, DC, *du diametre*, ou, ce qui revient au même, le quarré $\overline{AD}^2$ est égal au rectangle BD × DC. fig. 127. * 18, 2.

2° *La corde* AB *est moyenne proportionnelle entre le diametre* BC *et le segment adjacent* BD, ou, ce qui revient au même, $\overline{AB}^2$ = BD × BC. On a semblablement $\overline{AC}^2 = CD \times BC$; donc $\overline{AB}^2 : \overline{AC}^2 :: BD : DC$; et si on compare $\overline{AB}^2$ à $\overline{BC}^2$, on aura $\overline{AB}^2 : \overline{BC}^2 :: BD : BC$; on aurait de même $\overline{AC}^2 : \overline{BC}^2 :: DC : BC$. Ces rapports des quarrés des côtés, soit entre eux, soit avec le quarré de l'hypoténuse, ont été déja donnés dans les corol. III et IV de la prop. XI.

PROPOSITION XXIV.

THÉORÊME.

fig. 128. *Deux triangles qui ont un angle égal sont entre eux comme les rectangles des côtés qui comprennent l'angle égal. Ainsi le triangle* ABC *est au triangle* ADE *comme le rectangle* AB × AC *est au rectangle* AD × AE.

Tirez BE ; les deux triangles ABE, ADE, dont le sommet commun est E, ont même hauteur, et sont
* 6. entre eux comme leurs bases AB, AD * ; donc,

ABE : ADE :: AB : AD.

On a de même,

ABC : ABE :: AC : AE.

Multipliant ces deux proportions par ordre, et omettant le commun terme ABE, on aura,

ABC : ADE :: AB × AC : AD × AE.

Corollaire. Donc les deux triangles seraient équivalents, si le rectangle AB × AC était égal au rectangle AD × AE, ou si on avait AB : AD :: AE : AC, ce qui aurait lieu si la ligne DC était parallele à BE.

PROPOSITION XXV.

THÉORÊME.

Deux triangles semblables sont entre eux comme les quarrés des côtés homologues.

Soit l'angle A=D et l'angle B=E ; d'abord à cause des angles égaux A et D, on aura, par la proposition précédente, fig. 122.

$$ABC : DEF :: AB \times AC : DE \times DF.$$

On a d'ailleurs, à cause de la similitude des triangles,

$$AB : DE :: AC : DF.$$

Et si on multiplie cette proportion terme à terme par la proportion identique,

$$AC : DF :: AC : DF,$$

il en résultera,

$$AB \times AC : DE \times DF :: \overline{AC}^2 : \overline{DF}^2.$$

Donc,

$$ABC : DEF :: \overline{AC}^2 : \overline{DF}^2.$$

Donc deux triangles semblables ABC, DEF, sont entre eux comme les quarrés des côtés homologues AC, DF, ou comme les quarrés de deux autres côtés homologues quelconques.

PROPOSITION XXVI.

THÉORÊME.

Deux polygones semblables sont composés d'un même nombre de triangles semblables chacun à chacun et semblablement disposés.

Dans le polygone ABCDE, menez d'un même angle A les diagonales AC, AD aux autres angles. Dans l'autre polygone FGHIK, menez semblablement de l'angle F homologue à A, les diagonales FH, FI aux autres angles. fig. 129.

Puisque les polygones sont semblables, l'angle ABC est égal à son homologue FGH *, et de plus les côtés AB, BC, sont proportionnels aux côtés FG, GH; de sorte qu'on a AB : FG :: BC : GH. Il suit de-là que les triangles ABC, FGH, ont un angle égal compris entre côtés proportionnels; donc ils sont sembla- * déf. 2.

* 20. bles *; donc l'angle BCA est égal à GHF. Ces angles égaux étant retranchés des angles égaux BCD, GHI, les restes ACD, FHI seront égaux : mais puisque les triangles ABC, FGH sont semblables, on a AC : FH :: BC : GH; d'ailleurs, à cause de la similitude des
* déf. 2. polygones *, BC : GH :: CD : HI; donc AC : FH :: CD : HI : mais on a déja vu que l'angle ACD=FHI; donc les triangles ACD, FHI, ont un angle égal compris entre côtés proportionnels, donc ils sont semblables. On continuerait de même à démontrer la similitude des triangles suivants, quel que fût le nombre des côtés des polygones proposés ; donc deux polygones semblables sont composés d'un même nombre de triangles semblables et semblablement disposés.

Scholie. La proposition inverse est également vraie : *si deux polygones sont composés d'un même nombre de triangles semblables et semblablement disposés, ces deux polygones seront semblables.*

Car la similitude des triangles respectifs donnera l'angle ABC=FGH, BCA=GHF, ACD=FHI; donc BCD=GHI, de même CDE=HIK, etc. De plus, on aura AB : FG :: BC : GH :: AC : FH :: CD : HI, etc. ; donc les deux polygones ont les angles égaux et les côtés proportionnels; donc ils sont semblables.

PROPOSITION XXVII.

THÉORÊME.

Les contours ou périmetres des polygones semblables sont comme les côtés homologues, et leurs surfaces sont comme les quarrés de ces mêmes côtés.

fig. 129. Car, 1° puisqu'on a, par la nature des figures semblables, AB : FG :: BC : GH :: CD : HI, etc., on peut conclure de cette suite de rapports égaux : La somme des antécédents AB+BC+CD, etc.. périmetre de la premiere figure, est à la somme des conséquents FG+GH+HI, etc., périmetre de la seconde figure, comme un antécédent est à son conséquent, ou comme le côté AB est à son homologue FG.

2° Puisque les triangles ABC, FGH sont semblables, on a * ABC : FGH :: $\overline{AC}^2 : \overline{FH}^2$; de même les triangles semblables ACD, FHI, donnent ACD : FHI :: $\overline{AC}^2 : \overline{FH}^2$; donc, à cause du rapport commun $\overline{AC}^2 : \overline{FH}^2$, on a, * 25.

ABC : FGH :: ACD : FHI.

Par un raisonnement semblable on trouverait,

ACD : FHI :: ADE : FIK;

et ainsi de suite, s'il y avait un plus grand nombre de triangles. De cette suite de rapports égaux on conclura : La somme des antécédents ABC+ACD+ADE, ou le polygone ABCDE, est à la somme des conséquents FGH+FHI+FIK, ou au polygone FGHIK, comme un antécédent ABC est à son conséquent FGH, ou comme $\overline{AB}^2$ est à $\overline{FG}^2$; donc les surfaces des polygones semblables sont entre elles comme les quarrés des côtés homologues.

Corollaire. Si on construit trois figures semblables dont les côtés homologues soient égaux aux trois côtés d'un triangle rectangle, la figure faite sur le grand côté sera égale à la somme des deux autres : car ces trois figures sont proportionnelles aux quarrés de leurs côtés homologues ; or, le quarré de l'hypoténuse est égal à la somme des quarrés des deux autres côtés ; donc, etc.

PROPOSITION XXVIII.

THÉORÊME.

fig. 130. *Les parties de deux cordes* AB, CD, *qui se coupent dans un cercle, sont réciproquement proportionnelles, c'est-à-dire qu'on a* AO : DO : : CO : OB.

Joignez AC et BD : dans les triangles ACO, BOD, les angles en O sont égaux comme opposés au sommet ; l'angle A est égal à l'angle D, parce qu'ils sont
* 18, 2. inscrits dans le même segment * ; par la même raison l'angle C=B ; donc ces triangles sont semblables, et les côtés homologues donnent la proportion AO:DO :: CO:OB.

Corollaire. On tire de-là AO×OB=DO×CO : donc le rectangle des deux parties de l'une des cordes est égal au rectangle des deux parties de l'autre.

PROPOSITION XXIX.

THÉORÊME.

fig. 131. *Si d'un même point* O, *pris hors du cercle, on mene les sécantes* OB, OC, *terminées à l'arc concave* BC, *les sécantes entieres seront réciproquement proportionnelles à leurs parties extérieures, c'est-à-dire qu'on aura* OB : OC : : OD : OA.

Car, en joignant AC, BD, les triangles OAC, OBD,
* 18, 2. ont l'angle O commun ; de plus l'angle B=C * ; donc ces triangles sont semblables ; et les côtés homologues donnent la proportion,

OB:OC :: OD:OA.

Corollaire. Donc le rectangle OA×OB, est égal au rectangle OC×OD.

Scholie. On peut remarquer que cette proposition a beaucoup d'analogie avec la précédente, et qu'elle n'en differe qu'en ce que les deux cordes AB, CD, au lieu de se couper dans le cercle, se coupent au-dehors. La proposition suivante peut encore être regardée comme un cas particulier de celle-ci.

PROPOSITION XXX.

THÉORÊME.

Si d'un même point O *pris hors du cercle on mene une tangente* OA *et une sécante* OC, *la tangente sera moyenne proportionnelle entre la sécante et sa partie extérieure; de sorte qu'on aura* OC : OA : : OA : OD; *ou, ce qui revient au même,* $\overline{OA}^2 = OC \times OD$. fig. 132.

Car, en joignant AD et AC, les triangles OAD, OAC, ont l'angle O commun; de plus l'angle OAD, formé par une tangente et une corde *, a pour mesure la moitié de l'arc AD, et l'angle C a la même mesure; donc l'angle OAD=C; donc les deux triangles sont semblables, et on a la proportion, * 19, 2.

$$OC : OA :: OA : OD,$$

qui donne $\overline{OA}^2 = OC \times OD$.

PROPOSITION XXXI.

THÉORÊME.

Dans un triangle ABC, *si on divise l'angle* A *en deux parties égales par la ligne* AD, *le rectangle des côtés* AB, AC, *sera égal au rectangle des segments* BD, DC, *plus au quarré de la sécante* AD. fig. 133.

Faites passer une circonférence par les trois points A, B, C, prolongez AD jusqu'à la circonférence, et joignez CE.

Le triangle BAD est semblable au triangle EAC; car, par hypothese, l'angle BAD=EAC; de plus l'angle B=E, puisqu'ils ont tous deux pour mesure la moitié de l'arc AC; donc ces triangles sont semblables, et les côtés homologues donnent la proportion BA : AE :: AD : AC : de là résulte

$BA\times AC=AE\times AD$; mais $AE=AD+DE$, et en multipliant de part et d'autre par AD, on a $AE\times AD=\overline{AD}^2+$
* 28. $AD\times DE$; d'ailleurs $AD\times DE=BD\times DC$ *; donc enfin,

$$BA\times AC=\overline{AD}^2+BD\times DC.$$

PROPOSITION XXXII.

THÉORÊME.

fig. 134. *Dans tout triangle* ABC, *le rectangle des deux côtés* AB, AC, *est égal au rectangle compris par le diametre* CE *du cercle circonscrit et la perpendiculaire* AD *abaissée sur le troisieme côté* BC.

Car, en joignant AE, les triangles ABD, AEC, sont rectangles, l'un en D, l'autre en A; de plus l'angle $B=E$; donc ces triangles sont semblables, et ils donnent la proportion $AB:CE::AD:AC$; d'où résulte $AB\times AC=CE\times AD$.

Corollaire. Si on multiplie ces quantités égales par la même quantité BC, on aura $AB\times AC\times BC=CE\times AD\times BC$.
* 6. Or, $AD\times BC$ est le double de la surface du triangle *; donc *le produit des trois côtés d'un triangle est égal à sa surface multipliée par le double du diametre du cercle circonscrit.*

Le produit de trois lignes s'appelle quelquefois un *solide*, par une raison qu'on verra ci-après. Sa valeur se conçoit aisément, en imaginant que les lignes sont réduites en nombres, et multipliant les nombres dont il s'agit.

Scholie. On peut démontrer aussi que *la surface d'un triangle est égale à son périmetre multiplié par la moitié du rayon du cercle inscrit.*

fig. 87. Car les triangles AOB, BOC, AOC, qui ont leur sommet commun en O, ont pour hauteur commune le rayon du cercle inscrit; donc la somme de ces triangles sera égale à la somme des bases AB, BC, AC, multipliée par la moitié du rayon OD; donc la surface du triangle ABC est égale à son périmetre multiplié par la moitié du rayon du cercle inscrit.

PROPOSITION XXXIII.

THÉORÊME.

Dans tout quadrilatere inscrit ABCD, *le rectangle des deux diagonales* AC, BD, *est égal à la somme des rectangles des côtés opposés, de sorte qu'on a* fig. 135.

$$AC \times BD = AB \times CD + AD \times BC.$$

Prenez l'arc CO=AD, et tirez BO qui rencontre la diagonale AC en I.

L'angle ABD=CBI, puisque l'un a pour mesure la moitié de AD, et l'autre la moitié de CO égal à AD. L'angle ADB=BCI, parce qu'ils sont inscrits dans le même segment AOB; donc le triangle ABD est semblable au triangle IBC, et on a la proportion AD:CI::BD:BC; d'où résulte $AD \times BC = CI \times BD$. Je dis maintenant que le triangle ABI est semblable au triangle BDC; car l'arc AD étant égal à CO, si on ajoute de part et d'autre OD, on aura l'arc AO=DC; donc l'angle ABI=DBC; de plus l'angle BAI=BDC, parce qu'ils sont inscrits dans le même segment; donc les triangles ABI, DBC, sont semblables, et les côtés homologues donnent la proportion AB:BD::AI:CD; d'où résulte $AB \times CD = AI \times BD$.

Ajoutant les deux résultats trouvés, et observant que $AI \times BD + CI \times BD = (AI + CI) \times BD = AC \times BD$, on aura $AD \times BC + AB \times CD = AC \times BD$.

Scholie. On peut démontrer de la même maniere un autre théorême sur le quadrilatere inscrit.

Le triangle ABD semblable à BIC, donne la proportion BD:BC::AB:BI, d'où résulte $BI \times BD = BC \times AB$. Si on joint CO, le triangle ICO, semblable à ABI, sera semblable à BDC, et donnera la proportion BD:CO::DC:OI; d'où résulte $OI \times BD = CO \times DC$, ou, à cause de CO=AD, $OI \times BD = AD \times DC$. Ajoutant les deux résultats, et observant que $BI \times BD + OI \times BD$ se réduit à $BO \times BD$, on aura,

$$BO \times BD = AB \times BC + AD \times DC.$$

Si on eût pris BP=AD, et qu'on eût tiré CKP, on aurait trouvé par des raisonnements semblables,

$$CP \times CA = AB \times AD + BC \times CD.$$

Mais l'arc BP étant égal à CO, si on ajoute de part et d'autre BC, on aura l'arc CBP=BCO ; donc la corde CP est égale à la corde BO, et par conséquent les rectangles BO×BD et CP×CA sont entre eux comme BD est à CA ; donc,

BD:CA :: AB×BC+AD×DC:AD×AB+BC×CD.

Donc *les deux diagonales d'un quadrilatere inscrit sont entre elles comme les sommes des rectangles des côtés qui aboutissent à leurs extrémités.*

Ces deux théorêmes peuvent servir à trouver les diagonales quand on connaît les côtés.

PROPOSITION XXXIV.

THÉORÊME.

fig. 136. *Soit* P *un point donné au-dedans du cercle sur le rayon* AC, *et soit pris un point* Q *au-dehors sur le prolongement du même rayon, de sorte qu'on ait* CP:CA :: CA:CQ ; *si d'un point quelconque* M *de la circonférence on mene aux deux points* P *et* Q *les droites* MP, MQ, *je dis que ces droites seront par-tout dans un même rapport, et qu'on aura* MP:MQ :: AP:AQ.

Car on a, par hypothese, CP:CA :: CA:CQ ; mettant CM à la place de CA, on aura CP:CM :: CM:CQ ; donc les triangles CPM, CQM, ont un angle égal C compris entre
* 20, 3. côtés proportionnels ; donc ils sont semblables* ; donc le troisieme côté MP est au troisieme MQ comme CP est à CM ou CA. Mais la proportion CP:CA :: CA:CQ donne, *dividendo,* CP:CA :: CA—CP:CQ—CA, ou CP:CA :: AP:AQ, donc MP:MQ :: AP:AQ.

Problêmes relatifs au Livre III.

PROBLÊME PREMIER.

Diviser une ligne droite donnée en tant de parties égales qu'on voudra, ou en parties proportionnelles à des lignes données.

1° Soit proposé de diviser la ligne AB en cinq parties égales ; par l'extrémité A on menera la droite indéfinie AG, et prenant AC d'une grandeur quelconque, on portera AC cinq fois sur AG. On joindra le dernier point de division G et l'extrémité B par la ligne GB, puis on menera CI parallele à GB ; je dis que AI sera la cinquieme partie de la ligne AB, et qu'ainsi en portant AI cinq fois sur AB, la ligne AB sera divisée en cinq parties égales. fig. 137.

Car, puisque CI est parallele à GB, les côtés AG, AB, sont coupés proportionnellement en C et I *. Mais AC est la cinquieme partie de AG ; donc AI est la cinquieme partie de AB. * 15.

2° Soit proposé de diviser la ligne AB en parties proportionnelles aux lignes données P, Q, R. Par l'extrémité A on tirera l'indéfinie AG, on prendra AC=P, CD=Q, DE=R, on joindra les extrémités E et B, et par les points C, D, on menera CI, DK, paralleles à EB ; je dis que la ligne AB sera divisée en parties AI, IK, KB, proportionnelles aux lignes données P, Q, R. fig. 138.

Car, à cause des paralleles CI, DK, EB, les parties AI, IK, KB, sont proportionnelles aux parties AC, CD, DE *; et par construction celles-ci sont égales aux lignes données P, Q, R. * 15.

PROBLÊME II.

Trouver une quatrieme proportionnelle à trois lignes données A, B, C.

fig. 139. Tirez les deux lignes indéfinies DE, DF, sous un angle quelconque. Sur DE prenez DA=A et DB=B, sur DF prenez DC=C; joignez AC, et par le point B menez BX parallele à AC; je dis que DX sera la quatrieme proportionnelle demandée : car, puisque BX est parallele à AC, on a la proportion DA:DB:: DC:DX; or, les trois premiers termes de cette proportion sont égaux aux trois lignes données; donc DX est la quatrieme proportionnelle demandée.

Corollaire. On trouvera de même une troisieme proportionnelle aux deux lignes données A, B, car elle sera la même que la quatrieme proportionnelle aux trois lignes A, B, B.

PROBLÊME III.

Trouver une moyenne proportionnelle entre deux lignes données A *et* B.

fig. 140. Sur la ligne indéfinie DF prenez DE=A, et EF=B: sur la ligne totale DF comme diametre décrivez la demi-circonférence DGF; au point E élevez sur le diametre la perpendiculaire EG, qui rencontre la circonférence en G; je dis que EG sera la moyenne proportionnelle cherchée.

Car la perpendiculaire GE, abaissée d'un point de la circonférence sur le diametre, est moyenne proportionnelle entre les deux segments du diametre DE,
* 23. EF * : or, ces segments sont égaux aux lignes données A et B.

PROBLÊME IV.

fig. 141. *Diviser la ligne donnée* AB *en deux parties, de maniere que la plus grande soit moyenne proportionnelle entre la ligne entiere et l'autre partie.*

A l'extrémité B de la ligne AB élevez la perpendiculaire BC égale à la moitié de AB; du point C comme centre, et du rayon CB décrivez une circonférence, tirez AC, qui coupera la circonférence en D, et prenez AF=AD; je dis que la ligne AB sera divisée au point F de la maniere demandée, c'est-à-dire qu'on aura AB:AF :: AF:FB.

Car AB étant perpendiculaire à l'extrémité du rayon CB, est une tangente; et si on prolonge AC jusqu'à ce qu'elle rencontre de nouveau la circonférence en E, on aura * AE:AB :: AB:AD; donc, *dividendo*, AE *50.
—AB:AB :: AB—AD:AD. Mais, puisque le rayon BC est la moitié de AB, le diametre DE est égal à AB, et par conséquent AE—AB=AD=AF; on a aussi, à cause de AF=AD, AB—AD=FB; donc AF:AB :: FB:AD ou AF; donc, *invertendo*, AB:AF :: AF:FB.

Scholie. Cette sorte de division de la ligne AB s'appelle division en *moyenne et extrême raison :* on en verra des usages. On peut remarquer que la sécante AE est divisée en moyenne et extrême raison au point D; car, puisque AB=DE, on a AE:DE :: DE:AD.

PROBLÊME V.

Par un point donné A *dans l'angle donné* BCD, *tirer la ligne* BD *de maniere que les parties* AB, AD, *comprises entre le point* A *et les deux côtés de l'angle, soient égales.* Fig. 142.

Par le point A menez AE parallele à CD, prenez BE=CE, et par les points B et A tirez BAD, qui sera la ligne demandée.

Car, AE étant parallele à CD, on a BE:EC :: BA:AD; or BE=EC; donc BA=AD.

PROBLÊME VI.

Faire un quarré équivalent à un parallélogramme ou à un triangle donné.

fig. 143. 1° Soit ABCD le parallélogramme donné, AB sa base, DE sa hauteur : entre AB et DE cherchez une moyenne proportionnelle XY *; je dis que le quarré fait sur XY sera équivalent au parallélogramme ABCD. Car on a, par construction, AB:XY :: XY:DE; donc $\overline{XY}^2 = AB \times DE$: or $AB \times DE$ est la mesure du parallélogramme, et $\overline{XY}^2$ celle du quarré, donc ils sont équivalents.

fig. 144. 2° Soit ABC le triangle donné, BC sa base, AD sa hauteur : prenez une moyenne proportionnelle entre BC et la moitié de AD, et soit XY cette moyenne; je dis que le quarré fait sur XY sera équivalent au triangle ABC.

Car, puisqu'on a BC:XY :: XY: $\frac{1}{2}$ AD, il en résulte $\overline{XY}^2 = BC \times \frac{1}{2}AD$, donc le quarré fait sur XY est équivalent au triangle ABC.

PROBLÊME VII.

fig. 145. *Faire sur la ligne donnée* AD *un rectangle* ADEX *équivalent au rectangle donné* ABFC.

Cherchez une quatrieme proportionnelle aux trois lignes AD, AB, AC, et soit AX cette quatrieme proportionnelle, je dis que le rectangle fait sur AD et AX sera équivalent au rectangle ABFC.

Car, puisqu'on a AD:AB :: AC:AX, il en résulte $AD \times AX = AB \times AC$; donc le rectangle ADEX est équivalent au rectangle ABFC.

PROBLÊME VIII.

fig. 148. *Trouver en lignes le rapport du rectangle des deux lignes données* A *et* B *au rectangle des deux lignes données* C *et* D.

Soit X une quatrieme proportionnelle aux trois lignes B, C, D; je dis que le rapport des deux lignes

A et X sera égal à celui des deux rectangles $A \times B$, $C \times D$.

Car, puisqu'on a $B:C::D:X$, il en résulte $C \times D = B \times X$; donc $A \times B : C \times D :: A \times B : B \times X :: A:X$.

Corollaire. Donc, pour avoir le rapport des quarrés faits sur les lignes données A et C, cherchez une troisieme proportionnelle X aux lignes A et C, en sorte qu'on ait $A:C::C:X$, et vous aurez $A^2 : C^2 :: A:X$.

PROBLÈME IX.

Trouver en lignes le rapport du produit des trois lignes données A, B, C, *au produit des trois lignes données* P, Q, R. fig. 149.

Aux trois lignes données P, A, B, cherchez une quatrieme proportionnelle X: aux trois lignes données C, Q, R, cherchez une quatrième proportionnelle Y. Les deux lignes X, Y, seront entre elles comme les produits $A \times B \times C$, $P \times Q \times R$.

Car, puisque $P:A::B:X$, on a $A \times B = P \times X$; et, en multipliant de part et d'autre par C, $A \times B \times C = C \times P \times X$. De même, puisque $C:Q::R:Y$, il en résulte $Q \times R = C \times Y$; et, multipliant de part et d'autre par P, on a $P \times Q \times R = P \times C \times Y$, donc le produit $A \times B \times C$ est au produit $P \times Q \times R$ comme $C \times P \times X$ est à $P \times C \times Y$, ou comme X est à Y.

PROBLÊME X.

Faire un triangle équivalent à un polygone donné.

Soit ABCDE le polygone donné. Tirez d'abord la diagonale CE, qui retranche le triangle CDE; par le point D menez DF parallele à CE jusqu'à la rencontre de AE prolongé; joignez CF, et le polygone ABCDE sera équivalent au polygone ABCF qui a un côté de moins. fig. 146.

Car les triangles CDE, CFE, ont la base commune CE; ils ont aussi même hauteur, puisque leurs sommets D, F, sont situés sur une ligne DF parallele à la base; donc ces triangles sont équivalents. Ajoutant de part et d'autre la figure ABCE, on aura d'un côté le polygone ABCDE, et de l'autre le polygone ABCF, qui seront équivalents.

On peut pareillement retrancher l'angle B en substituant au triangle ABC le triangle équivalent AGC, et ainsi le pentagone ABDE sera changé en un triangle équivalent GCF.

Le même procédé s'appliquera à toute autre figure; car en diminuant d'un à chaque fois le nombre des côtés, on finira par tomber sur le triangle équivalent.

Scholie. On a déja vu que tout triangle peut être
* pr. 6. changé en un quarré équivalent *, ainsi on trouvera toujours un quarré équivalent à une figure rectiligne donnée; c'est ce qu'on appelle *quarrer* la figure rectiligne, ou en trouver la *quadrature.*

Le problême de *la quadrature du cercle* consiste à trouver un quarré équivalent à un cercle dont le diametre est donné.

PROBLÊME XI.

Faire un quarré qui soit égal à la somme ou à la différence de deux quarrés donnés.

Soient A et B les côtés des quarrés donnés:

fig. 147. 1° S'il faut trouver un quarré égal à la somme de ces quarrés, tirez les deux lignes indéfinies ED, EF à angle droit; prenez ED=A et EG=B, joignez DG, et DG sera le côté du quarré cherché.

Car le triangle DEG étant rectangle, le quarré fait sur DG est égal à la somme des quarrés faits sur ED et EG.

2° S'il faut trouver un quarré égal à la différence des quarrés donnés, formez de même l'angle droit

FEH, prenez GE égal au plus petit des côtés A et B; du point G, comme centre, et d'un rayon GH égal à l'autre côté, décrivez un arc qui coupe EH en H; je dis que le quarré fait sur EH sera égal à la différence des quarrés faits sur les lignes A et B.

Car le triangle GEH est rectangle, l'hypoténuse GH=A, et le côté GE=B; donc le quarré fait sur EH, etc.

Scholie. On peut trouver ainsi un quarré égal à la somme de tant de quarrés qu'on voudra; car la construction qui en réduit deux à un seul, en réduira trois à deux, et ces deux-ci à un, ainsi des autres. Il en serait de même si quelques-uns des quarrés devaient être soustraits de la somme des autres.

PROBLÊME XII.

Construire un quarré qui soit au quarré donné fig. 150.
ABCD, *comme la ligne* M *est à la ligne* N.

Sur la ligne indéfinie EG, prenez EF=M, et FG = N; sur EG, comme diametre, décrivez une demi-circonférence, et au point F élevez sur le diametre la perpendiculaire FH. Du point H menez les cordes HG, HE, que vous prolongerez indéfiniment : sur la premiere prenez HK égale au côté AB du quarré donné, et par le point K menez KI parallele à EG; je dis que HI sera le côté du quarré cherché.

Car, à cause des paralleles KI, GE, on a HI:HK:: HE:HG; donc $\overline{HI}^2:\overline{HK}^2::\overline{HE}^2:\overline{HG}^2$: mais dans le triangle rectangle EHG *, le quarré de HE est au quarré de HG comme le segment EF est au segment FG, ou comme M est à N, donc $\overline{HI}^2:\overline{HK}^2::M:N$. Mais HK=AB; donc le quarré fait sur HI est au quarré fait sur AB comme M est à N. * 23.

PROBLÊME XIII.

fig. 129. *Sur le côté* FG, *homologue à* AB, *décrire un polygone semblable au polygone donné* ABCDE.

Dans le polygone donné tirez les diagonales AC, AD : au point F faites l'angle GFH=BAC, et au point G l'angle FGH=ABC; les lignes FH, GH, se couperont en H, et FGH sera un triangle semblable à ABC : de même sur FH, homologue à AC, construisez le triangle FIH semblable à ADC, et sur FI, homologue à AD, construisez le triangle FIK, semblable à ADE. Le polygone FGHIK sera le polygone demandé, semblable à ABCDE.

Car ces deux polygones sont composés d'un même nombre de triangles semblables et semblablement
* 26. placés *.

PROBLÊME XIV.

Deux figures semblables étant données, construire une figure semblable qui soit égale à leur somme ou à leur différence.

Soient A et B deux côtés homologues des figures données, cherchez un quarré égal à la somme ou à la différence des quarrés faits sur A et B ; soit X le côté de ce quarré, X sera dans la figure cherchée le côté homologue à A et B dans les figures données. On construira ensuite la figure elle-même par le problême précédent.

Car les figures semblables sont comme les quarrés des côtés homologues; or le quarré du côté X est égal à la somme ou à la différence des quarrés faits sur les côtés homologues A et B; donc la figure faite sur le côté X est égale à la somme ou à la différence des figures semblables faites sur les côtés A et B.

PROBLÊME XV.

Construire une figure semblable à une figure donnée, et qui soit à cette figure dans le rapport donné de M *à* N.

Soit A un côté de la figure donnée, X le côté homologue dans la figure cherchée; il faudra que le quarré de X soit au quarré de A comme M est à N *. On trou- * 27.
vera donc X par le problême XII; connaissant X, le reste s'achevera par le problême XIII.

PROBLÊME XVI.

Construire une figure semblable à la figure P fig. 151.
et équivalente à la figure Q.

Cherchez le côté M du quarré équivalent à la figure P, et le côté N du quarré équivalent à la figure Q. Soit ensuite X une quatrieme proportionnelle aux trois lignes données M, N, AB; sur le côté X, homologue à AB, décrivez une figure semblable à la figure P; je dis qu'elle sera de plus équivalente à la figure Q.

Car en appelant Y la figure faite sur le côté X, on aura $P:Y::\overline{AB}^2:X^2$; mais, par construction, $AB:X::M:N$, ou $\overline{AB}^2:X^2::M^2:N^2$; donc $P:Y::M^2:N^2$. Mais on a aussi, par construction, $M^2=P$ et $N^2=Q$; donc $P:Y::P:Q$; donc $Y=Q$; donc la figure Y est semblable à la figure P, et équivalente à la figure Q.

PROBLÊME XVII.

Construire un rectangle équivalent à un fig. 152.
quarré donné C, *et dont les côtés adjacents fassent une somme donnée* AB.

Sur AB, comme diametre, décrivez une demi-circonférence, menez parallèlement au diametre la ligne DE à une distance AD égale au côté du quarré donné C.

Du point E, où la parallele coupe la circonférence, abaissez sur le diametre la perpendiculaire EF; je dis que AF et FB seront les côtés du rectangle cherché.

Car leur somme est égale à AB; et leur rectangle
* 23. AF × FB est égal au quarré de EF *, ou au quarré de AD; donc ce rectangle est équivalent au quarré donné C.

Scholie. Il faut, pour que le problême soit possible, que la distance AD n'excede pas le rayon, c'est-à-dire que le côté du quarré C n'excede pas la moitié de la ligne AB.

PROBLÊME XVIII.

fig. 153. *Construire un rectangle équivalent à un quarré* C, *et dont les côtés adjacents aient entre eux la différence donnée* AB.

Sur la ligne donnée AB, comme diametre, décrivez une circonférence; à l'extrémité du diametre, menez la tangente AD égale au côté du quarré C : par le point D et le centre O tirez la sécante DE; je dis que DE et DF seront les côtés adjacents du rectangle demandé.

Car 1° la différence de ces côtés est égale au diametre EF ou AB; 2° le rectangle DE × DF est égal
* 30. à $\overline{AD}^2$ *; donc ce rectangle sera équivalent au quarré donné C.

PROBLÊME XIX.

Trouver la commune mesure, s'il y en a une, entre la diagonale et le côté du quarré.

fig. 154. Soit ABCG un quarré quelconque, AC sa diagonale.

Il faut d'abord porter CB sur CA autant de fois
prob. 17. 2. liv. qu'il peut y être contenu *, et pour cela soit décrit du centre C et du rayon CB le demi-cercle DBE : on voit que CB est contenu une fois dans AC avec le reste AD, le résultat de la premiere opération est donc

le quotient 1 avec le reste AD, qu'il faut comparer avec BC ou son égale AB.

On peut prendre AF=AD, et porter réellement AF sur AC; on trouverait qu'il y est contenu deux fois avec un reste : mais comme ce reste et les suivants vont en diminuant, et que bientôt ils échapperaient par leur petitesse, ce ne serait là qu'un moyen mécanique imparfait, d'où l'on ne pourrait rien conclure pour décider si les lignes AC, CB, ont entre elles ou n'ont pas une commune mesure : or il est un moyen très-simple d'éviter les lignes décroissantes, et de n'avoir à opérer que sur des lignes qui restent toujours de la même grandeur.

En effet, l'angle ABC étant droit, AB est une tangente, et AE une sécante menée du même point, de sorte qu'on a * AD:AB::AB:AE. Ainsi dans la seconde opération, où il s'agit de comparer AD avec AB, on peut, au lieu du rapport de AD à AB, prendre celui de AB à AE : or AB ou son égale CD est contenue deux fois dans AE avec le reste AD; donc le résultat de la seconde opération est le quotient 2 avec le reste AD qu'il faut comparer à AB. * 30.

La troisieme opération, qui consiste à comparer AD avec AB, se réduira de même à comparer AB ou son égale CD avec AE, et on aura encore 2 pour quotient et AD pour reste.

Delà on voit que l'opération ne sera jamais terminée, et qu'ainsi il n'y a pas de commune mesure entre la diagonale et le côté du quarré : vérité qui était déja connue par l'arithmétique (puisque ces deux lignes sont entre elles :: $\sqrt{2}$: 1)*, mais qui acquiert un plus grand degré de clarté par la résolution géométrique. * 11.

Scholie. Il n'est donc pas possible non plus de trouver en nombres le rapport exact de la diagonale au côté du quarré; mais on peut en approcher tant qu'on voudra au moyen de la fraction continue qui est égale à ce rapport. La premiere opération a donné pour quotient 1 ; la seconde et toutes les autres à l'infini donnent 2 : ainsi la fraction dont il s'agit est $1 + \cfrac{1}{2 + \cfrac{1}{2 + \cfrac{1}{2 + \cfrac{1}{2 + \cfrac{1}{2 + \text{etc. à l'infini.}}}}}}$

Par exemple, si on calcule cette fraction jusqu'au quatrieme terme inclusivement, on trouve que sa valeur est $1\frac{12}{29}$ ou $\frac{41}{29}$; de sorte que le rapport approché de la diagonale au côté du quarré est :: 41 : 29. On trouverait un rapport plus approché en calculant un plus grand nombre de termes.

LIVRE IV.

LES POLYGONES RÉGULIERS, ET LA MESURE DU CERCLE.

DÉFINITION.

Un polygone qui est à-la-fois équiangle et équilatéral, s'appelle *polygone régulier.*

Il y a des polygones réguliers de tout nombre de côtés. Le triangle équilatéral est celui de trois côtés ; et le quarré, celui de quatre.

PROPOSITION PREMIERE.

THÉORÊME.

Deux polygones réguliers d'un même nombre de côtés sont deux figures semblables.

Soient, par exemple, les deux hexagones réguliers ABCDEF, *abcdef;* la somme des angles est la même dans l'une et dans l'autre figure; elle est égale à huit angles droits *. L'angle A est la sixieme partie de cette somme aussi bien que l'angle *a;* donc les deux angles A et *a* sont égaux; il en est par conséquent de même des angles B et *b*, des angles C et *c*, etc. fig. 155. * 28, 1.

De plus, puisque par la nature de ces polygones les côtés AB, BC, CD, etc., sont égaux, ainsi que *ab*, *bc*, *cd*, etc., il est clair qu'on a les proportions AB : *ab* :: BC : *bc* :: CD : *cd*, etc. ; donc les deux figures dont il s'agit ont les angles égaux et les côtés homologues proportionnels ; donc elles sont semblables *. * déf. 2. liv. 3.

Corollaire. Les périmetres de deux polygones réguliers d'un même nombre de côtés sont entre eux comme les côtés homologues, et leurs surfaces sont
*27, 3. comme les quarrés de ces mêmes côtés *.

Scholie. L'angle d'un polygone régulier se détermine par le nombre de ses côtés comme celui d'un
*28, 1. polygone équiangle *.

PROPOSITION II.

THÉORÊME.

Tout polygone régulier peut être inscrit dans le cercle, et peut lui être circonscrit.

fig. 156. Soit ABCDE, etc., le polygone dont il s'agit, imaginez qu'on fasse passer une circonférence par les trois points A, B, C; soit O son centre, et OP la perpendiculaire abaissée sur le milieu du côté BC; joignez AO et OD.

Le quadrilatere OPCD et le quadrilatere OPBA peuvent être superposés : en effet le côté OP est commun, l'angle OPC=OPB, puisqu'ils sont droits; donc le côté PC s'appliquera sur son égal PB, et le point C tombera en B. De plus, par la nature du polygone, l'angle PCD=PBA, donc CD prendra la direction BA, et puisque CD=BA, le point D tombera en A, et les deux quadrilateres coïncideront entièrement l'un avec l'autre. La distance OD est donc égale à AO, et par conséquent la circonférence qui passe par les trois points A, B, C, passera aussi par le point D : mais, par un raisonnement semblable, on prouvera que la circonférence qui passe par les trois sommets B, C, D, passera par le somme suivant E, et ainsi de suite; donc la même circonférence qui passe par les points A, B, C, passe par tous les sommets des angles du polygone, et le polygone est inscrit dans cette circonférence.

En second lieu, par rapport à cette circonférence, tous les côtés AB, BC, CD, etc., sont des cordes égales; elles sont donc également éloignées du centre* ; donc si du point O, comme centre, et du rayon OP, on décrit une circonférence, cette circonférence touchera le côté BC et tous les autres côtés du polygone, chacun dans son milieu, et la circonférence sera inscrite dans le polygone, ou le polygone circonscrit à la circonférence. * 8, 2.

Scholie I. Le point O, centre commun du cercle inscrit et du cercle circonscrit, peut être regardé aussi comme le centre du polygone, et par cette raison on appelle *angle au centre*, l'angle AOB formé par les deux rayons menés aux extrémités d'un même côté AB.

Puisque toutes les cordes AB, BC, etc., sont égales, il est clair que tous les angles au centre sont égaux, et qu'ainsi la valeur de chacun se trouve en divisant quatre angles droits par le nombre des côtés du polygone.

Scholie II. Pour inscrire un polygone régulier d'un certain nombre de côtés dans une circonférence donnée, il ne s'agit que de diviser la circonférence en autant de parties égales que le polygone doit avoir de côtés; car, les arcs étant égaux, les cordes AB, BC, fig.128. CD, etc., seront égales; les triangles ABO, BOC, COD, etc., seront égaux aussi, parce qu'ils sont équilatéraux entre eux; donc tous les angles ABC, BCD, CDE, etc., seront égaux; donc la figure ABCDE, etc., sera un polygone régulier.

PROPOSITION III.

PROBLÊME.

Inscrire un quarré dans une circonférence donnée.

fig.157. Tirez deux diametres AC, BD, qui se coupent à angles droits; joignez les extrémités A, B, C, D, et la figure ABCD sera le quarré inscrit : car les angles AOB, BOC, etc., étant égaux, les cordes AB, BC, etc., sont égales.

Scholie. Le triangle BOC étant rectangle et isoscele, *11, 3. on a * BC:BO :: $\sqrt{2}$: 1 ; donc *le côté du quarré inscrit est au rayon comme la racine quarrée de 2 est à l'unité.*

PROPOSITION IV.

PROBLÊME.

Inscrire un hexagone régulier et un triangle équilatéral dans une circonférence donnée.

158. Supposons le problême résolu, et soit AB un côté de l'hexagone inscrit; si on mene les rayons AO, OB, je dis que le triangle AOB sera équilatéral.

Car l'angle AOB est la sixieme partie de quatre angles droits; ainsi en prenant l'angle droit pour unité, on aura AOB $=\frac{4}{6}=\frac{2}{3}$: les deux autres angles ABO, BAO, du même triangle valent ensemble $2-\frac{2}{3}$ ou $\frac{4}{3}$, et comme ils sont égaux, chacun d'eux $=\frac{2}{3}$; donc le triangle ABO est équilatéral; donc le côté de l'hexagone inscrit est égal au rayon.

Il suit de là que pour inscrire un hexagone régulier dans une circonférence donnée, il faut porter le rayon six fois sur la circonférence, ce qui ramenera au même point d'où on était parti.

L'hexagone ABCDEF étant inscrit, si l'on joint les sommets des angles alternativement, on formera le triangle équilatéral ACE.

Scholie. La figure ABCO est un parallélogramme et même un losange, puisque AB = BC = CO = AO; *14, 3. donc * la somme des quarrés des diagonales $\overline{AC}^2 + \overline{BO}^2$, est égale à la somme des quarrés des côtés, laquelle est 4 $\overline{AB}^2$ ou 4 $\overline{BO}^2$; retranchant de part et d'autre $\overline{BO}^2$, il restera $\overline{AC}^2 = 3\ \overline{BO}^2$; donc $\overline{AC}^2 : \overline{BO}^2 ::$ 3:1, ou AC:BO :: $\sqrt{3}$:1; donc *le côté du triangle équilatéral inscrit est au rayon comme la racine quarrée de* 3 *est à l'unité.*

PROPOSITION V.

PROBLÊME.

Inscrire dans un cercle donné un décagone régulier, ensuite un pentagone et un pentédécagone.

Divisez le rayon AO en moyenne et extrême raison au point M*, prenez la corde AB égale au plus grand segment OM, et AB sera le côté du décagone régulier qu'il faudra porter dix fois sur la circonférence. fig. 159. *prob. 4. liv. 3.

Car en joignant MB, on a par construction AO: OM :: OM: AM; ou, à cause de AB=OM, AO : AB :: AB:AM; donc les triangles ABO, AMB, ont un angle commun A compris entre côtés proportionnels; donc ils sont semblables *. Le triangle OAB est isoscele, donc le triangle AMB l'est aussi, et on a AB= BM : d'ailleurs AB=OM; donc aussi MB=OM; donc le triangle BMO est isoscele. *20, 3.

L'angle AMB, extérieur au triangle isoscele BMO, est double de l'intérieur O*; or l'angle AMB=MAB; donc le triangle OAB est tel que chacun des angles à la base, OAB ou OBA, est double de l'angle au sommet O; donc les trois angles du triangle valent cinq fois l'angle O, et ainsi l'angle O est la cinquieme partie de deux angles droits, ou la dixieme de quatre : donc l'arc AB est la dixieme partie de la circonférence, et la corde AB est le côté du décagone régulier. *27, 1.

Corollaire I. Si on joint de deux en deux les sommets du décagone régulier, on formera le pentagone régulier ACEGI.

Corollaire II. AB étant toujours le côté du décagone, soit AL le côté de l'hexagone; alors l'arc BL sera, par rapport à la circonférence, $\frac{1}{6}-\frac{1}{10}$ ou $\frac{1}{15}$; donc la corde BL sera le côté du pentédécagone ou polygone régulier de 15 côtés. On voit en même temps que l'arc CL est le tiers de CB.

Scholie. Un polygone régulier étant inscrit, si on divise les arcs sous-tendus par ses côtés en deux parties égales, et qu'on tire les cordes des demi-arcs, celles-ci formeront un nouveau polygone régulier d'un nombre de côtés double : ainsi on voit que le quarré peut servir à inscrire successivement les polygones réguliers de 8, 16, 32, etc., côtés. De même l'hexagone servira à inscrire les polygones réguliers de 12, 24, 48, etc., côtés ; le décagone, des polygones de 20, 40, 80, etc., côtés; le pentédécagone, des polygones de 30, 60, 120, etc., côtés (1).

PROPOSITION VI.

PROBLÈME.

fig. 160. *Étant donné le polygone régulier inscrit* ABCD, *etc.*, *circonscrire à la même circonférence un polygone semblable.*

(1) On a cru long-temps que ces polygones étaient les seuls qui pussent être inscrits par les procédés de la géométrie élémentaire, ou, ce qui revient au même, par la résolution des équations du premier et du second degré : mais M. Gauss a prouvé, dans un ouvrage intitulé *Disquisitiones Arithmeticæ, Lipsiæ*, 1801, qu'on peut inscrire par de semblables moyens le polygone régulier de dix-sept côtés, et en général celui de 2^n+1 côtés, pourvu que 2^n+1 soit un nombre premier.

Au point T, milieu de l'arc AB, menez la tangente GH, qui sera parallele à AB*; faites la même chose au milieu de chacun des autres arcs BC, CD, etc.; ces tangentes formeront par leurs intersections le polygone régulier circonscrit GHIK, etc., semblable au polygone inscrit. *10, 2.

Il est aisé de voir d'abord que les trois points O, B, H, sont en ligne droite, car les triangles rectangles OTH, OHN, ont l'hypoténuse commune OH, et le côté OT = ON; donc ils sont égaux*; donc l'angle TOH = HON, et par conséquent la ligne OH passe par le point B milieu de l'arc TN : par la même raison le point I est sur le prolongement de OC, etc. Mais, puisque GH est parallele à AB et HI à BC, l'angle GHI = ABC*; de même HIK = BCD, etc.; donc les angles du polygone circonscrit sont égaux à ceux du polygone inscrit. De plus, à cause de ces mêmes paralleles, on a GH:AB::OH:OB, et HI: BC::OH:OB; donc GH:AB::HI:BC. Mais AB = BC, donc GH = HI. Par la même raison HI = IK, etc.; donc les côtés du polygone circonscrit sont égaux entre eux; donc ce polygone est régulier et semblable au polygone inscrit. *18, 1. *26, 1.

Corollaire I. Réciproquement, si on donnait le polygone circonscrit GHIK, etc., et qu'il fallût tracer par son moyen le polygone inscrit ABC, etc., on voit qu'il suffirait de mener aux sommets G, H, I, etc., du polygone donné les lignes OG, OH, etc., qui rencontreraient la circonférence aux points A, B, C, etc.; on joindrait ensuite ces points par les cordes AB, BC, etc., qui formeraient le polygone inscrit. On pourrait aussi, dans le même cas, joindre tout simplement les points de contact, T, N, P, etc., par les cordes TN, NP, etc., ce qui formerait également un polygone inscrit semblable au circonscrit.

Corollaire II. Donc on peut circonscrire à un

cercle donné tous les polygones réguliers qu'on sait inscrire dans ce cercle, et réciproquement.

PROPOSITION VII.

THÉORÊME.

L'aire d'un polygone régulier est égale à son périmetre multiplié par la moitié du rayon du cercle inscrit.

fig. 160. Soit, par exemple, le polygone régulier GHIK, etc.; le triangle GOH a pour mesure GH $\times \frac{1}{2}$OT, le triangle OHI a pour mesure HI $\times \frac{1}{2}$ON : mais ON $=$ OT; donc les deux triangles réunis ont pour mesure (GH $+$ HI) $\times \frac{1}{2}$OT. En continuant ainsi pour les autres triangles, on verra que la somme de tous les triangles, ou le polygone entier a pour mesure la somme des bases GH, HI, IK, etc., ou le périmetre du polygone, multiplié par $\frac{1}{2}$OT, moitié du rayon du cercle inscrit.

Scholie. Le rayon du cercle inscrit OT n'est autre chose que la perpendiculaire abaissée du centre sur un des côtés; on l'appelle quelquefois l'*apothême* du polygone.

PROPOSITION VIII.

THÉORÊME.

Les périmetres des polygones réguliers d'un même nombre de côtés sont comme les rayons des cercles circonscrits, et aussi comme les rayons des cercles inscrits; leurs surfaces sont comme les quarrés de ces mêmes rayons.

fig. 161. Soit AB un côté de l'un des polygones dont il s'agit, O son centre, et par conséquent OA le rayon du cercle circonscrit, et OD, perpendiculaire sur AB, le rayon du cercle inscrit; soit pareillement *ab* le côté d'un autre polygone semblable, *o* son centre, *oa* et *od* les rayons des cercles circonscrit et inscrit. Les périmetres des deux polygones sont entre eux comme les côtés AB et *ab;* mais les angles A et *a* sont égaux comme étant chacun moitié de l'angle du polygone; il en est de même des angles B et *b;* donc les triangles ABO, *abo*, sont semblables, ainsi que les triangles rectangles ADO, *ado;* donc AB:*ab*::AO; *ao*::DO:*do;* donc les périmetres des polygones sont entre eux comme les rayons AO, *ao*, des cercles circonscrits, et aussi comme les rayons DO, *do*, des cercles inscrits.

Les surfaces de ces mêmes polygones sont entre elles comme les quarrés des côtés homologues AB, *ab;* elles sont par conséquent aussi comme les quarrés des rayons des cercles circonscrits AO, *ao*, ou comme les quarrés des rayons des cercles inscrits OD, *od.*

PROPOSITION IX.

LEMME.

Toute ligne courbe ou polygone qui enveloppe d'une extrémité à l'autre la ligne convexe AMB *est plus longue que la ligne enveloppée* AMB.

Nous avons déja dit que par ligne convexe nous entendons une ligne courbe ou polygone, ou en partie courbe et en partie polygone, telle qu'une ligne droite ne peut la couper en plus de deux points. Si la ligne AMB avait des parties rentrantes ou des sinuosités, elle cesserait d'être convexe, parce qu'il est aisé de voir qu'une ligne droite pourrait la couper en plus de deux points. Les arcs de cercle sont essentiellement convexes; mais la proposition dont il s'agit maintenant s'étend à une ligne quelconque qui remplit la condition exigée. fig. 162.

Cela posé, si la ligne AMB n'est pas plus petite que toutes celles qui l'enveloppent, il existera parmi ces dernieres une ligne plus courte que toutes les autres, laquelle sera plus petite que AMB, ou tout au plus égale à AMB. Soit ACDEB cette ligne enveloppante; entre les deux lignes menez par-tout où vous voudrez la droite PQ, qui ne rencontre point la ligne AMB, ou du moins qui ne fasse que la toucher; la droite PQ est plus courte que PCDEQ; donc, si à la partie PCDEQ on substitue la ligne droite PQ, on aura la ligne enveloppante APQB plus courte que APDQB. Mais, par hypothese, celle-ci doit être la plus courte de toutes; donc cette hypothese ne saurait subsister; donc toutes les lignes enveloppantes sont plus longues que AMB.

fig. 163. *Scholie.* On démontrera absolument de la même maniere qu'une ligne convexe et rentrante sur elle-même AMB, est plus courte que toute ligne qui l'envelopperait de toutes parts, soit que la ligne enveloppante FHG touche AMB en un ou plusieurs points, soit qu'elle l'environne sans la toucher.

PROPOSITION X.

LEMME.

Deux circonférences concentriques étant données, on peut toujours inscrire dans la plus grande un polygone régulier dont les côtés ne rencontrent pas la plus petite, et on peut aussi circonscrire à la plus petite un polygone régulier dont les côtés ne rencontrent pas la grande; de sorte que dans l'un et dans l'autre cas les côtés du polygone décrit seront renfermés entre les deux circonférences.

fig. 164. Soient CA, CB, les rayons des deux circonférences données. Au point A menez la tangente DE terminée à la grande circonférence en D et E : inscrivez dans la grande circonférence l'un des polygones réguliers qu'on peut inscrire par les problêmes précédents, divisez ensuite les arcs sous-tendus par les côtés en deux parties égales, et menez les cordes des demi-arcs; vous aurez un polygone régulier d'un nombre de côtés double. Continuez la bissection des arcs jusqu'à ce que vous parveniez à un arc plus petit que DBE. Soit MBN cet arc (dont le milieu est supposé en B); il est clair que la corde MN sera plus éloignée du centre que DE, et qu'ainsi le polygone régulier dont MN est le côté ne saurait rencontrer la circonférence dont CA est le rayon.

Les mêmes choses étant posées, joignez CM et CN qui rencontrent la tangente DE en P et Q; PQ sera le côté d'un polygone circonscrit à la petite circonférence, semblable au polygone inscrit dans la grande, dont le côté est MN. Or il est clair que le polygone circonscrit qui a pour côté PQ, ne saurait rencontrer la grande circonférence, puisque CP est moindre que CM.

Donc, par la même construction, on peut décrire un polygone régulier inscrit dans la grande circonférence, et un polygone semblable circonscrit à la petite, lesquels auront leurs côtés compris entre les deux circonférences.

Scholie. Si on a deux secteurs concentriques FCG, ICH, on pourra de même inscrire dans le plus grand une *portion de polygone régulier,* ou circonscrire au plus petit une portion de polygone semblable, de sorte que les contours des deux polygones soient compris entre les deux circonférences : il suffira de diviser l'arc FBG successivement en 2, 4, 8, 16, etc., parties égales, jusqu'a ce qu'on parvienne à une partie plus petite que DBE.

Nous appelons ici *portion de polygone régulier* la figure terminée par une suite de cordes égales inscrites dans l'arc FG d'une extrémité à l'autre. Cette portion a les propriétés principales des polygones réguliers, elle a les angles égaux et les côtés égaux, elle est à-la-fois inscriptible et circonscriptible au cercle; cependant elle ne ferait partie d'un polygone régulier proprement dit, qu'autant que l'arc sous-tendu par un de ses côtés serait une partie aliquote de la circonférence.

PROPOSITION XI.

THÉORÊME.

Les circonférences des cercles sont entre elles comme les rayons, et leurs surfaces comme les quarrés des rayons.

fig. 165. Désignons, pour abréger, par *circ.* CA la circonférence qui a pour rayon CA; je dis qu'on aura *circ.* CA : *circ.* OB :: CA : OB.

Car, si cette proportion n'a pas lieu, CA sera à OB comme *circ.* CA est à un quatrieme terme plus grand ou plus petit que *circ.* OB : supposons-le plus petit, et soit, s'il est possible, CA : OB :: *circ.* CA : *circ.* OD.

Inscrivez dans la circonférence dont OB est le rayon un polygone régulier EFGKLE, dont les côtés ne rencontrent point la circonférence dont OD est le
* 10. rayon *; inscrivez un polygone semblable MNPSTM dans la circonférence dont CA est le rayon.

Cela posé, puisque ces polygones sont semblables, leurs périmetres MNPSM, EFGKE sont entre eux
* 8. comme les rayons CA, OB, des cercles circonscrits *, et on aura MNPSM : EFGKE :: CA : OB; mais, par hypothese, CA : OB :: *circ.* CA : *circ.* OD; donc MNPSM : EFGKE :: *circ.* CA : *circ.* OD. Or, cette proportion est impossible, car le contour MNPSM
* 9. est moindre que *circ.* CA *, et au contraire EFGKE

est plus grand que *circ.* OD; donc il est impossible que CA soit à OB comme *circ.* CA est à une circonférence plus petite que *circ.* OB, ou, en termes plus généraux, il est impossible qu'un rayon soit à un rayon comme la circonférence décrite du premier rayon est à une circonférence plus petite que la circonférence décrite du second rayon.

De là je conclus qu'on ne peut avoir non plus, CA est à OB comme *circ.* CA est à une circonférence plus grande que *circ.* OB; car si cela était, on aurait, en renversant les rapports : OB est à CA comme une circonférence plus grande que *circ.* OB est à *circ.* CA, ou, ce qui est la même chose, comme *circ.* OB est à une circonférence plus petite que *circ.* CA; donc un rayon serait à un rayon comme la circonférence décrite du premier rayon est à une circonférence plus petite que la circonférence décrite du second rayon, ce qui a été démontré impossible.

Puisque le quatrieme terme de la proportion CA : OB :: *circ.* CA : X ne peut être ni plus petit ni plus grand que *circ.* OB, il faut qu'il soit égal à *circ.* OB; donc les circonférences des cercles sont entre elles comme les rayons.

Un raisonnement et une construction entièrement semblables serviront à démontrer que les surfaces des cercles sont comme les quarrés de leurs rayons.

Nous n'entrerons pas dans d'autres détails sur cette proposition, qui d'ailleurs est un corollaire de la suivante.

Corollaire. Les arcs semblables AB, DE, sont fig. 166.
comme leurs rayons AC, DO, et les secteurs semblables ACB, DOE, sont comme les quarrés de ces mêmes rayons.

Car, puisque les arcs sont semblables, l'angle C est égal à l'angle O*; or l'angle C est à quatre angles droits comme l'arc AB est à la circonférence entiere

* déf. 3. liv. 3.

17, 2. décrite du rayon AC, et l'angle O est à quatre angles droits comme l'arc DE est à la circonférence décrite du rayon OD; donc les arcs AB, DE, sont entre eux comme les circonférences dont ils font partie : ces circonférences sont comme les rayons AC, DO, donc *arc* AB : *arc* DE :: AC : DO.

Par la même raison les secteurs ACB, DOE, sont comme les cercles entiers, ceux-ci sont comme les quarrés des rayons; donc *sect.* ACB : *sect.* DOE :: $\overline{AC}^2 : \overline{DO}^2$.

PROPOSITION XII.

THÉORÊME.

L'aire du cercle est égale au produit de sa circonférence par la moitié du rayon.

Désignons par *surf.* CA la surface du cercle dont le rayon est CA; je dis qu'on aura *surf.* CA$=\frac{1}{2}$CA$\times$ *circ.* CA.

fig. 167. Car si $\frac{1}{2}$CA$\times$*circ.* CA n'est pas l'aire du cercle dont CA est le rayon, cette quantité sera la mesure d'un cercle plus grand ou plus petit. Supposons d'abord qu'elle est la mesure d'un cercle plus grand, et soit, s'il est possible, $\frac{1}{2}$CA$\times$*circ.* CA$=$*surf.* CB.

Au cercle dont le rayon est CA circonscrivez un polygone régulier DEFG, etc., dont les côtés ne ren-
10. contrent pas la circonférence qui a CB pour rayon; la surface de ce polygone sera égale à son contour
7. DE$+$EF$+$FG$+$etc. multiplié par $\frac{1}{2}$AC : mais le contour du polygone est plus grand que la circonférence inscrite, puisqu'il l'enveloppe de toutes parts; donc la surface du polygone DEFG, etc., est plus grande que $\frac{1}{2}$AC$\times$*circ.* AC, qui, par hypothese, est la mesure du cercle dont CB est le rayon; donc le polygone serait plus grand que le cercle. Or au contraire

il est plus petit, puisqu'il y est contenu; donc il est impossible que $\frac{1}{2}$ CA $\times$ *circ.* CA soit plus grand que *surf.* CA, ou, en d'autres termes, il est impossible que la circonférence d'un cercle multipliée par la moitié de son rayon soit la mesure d'un cercle plus grand.

Je dis en second lieu que le même produit ne peut être la mesure d'un cercle plus petit; et, pour ne pas changer de figure, je supposerai qu'il s'agit du cercle dont CB est le rayon; il faut donc prouver que $\frac{1}{2}$ CB $\times$ *circ.* CB ne peut être la mesure d'un cercle plus petit, par exemple, du cercle dont le rayon est CA. En effet, soit, s'il est possible, $\frac{1}{2}$ CB $\times$ *circ.* CB $=$ *surf.* CA.

Ayant fait la même construction que ci-dessus, la surface du polygone DEFG, etc., aura pour mesure (DE + EF + FG + etc.) $\times$ $\frac{1}{2}$ CA; mais le contour DE + EF + FG + etc., est moindre que *circ.* CB qui l'enveloppe de toutes parts; donc l'aire du polygone est moindre que $\frac{1}{2}$ CA $\times$ *circ.* CB, et à plus forte raison moindre que $\frac{1}{2}$ CB $\times$ *circ.* CB. Cette derniere quantité est, par hypothese, la mesure du cercle dont CA est le rayon; donc le polygone serait moindre que le cercle inscrit, ce qui est absurde; donc il est impossible que la circonférence d'un cercle, multipliée par la moitié de son rayon, soit la mesure d'un cercle plus petit.

Donc enfin la circonférence d'un cercle multipliée par la moitié de son rayon est la mesure de ce même cercle.

Corollaire I. La surface d'un secteur est égale à l'arc fig. 168.
de ce secteur multiplié par la moitié du rayon.

Car le secteur ACB est au cercle entier comme l'arc AMB est à la circonférence entiere ABD*, ou * 17, 2.
comme AMB $\times$ $\frac{1}{2}$ AC est à ABD $\times$ $\frac{1}{2}$ AC. Mais le cercle entier $=$ ABD $\times$ $\frac{1}{2}$ AC; donc le secteur ACB a pour mesure AMB $\times$ $\frac{1}{2}$ AC.

Corollaire II. Appelons π la circonférence dont le diametre est l'unité; puisque les circonférences sont comme les rayons ou comme les diametres, on pourra faire cette proportion : le diametre 1 est à sa circonférence π comme le diametre 2CA est à la circonférence qui a pour rayon CA; de sorte qu'on aura fig. 165. $1 : \pi :: 2CA : circ.\ CA$; donc $circ.\ CA = 2\pi \times CA$. Multipliant de part et d'autre par $\frac{1}{2}$ CA, on aura $\frac{1}{2}CA \times circ.\ CA = \pi \times \overline{CA}^2$, ou $surf.\ CA = \pi . \overline{CA}^2$; donc *la surface d'un cercle est égale au produit du quarré de son rayon par le nombre constant* π, *qui représente la circonférence dont le diametre est* 1, *ou le rapport de la circonférence au diametre.*

Pareillement la surface du cercle qui a pour rayon OB sera égale à $\pi \times \overline{OB}^2$; or $\pi \times \overline{CA}^2 : \pi \times \overline{OB}^2 :: \overline{CA}^2 : \overline{OB}^2$; *donc les surfaces des cercles sont entre elles comme les quarrés de leurs rayons*, ce qui s'accorde avec le théorême précédent.

Scholie. Nous avons déja dit que le problême de la quadrature du cercle consiste à trouver un quarré égal en surface à un cercle dont le rayon est connu; or on vient de prouver que le cercle est équivalent au rectangle fait sur la circonférence et la moitié du rayon, et ce rectangle se change en quarré en prenant une moyenne proportionnelle entre ses deux dimensions*: ainsi le problême de la quadrature du cercle se réduit à trouver la circonférence quand on connaît le rayon, et pour cela il suffit de connaître le rapport de la circonférence au rayon ou au diametre.

* pr. 6, liv. 3.

Jusqu'à présent on n'a pu déterminer ce rapport que d'une maniere approchée; mais l'approximation a été poussée si loin, que la connaissance du rapport exact n'aurait aucun avantage réel sur celle du rapport approché. Aussi cette question, qui a beaucoup occupé les géometres lorsque les méthodes d'approximation étaient moins connues, est maintenant reléguée parmi les questions oiseuses dont il n'est permis de s'occuper qu'à ceux qui ont à peine les premieres notions de géométrie.

Archimede a prouvé que le rapport de la circonférence au diametre est compris entre $3\frac{10}{70}$ et $3\frac{10}{71}$; ainsi $3\frac{1}{7}$ ou $\frac{22}{7}$ est une valeur déja fort approchée du nombre que nous avons représenté par π, et cette premiere approximation est fort en usage à cause de sa simplicité. *Métius* a trouvé pour le même nombre la valeur beaucoup plus approchée $\frac{355}{113}$. Enfin la valeur de π, développée jusqu'à un certain ordre de décimales, a été trouvée par d'autres calculateurs 3,1415926535897932, etc., et on a eu la patience de prolonger ces décimales jusqu'à la cent vingt-septieme ou même jusqu'à la cent-quarantieme. Il est évident qu'une telle approximation équivaut à la vérité, et qu'on ne connaît pas mieux les racines des puissances imparfaites.

On expliquera, dans les problêmes suivants, deux des méthodes élémentaires les plus simples pour obtenir ces approximations.

PROPOSITION XIII.

PROBLÊME.

Etant données les surfaces d'un polygone régulier inscrit et d'un polygone semblable circonscrit, trouver les surfaces des polygones réguliers inscrit et circonscrit d'un nombre de côtés double.

Soit AB le côté du polygone donné inscrit, EF fig. 169.
parallele à AB, celui du polygone semblable circonscrit, C le centre du cercle; si on tire la corde AM et les tangentes AP, BQ, la corde AM sera le côté du

polygone inscrit d'un nombre de côtés double, et PQ double de PM sera celui du polygone semblable
*6. circonscrit *. Cela posé, comme la même construction aura lieu dans les différents angles égaux à ACM, il suffit de considérer l'angle ACM seul; et les triangles qui y sont contenus seront entre eux comme les polygones entiers. Soit A la surface du polygone inscrit dont AB est un côté, B la surface du polygone semblable circonscrit, A′ la surface du polygone dont AM est un côté, B′ la surface du polygone semblable circonscrit; A et B sont connus, il s'agit de trouver A′ et B′.

1° Les triangles ACD, ACM, dont le sommet commun est A, sont entre eux comme leurs bases CD, CM; d'ailleurs ces triangles sont comme les polygones A et A′ dont ils font partie; donc A:A′::CD:CM. Les triangles CAM, CME, dont le sommet commun est M, sont entre eux comme leurs bases CA, CE; ces mêmes triangles sont comme les polygones A′ et B dont ils font partie; donc A′:B::CA:CE. Mais à cause des parallèles AD, ME, on a CD:CM::CA:CE; donc A:A′::A′:B; donc le polygone A′, l'un de ceux que l'on cherche, est moyen proportionnel entre les deux polygones connus A et B, et on a par conséquent $A'=\sqrt{A\times B}$.

2° A cause de la hauteur commune CM, le triangle CPM est au triangle CPE comme PM est à PE; mais la ligne CP divisant en deux parties égales
17, 3. l'angle MCE, on a PM:PE::CM:CE::CD:CA::A:A′; donc CPM:CPE::A:A′, et par suite, CPM:CPM+CPE, ou CME::A:A+A′. Mais CMPA ou 2CMP et CME sont entre eux comme les polygones B′ et B dont ils font partie; donc B′:B::2A:A+A′. On a déja déterminé A′; cette nouvelle proportion déterminera B′, et on aura B′=

$\frac{2A \times B}{A+A'}$; donc, au moyen des polygones A et B, il est facile de trouver les polygones A' et B' qui ont deux fois plus de côtés.

PROPOSITION XIV.

PROBLÊME.

Trouver le rapport approché de la circonférence au diametre.

Soit le rayon du cercle $=1$, le côté du quarré inscrit sera $\sqrt{2}$*, celui du quarré circonscrit sera * 3.
égal au diametre 2; donc la surface du quarré inscrit $=2$, et celle du quarré circonscrit $=4$. Maintenant, si on fait $A=2$ et $B=4$, on trouvera par le problême précédent l'octogone inscrit $A'=\sqrt{8}=2{,}8284271$, et l'octogone circonscrit $B'=\frac{16}{2+\sqrt{8}}=3{,}3137085$. Connaissant ainsi les octogones inscrit et circonscrit, on trouvera par leur moyen les polygones d'un nombre de côtés double; il faudra de nouveau supposer $A=2{,}8284271$, $B=3{,}3137085$, et on aura $A'=\sqrt{A \times B}=3{,}0614674$, et $B'=\frac{2A \times B}{A+A'}=3{,}1825979$. Ensuite ces polygones de 16 côtés serviront à connaître ceux de 32, et on continuera ainsi jusqu'à ce que le calcul ne donne plus de différence entre les polygones inscrit et circonscrit, au moins dans l'ordre de décimales auquel on s'est arrêté, qui est le septieme dans cet exemple. Arrivé à ce point, on conclura que le cercle est égal au dernier résultat, car le cercle doit toujours être compris entre le polygone inscrit et le polygone circonscrit; donc si ceux-ci ne different point entre eux jusqu'à un certain

ordre de décimales, le cercle n'en différera pas non plus jusqu'au même ordre.

Voici le calcul de ces polygones prolongé jusqu'à ce qu'ils ne different plus dans le septieme ordre de décimales.

Nombre des côtés.		Polygone inscrit.		Polygone circonscrit.
4	......	2,0000000	......	4,0000000
8	......	2,8284271	......	3,3137085
16	......	3,0614674	......	3,1825979
32	......	3,1214451	......	3,1517249
64	......	3,1365485	......	3,1441184
128	......	3,1403311	......	3,1422236
256	......	3,1412772	......	3,1417504
512	......	3,1415138	......	3,1416321
1024	......	3,1415729	......	3,1416025
2048	......	3,1415877	......	3,1415951
4096	......	3,1415914	......	3,1415933
8192	......	3,1415923	......	3,1415928
16384	......	3,1415925	......	3,1415927
32768	......	3,1415926	......	3,1415926

De là je conclus que la surface du cercle $=$ 3,1415926. On pourrait avoir du doute sur la derniere décimale à cause des erreurs qui viennent des parties négligées; mais le calcul a été fait avec une décimale de plus, pour être sûr du résultat que nous venons de trouver jusque dans la derniere décimale.

Puisque la surface du cercle est égale à la demi-circonférence multipliée par le rayon, le rayon étant 1, la demi-circonférence est 3,1415926; ou bien le diametre étant 1, la circonférence est 3,1415926; donc le rapport de la circonférence au diametre désigné ci-dessus par $\pi = 3,1415926$.

PROPOSITION XV.

LEMME.

Le triangle CAB *est équivalent au triangle isoscele* DCE, *qui a le même angle* C, *et dont le côté* CE *égal à* CD *est moyen proportionnel entre* CA *et* CB. *De plus, si l'angle* CAB *est droit, la perpendiculaire* CF *abaissée sur la base du triangle isoscele, sera moyenne proportionnelle entre le côté* CA *et la demi-somme des côtés* CA, CB. fig. 170.

Car, 1° à cause de l'angle commun C, le triangle ABC est au triangle isoscele DCE comme AC × CB est à DC × CE, ou $\overline{DC}^2$*; donc ces triangles seront équivalents, si $\overline{DC}^2 = AC \times CB$, ou si DC est moyenne proportionnelle entre AC et CB. * 24, 3.

2° La perpendiculaire CGF coupant en deux parties égales angle ACB, on a* AG : GB :: AC : CB, d'où résulte, *componendo*, AG : AG + GB ou AB :: AC : AC + CB; mais AG à se AB comme le triangle ACG est au triangle ACB ou 2CDF; d'ailleurs, si l'angle A est droit, les triangles rectangles ACG, CDF, seront semblables, et donneront ACG : CDF :: $\overline{AC}^2 : \overline{CF}^2$, donc, * 17, 3.

$$\overline{AC}^2 : 2\,\overline{CF}^2 :: AC : AC + CB.$$

Multipliant le second rapport par AC, les antécédents deviendront égaux, et on aura par conséquent $2\,\overline{CF}^2 = AC \times (AC + CB)$, ou $\overline{CF}^2 = AC \times \left(\frac{AC + CB}{2}\right)$; donc 2° si l'angle A est droit, la perpendiculaire CF sera moyenne proportionnelle entre le côté AC et la demi-somme des côtés AC, CB.

PROPOSITION XVI.

PROBLÊME.

Trouver un cercle qui differe aussi peu qu'on voudra d'un polygone régulier donné.

Soit proposé, par exemple, le quarré BMNP; abaissez du fig 171.

centre C la perpendiculaire CA sur le côté MB, et joignez CB.

Le cercle décrit du rayon CA est inscrit dans le quarré, et le cercle décrit du rayon CB est circonscrit à ce même quarré; le premier sera plus petit que le quarré, le second sera plus grand; mais il s'agit de resserrer ces limites.

Prenez CD et CE égales chacune à la moyenne proportionnelle entre CA et CB, et joignez ED; le triangle isoscele
15. CDE sera équivalent au triangle CAB; faites de même pour chacun des huit triangles qui composent le quarré, vous formerez ainsi un octogone régulier équivalent au quarré BMNP. Le cercle décrit du rayon CF, moyen proportionnel entre CA et $\frac{CA+CB}{2}$, sera inscrit dans l'octogone, et le cercle décrit du rayon CD lui sera circonscrit. Ainsi le premier sera plus petit que le quarré donné et le second plus grand.

Si on change de la même maniere le triangle rectangle CDF en un triangle isoscele équivalent, on formera par ce moyen un polygone régulier de seize côtés, équivalent au quarré proposé. Le cercle inscrit dans ce polygone sera plus petit que le quarré, et le cercle circonscrit sera plus grand.

On peut continuer ainsi jusqu'à ce que le rapport entre le rayon du cercle inscrit et le rayon du cercle circonscrit differe aussi peu qu'on voudra de l'égalité. Alors l'un et l'autre cercles pourront être regardés comme équivalents au quarré proposé.

Scholie. Voici à quoi se réduit la recherche des rayons successifs. Soit a le rayon du cercle inscrit dans l'un des polygones trouvés, b le rayon du cercle circonscrit au même polygone; soient a' et b' les rayons semblables pour le polygone suivant qui a un nombre de côtés double. Suivant ce que nous avons démontré, b' est une moyenne proportionnelle entre a et b, et a' est une moyenne proportionnelle entre a et $\frac{a+b}{2}$; de sorte qu'on aura $b' = \sqrt{a \times b}$, et $a' = \sqrt{a \times \frac{a+b}{2}}$; donc les rayons a et b d'un polygone étant connus, on en conclut facilement les rayons a' et b' du polygone suivant : et on continuera ainsi jusqu'à ce que la différence entre les deux rayons soit devenue insensible ; alors l'un ou l'autre de ces rayons sera le rayon du cercle équivalent au quarré ou au polygone proposé.

Cette méthode est facile à pratiquer en lignes, puisque elle se réduit à trouver des moyennes proportionnelles successives entre des lignes connues ; mais elle réussit encore mieux en nombres, et c'est une des plus commodes que la géométrie élémentaire puisse fournir pour trouver promptement le rapport approché de la circonférence au diametre. Soit le côté du quarré $= 2$, le premier rayon inscrit CA sera 1, et le premier rayon circonscrit CB sera $\sqrt{2}$ ou 1,4142136. Faisant donc $a = 1$, $b = 1,4142136$, on trouvera $b' = 1,1892071$, et $a' = 1,0986841$. Ces nombres serviront à calculer les suivants d'après la loi de continuation.

Voici le résultat du calcul fait jusqu'à sept ou huit chiffres par les tables de logarithmes ordinaires.

Rayons des cercles circonscrits.		Rayons des cercles inscrits.
1,4142136	....	1,0000000.
1,1892071	....	1,0986841.
1,1430500	....	1,1210863
1,1320149	....	1,1265639.
1,1292862	....	1,1279257.
1,1286063	....	1,1282657.

Maintenant que la premiere moitié des chiffres est la même des deux côtés, on pourra, au lieu des moyens géométriques, prendre les moyens arithmétiques, qui n'en different que dans les décimales ultérieures. De cette maniere l'opération s'abrege beaucoup, et les résultats sont :

1,1284360	....	1,1283508.
1,1283934	....	1,1283721.
1,1283827	....	1,1283774.
1,1283801	....	1,1283787.
1,1283794	....	1,1283791.
1,1283792	....	1,1283792.

Donc 1,1283792 est à très-peu près le rayon du cercle égal en surface au quarré dont le côté est 2. De là il est facile de trouver le rapport de la circonférence au diametre : car on a démontré que la surface du cercle est égale au quarré de son rayon multiplié par le nombre π ; donc, si on divise la surface 4 par le quarré de 1,1283792, on aura la valeur de π, qui se trouve par ce calcul de 3,1415926, etc., comme on l'a trouvée par une autre méthode.

APPENDICE AU LIVRE IV.

DÉFINITIONS.

I. On appelle *maximum* la quantité la plus grande entre toutes celles de la même espece ; *minimum* la plus petite.

Ainsi le diametre du cercle est un *maximum* entre toutes les lignes qui joignent deux points de la circonférence, et la perpendiculaire est un *minimum* entre toutes les droites menées d'un point donné à une ligne donnée.

II. On appelle figures *isopérimetres* celles qui ont des périmetres égaux.

PROPOSITION PREMIERE.

THÉORÊME.

Entre tous les triangles de même base et de même périmetre, le triangle maximum *est celui dans lequel les deux côtés non déterminés sont égaux.*

fig. 172. Soit AC = CB, et AM + MB = AC + CB ; je dis que le triangle isoscele ACB est plus grand que le triangle AMB qui a même base et même périmetre.

Du point C, comme centre, et du rayon CA = CB, décrivez une circonférence qui rencontre CA prolongé en D ; joignez DB ; et l'angle DBA, inscrit dans le demi-cercle, sera un angle droit*. Prolongez la perpendiculaire DB vers N, faites MN = MB, et joignez AN. Enfin des points M et C abaissez MP et CG, perpendiculaires sur DN. Puisque CB =

* 15, 2.

CD et MN = MB, on a AC + CB = AD, et AM + MB = AM + MN. Mais AC + CB = AM + MB; donc AD = AM + MN; donc AD > AN : or si l'oblique AD est plus grande que l'oblique AN, elle doit être plus éloignée de la perpendiculaire AB; donc DB > BN; donc BG, qui est moitié de BD *, sera plus grande que BP moitié de BN. Mais les triangles ABC, ABM, qui ont même base AB, sont entre eux comme leurs hauteurs BG, BP; donc, puisqu'on a BG > BP, le triangle isoscele ABC est plus grand que le non-isoscele ABM de même base et de même périmetre.

* 12, 1.

PROPOSITION II.

THÉORÊME.

Entre tous les polygones isopérimetres et d'un même nombre de côtés, celui qui est un maximum *a ses côtes égaux.*

Car soit ABCDEF le polygone *maximum;* si le côté BC n'est pas égal à CD, faites sur la base BD un triangle isoscele BOD qui soit isopérimetre à BCD, le triangle BOD sera plus grand que BCD *, et par conséquent le polygone ABODEF sera plus grand que ABCDEF; donc ce dernier ne serait pas le *maximum* entre tous ceux qui ont le même périmetre et le même nombre de côtés, ce qui est contre la supposition. On doit donc avoir BC = CD : on aura par la même raison CD = DE, DE = EF, etc.; donc tous les côtés du polygone *maximum* sont égaux entre eux.

fig. 173. * pr. 1.

PROPOSITION III.

THÉORÊME.

De tous les triangles formés avec deux côtés donnés faisant entre eux un angle à volonté, le maximum *est celui dans lequel les deux côtés donnés font un angle droit.*

Soient les deux triangles BAC, BAD, qui ont le côté AB commun, et le côté AC = AD; si l'angle BAC est droit, je dis que le triangle BAC sera plus grand que le triangle BAD, dans lequel l'angle en A est aigu ou obtus.

fig. 174.

Car la base AB étant la même, les deux triangles BAC, BAD, sont comme les hauteurs AC, DE : mais la perpendiculaire DE est plus courte que l'oblique AD ou son égale AC ; donc le triangle BAD est plus petit que BAC.

PROPOSITION IV.

THÉORÊME.

De tous les polygones formés avec des côtés donnés et un dernier à volonté, le maximum *doit être tel que tous ses angles soient inscrits dans une demi-circonférence dont le côté inconnu sera le diametre.*

fig. 175. Soit ABCDEF le plus grand des polygones formés avec les côtés donnés AB, BC, CD, DE, EF, et un dernier AF à volonté; tirez les diagonales AD, DF. Si l'angle ADF n'était pas droit, on pourrait, en conservant les parties ABCD, DEF, telles qu'elles sont, augmenter le triangle ADF, et par conséquent le polygone entier, en rendant l'angle ADF droit, conformément à la proposition précédente ; mais ce polygone ne peut plus être augmenté, puisqu'il est supposé parvenu à son *maximum;* donc l'angle ADF est déja un angle droit. Il en est de même des angles ABF, ACF, AEF ; donc tous les angles A, B, C, D, E, F, du polygone *maximum* sont inscrits dans une demi-circonférence dont le côté indéterminé AF est le diametre.

Scholie. Cette proposition donne lieu à une question ; savoir, s'il y a plusieurs manieres de former un polygone avec des côtés donnés, et un dernier inconnu qui sera le diametre de la demi-circonférence dans laquelle les autres côtés sont inscrits. Avant de décider cette question, il faut observer que si une même corde AB sous-tend des arcs décrits de
fig. 176. différents rayons AC, AD, l'angle au centre appuyé sur cette corde sera le plus petit dans le cercle dont le rayon est le plus grand ; ainsi ACB<ADB. En effet l'angle ADO
* 27, 1. =ACD+CAD* ; donc ACD<ADO, et en doublant de part et d'autre on aura ACB<ADB.

PROPOSITION V.

THÉORÊME.

Il n'y a qu'une maniere de former le polygone ABCDEF, *avec des côtés donnés et un dernier inconnu qui soit le diametre de la demi-circonférence dans laquelle les autres côtés sont inscrits.*

Car, supposons qu'on a trouvé un cercle qui satisfasse à la question ; si on prend un cercle plus grand, les cordes AB, BC, CD, etc., répondront à des angles au centre plus petits. La somme de ces angles au centre sera donc moindre que deux angles droits ; ainsi les extrémités des côtés donnés n'aboutiront plus aux extrémités d'un diametre. L'inconvénient contraire aura lieu si on prend un cercle plus petit ; donc le polygone dont il s'agit ne peut être inscrit que dans un seul cercle. fig. 175.

Scholie. On peut changer à volonté l'ordre des côtés AB, BC, CD, etc., et le diametre du cercle circonscrit sera toujours le même, ainsi que la surface du polygone ; car, quel que soit l'ordre des arcs AB, BC, etc., il suffit que leur somme fasse la demi-circonférence, et le polygone aura toujours la même surface, puisqu'il sera égal au demi-cercle moins les segments AB, BC, etc., dont la somme est toujours la même.

PROPOSITION VI.

THÉORÊME.

De tous les polygones formés avec des côtés donnés, le maximum *est celui qu'on peut inscrire dans un cercle.*

Soit ABCDEFG le polygone inscrit, et *abcdefg* le non-inscriptible formé avec des côtés égaux, en sorte qu'on ait AB$=$*ab*, BC$=$*bc*, etc. ; je dis que le polygone inscrit est plus grand que l'autre. fig. 177.

Tirez le diametre EM ; joignez AM, MB ; sur *ab*$=$AB faites le triangle *abm* égal à ABM, et joignez *em*.

En vertu de la proposition IV, le polygone EFGAM est

plus grand que *efgam*, à moins que celui-ci ne puisse être pareillement inscrit dans une demi-circonférence dont le côté *em* serait le diametre, auquel cas les deux polygones seraient égaux en vertu de la proposition V. Par la même raison le polygone EDCBM est plus grand que *edcbm*, sauf la même exception où il y aurait égalité. Donc le polygone entier EFGAMBCDE est plus grand que *efgambcde*, à moins qu'ils ne soient entièrement égaux : mais ils ne le sont pas, puisque l'un est inscrit dans le cercle, et que l'autre est supposé non-inscriptible; donc le polygone inscrit est le plus grand. Retranchant de part et d'autre les triangles égaux ABM, *abm*, il restera le polygone inscrit ABCDEFG plus grand que le non-inscriptible *abcdefg*.

Scholie. On démontrera, comme dans la proposition V, qu'il ne peut y avoir qu'un seul cercle, et par conséquent qu'un seul polygone *maximum* qui satisfasse à la question; et ce polygone serait encore de même surface, de quelque maniere qu'on changeât l'ordre de ses côtés.

PROPOSITION VII.

THÉORÊME.

Le polygone régulier est un maximum *entre tous les polygones isopérimetres et d'un même nombre de côtés.*

Car, suivant le théorême II, le polygone *maximum* a tous ses côtés égaux; et, suivant le théorême précédent, il est inscriptible dans le cercle; donc ce polygone est régulier.

PROPOSITION VIII.

LEMME.

Deux angles au centre, mesurés dans deux cercles différents, sont entre eux comme les arcs compris divisés par leurs rayons.

fig. 178. Ainsi l'angle C est à l'angle O comme le rapport $\frac{AB}{AC}$ est au rapport $\frac{DE}{DO}$.

D'un rayon OF égal à AC décrivez l'arc FG compris entre

les côtés OD, OE, prolongés; à cause des rayons égaux AC, OF, on aura d'abord C:O :: AB:FG*, ou :: $\frac{AB}{AC}:\frac{FG}{FO}$. Mais * 17, 2. à cause des arcs semblables FG, DE, on a* FG:DE :: FO: * 11. DO; donc le rapport $\frac{FG}{FO}$ est égal au rapport $\frac{DE}{DO}$, et on a par conséquent C:O :: $\frac{AB}{AC}:\frac{DE}{DO}$.

PROPOSITION IX.

THÉORÊME.

De deux polygones réguliers isopérimetres, celui qui a le plus grand nombre de côtés est le plus grand.

Soit DE le demi-côté de l'un des polygones, O son centre, fig. 179. OE son apothême; soit AB le demi-côté de l'autre polygone, C son centre, CB son apothême. On suppose les centres O et C situés à une distance quelconque OC, et les apothêmes OE, CB, dans la direction OC : ainsi DOE et ACB seront les demi-angles au centre des polygones, et comme ces angles ne sont pas égaux, les lignes CA, OD, prolongées se rencontreront en un point F; de ce point abaissez sur OC la perpendiculaire FG; des points O et C, comme centres, décrivez les arcs GI, GH, terminés aux côtés OF, CF.

Cela posé, on aura par le lemme précédent O:C :: $\frac{GI}{OG}:\frac{GH}{CG}$, mais DE est au périmetre du premier polygone comme l'angle O est à quatre angles droits, et AB est au périmetre du second comme l'angle C est à quatre angles droits; donc, puisque les périmetres des polygones sont égaux, DE : AB :: O:C, ou DE:AB :: : $\frac{GH}{CG}$. Multipliant les antécédents par OG et les conséquents par CG, on aura DE × OG : AB × CG :: GI : GH. Mais les triangles semblables ODE, OFG, donnent OE : OG :: DE : FG, d'où résulte DE × OG = OE × FG; on aura de même AB × CG = CB × FG; donc OE × FG : CB × FG :: GI : GH, ou OE : CB :: GI : GH. Si donc on fait voir que l'arc GI est plus grand que l'arc GH, il s'ensuivra que l'apothême OE est plus grand que CB.

De l'autre côté de CF soit faite la figure CKx entièrement égale à la figure CGx, de sorte qu'on ait CK=CG, l'angle HCK=HCG, et l'arc Kx=xG ; la courbe KxG envelop-
*9. pera l'arc KHG, et sera plus grande que cet arc *. Donc Gx, moitié de la courbe, est plus grande que GH moitié de l'arc; donc, à plus forte raison, GI est plus grand que GH.

Il résulte de là que l'apothême OE est plus grand que CB : mais les deux polygones ayant même périmetre sont entre
*7. eux comme leurs apothêmes *; donc le polygone qui a pour demi-côté DE est plus grand que celui qui a pour demi-côté AB : le premier a le plus de côtés, puisque son angle au centre est le plus petit; donc de deux polygones réguliers isopérimetres, celui qui a le plus de côtés est le plus grand.

PROPOSITION X.

THÉORÊME.

Le cercle est plus grand que tout polygone isopérimetre.

fig. 180. Il est déja prouvé que de tous les polygones isopérimetres et d'un même nombre de côtés le polygone régulier est le plus grand ; ainsi il ne s'agit plus que de comparer le cercle à un polygone régulier quelconque isopérimetre. Soit AI le demi-côté de ce polygone, C son centre. Soit dans le cercle isopérimetre l'angle DOE=ACI, et conséquemment l'arc DE égal au demi-côté AI. Le polygone P est au cercle C comme le triangle ACI est au secteur ODE ; ainsi on aura P : C :: $\frac{1}{2}$AI $\times$ CI : $\frac{1}{2}$DE$\times$OE :: CI : OE. Soit menée au point E la tangente EG qui rencontre OD prolongé en G ; les triangles semblables ACI, GOE, donneront la proportion CI : OE :: AI ou DE : GE; donc P : C :: DE : GE, ou comme DE$\times$$\frac{1}{2}$OE qui est la mesure du secteur DOE est à GE$\times$$\frac{1}{2}$OE qui est la mesure du triangle GOE : or le secteur est plus petit que le triangle; donc P est plus petit que C, donc le cercle est plus grand que tout polygone isopérimetre.

LIVRE V.

LES PLANS ET LES ANGLES SOLIDES.

DÉFINITIONS.

I. Une ligne droite est *perpendiculaire à un plan*, lorsqu'elle est perpendiculaire à toutes les droites qui passent par son *pied* dans le plan *. Réciproquement le plan est perpendiculaire à la ligne. * pr. 4.

Le *pied* de la perpendiculaire est le point où cette ligne rencontre le plan.

II. Une ligne est *parallele à un plan*, lorsqu'elle ne peut le rencontrer à quelque distance qu'on les prolonge l'un et l'autre. Réciproquement le plan est parallele à la ligne.

III. Deux *plans* sont *paralleles* entre eux, lorsqu'ils ne peuvent se rencontrer à quelque distance qu'on les prolonge l'un et l'autre.

IV. Il sera démontré * que l'intersection commune de deux plans qui se rencontrent est une ligne droite : cela posé, *l'angle* ou *l'inclinaison* mutuelle *de deux plans* est la quantité plus ou moins grande dont ils sont écartés l'un de l'autre ; cette quantité se mesure * par l'angle que font entre elles les deux perpendiculaires menées dans chacun de ces plans au même point de l'intersection commune. * pr. 3. * pr. 7.

Cet angle peut être aigu, droit, ou obtus.

V. S'il est droit, les deux *plans* sont *perpendiculaires* entre eux.

VI. *Angle solide* est l'espace angulaire compris entre plusieurs plans qui se réunissent en un même point.

fig. 199. Ainsi l'angle solide S est formé par la réunion des plans ASB, BSC, CSB, DSA.

Il faut au moins trois plans pour former un angle solide.

PROPOSITION PREMIERE.

THÉORÊME.

Une ligne droite ne peut être en partie dans un plan, en partie au dehors.

Car, suivant la définition du plan, dès qu'une ligne droite a deux points communs avec un plan, elle est toute entiere dans ce plan.

Scholie. Pour reconnaître si une surface est plane, il faut appliquer une ligne droite en différents sens sur cette surface, et voir si elle touche la surface dans toute son étendue.

PROPOSITION II.

THÉORÊME.

Deux lignes droites qui se coupent sont dans un même plan, et en déterminent la position.

fig. 181. Soient AB, AC, deux lignes droites qui se coupent en A : on peut concevoir un plan où se trouve la ligne droite AB; si ensuite on fait tourner ce plan autour de AB, jusqu'à ce qu'il passe par le point C, alors la ligne AC, qui a deux de ses points A et C dans ce plan, y sera toute entiere, donc la position de ce plan est déterminée par la seule condition de renfermer les deux droites AB, AC.

Corollaire I. Un triangle ABC, ou trois points A, B, C, non en ligne droite, déterminent la position d'un plan.

fig. 182. *Corollaire* II. Donc aussi deux paralleles AB, CD, déterminent la position d'un plan; car si on mene la sécante EF, le plan des deux droites AE, EF, sera celui des paralleles AB, CD.

PROPOSITION III.

THÉORÊME.

Si deux plans se coupent, leur intersection commune sera une ligne droite.

Car, si dans les points communs aux deux plans on en trouvait trois qui ne fussent pas en ligne droite, les deux plans dont il s'agit, passant chacun par ces trois points, ne feraient qu'un seul et même plan *, ce qui est contre la supposition. * 2.

PROPOSITION IV.

THÉORÊME.

Si une ligne droite AP *est perpendiculaire à deux autres* PB, PC, *qui se croisent à son pied dans le plan* MN, *elle sera perpendiculaire à une droite quelconque* PQ *menée par son pied dans le même plan, et ainsi elle sera perpendiculaire au plan* MN. fig. 183.

Par un point Q, pris à volonté sur PQ, tirez la droite BC dans l'angle BPC, de maniere que BQ= QC *, joignez AB, AQ, AC. *prob.5, liv. 3.

La base BC étant divisée en deux parties égales au point Q, le triangle BPC donnera *, * 14, 3.

$$\overline{PC}^2+\overline{PB}^2=2\overline{PQ}^2+2\overline{QC}^2.$$

Le triangle BAC donnera pareillement,

$$\overline{AC}^2+\overline{AB}^2=2\overline{AQ}^2+2\overline{QC}^2.$$

Retranchant la premiere égalité de la seconde, et observant que les triangles APC, APB, tous deux rectangles en P, donnent $\overline{AC}^2-\overline{PC}^2=\overline{AP}^2$, et $\overline{AB}^2-\overline{PB}^2=\overline{AP}^2$; on aura,

$$\overline{AP}^2+\overline{AP}^2=2\overline{AQ}^2-2\overline{PQ}^2.$$

Donc, en prenant les moitiés de part et d'autre, on a $\overline{AP}^2 = \overline{AQ}^2 - \overline{PQ}^2$, ou $\overline{AQ}^2 = \overline{AP}^2 + \overline{PQ}^2$, donc le triangle APQ est rectangle en P*; donc AP est perpendiculaire à PQ.

* 13. 3.

Scholie. On voit par là, non seulement qu'il est possible qu'une ligne droite soit perpendiculaire à toutes celles qui passent par son pied dans un plan, mais que cela arrive toutes les fois que cette ligne est perpendiculaire à deux droites menées dans le plan; c'est ce qui démontre la légitimité de la définition I.

Corollaire I. La perpendiculaire AP est plus courte qu'une oblique quelconque AQ; donc elle mesure la vraie distance du point A au plan PQ.

Corollaire II. Par un point P donné sur un plan, on ne peut élever qu'une seule perpendiculaire à ce plan; car si on pouvait élever deux perpendiculaires par le même point P, conduisez, suivant ces deux perpendiculaires, un plan dont l'intersection avec le plan MN soit PQ; alors les deux perpendiculaires dont il s'agit seraient perpendiculaires à la ligne PQ, au même point et dans le même plan, ce qui est impossible.

Il est pareillement impossible d'abaisser d'un point donné hors d'un plan deux perpendiculaires à ce plan; car soient AP, AQ, ces deux perpendiculaires, alors le triangle APQ aurait deux angles droits APQ, AQP, ce qui est impossible.

PROPOSITION V.

THÉORÊME.

Les obliques également éloignées de la perpendiculaire sont égales; et, de deux obliques inégalement éloignées de la perpendiculaire, celle qui s'en éloigne le plus est la plus longue.

Car les angles APB, APC, APD étant droits, si on suppose les distances PB, PC, PD, égales entre elles, les triangles APB, APC, APD, auront un angle égal compris entre côtés égaux; donc ils seront égaux; donc les hypoténuses ou les obliques AB, AC, AD, seront égales entre elles. Pareillement, si la distance PE est plus grande que PD ou son égale PB, il est clair que l'oblique AE sera plus grande que AB, ou son égale AD. fig. 184.

Corollaire. Toutes les obliques égales AB, AC, AD, etc., aboutissent à la circonférence BCD, décrite du pied de la perpendiculaire P comme centre; donc étant donné un point A hors d'un plan, si on veut trouver sur ce plan le point P où tomberait la perpendiculaire abaissée de A, il faut marquer sur ce plan trois points B, C, D, également éloignés du point A, et chercher ensuite le centre du cercle qui passe par ces points; ce centre sera le point cherché P.

Scholie. L'angle ABP est ce qu'on appelle l'*inclinaison de l'oblique* AB *sur le plan* MN; on voit que cette inclinaison est égale pour toutes les obliques AB, AC, AD, etc., qui s'écartent également de la perpendiculaire; car tous les triangles ABP, ACP, ADP, etc., sont égaux entre eux.

PROPOSITION VI.

THÉORÈME.

Soit AP *une perpendiculaire au plan* MN *et* BC *une ligne située dans ce plan; si du pied* P *de la perpendiculaire on abaisse* PD *perpendiculaire sur* BC, *et qu'on joigne* AD, *je dis que* AD *sera perpendiculaire à* BC. fig. 185.

Prenez DB=DC, et joignez PB, PC, AB, AC: puisque DB=DC, l'oblique PB=PC; et par rapport à la perpendiculaire AP, puisque PB=PC,

5. l'oblique AB=AC; donc la ligne AD a deux de ses points A et D également distants des extrémités B et C; donc AD est perpendiculaire sur le milieu de BC.

Corollaire. On voit en même temps que BC est perpendiculaire au plan APD, puisque BC est perpendiculaire à-la-fois aux deux droites AD, PD.

Scholie. Les deux lignes AE, BC, offrent l'exemple de deux lignes qui ne se rencontrent point, parce que elles ne sont pas situées dans un même plan. La plus courte distance de ces lignes est la droite PD, qui est à-la-fois perpendiculaire à la ligne AP et à la ligne BC. La distance PD est la plus courte entre ces deux lignes; car si on joint deux autres points, comme A et B, on aura AB > AD, AD > PD; donc, à plus forte raison, AB > PD.

Les deux lignes AE, CB, quoique non situées dans un même plan, sont censées faire entre elles un angle droit, parce que AD et la parallele menée par un de ses points à la ligne BC feraient entre elles un angle droit. De même la ligne AB et la ligne PD, qui représentent deux droites quelconques non situées dans le même plan, sont censées faire entre elles le même angle que ferait avec AB la parallele à PD menée par un des points de AB.

PROPOSITION VII.

THÉORÊME.

fig. 186. *Si la ligne* AP *est perpendiculaire au plan* MN, *toute ligne* DE *parallele à* AP *sera perpendiculaire au même plan.*

Suivant les paralleles AP, DE, conduisez un plan dont l'intersection avec le plan MN sera PD; dans le plan MN menez BC perpendiculaire à PD, et joignez AD.

Suivant le corollaire du théorême précédent, BC est perpendiculaire au plan APDE; donc l'angle BDE est droit : mais l'angle EDP est droit aussi, puisque AP est perpendiculaire à PD, et que DE est parallele à AP; donc la ligne DE est perpendiculaire aux deux droites DP, DB; donc elle est perpendiculaire à leur plan MN.

Corollaire I. Réciproquement si les droites AP, DE sont perpendiculaires au même plan MN, elles seront paralleles; car si elles ne l'étaient pas, conduisez par le point D une parallele à AP, cette parallele sera perpendiculaire au plan MN; donc on pourrait, par un même point D, élever deux perpendiculaires à un même plan, ce qui est impossible*. * 4.

Corollaire II. Deux lignes A et B, paralleles à une troisieme C, sont paralleles entre elles; car imaginez un plan perpendiculaire à la ligne C, les lignes A et B, paralleles à cette perpendiculaire, seront perpendiculaires au même plan; donc, par le corollaire précédent, elles seront paralleles entre elles.

Il est entendu que les trois lignes ne sont pas dans le même plan, sans quoi la proposition serait déja connue*. * 24, 14

PROPOSITION VIII.

THÉORÊME.

Si la ligne AB *est parallele à une droite* CD fig. 187. *menée dans le plan* MN, *elle sera parallele à ce plan.*

Car si la ligne AB, qui est dans le plan ABCD, rencontrait le plan MN, ce ne pourrait être qu'en quelque point de la ligne CD, intersection commune des deux plans : or, AB ne peut rencontrer CD, puisqu'elle lui est parallele; donc elle ne rencontrera pas non plus le plan MN; donc elle est parallele à ce plan*. * déf. 2.

PROPOSITION IX.

THÉORÊME.

fig. 188. *Deux plans* MN, PQ, *perpendiculaires à une même droite* AB, *sont paralleles entre eux.*

Car s'ils se rencontraient quelque part, soit O un de leurs points communs, et joignez OA, OB; la ligne AB, perpendiculaire au plan MN, est perpendiculaire à la droite OA menée par son pied dans ce plan; par la même raison AB est perpendiculaire à BO; donc OA et OB seraient deux perpendiculaires abaissées du même point O sur la même ligne droite, ce qui est impossible; donc les plans MN, PQ, ne peuvent se rencontrer; donc ils sont paralleles.

PROPOSITION X.

THÉORÊME.

fig. 189. *Les intersections* EF, GH, *de deux plans paralleles* MN, PQ, *par un troisieme plan* FG, *sont paralleles.*

Car si les lignes EF, GH, situées dans un même plan, ne sont pas paralleles, prolongées elles se rencontreront; donc les plans MN, PQ, dans lesquels elles sont, se rencontreraient aussi; donc ils ne seraient pas paralleles.

PROPOSITION XI.

THÉORÊME.

fig. 188. *La ligne* AB, *perpendiculaire au plan* MN, *est perpendiculaire au plan* PQ *parallele à* MN.

Ayant tiré à volonté la ligne BC dans le plan PQ, suivant AB et BC, conduisez un plan ABC dont l'intersection avec le plan MN soit AD, l'intersection AD sera parallele à BC*; mais la ligne AB perpendiculaire au plan MN est perpendiculaire à la droite AD; donc elle sera aussi perpendiculaire à sa parallele BC; et puisque la ligne AB est perpendiculaire à toute ligne BC menée par son pied dans le plan PQ, il s'ensuit qu'elle est perpendiculaire au plan PQ. * 10.

PROPOSITION XII.

THÉORÊME.

Les paralleles EG, FH, *comprises entre deux plans paralleles* MN, PQ, *sont égales.* fig. 189.

Par les paralleles EG, FH, faites passer le plan EGHF, qui rencontrera les plans paralleles suivant EF et GH. Les intersections EF, GH, sont paralleles entre elles*, ainsi que EG, FH; donc la figure EGHF est un parallélogramme; donc EG=FH. * 10.

Corollaire. Il suit de là que *deux plans paralleles sont par-tout à égale distance;* car si EG et FH sont perpendiculaires aux deux plans MN, PQ, elles seront paralleles entre elles*; donc elles sont égales. * 7.

PROPOSITION XIII.

THÉORÊME.

Si deux angles CAE, DBF, *non situés dans le même plan, ont leurs côtés paralleles et dirigés dans le même sens, ces angles seront égaux et leurs plans seront paralleles.* fig. 190.

Prenez AC=BD, AE=BF, et joignez CE, DF, AB, CD, EF. Puisque AC est égale et parallele à BD, la figure ABDC est un parallélogramme*; donc CD est égale et parallele à AB. Par une raison semblable * 31, 14

EF est égale et parallele à AB ; donc aussi CD est égale et parallele à EF, la figure CEFD est donc un parallélogramme, et ainsi le côté CE est égal et parallele à DF ; donc les triangles CAE, DBF, sont équilatéraux entre eux ; donc l'angle CAE = DBF.

En second lieu je dis que le plan ACE est parallele au plan BDF ; car, supposons que le plan parallele à BDF, mené par le point A, rencontre les lignes CD, EF, en d'autres points que C et E, par exemple en G et H ; alors, suivant la proposition XII, les trois lignes AB, GD, FH, seront égales : mais les trois AB, CD, EF, le sont déja ; donc on aurait CD = GD, et FH = EF, ce qui est absurde ; donc le plan ACE est parallele à BDF.

Corollaire. Si deux plans paralleles MN, PQ, sont rencontrés par deux autres plans CABD, EABF, les angles CAE, DBF, formés par les intersections des plans paralleles, seront égaux ; car l'intersection AC
* 10. est parallele à BD*, AE l'est à BF, donc l'angle CAE = DBF.

PROPOSITION XIV.

THÉORÊME.

fig. 190. *Si trois droites* AB, CD, EF, *non situées dans le même plan, sont égales et paralleles, les triangles* ACE, BDF, *formés de part et d'autre en joignant les extrémités de ces droites, seront égaux, et leurs plans seront paralleles.*

Car, puisque AB est égale et parallele à CD, la figure ABDC est un parallélogramme ; donc le côté AC est égal et parallele à BD. Par une raison semblable les côtés AE, BF, sont égaux et paralleles, ainsi que CE, DF ; donc les deux triangles ACE,

BDF, sont égaux : on prouvera d'ailleurs, comme dans la proposition précédente, que leurs plans sont paralleles.

PROPOSITION XV.

THÉORÊME.

Deux droites comprises entre trois plans paralleles, sont coupées en parties proportionnelles.

Supposons que la ligne AB rencontre les plans paralleles MN, PQ, RS, en A, E, B, et que la ligne CD rencontre les mêmes plans en C, F, D; je dis qu'on aura AE : EB : : CF : FD. fig. 191.

Tirez AD qui rencontre le plan PQ en G, et joignez AC, EG, GF, BD; les intersections EG, BD, des plans paralleles PQ, RS, par le plan ABD, sont paralleles *; donc AE:EB::AG:GD; pareillement les intersections AC, GF, étant paralleles, on a AG:GD:: CF:FD; donc, à cause du rapport commun, AG: GD, on aura AE : EB : : CF : FD. * 10.

PROPOSITION XVI.

THÉORÊME.

Soit ABCD *un quadrilatere quelconque situé ou non situé dans un même plan; si on coupe les côtés opposés proportionnellement par deux droites* EF, GH, *de sorte qu'on ait* AE:EB::DF:FC, *et* BG:GC::AH:HD; *je dis que les droites* EF, GH, *se couperont en un point* M, *de maniere qu'on aura* HM:MG::AE:EB, *et* EM:MF::AH:HD. fig. 192.

Conduisez suivant AD un plan quelconque A*b*H*c*D qui ne passe pas suivant GH; par les points E, B, C, F, menez à GH les paralleles E*e*, B*b*, C*c*, F*f*, qui rencontrent ce plan en *e*, *b*, *c*, *f*. A cause des paralleles B*b*, GH, C*c**, on aura *b*H:H*c*::BG:GC::AH:HD; donc* les triangles AH*b*, DH*c*, sont semblables. On aura ensuite A*e*:*eb*::AE:EB, et D*f*: * 15, 3. * 20, 3.

fc::DF:FC; donc A*c*:*eb*::D*f*:*fc*, ou, *componendo*, A*e*: D*f*::A*b*:D*c*; mais, à cause des triangles semblables AH*b*, DH*c*, on a A*b*:D*c*::AH:HD; donc A*e*:D*f*::AH:HD : d'ailleurs les triangles AH*b*, *c*HD, étant semblables, l'angle HA*e*
*20, 3. =HD*f*; donc les triangles AH*e*, DH*f*, sont semblables*, donc l'angle AH*e*=DH*f*. Il s'ensuit d'abord que *e*H*f* est une ligne droite, et qu'ainsi les trois paralleles E*e*, GH, F*f*, sont situées dans un même plan, lequel contiendra les deux droites EF, GH; donc *celles-ci doivent se couper en un point* M. Ensuite, à cause des paralleles E*e*, MH, F*f*, on aura EM:MF::*e*H:H*f*::AH:HD.

Par une construction semblable, rapportée au côté AB, on démontrerait que HM:MG::AE:EB.

PROPOSITION XVII.

THÉORÊME.

fig. 193 *L'angle compris entre les deux plans* MAN, MAP, *peut être mesuré, conformément à la définition, par l'angle* NAP *que font entre elles les deux perpendiculaires* AN, AP, *menées dans chacun de ces plans à l'intersection commune* AM.

Pour démontrer la légitimité de cette mesure, il faut prouver, 1° qu'elle est constante, ou qu'elle serait la même en quelque point de l'intersection commune qu'on menât les deux perpendiculaires.

En effet, si on prend un autre point M, et qu'on mene MC dans le plan MN, et MB dans le plan MP, perpendiculaires à l'intersection commune AM; puisque MB et AP sont perpendiculaires à une même ligne AM, elles sont paralleles entre elles. Par la même raison MC est parallele à AN; donc l'angle BMC =
* 13. PAN *; donc il est indifférent de mener les perpendiculaires au point M ou au point A; l'angle compris sera toujours le même.

2° Il faut prouver que si l'angle des deux plans augmente ou diminue dans un certain rapport, l'angle PAN augmentera ou diminuera dans le même rapport.

Dans le plan PAN décrivez du centre A et d'un rayon à volonté l'arc NDP, du centre M et d'un rayon égal décrivez l'arc CEB, tirez AD à volonté ; les deux plans PAN, BMC, étant perpendiculaires à une même droite MA, seront paralleles*; donc les intersections *9.
AD, ME, de ces deux plans par un troisieme AMD, seront paralleles; donc l'angle BME sera égal à PAD*. *13.

Appelons pour un moment *coin* l'angle formé par deux plans MP, MN; cela posé, si l'angle DAP était égal à DAN, il est clair que le coin DAMP serait égal au coin DAMN; car la base PAD se placerait exactement sur son égale DAN, la hauteur AM serait toujours la même; donc les deux coins coïncideraient l'un avec l'autre. On voit de même que si l'angle DAP était contenu un certain nombre de fois juste dans l'angle PAN, le coin DAMP serait contenu autant de fois dans le coin PAMN. D'ailleurs du rapport en nombre entier à un rapport quelconque la conclusion est légitime, et a été démontrée dans une circonstance tout-à-fait semblable * ; donc quel que *17, 2.
soit le rapport de l'angle DAP à l'angle PAN, le coin DAMP sera dans ce même rapport avec le coin PAMN; donc l'angle NAP peut être pris pour la mesure du coin PAMN, ou de l'angle que font entre eux les deux plans MAP, MAN.

Scholie. Il en est des angles formés par deux plans comme des angles formés par deux droites. Ainsi lorsque deux plans se traversent mutuellement, les angles opposés au sommet sont égaux, et les angles adjacents valent ensemble deux angles droits; donc si un plan est perpendiculaire à un autre, celui-ci est perpendiculaire au premier. Pareillement dans la rencontre des plans paralleles par un troisieme plan, il existe les mêmes égalités et les mêmes propriétés que dans la rencontre de deux lignes paralleles par une troisieme ligne.

PROPOSITION XVIII.

THÉORÊME.

fig. 194. *La ligne* AP *étant perpendiculaire au plan* MN, *tout plan* APB, *conduit suivant* AP, *sera perpendiculaire au plan* MN.

Soit BC l'intersection des plans AB, MN; si dans le plan MN on mene DE perpendiculaire à BP, la ligne AP, étant perpendiculaire au plan MN, sera perpendiculaire à chacune des deux droites BC, DE : mais l'angle APD, formé par les deux perpendiculaires PA, PD, à l'intersection commune BP, mesure l'angle des deux plans AB, MN; donc, puisque cet angle est droit,
déf. 5. les deux plans sont perpendiculaires entre eux*.

Scholie. Lorsque trois droites, telles que AP, BP, DP, sont perpendiculaires entre elles, chacune de ces droites est perpendiculaire au plan des deux autres, et les trois plans sont perpendiculaires entre eux.

PROPOSITION XIX.

THÉORÊME.

fig. 194. *Si le plan* AB *est perpendiculaire au plan* MN, *et que dans le plan* AB *on mene la ligne* PA *perpendiculaire à l'intersection commune* PB, *je dis que* PA *sera perpendiculaire au plan* MN.

Car si dans le plan MN on mene PD perpendiculaire à PB, l'angle APD sera droit, puisque les plans sont perpendiculaires entre eux; donc la ligne AP est perpendiculaire aux deux droites PB, PD; donc elle est perpendiculaire à leur plan MN.

Corollaire. Si le plan AB est perpendiculaire au plan MN, et que par un point P de l'intersection commune on éleve une perpendiculaire au plan MN, je dis que cette perpendiculaire sera dans le plan AB; car, si elle n'y était pas, on pourrait mener dans le plan AB une perpendiculaire AP à l'intersection commune BP, laquelle serait en même temps perpendiculaire au plan MN; donc au même point P il y aurait deux perpendiculaires au plan MN; ce qui est impossible *. 4.

PROPOSITION XX.

THÉORÊME.

Si deux plans AB, AD, *sont perpendiculaires* fig. 194. *à un troisieme* MN, *leur intersection commune* AP *sera perpendiculaire à ce troisieme plan.*

Car si par le point P on éleve une perpendiculaire au plan MN, cette perpendiculaire doit se trouver à-la-fois dans le plan AB et dans le plan AD *; donc elle *cor. 19. est leur intersection commune AP.

PROPOSITION XXI.

THÉORÊME.

Si un angle solide est formé par trois angles fig. 195. *plans, la somme de deux quelconques de ces angles sera plus grande que le troisieme.*

Il n'y a lieu à démontrer la proposition que lorsque l'angle plan qu'on compare à la somme des deux autres est plus grand que chacun de ceux-ci. Soit donc l'angle solide S formé par trois angles plans ASB, ASC, BSC, et supposons que l'angle ASB soit le plus grand des trois; je dis qu'on aura ASB $<$ ASC $+$ BSC.

Dans le plan ASB faites l'angle BSD $=$ BSC, tirez

à volonté la droite ADB; et, ayant pris $SC = SD$, joignez AC, BC.

Les deux côtés BS, SD, sont égaux aux deux BS, SC, l'angle $BSD = BSC$; donc les deux triangles BSD, BSC sont égaux; donc $BD = BC$. Mais on a $AB < AC + BC$; retranchant d'un côté BD, et de l'autre son égale BC, il restera $AD < AC$. Les deux côtés AS, SD, sont égaux aux deux AS, SC, le troisieme AD
* 10, 1. est plus petit que le troisieme AC; donc* l'angle $ASD < ASC$. Ajoutant $BSD = BSC$, on aura $ASD + BSD$, ou $ASB < ASC + BSC$.

PROPOSITION XXII.

THÉORÊME.

La somme des angles plans qui forment un angle solide, est toujours moindre que quatre angles droits.

fig. 196. Coupez l'angle solide S par un plan quelconque ABCDE; d'un point O pris dans ce plan menez à tous les angles les lignes OA, OB, OC, OD, OE.

La somme des angles des triangles ASB, BSC, etc., formés autour du sommet S, équivaut à la somme des angles d'un pareil nombre de triangles AOB, BOC, etc., formés autour du sommet O. Mais au point B les angles ABO, OBC, pris ensemble, font l'angle ABC plus petit que la somme des angles ABS,
* 21. SBC*; de même au point C on a $BCO + OCD < BCS + SCD$; et ainsi à tous les angles du polygone ABCDE. Il suit de là que dans les triangles dont le sommet est en O, la somme des angles à la base est plus petite que la somme des angles à la base dans les triangles dont le sommet est en S; donc, par compensation, la somme des angles formés autour du point O est plus grande que la somme des angles autour du point S. Mais la somme des angles autour

du point O est égale à quatre angles droits*; donc la somme des angles plans qui forment l'angle solide S est moindre que quatre angles droits. * 5, 1.

Scholie. Cette démonstration suppose que l'angle solide est convexe, ou que le plan d'une face prolongée ne peut jamais couper l'angle solide; s'il en était autrement, la somme des angles plans n'aurait plus de bornes et pourrait être d'une grandeur quelconque.

PROPOSITION XXIII.

THÉORÈME.

Si deux angles solides sont composés de trois angles plans égaux chacun à chacun, les plans dans lesquels sont les angles égaux seront également inclinés entre eux.

Soit l'angle ASC=DTF, l'angle ASB=DTE, et l'angle BSC=ETF; je dis que les deux plans ASC, ASB, auront entre eux une inclinaison égale à celle des plans DTF, DTE. fig. 197.

Ayant pris SB à volonté, menez BO perpendiculaire au plan ASC; du point O, où cette perpendiculaire rencontre le plan, menez OA, OC, perpendiculaires sur SA, SC; joignez AB, BC; prenez ensuite TE=SB; menez EP perpendiculaire sur le plan DTF; du point P menez PD, PF, perpendiculaires sur TD, TF; enfin joignez DE, EF.

Le triangle SAB est rectangle en A, et le triangle TDE en D*, et puisque l'angle ASB=DTE, on a * 6.
aussi SBA=TED. D'ailleurs SB=TE; donc le triangle SAB est égal au triangle TDE; donc SA=TD, et AB=DE. On démontrera semblablement que SC=TF, et BC=EF. Cela posé, le quadrilatere SAOC est égal au quadrilatere TDPF; car posant l'angle ASC sur son égal DTF, à cause de

SA=TD et SC=TF, le point A tombera en D et le point C en F. En même temps AO, perpendiculaire à SA, tombera sur DP perpendiculaire à TD, et pareillement OC sur PF; donc le point O tombera sur le point P, et on aura AO=DP. Mais les triangles AOB, DPE, sont rectangles en O et P, l'hypoténuse AB=DE, et le côté AO=DP; donc ces triangles
18, 1. sont égaux; donc l'angle OAB=PDE. L'angle OAB est l'inclinaison des deux plans ASB, ASC; l'angle PDE est celle des deux plans DTE, DTF; donc ces deux inclinaisons sont égales entre elles.

Il faut observer cependant que l'angle A du triangle rectangle OAB n'est proprement l'inclinaison des deux plans ASB, ASC, que lorsque la perpendiculaire BO tombe, par rapport à SA, du même côté que SC; si elle tombait de l'autre côté, alors l'angle des deux plans serait obtus, et, joint à l'angle A du triangle OAB, il ferait deux angles droits. Mais dans le même cas l'angle des deux plans TDE, TDF, serait pareillement obtus, et, joint à l'angle D du triangle DPE, il ferait deux angles droits; donc, comme l'angle A serait toujours égal à D, on conclurait de même que l'inclinaison des deux plans ASB, ASC, est égale à celle des deux plans TDE TDF.

Scholie. Si deux angles solides sont composés de trois angles plans égaux chacun à chacun, et qu'en même temps les angles égaux ou homologues soient *disposés de la même maniere* dans les deux angles solides, alors ces angles seront égaux, et posés l'un sur l'autre ils coïncideront. En effet on a déja vu que le quadrilatere SAOC peut être placé sur son égal TDPF; ainsi en plaçant SA sur TD, SC tombe sur TF, et le point O sur le point P. Mais, à cause de l'égalité des triangles AOB, DPE, la perpendiculaire OB au plan ASC est égale à la perpendiculaire

PE au plan TDF; de plus ces perpendiculaires sont dirigées dans le même sens; donc le point B tombera sur le point E, la ligne SB sur TE, et les deux angles solides coïncideront entièrement l'un avec l'autre.

Cette coïncidence cependant n'a lieu qu'en supposant que les angles plans égaux sont *disposés de la même maniere* dans les deux angles solides; car si les angles plans égaux étaient *disposés dans un ordre inverse*, ou, ce qui revient au même, si les perpendiculaires OB, PE, au lieu d'être dirigées dans le même sens par rapport aux plans ASC, DTF, étaient dirigées en sens contraires, alors il serait impossible de faire coïncider les deux angles solides l'un avec l'autre. Il n'en serait cependant pas moins vrai, conformément au théorême, que les plans dans lesquels sont les angles égaux seraient également inclinés entre eux; de sorte que les deux angles solides seraient égaux dans toutes leurs parties constituantes, sans néanmoins pouvoir être superposés. Cette sorte d'égalité, qui n'est pas absolue ou de superposition, mérite d'être distinguée par une dénomination particuliere: nous l'appellerons *égalité par symmétrie.*

Ainsi les deux angles solides dont il s'agit, qui sont formés par trois angles plans égaux chacun à chacun, mais disposés dans un ordre inverse, s'appelleront *angles égaux par symmétrie*, ou simplement *angles symmétriques.*

La même remarque s'applique aux angles solides formés de plus de trois angles plans: ainsi un angle solide formé par les angles plans A, B, C, D, E, et un autre angle solide formé par les mêmes angles dans un ordre inverse A, E, D, C, B, peuvent être tels que les plans dans lesquels sont les angles égaux soient également inclinés entre eux. Ces deux angles solides, qui seraient égaux sans que la superposition fût possible, s'appelleront *angles solides égaux par symmétrie*, ou *angles solides symmétriques.*

Dans les figures planes il n'y a point proprement d'égalité par symmétrie, et toutes celles qu'on voudrait appeler ainsi seraient des égalités absolues ou de superposition : la raison en est qu'on peut renverser une figure plane, et prendre indifféremment le dessus pour le dessous. Il en est autrement dans les solides où la troisieme dimension peut être prise dans deux sens différents.

PROPOSITION XXIV.

PROBLÊME.

Étant donnés les trois angles plans qui forment un angle solide, trouver par une construction plane l'angle que deux de ces plans font entre eux.

fig. 198. Soit S l'angle solide proposé, dans lequel on connaît les trois angles plans ASB, ASC, BSC; on demande l'angle que font entre eux deux de ces plans, par exemple les plans ASB, ASC.

Imaginons qu'on ait fait la même construction que dans le théorême précédent, l'angle OAB serait l'angle requis. Il s'agit donc de trouver le même angle par une construction plane ou tracée sur un plan.

Pour cela faites sur un plan les angles B'SA, ASC, B"SC, égaux aux angles BSA, ASC, BSC, dans la figure solide; prenez B'S et B"S égaux chacun à BS de la figure solide; des points B' et B" abaissez B'A et B"C perpendiculaires sur SA et SC, lesquelles se rencontreront en un point O. Du point A comme centre et du rayon AB' décrivez la demi-circonférence B'*b*E; au point O élevez sur B'E la perpendiculaire O*b*, qui rencontre la circonférence en *b*, joignez A*b*, et l'angle EAb sera l'inclinaison cherchée des deux plans ASC, ASB, dans l'angle solide.

Tout se réduit à faire voir que le triangle AOb de la figure plane est égal au triangle AOB de la figure solide. Or les deux triangles B'SA, BSA, sont rectangles en A, les angles en S sont égaux ; donc les angles en B et B' sont pareillement égaux. Mais l'hypoténuse SB' est égale à l'hypoténuse SB ; donc ces triangles sont égaux ; donc SA de la figure plane est égale à SA de la figure solide, et aussi AB', ou son égale Ab dans la figure plane est égale à AB dans la figure solide. On démontrera de même que SC est égal de part et d'autre ; d'où il suit que le quadrilatere SAOC est égal dans l'une et dans l'autre figure, et qu'ainsi AO de la figure plane est égal à AO de la figure solide ; donc dans l'une et dans l'autre les triangles rectangles AOb, AOB, ont l'hypoténuse égale et un côté égal ; donc ils sont égaux, et l'angle EAb, trouvé par la construction plane, est égal à l'inclinaison des deux plans SAB, SAC, dans l'angle solide.

Lorsque le point O tombe entre A et B' dans la figure plane, l'angle EAb devient obtus, et mesure toujours la vraie inclinaison des plans : c'est pour cela que l'on a désigné par EAb, et non par OAb, l'inclinaison demandée, afin que la même solution convienne à tous les cas sans exception.

Scholie. On peut demander si, en prenant trois angles plans à volonté, on pourra former avec ces trois angles plans un angle solide.

D'abord il faut que la somme des trois angles donnés soit plus petite que quatre angles droits, sans quoi l'angle solide ne peut être formé * ; il faut de plus * 22. qu'après avoir pris deux des angles à volonté B'SA, ASC, le troisieme CSB'' soit tel, que la perpendiculaire B''C au côté SC rencontre le diametre B'E entre ses extrémités B′ et E. Ainsi les limites de la grandeur de l'angle CSB″ sont celles qui font aboutir la perpendiculaire B″C aux points B′ et E. De ces points abaissez sur CS les perpendiculaires B′I, EK, qui rencontrent en I et K la circonférence décrite du rayon SB″, et les limites de l'angle CSB″ seront CSI et CSK.

Mais dans le triangle isoscele B′SI, la ligne CS prolongée étant perpendiculaire à la base B′I, on a l'angle CSI = CSB′ = ASC + ASB′. Et dans le triangle isoscele ESK, la ligne SC étant perpendiculaire à EK, on a l'angle CSK = CSE. D'ailleurs, à cause des triangles égaux ASE, ASB′, l'angle ASE = ASB′; donc CSE ou CSK = ASC — ASB′.

Il résulte de là que le problême sera possible toutes les fois que le troisieme angle CSB″ sera plus petit que la somme des deux autres ASC, ASB′, et plus grand que leur différence : condition qui s'accorde avec le théorême XXI; car, en vertu de ce théorême, il faut qu'on ait CSB″ < ASC + ASB′; il faut aussi qu'on ait ASC < CSB″ + ASB′, ou CSB″ > ASC — ASB′.

PROPOSITION XXV.

PROBLÊME.

Étant donnés deux des trois angles plans qui forment un angle solide, avec l'angle que leurs plans font entre eux, trouver le troisieme angle plan.

fig. 198. Soient ASC, ASB′, les deux angles plans donnés, et supposons pour un moment que CSB″ soit le troisieme angle que l'on cherche, alors, en faisant la même construction que dans le problême précédent, l'angle compris entre les plans des deux premiers serait EA*b*. Or, de même qu'on détermine l'angle

EAb par le moyen de CSB″, les deux autres étant donnés; de même on peut déterminer CSB″ par le moyen de EAb, ce qui résoudra le problême proposé.

Ayant pris SB′ à volonté, abaissez sur SA la perpendiculaire indéfinie B′E, faites l'angle EAb égal à l'angle des deux plans donnés; du point b où le côté Ab rencontre la circonférence décrite du centre A et du rayon AB′, abaissez sur AE la perpendiculaire bO, et du point O abaissez sur SC la perpendiculaire indéfinie OCB″, que vous terminerez en B″ de maniere que SB″=SB′; l'angle CSB″ sera le troisieme angle plan demandé.

Car si on forme un angle solide avec les trois angles plans B′SA, ASC, CSB″, l'inclinaison des plans où sont les angles donnés ASB′, ASC, sera égale à l'angle donné EAb.

Scholie. Si un angle solide est *quadruple*, ou formé par quatre angles plans ASB, BSC, CSD, DSA, la connaissance de ces angles ne suffit pas pour déterminer les inclinaisons mutuelles de leurs plans; car avec les mêmes angles plans on pourrait former une infinité d'angles solides. Mais si on ajoute une condition, par exemple, si on donne l'inclinaison des deux plans ASB, BSC, alors l'angle solide est entièrement déterminé, et on pourra trouver l'inclinaison de deux de ses plans quelconques. En effet, imaginez un angle solide *triple* formé par les angles plans ASB, BSC, ASC; les deux premiers angles sont donnés, ainsi que l'inclinaison de leurs plans; on pourra donc déterminer, par le problême qu'on vient de résoudre, le troisieme angle ASC. Ensuite, si on considere l'angle solide triple formé par les angles plans ASC, ASD, DSC, ces trois angles sont connus; ainsi l'angle solide est entièrement déterminé. Mais l'angle solide quadruple est formé par la réunion des deux angles fig. 199.

solides triples dont on vient de parler ; donc, puisque ces angles partiels sont connus et déterminés, l'angle total sera pareillement connu et déterminé.

L'angle des deux plans ASD, DSC, se trouverait immédiatement par le moyen du second angle solide partiel. Quant à l'angle des deux plans BSC, CSD, il faudrait dans un angle solide partiel chercher l'angle compris entre les deux plans ASC, DSC, et dans l'autre l'angle compris entre les deux plans ASC, BSC ; la somme de ces deux angles serait l'angle compris entre les plans BSC, DSC.

On trouvera de la même maniere que, pour déterminer un angle solide quintuple, il faut connaître, outre les cinq angles plans qui le composent, deux des inclinaisons mutuelles de leurs plans ; il en faudrait trois dans l'angle solide sextuple, et ainsi de suite.

LIVRE VI.

LES POLYÈDRES.

DÉFINITIONS.

I. On appelle *solide polyèdre*, ou simplement *polyèdre*, tout solide terminé par des plans ou des faces planes. (Ces plans sont nécessairement terminés eux-mêmes par des lignes droites.) On appelle en particulier *tétraèdre* le solide qui a quatre faces ; *hexaèdre* celui qui en a six ; *octaèdre* celui qui en a huit ; *dodécaèdre* celui qui en a douze ; *icosaèdre* celui qui en a vingt, etc.

Le tétraèdre est le plus simple des polyèdres ; car il faut au moins trois plans pour former un angle solide, et ces trois plans laissent un vide qui, pour être fermé, exige au moins un quatrieme plan.

II. L'intersection commune de deux faces adjacentes d'un polyèdre s'appelle *côté* ou *arête* du polyèdre.

III. On appelle *polyèdre régulier* celui dont toutes les faces sont des polygones réguliers égaux, et dont tous les angles solides sont égaux entre eux. Ces polyèdres sont au nombre de cinq. *Voyez l'appendice aux livres VI et VII.*

IV. Le *prisme* est un solide compris sous plusieurs plans parallélogrammes, terminés de part et d'autre par deux plans polygones égaux et paralleles.

Pour construire ce solide, soit ABCDE un polygone quelconque ; si dans un plan parallele à ABC, on mene les lignes FG, GH, HI, etc., égales et paralleles aux côtés AB, BC, CD, etc., ce qui formera fig. 200.

le polygone FGHIK égal à ABCDE; si ensuite on joint d'un plan à l'autre les sommets des angles homologues par les droites AF, BG, CH, etc., les faces ABGF, BCHG, etc., seront des parallélogrammes, et le solide ainsi formé ABCDEFGHIK sera un prisme.

V. Les polygones égaux et paralleles ABCDE, FGHIK, s'appellent les *bases du prisme;* les autres plans parallélogrammes pris ensemble constituent la *surface latérale* ou *convexe du prisme*. Les droites égales AF, BG, CH, etc., s'appellent les *côtés* du prisme.

VI. La *hauteur d'un prisme* est la distance de ses deux bases, ou la perpendiculaire abaissée d'un point de la base supérieure sur le plan de la base inférieure.

VII. Un *prisme* est *droit* lorsqne les côtés AF, BG, etc., sont perpendiculaires aux plans des bases : alors chacun d'eux est égal à la hauteur du prisme. Dans tout autre cas le prisme est *oblique*, et la hauteur est plus petite que le côté.

VIII. Un *prisme* est *triangulaire*, *quadrangulaire*, *pentagonal*, *hexagonal*, etc., selon que la base est un triangle, un quadrilatere, un pentagone, un hexagone, etc.

fig. 206. IX. Le prisme qui a pour base un parallélogramme, a toutes ses faces parallélogrammiques; il s'appelle *parallélepipede*.

Le *parallélepipede* est *rectangle* lorsque toutes ses faces sont des rectangles.

X. Parmi les parallélepipedes rectangles on distingue le *cube* ou hexaèdre régulier compris sous six quarrés égaux.

fig. 196. XI. La *pyramide* est le solide formé lorsque plusieurs plans triangulaires partent d'un même point S, et sont terminés aux différents côtés d'un même plan polygonal ABCDE.

Le polygone ABCDE s'appelle la *base* de la pyramide, le point S en est le *sommet*, et l'ensemble des triangles ASB, BSC, etc., forme la *surface convexe* ou *latérale* de la pyramide.

XII. La *hauteur* de la pyramide est la perpendiculaire abaissée du sommet sur le plan de la base, prolongé s'il est nécessaire.

XIII. La pyramide est *triangulaire*, *quadrangulaire*, etc., selon que la base est un triangle, un quadrilatere, etc.

XIV. Une pyramide est *réguliere*, lorsque la base est un polygone régulier, et qu'en même temps la perpendiculaire abaissée du sommet sur le plan de la base passe par le centre de cette base : cette ligne s'appelle alors l'*axe* de la pyramide.

XV. *Diagonale* d'un polyèdre est la droite qui joint les sommets de deux angles solides non adjacents.

XVI. J'appellerai *polyèdres symmétriques* deux polyèdres qui, ayant une base commune, sont construits semblablement, l'un au-dessus du plan de cette base, l'autre au-dessous, avec cette condition que les sommets des angles solides homologues soient situés à égales distances du plan de la base, sur une même droite perpendiculaire à ce plan.

Par exemple, si la droite ST est perpendiculaire au plan ABC, et qu'au point O, où elle rencontre ce plan, elle soit divisée en deux parties égales, les deux pyramides SABC, TABC, qui ont la base commune ABC, seront deux polyèdres symmétriques. fig. 202.

XVII. Deux *pyramides triangulaires* sont *semblables*, lorsqu'elles ont deux faces semblables chacune à chacune, semblablement placées et également inclinées entre elles.

Ainsi, en supposant les angles ABC = DEF, BAC = EDF, ABS = DET, BAS = EDT, si en outre l'inclinaison des plans ABS, ABC, est égale à celle de fig. 203.

leurs homologues DTE, DEF, les pyramides SABC, TDEF, seront semblables.

XVIII. Ayant formé un triangle avec les sommets de trois angles pris sur une même face ou base d'un polyèdre, on peut imaginer que les sommets des différents angles solides du polyèdre, situés hors du plan de cette base, soient ceux d'autant de pyramides triangulaires qui ont pour base commune le triangle désigné, et chacune de ces pyramides déterminera la position de chaque angle solide du polyèdre par rapport à la base. Cela posé :

Deux *polyèdres* sont *semblables* lorsqu'ayant des bases semblables, les sommets des angles solides homologues, hors de ces bases, sont déterminés par des pyramides triangulaires semblables chacune à chacune.

XIX. J'appellerai *sommets* d'un polyèdre les points situés aux sommets de ses différents angles solides.

N. B. Tous les polyèdres que nous considérons sont des polyèdres à angles saillants ou polyèdres *convexes*. Nous appelons ainsi ceux dont la surface ne peut être rencontrée par une ligne droite en plus de deux points. Dans ces sortes de polyèdres le plan prolongé d'une face ne peut couper le solide; il est donc impossible que le polyèdre soit en partie au-dessus du plan d'une face, en partie au-dessous; il est tout entier d'un même côté de ce plan.

PROPOSITION PREMIERE.

THÉORÊME.

Deux polyèdres ne peuvent avoir les mêmes sommets et en même nombre sans coïncider l'un avec l'autre.

Car supposons l'un des polyèdres déja construit, si on veut en construire un autre qui ait les mêmes sommets et en même nombre, il faudra que les plans de celui-ci ne passent pas tous par les mêmes points que dans le premier, sans quoi ils ne différeraient pas l'un de l'autre : mais alors il est clair que quelques-uns des nouveaux plans couperaient le premier polyèdre; il y aurait des sommets au-dessus de ces plans, et des sommets au-dessous, ce qui ne peut convenir à un polyèdre convexe : donc, si deux polyèdres ont les mêmes sommets et en même nombre, ils doivent nécessairement coïncider l'un avec l'autre.

Scholie. Etant donnés de position les points A, B, C, K, etc., qui doivent servir de sommets à un polyèdre, il est facile de décrire le polyèdre.

Choisissez d'abord trois points voisins D, E, H, fig 204.
tels que le plan DEH passe, s'il y a lieu, par de nouveaux points K, C, mais laisse tous les autres d'un même côté, tous au-dessus du plan ou tous au-dessous; le plan DEH ou DEHKC, ainsi déterminé, sera une face du solide. Suivant un de ses côtés EH, conduisez un plan que vous ferez tourner jusqu'à ce qu'il rencontre un nouveau sommet F, ou plusieurs à-la-fois F, I; vous aurez une seconde face qui sera FEH ou FEHI. Continuez ainsi en faisant passer des plans par les côtés trouvés jusqu'à ce que le solide soit terminé de toutes parts : ce solide sera le polyèdre demandé, car il n'y en a pas deux qui puissent avoir les mêmes sommets.

PROPOSITION II.

THÉORÊME.

Dans deux polyèdres symmétriques les faces homologues sont égales chacune à chacune, et l'inclinaison de deux faces adjacentes, dans un de ces solides, est égale à l'inclinaison des faces homologues dans l'autre.

Soit ABCDE la base commune aux deux polyèdres, fig. 205

soient M et N les sommets de deux angles solides quelconques de l'un des polyèdres, M′ et N′ les sommets homologues de l'autre polyèdre; il faudra, suivant la définition, que les droites MM′, NN′, soient perpendiculaires au plan ABC, et qu'elles soient divisées en deux parties égales aux points *m* et *n* où elles rencontrent ce plan. Cela posé, je dis que la distance MN est égale à M′N′.

Car si on fait tourner le trapeze *m*′M′N′*n* autour de *mn* jusqu'à ce que son plan s'applique sur le plan *m*MN*n*; à cause des angles droits en *m* et en *n*, le côté *m*M′ tombera sur son égal *m*M, et *n*N′ sur *n*N; donc les deux trapezes coïncideront, et on aura MN = M′N′.

Soit P un troisieme sommet du polyèdre supérieur, et P′ son homologue dans l'autre, on aura de même MP = M′P′ et NP = N′P′; donc le *triangle* MNP, *qui joint trois sommets quelconques du polyèdre supérieur, est égal au triangle* M′N′P′ *qui joint les trois sommets homologues de l'autre polyèdre.*

Si parmi ces triangles on considere seulement ceux qui sont formés à la surface des polyèdres, on peut déja conclure que les surfaces des deux polyèdres sont composées d'un même nombre de triangles égaux chacun à chacun.

Je dis maintenant que si des triangles sont dans un même plan sur une surface et forment une même face polygone, les triangles homologues seront dans un même plan sur l'autre surface et formeront une face polygone égale.

En effet, soient MPN, NPQ, deux triangles adjacents qu'on suppose dans un même plan, et soient M′P′N′, N′P′Q′, leurs homologues. On a l'angle MNP = M′N′P′, l'angle PNQ = P′N′Q′; et si on joignait MQ et M′Q′, le triangle MNQ serait égal à M′N′Q′, ainsi on aurait l'angle MNQ = M′N′Q′.

Mais puisque MPNQ est un seul plan, on a l'angle $MNQ = MNP + PNQ$; donc on aura aussi $M'N'Q' = M'N'P' + P'N'Q'$. Or, si les trois plans M'N'P', P'N'Q, M'N'Q', n'étaient pas confondus en un seul, ces trois plans formeraient un angle solide, et on aurait * l'angle $M'N'Q' < M'N'P' + P'N'Q'$; *20, 5.
donc, puisque cette condition n'a pas lieu, les deux triangles M'N'P', P'N'Q', sont dans un même plan.

Il suit de là que chaque face, soit triangulaire, soit polygone, dans un polyèdre, répond à une face égale dans l'autre, et qu'ainsi les deux polyèdres sont compris sous un même nombre de plans égaux, chacun à chacun.

Il reste à prouver que l'inclinaison de deux faces adjacentes quelconques dans l'un des polyèdres est égale à l'inclinaison des deux faces homologues dans l'autre.

Soient MPN, NPQ, deux triangles formés sur l'arête commune NP dans les plans des deux faces adjacentes; soient M'P'N', N'P'Q', leurs homologues; on peut concevoir en N un angle solide formé par les trois angles plans MNQ, MNP, PNQ, et en N' un angle solide formé par les trois M'N'Q', M'N'P, P'N'Q'. Or, on a déja prouvé que ces angles plans sont égaux chacun à chacun; donc l'inclinaison des deux plans MNP, PNQ, est égale à celle de leurs homologues M'N'P', P'N'Q' *. *22,5.

Donc, dans les polyèdres symmétriques, les faces sont égales chacune à chacune, et les plans de deux faces quelconques adjacentes d'un des solides, ont entre eux la même inclinaison que les plans des deux faces homologues de l'autre solide.

Scholie. On peut remarquer que *les angles solides d'un polyèdre sont les symmétriques des angles solides de l'autre polyèdre;* car si l'angle solide N est formé par les plans MNP, PNQ, QNR, etc., son homologue N′ est formé par les plans M′N′P′, P′N′Q′, Q′N′R′, etc. Ceux-ci paraissent disposés dans le même ordre que les autres; mais comme les deux angles solides sont dans une situation inverse l'un par rapport à l'autre, il s'ensuit que la disposition réelle des plans qui forment l'angle solide N′ est l'inverse de celle qui a lieu dans l'angle homologue N. D'ailleurs les inclinaisons des plans consécutifs sont égales dans l'un et dans l'autre angle solide; donc ces angles solides sont symmétriques l'un de l'autre. *Voyez le scholie de la prop. XXIII, liv. V.*

Cette remarque prouve qu'un *polyèdre quelconque ne peut avoir qu'un seul polyèdre symmétrique.* Car si on construisait sur une autre base un nouveau polyèdre symmétrique au polyèdre donné, les angles solides de celui-ci seraient toujours symmétriques des angles du polyèdre donné; donc ils seraient égaux à ceux du polyèdre symmétrique construit sur la premiere base. D'ailleurs les faces homologues seraient toujours égales; donc ces deux polyèdres symmétriques construits sur une base ou sur une autre auraient les faces égales et les angles solides égaux; donc ils coïncideraient par la superposition, et ne feraient qu'un seul et même polyèdre.

PROPOSITION III.

THÉORÈME.

Deux prismes sont égaux lorsqu'ils ont un angle solide compris entre trois plans égaux chacun à chacun et semblablement placés.

fig. 200. Soit la base ABCDE égale à la base *abcde*, le parallélogramme ABGF égal au parallélogramme *abgf*, et le parallélogramme BCHG égal au parallélogramme *bchg*; je dis que le prisme ABCI sera égal au prisme *abci*.

Car soit posée la base ABCDE sur son égale *abcde*, ces deux bases coïncideront : mais les trois angles plans qui forment l'angle solide B sont égaux aux trois angles plans qui forment l'angle solide *b*, chacun à chacun, savoir, ABC = *abc*, ABG = *abg*, et GBC = *gbc*; de plus ces angles sont semblablement placés : donc les angles solides B et *b* sont égaux, et par conséquent le côté BG tombera sur son égal *bg*. On voit aussi qu'à cause des parallélogrammes égaux ABGF, *abgf*, le côté GF tombera sur son égal *gf*, et semblablement GH sur *gh*; donc la base supérieure FGHIK coïncidera entièrement avec son égale *fghik*, et les deux solides seront confondus en un seul, puisqu'ils auront les mêmes sommets *. *1.

Corollaire. Deux prismes droits qui ont des bases égales et des hauteurs égales sont égaux. Car ayant le côté AB égal à *ab*, et la hauteur BG égale à *bg*, le rectangle ABGF sera égal au rectangle *abgf*; il en sera de même des rectangles BGHC, *bghc*; ainsi les trois plans qui forment l'angle solide B sont égaux aux trois qui forment l'angle solide *b*. Donc les deux prismes sont égaux.

PROPOSITION IV.

THÉORÊME.

Dans tout parallélepipede les plans opposés sont égaux et paralleles.

Suivant la définition de ce solide, les bases ABCD, EFGH, sont des parallélogrammes égaux, et leurs côtés sont paralleles : il reste donc à démontrer que la même chose a lieu pour deux faces latérales opposées, telles que AEHD, BFGC. Or, AD est égale et parallele à BC, puisque la figure ABCD est un paral- fig. 206.

lélogramme; par une raison semblable AE est égale et parallele à BF : donc l'angle DAE est égal à l'angle CBF*, et le plan DAE parallele à CBF; donc aussi le parallélogramme DAEH est égal au parallélogramme CBFG. On démontrera de même que les parallélogrammes opposés ABFE, DCGH, sont égaux et paralleles.

* 13, 5.

Corollaire. Puisque le parallélepipede est un solide compris sous six plans dont les opposés sont égaux et paralleles, il s'ensuit qu'une face quelconque et son opposée peuvent être prises pour les bases du parallélepipede.

Scholie. Étant données trois droites, AB, AE, AD, passant par un même point A, et faisant entre elles des angles donnés, on peut sur ces trois droites construire un parallélepipede; il faut pour cela mener par l'extrémité de chaque droite un plan parallele au plan des deux autres; savoir, par le point B un plan parallele à DAE, par le point D un plan parallele à BAE, et par le point E un plan parallele à BAD. Les rencontres mutuelles de ces plans formeront le parallélepipede demandé.

PROPOSITION V.

THÉORÊME.

Dans tout parallélepipede les angles solides opposés sont symmétriques l'un de l'autre; et les diagonales menées par les sommets de ces angles se coupent mutuellement en deux parties égales.

fig. 206. Comparons, par exemple, l'angle solide A à son opposé G; l'angle EAB, égal à EFB, est aussi égal à HGC, l'angle DAE = DHE = CGF, et l'angle DAB = DCB = HGF; donc les trois angles plans qui forment l'angle solide A sont égaux aux trois qui forment l'angle solide G, chacun à chacun; d'ailleurs il est facile de voir que leur disposition est différente dans l'un et dans l'autre; donc 1° les deux angles solides A et G sont symmétriques l'un de l'autre *. *23,5.

En second lieu, imaginons deux diagonales EC, AG, menées l'une et l'autre par des sommets opposés : puisque AE est égale et parallele à CG, la figure AEGC est un parallélogramme; donc les diagonales EC, AG, se couperont mutuellement en deux parties égales. On démontrera de même que la diagonale EC et une autre DF se couperont aussi en deux parties égales; donc 2° les quatre diagonales se couperont mutuellement en deux parties égales, dans un même point qu'on peut regarder comme le centre du parallélepipede.

PROPOSITION VI.

THÉORÈME.

Le plan BDHF, *qui passe par deux arêtes paralleles opposées* BF, DH, *divise le parallélepipede* AG *en deux prismes triangulaires* ABDHEF, GHFBCD, *symmétriques l'un de l'autre.* fig. 207.

D'abord ces deux solides sont des prismes; car les triangles ABD, EFH, ayant leurs côtés égaux et paralleles, sont égaux, et en même temps les faces latérales ABFE, ADHE, BDHF, sont des parallélogrammes; donc le solide ABDHEF est un prisme : il en est de même du solide GHFBCD. Je dis maintenant que ces deux prismes sont symmétriques l'un de l'autre.

Sur la base ABD faites le prisme ABDE'F'H' qui soit le symmétrique du prisme ABDEFH. Suivant ce qui a été démontré *, le plan ABF'E' est égal à *2.

ABFE, et le plan ADH'E' est égal à ADHE; mais si on compare le prisme GHFBCD au prisme ABDH'E'F', la base GHF est égale à ABD; le parallélogramme GHDC, qui est égal à ABFE, est aussi égal à ABF'E', et le parallélogramme GFBC, qui est égal à ADHE, est aussi égal à ADH'E'; donc les trois plans qui forment l'angle solide G dans le prisme GHFBCD, sont égaux aux trois plans qui forment l'angle solide A dans le prisme ABDH'E'F', chacun à chacun, d'ailleurs ils sont disposés semblablement; donc ces deux prismes sont égaux *, et pourraient être superposés. Mais l'un d'eux ABDH'E'F' est symmétrique du prisme ABDHEF; donc l'autre, GHFBCD, est aussi le symmétrique de ABDHEF.

*3

PROPOSITION VII.

LEMME.

fig. 201. *Dans tout prisme* ABCI, *les sections* NOPQR STVXY, *faites par des plans paralleles, sont des polygones égaux.*

Car les côtés NO, ST, sont paralleles, comme étant les intersections de deux plans paralleles par un troisieme plan ABGF; ces mêmes côtés NO, ST, sont compris entre les paralleles NS, OT, qui sont côtés du prisme; donc NO est égal à ST. Par une semblable raison les côtés OP, PQ, QR, etc., de la section NOPQR, sont égaux respectivement aux côtés TV, VX, XY, etc., de la section STVXY. D'ailleurs les côtés égaux étant en même temps paralleles, il s'ensuit que les angles NOP, OPQ, etc. de la premiere section, sont égaux respectivement aux angles STV, TVX, etc., de la seconde. Donc les deux sections NOPQR, STVXY, sont des polygones égaux.

Corollaire. Toute section faite dans un prisme parallèlement à sa base, est égale à cette base.

PROPOSITION VIII.

THÉORÊME.

Les deux prismes triangulaires symmétriques ABDHEF, BCDFGH, *dans lesquels se décompose le parallélepipede* AG, *sont équivalents entre eux.* fig. 208.

Par les sommets B et F menez perpendiculairement au côté BF, les plans B*adc*, F*ehg*, qui rencontreront, d'une part en *a*, *d*, *c*, de l'autre en *e*, *h*, *g*, les trois autres côtés AE, DH, CG, du même parallélepipede; les sections B*adc*, F*ehg*, seront des parallélogrammes égaux. Ces sections sont égales, parce qu'elles sont faites par des plans perpendiculaires à une même droite et par conséquent paralleles *; elles sont des parallélogrammes, parce que deux côtés opposés d'une même section *a*B, *dc*, sont les intersections de deux plans paralleles ABFE, DCGH, par un même plan. * 7.

Par une raison semblable, la figure B*ae*F est un parallélogramme, ainsi que les autres faces latérales BF*gc*, *cdhg*, *adhe*, du solide B*adc*F*ehg*; donc ce solide est un prisme *; et ce prisme est droit, puisque le côté BF est perpendiculaire au plan de la base. * déf. 4.

Cela posé, si par le plan BFHD on divise le prisme droit B*h* en deux prismes triangulaires droits *a*B*de*F*h*, B*dc*F*hg*; je dis que le prisme triangulaire oblique ABDEFH, sera équivalent au prisme triangulaire droit *a*B*de*F*h*.

En effet ces deux prismes ayant une partie commune ABD*he*F, il suffira de prouver que les parties restantes, savoir, les solides B*a*AD*d*, F*e*EH*h* sont équivalents entre eux.

Or, à cause des parallélogrammes ABFE, $aBFe$, les côtés AE, ae, égaux à leur parallele BF, sont égaux entre eux; ainsi, en ôtant la partie commune Ae, il restera Aa = Ee. On prouvera de même que Dd = Hh.

Maintenant, pour opérer la superposition des deux solides BaADd, FeEHh, plaçons la base Feh sur son égale Bad; alors le point e tombant en a, et le point h en d, les côtés eE hH, tomberont sur leurs égaux aA, dD, puisqu'ils sont perpendiculaires au même plan Bad. Donc les deux solides dont il s'agit coïncideront entièrement l'un avec l'autre; donc le prisme oblique BADFEH est équivalent au prisme droit BadFeh.

On démontrera semblablement que le prisme oblique BDCFHG est équivalent au prisme droit BdcFhg. Mais les deux prismes droits BadFeh, BdcFhg sont égaux entre eux, puisqu'ils ont même hauteur BF, et que leurs bases Bad, Bdc sont moitiés d'un même
* 3. cor. parallélogramme *. Donc les deux prismes triangulaires BADFEH, BDCFHG, équivalents à des prismes égaux, sont équivalents entre eux.

Corollaire. Tout prisme triangulaire ABDHEF est la moitié du parallélepipede AG, construit sur le même angle solide A, avec les mêmes arêtes AB, AD, AE.

PROPOSITION IX.

THÉORÊME.

fig 209. *Si deux parallélepipedes* AG, AL, *ont une base commune* ABCD, *et que leurs bases supérieures* EFGH, IKLM, *soient comprises dans un même plan et entre les mêmes paralleles* EK, HL, *ces deux parallélepipedes seront équivalents entre eux.*

Il peut arriver trois cas, selon que EI est plus grand, plus petit ou égal à EF; mais la démonstration est la même pour tous : et d'abord je dis que le prisme triangulaire AEIDHM est égal au prisme triangulaire BFKCGL.

En effet, puisque AE est parallele à BF et HE à GF, l'angle AEI=BFK, HEI=GFK, et HEA=GFB. De ces six angles les trois premiers forment l'angle solide E, les trois autres forment l'angle solide F; donc, puisque les angles plans sont égaux chacun à chacun, et semblablement disposés, il s'ensuit que les angles solides E et F sont égaux. Maintenant, si on pose le prisme AEM sur le prisme BFL, et d'abord la base AEI sur la base BFK, ces deux bases étant égales coïncideront; et puisque l'angle solide E est égal à l'angle solide F, le côté EH tombera sur son égal FG : il n'en faut pas davantage pour prouver que les deux prismes coïncideront dans toute leur étendue; car la base AEI et l'arête EH déterminent le prisme AEM, comme la base BFK et l'arête FG déterminent le prisme BFL * : donc ces prismes sont égaux. * 3.

Mais si du solide AL on retranche le prisme AEM, il restera le parallélepipede AIL; et si du même solide AL on retranche le prisme BFL, il restera le parallélepipede AEG; donc les deux parallélepipedes AIL, AEG, sont équivalents entre eux.

PROPOSITION X.

THÉORÊME.

Deux parallélepipedes de même base et de même hauteur sont équivalents entre eux.

fig. 210. Soit ABCD la base commune aux deux parallélepipedes AG, AL; puisqu'ils ont même hauteur, leurs bases supérieures EFGH, IKLM, seront sur le même plan. De plus les côtés EF et AB sont égaux et paralleles, il en est de même de IK et AB ; donc EF est égal et parallèle à IK : par une raison semblable GF est égal et parallele à LK. Soient prolongés les côtés EF, HG, ainsi que LK, IM, jusqu'à ce que les uns et les autres forment par leurs intersections le parallélogramme NOPQ, il est clair que ce parallélogramme sera égal à chacune des bases EFGH, IKLM. Or si on imagine un troisieme parallélepipede qui, avec la même base inférieure ABCD, ait pour base supérieure NOPQ, ce troisieme parallélepipede serait équivalent au parallélepipede AG*, puisqu'ayant même base inférieure, les bases supérieures sont comprises dans un même plan et entre les paralleles GQ, FN. Par la même raison ce troisieme parallélepipede serait équivalent au parallélepipede AL; donc les deux parallélepipedes AG, AL, qui ont même base et même hauteur, sont équivalents entre eux.

*9.

PROPOSITION XI.

THÉORÊME.

Tout parallélepipede peut être changé en un parallélepipede rectangle équivalent qui aura même hauteur et une base équivalente.

fig. 210. Soit AG le parallélepipede proposé; des points A, B, C, D, menez AI, BK, CL, DM, perpendiculaires au plan de la base, vous formerez ainsi le parallélepipede AL équivalent au parallélepipede AG, et dont les faces latérales AK, BL, etc., seront des rectangles. Si donc la base ABCD est un rectangle, AL sera le parallélepipede rectangle équivalent au parallélepipede proposé AG. Mais si ABCD n'est pas un rectangle, menez AO et BN perpendiculaires sur CD, ensuite OQ et NP perpendiculaires sur la base, vous aurez le solide ABNOIKPQ qui sera un parallélepipede rectangle :

fig. 211.

en effet, par construction, la base ABNO et son opposée IKPQ sont des rectangles; les faces latérales en sont aussi, puisque les arêtes AI, OQ, etc., sont perpendiculaires au plan de la base; donc le solide AP est un parallélepipede rectangle. Mais les deux parallélepipedes AP, AL, peuvent être censés avoir même base ABKI et même hauteur AO : donc ils sont équivalents; donc le parallélepipede AG, qu'on avait d'abord changé en un parallélepipede équivalent AL, se trouve de nouveau changé en un parallélepipede rectangle équivalent AP, qui a la même hauteur AI, et dont la base ABNO est équivalente à la base ABCD. fig. 210 et 211.

PROPOSITION XII.

THÉORÊME.

Deux parallélepipedes rectangles AG, AL, *qui ont la même base* ABCD, *sont entre eux comme leurs hauteurs* AE, AI. fig. 212.

Supposons d'abord que les hauteurs AE, AI, soient entre elles comme deux nombres entiers, par exemple, comme 15 est à 8. On divisera AE en 15 parties égales, dont AI contiendra 8, et par les points de division *x*, *y*, *z*, etc., on menera des plans paralleles à la base. Ces plans partageront le solide AG en 15 parallélepipedes partiels qui seront tous égaux entre eux, comme ayant des bases égales et des hauteurs égales; des bases égales, parce que toute section comme MIKL, faite dans un prisme parallèlement à sa base ABCD, est égale à cette base*; des hauteurs égales, parce que ces hauteurs sont les divisions mêmes A*x*, *xy*, *xz*, etc. Or, de ces 15 parallélepipedes égaux, huit sont contenus dans AL; donc le solide AG est au solide AL comme 15 est à 8, ou en général comme la hauteur AE est à la hauteur AI. *7.

En second lieu, si le rapport de AE à AI ne peut s'exprimer en nombres, je dis qu'on n'en aura pas moins *solid.* AG : *solid.* AL :: AE : AI. Car, si cette proportion n'a pas lieu, supposons qu'on ait *sol.* AG : *sol.* AL :: AE : AO. Divisez AE en parties égales dont chacune soit plus petite que OI, il y aura au moins un point de division *m* entre O et I. Soit P le parallélepipede qui a pour base ABCD et pour hauteur A*m*; puisque les hauteurs AE, A*m* sont entre elles comme deux nombres entiers, on aura *sol.* AG : P :: AE : A*m*. Mais on a, par hypothese, *sol.* AG : *sol.* AL :: AE : AO; de là résulte *sol.* AL : P :: AO : A*m*. Mais AO est plus grand que A*m*; donc il faudrait, pour que la proportion eût lieu, que le solide AL fût plus grand que P. Or au contraire il est plus petit : donc il est impossible que le quatrieme terme de la proportion *sol.* AG : *sol.* AL :: AE : x, soit une ligne plus grande que AI. Par un raisonnement semblable on démontrerait que le quatrieme terme ne peut être plus petit que AI; donc il est égal à AI; donc les parallélepipedes rectangles de même base sont entre eux comme leurs hauteurs.

PROPOSITION XIII.

THÉORÊME.

fig. 213. *Deux parallélepipedes rectangles* AG, AK, *qui ont même hauteur* AE, *sont entre eux comme leurs bases* ABCD, AMNO.

Ayant placé les deux solides l'un à côté de l'autre, comme la figure les représente, prolongez le plan ONKL, jusqu'à ce qu'il rencontre le plan DCGH suivant PQ, vous aurez un troisieme parallélepipede AQ, qu'on pourra comparer à chacun des parallélepipedes AG, AK. Les deux solides AG, AQ, ayant même base

AEHD, sont entre eux comme leurs hauteurs AB, AO; pareillement les deux solides AQ, AK, ayant même base AOLE, sont entre eux comme leurs hauteurs AD, AM. Ainsi on aura les deux proportions,

sol. AG : *sol.* AQ :: AB : AO,

sol. AQ : *sol.* AK :: AD : AM.

Multipliant ces deux proportions par ordre, et omettant, dans le résultat, le multiplicateur commun *sol.* AQ, on aura,

sol. AG : *sol.* AK :: AB × AD : AO × AM.

Mais AB × AD représente la base ABCD, et AO × AM représente la base AMNO; donc deux parallélepipedes rectangles de même hauteur sont entre eux comme leurs bases.

PROPOSITION XIV.

THÉORÊME.

Deux parallélepipedes rectangles quelconques sont entre eux comme les produits de leurs bases par leurs hauteurs, ou comme les produits de leurs trois dimensions.

Car ayant placé les deux solides AG, AZ, de maniere que leurs surfaces aient l'angle commun BAE, prolongez les plans nécessaires pour former le troisieme parallélepipede AK de même hauteur avec le parallélepipede AG. On aura, par la proposition précédente, fig. 213.

sol. AG : *sol.* AK :: ABCD : AMNO.

Mais les deux parallélepipedes AK, AZ, qui ont même base AMNO, sont entre eux comme leurs hauteurs AE, AX; ainsi on a,

sol. AK : *sol.* AZ :: AE : AX.

Multipliant ces deux proportions par ordre, et omettant, dans le résultat, le multiplicateur commun *sol.* AK, on aura

sol. AG : *sol.* AZ :: ABCD × AE : AMNO × AX.

A la place des bases ABCD et AMNO, on peut mettre AB × AD et AO × AM, ce qui donnera,

sol. AG : *sol.* AZ :: AB × AD × AE : AO × AM × AX.

Donc deux parallélepipedes rectangles quelconques sont entre eux, etc.

Scholie. Il suit de là qu'on peut prendre pour mesure d'un parallélepipede rectangle le produit de sa base par sa hauteur, ou le produit de ses trois dimen sions. C'est sur ce principe que nous évaluerons tous les autres solides.

Pour l'intelligence de cette mesure il faut se rappeler qu'on entend par produit de deux ou de plusieurs lignes, le produit des nombres qui représentent ces lignes, et ces nombres dépendent de l'unité linéaire qu'on peut prendre à volonté : cela posé, le produit des trois dimensions d'un parallélepipede est un nombre qui ne signifie rien en lui-même, et qui serait différent si on avait pris une autre unité linéaire. Mais si on multiplie de même les trois dimensions d'un autre parallélepipede, en les évaluant d'après la même unité linéaire, les deux produits seront entre eux comme les solides, et donneront l'idée de leur grandeur relative.

La grandeur d'un solide, son volume ou son étendue constituent ce qu'on appelle sa *solidité*, et le mo de *solidité* est employé particulièrement pour désigner la mesure d'un solide : ainsi on dit que la solidité d'un parallélepipede rectangle est égale au produit de sa base par sa hauteur, ou au produit de ses trois dimensions.

Les trois dimensions du cube étant égales entre elles, si le côté est 1, la solidité sera 1 × 1 × 1, ou 1; si le côté est 2, la solidité sera 2 × 2 × 2, ou 8; si le côté est 3, la solidité sera $3 \times 3 \times 3$, ou 27, et ainsi de suite; ainsi les côtés des cubes étant comme les nombres 1, 2, 3, etc., les cubes eux-mêmes ou leurs solidités sont comme les nombres 1, 8, 27, etc. De là vient qu'on appelle en arithmétique *cube* d'un nombre le produit qui résulte de trois facteurs égaux à ce nombre.

Si on proposait de faire un cube double d'un cube donné, il faudrait que le côté du cube cherché fût au côté du cube donné comme la racine cube de 2 est à l'unité. Or on trouve facilement, par une construction géométrique, la racine quarrée de 2; mais on ne peut pas trouver de même sa racine cube, du moins par les simples opérations de la géométrie élémentaire, lesquelles consistent à n'employer que des lignes droites dont on connaît deux points, et des cercles dont les centres et les rayons sont déterminés.

A raison de cette difficulté le problême de la *duplication du cube* a été célebre parmi les anciens géometres, comme celui de la *trisection de l'angle*, qui est à-peu-près du même ordre. Mais on connaît depuis long-temps les solutions dont ces sortes de problêmes sont susceptibles, lesquelles, quoique moins simples que les constructions de la géométrie élémentaire, ne sont cependant ni moins exactes, ni moins rigoureuses.

PROPOSITION XV.

THÉORÊME.

La solidité d'un parallélepipede, et en général la solidité d'un prisme quelconque, est égale au produit de sa base par sa hauteur.

Car 1° un parallélepipede quelconque est équivalent à un parallélepipede rectangle de même hauteur et de base équivalente *. Or la solidité de celui-ci est * 11.

égale à sa base multipliée par sa hauteur; donc la solidité du premier est pareillement égale au produit de sa base par sa hauteur.

2° Tout prisme triangulaire est la moitié du parallélepipede construit de maniere qu'il ait la même hau-
* 8. teur et une base double *. Or la solidité de celui-ci est égale à sa base multipliée par sa hauteur; donc celle du prisme triangulaire est égale au produit de sa base, moitié de celle du parallélepipede, multipliée par sa hauteur.

3° Un prisme quelconque peut être partagé en autant de prismes triangulaires de même hauteur qu'on peut former de triangles dans le polygone qui lui sert de base. Mais la solidité de chaque prisme triangulaire est égale à sa base multipliée par sa hauteur; et puisque la hauteur est la même pour tous, il s'ensuit que la somme de tous les prismes partiels sera égale à la somme de tous les triangles qui leur servent de bases, multipliée par la hauteur commune. Donc la solidité d'un prisme polygonal quelconque est égale au produit de sa base par sa hauteur.

Corollaire. Si on compare deux prismes qui ont même hauteur, les produits des bases par les hauteurs seront comme les bases; donc *deux prismes de même hauteur sont entre eux comme leurs bases;* par une raison semblable, *deux prismes de même base sont entre eux comme leurs hauteurs.*

PROPOSITION XVI.

LEMME.

fig. 214. *Si une pyramide* SABCDE *est coupée par un plan* abd *parallele à sa base*,

1° *Les côtés* SA, SB, SC,.... *et la hauteur* SO, *seront divisés proportionnellement en* a, b, c,.. *et* o;

2° *La section* abcde *sera un polygone semblable à la base* ABCDE.

Car 1° les plans ABC, *abc*, étant paralleles, leurs intersections AB, *ab*, par un troisième plan SAB, seront paralleles*; donc les triangles SAB, S*ab*, sont semblables, et on a la proportion SA : S*a* :: SB : S*b*; on aurait de même SB : S*b* :: SC : S*c*, et ainsi de suite. Donc tous les côtés SA, SB, SC, etc., sont coupés proportionnellement en *a*, *b*, *c*, etc. La hauteur SO est coupée dans la même proportion au point *o*; car BO et *bo* sont paralleles, et ainsi on a SO : S*o* :: SB : S*b*. * 10, 5

2° Puisque *ab* est parallele à AB, *bc* à BC, *cd* à CD, etc., l'angle *abc* = ABC, l'angle *bcd* = BCD, et ainsi de suite. De plus, à cause des triangles semblables SAB, S*ab*, on a AB : *ab* :: SB : S*b*; et à cause des triangles semblables SBC, S*bc*, on a SB : S*b* :: BC : *bc*; donc AB : *ab* :: BC : *bc*; on aurait de même BC : *bc* :: CD : *cd*, et ainsi de suite. Donc les polygones ABCDE, *abcde*, ont les angles égaux chacun à chacun et les côtés homologues proportionnels; donc ils sont semblables.

Corollaire. Soient SABCDE, SXYZ, deux pyramides dont le sommet est commun, et qui ont même hauteur, ou dont les bases sont situées dans un même plan; si on coupe ces pyramides par un même plan parallele au plan des bases, et qu'il en résulte les sections *abcde*, *xyz*; je dis que *les sections* abcde, xyz, *seront entre elles comme les bases* ABCDE, XYZ.

Car les polygones ABCDE, *abcde*, étant semblables leurs surfaces sont comme les quarrés des côtés homologues AB, *ab*; mais AB : *ab* :: SA : S*a*; donc ABCDE : *abcde* :: $\overline{SA}^2 : \overline{Sa}^2$. Par la même raison, XYZ : *xyz* :: $\overline{SX}^2 : \overline{Sx}^2$. Mais puisque *abcxyz* n'est qu'un même plan, on a aussi SA : S*a* :: SX : S*x*; donc ABCDE : *abcde* :: XYZ : *xyz*; donc les sections *abcde*, *xyz*, sont entre elles comme les bases ABCDE, XYZ.

PROPOSITION XVII.

LEMME.

fig. 215. *Soit* SABC *une pyramide triangulaire dont* S *est le sommet et* ABC *la base; si on divise les côtés* SA, SB, SC, AB, AC, BC, *en deux parties égales aux points* D, E, F, G, H, I, *et que par ces points on tire les lignes* DE, EF, DF, EG, FH, EI, GI, GH; *je dis qu'on pourra considérer la pyramide* SABC, *comme composée de deux prismes* AGHFDE, EGICFH, *équivalents entre eux, et de deux pyramides égales* SDEF, EGBI.

Par suite de la construction, ED est parallele à BA et GE à AS; donc la figure ADEG est un parallélogramme. La figure ADFH en est un aussi par la même raison; donc les trois droites AD, GE, HF, sont égales et paralleles; donc le solide AGHFDE est un
1, 5. prisme.

On prouvera semblablement que les deux figures EFCI, CIGH, sont des parallélogrammes, et qu'ainsi les trois droites EF, IC, GH, sont égales et paralleles; donc le solide EGICFH est encore un prisme. Or je dis que ces deux prismes triangulaires sont équivalents entre eux.

En effet, si sur les arêtes GI, GE, GH, on forme le parallélepipede GX, le prisme triangulaire GEICFH sera la moitié de ce parallélepipede*; d'un autre côté, le prisme AGHFDE est égal aussi à la moitié du pa-
15. rallélepipede GX, puisqu'ils ont même hauteur, et que le triangle AGH, base du prisme, est moitié du
2, 3. parallélogramme GICH, base du parallélepipede. Donc les deux prismes EGICFH, AGHFDE, sont équivalents entre eux.

Ces deux prismes étant retranchés de la pyramide

SABC, il ne reste plus que les deux pyramides SDEF, EGBI; or je dis que ces deux pyramides sont égales entre elles.

En effet, à cause des côtés égaux, savoir, BE $=$ SE, BG $=$ AG $=$ DE, EG $=$ AD $=$ SD, le triangle BEG est égal au triangle ESD. Par une raison semblable le triangle BEI est égal au triangle ESF; d'ailleurs l'inclinaison mutuelle des deux plans BEG, BEI, est la même que celle des deux plans ESD, ESF, puisque BEG ne fait qu'un seul plan avec ESD, de même que BEI avec ESF. Donc si, pour opérer la superposition des deux pyramides SDEF, EGBI, on place le triangle EBG sur son égal SDE, il faudra que le plan BEI tombe sur le plan ESF; et puisque les triangles EBI, SEF, sont égaux et semblablement placés, le point I tombera en F, et les deux pyramides SDEF, EGBI, coïncideront en une seule.

Donc la pyramide entiere SABC est composée de deux prismes triangulaires AGF, GIF, équivalents entre eux, et de deux pyramides égales SDEF, EGBI.

Corollaire I. Du sommet S soit abaissée SO perpendiculaire sur le plan ABC, et soit P le point où cette perpendiculaire rencontre le plan DEF parallele à ABC; puisque SD $= \frac{1}{2}$ SA, on aura SP $= \frac{1}{2}$ SO*, et * 16.
le triangle DEF $= \frac{1}{4}$ ABC : donc la solidité du prisme AGHFDE $= \frac{1}{4}$ ABC $\times \frac{1}{2}$ SO, et celle des deux prismes réunis AGHFDE, EGICFH, $= \frac{1}{4}$ ABC $\times$ SO. Ces deux prismes sont moindres que la pyramide SABC, puisqu'ils y sont contenus; donc *la solidité d'une pyramide triangulaire est plus grande que le quart du produit de sa base par sa hauteur.*

Corollaire II. Si on mene les droites DG, DH, on aura une nouvelle pyramide ADGH, qui sera égale à la pyramide SDEF; car on peut placer la base DEF sur son égale AGH, et alors les angles SDE, SDF, étant égaux aux angles DAG, DAH, il est visible que

* 25, 5. sch. DS tombera sur AD*, et le sommet S sur le sommet D. Or, la pyramide ADGH est moindre que le prisme AGHDEF, puisqu'elle y est contenue; donc chacune des pyramides SDEF, EGBI, est moindre que le prisme AGHDEF; donc la pyramide SABC qui est composée de deux pyramides et de deux prismes, est moindre que quatre de ces mêmes prismes. Or la solidité de l'un de ces prismes $= \frac{1}{8}$ ABC × SO, et son quadruple $= \frac{1}{2}$ ABC × SO; donc *la solidité de toute pyramide triangulaire est moindre que la moitié du produit de sa base par sa hauteur.*

PROPOSITION XVIII.

THÉORÊME.

La solidité d'une pyramide triangulaire est égale au tiers du produit de sa base par sa hauteur.

fig 215. Soit SABC une pyramide triangulaire quelconque, ABC sa base, SO sa hauteur; je dis que la solidité de la pyramide SABC sera égale au tiers du produit de la surface ABC par la hauteur SO, de sorte qu'on aura SABC $= \frac{1}{3}$ ABC × SO, ou $=$ SO × $\frac{1}{3}$ ABC.

Car si on nie cette proposition, il faudra que la solidité SABC soit égale au produit de SO par une surface plus grande ou plus petite que $\frac{1}{3}$ ABC.

Soit 1° cette quantité plus grande, en sorte qu'on ait SABC $=$ SO × ($\frac{1}{3}$ ABC + M). Si on fait la même construction que dans la proposition précédente, la pyramide SABC sera partagée en deux prismes équivalents entre eux AGHFDE, EGICFH, et en deux pyramides égales SDFE, EGBI. Or, la solidité du prisme AGHFDE est DEF × PO, et celle des deux prismes est par conséquent DFE × 2PO, ou DFE × SO. Retranchant les deux prismes de la pyramide entiere, le reste sera égal au double de la pyramide SDEF, de sorte qu'on aura,

$$2\,SDEF = SO \times (\tfrac{1}{3}ABC + M - DEF).$$

Mais, parce que SA est double de SD, la surface ABC est quadruple de DFE*, et ainsi $\frac{1}{3}$ ABC — DFE = $\frac{4}{3}$ DFE — DFE = $\frac{1}{3}$ DFE; donc * 16.

$$2\,SDEF = SO \times (\tfrac{1}{3}DEF + M),$$

et en prenant les moitiés de part et d'autre, il en résulte,

$$SDEF = SP \times (\tfrac{1}{3}DEF + M).$$

D'où l'on voit que pour avoir la solidité de la pyramide SDEF, il faudra ajouter au tiers de sa base la même surface M qui avait été ajoutée au tiers de la base de la grande pyramide, et multiplier le tout par la hauteur SP de la petite pyramide.

Si l'on divise SD en deux également au point K, et que par le point K on fasse passer le plan KLM parallele à DEF, lequel rencontre en Q la perpendiculaire SP, la même démonstration prouve que la solidité de la pyramide SKLM sera égale à SQ × ($\frac{1}{3}$ KLM + M).

Continuant ainsi à former une suite de pyramides dont les côtés décroissent en raison double, et les bases en raison quadruple, on parviendra bientôt à une pyramide S*abc*, dont la base *abc* sera plus petite que 6M : soit S*o* la hauteur de cette derniere pyramide; et sa solidité, déduite de celle des pyramides précédentes, sera S*o* × ($\frac{1}{3}$*abc* + M). Mais on a M > $\frac{1}{6}$*abc*, et par conséquent $\frac{1}{3}$*abc* + M > $\frac{1}{2}$*abc*; il faudrait donc que la solidité de la pyramide S*abc* fût plus grande que S*o* × $\frac{1}{2}$*abc*. Résultat absurde, puisqu'on a prouvé dans le corollaire II de la proposition précédente que la solidité d'une pyramide triangulaire est toujours moindre que la moitié du produit de sa base par sa hauteur; donc 1° il est impossible que la solidité de la pyramide SABC soit plus grande que SO × $\frac{1}{3}$ ABC.

Soit 2° SABC = SO × ($\frac{1}{3}$ ABC — M), on prouvera, comme dans le premier cas, que la solidité de la pyramide SDEF, dont les dimensions sont deux fois moindres, est égale à SP × ($\frac{1}{3}$ DEF — M); et, en continuant la suite des pyramides dont les côtés décroissent en raison double, jusqu'à un terme quelconque S*abc*, on aura de même la solidité de la derniere pyramide S*abc* = S*o* × ($\frac{1}{3}$ *abc* — M). Mais les bases ABC, DEF, LKM.... *abc*, formant une suite décroissante dont chaque terme est le quart du précédent, on parviendra bientôt à un terme *abc*, égal à 12 M, ou qui sera compris entre 12 M et 3 M; alors M étant égal ou plus grand que $\frac{1}{12}$ *abc*, la quantité $\frac{1}{3}$ *abc* — M sera ou égale à $\frac{1}{4}$ *abc*, ou plus petite que $\frac{1}{4}$ *abc*; de sorte que la solidité de la pyramide S*abc* sera ou = S*o* × $\frac{1}{4}$ *abc*, ou < S*o* × $\frac{1}{4}$ *abc*. Résultat encore absurde, puisque, suivant le corollaire I de la proposition précédente, la solidité d'une pyramide triangulaire est toujours plus grande que le quart du produit de sa base par sa hauteur; donc 2° la solidité de la pyramide SABC ne peut être plus petite que SO × $\frac{1}{3}$ ABC.

Donc enfin, la solidité de la pyramide SABC = SO × $\frac{1}{3}$ ABC, ou = $\frac{1}{3}$ ABC × SO, conformément à l'énoncé du théorême.

Corollaire I. Toute pyramide triangulaire est le tiers du prisme triangulaire de même base et de même hauteur; car ABC × SO est la solidité du prisme dont ABC est la base et SO la hauteur.

Corollaire II. Deux pyramides triangulaires de même hauteur sont entre elles comme leurs bases, et deux pyramides triangulaires de même base sont entre elles comme leurs hauteurs.

PROPOSITION XIX.

THÉORÊME.

Toute pyramide SABCDE *a pour mesure le tiers du produit de sa base* ABCDE *par sa hauteur* AO. fig. 214.

Car en faisant passer les plans SEB, SEC, par les diagonales EB, EC, on divisera la pyramide polygonale SABCDE, en plusieurs pyramides triangulaires qui auront toutes la même hauteur SO. Mais par le théorême précédent chacune de ces pyramides se mesure en multipliant chacune des bases ABE, BCE, CDE, par le tiers de sa hauteur SO; donc la somme des pyramides triangulaires, ou la pyramide polygonale SABCDE, aura pour mesure la somme des triangles ABE, BCE, CDE, ou le polygone ABCDE, multiplié par $\frac{1}{3}$SO; donc toute pyramide a pour mesure le tiers du produit de sa base par sa hauteur.

Corollaire I. Toute pyramide est le tiers du prisme de même base et de même hauteur.

Corollaire II. Deux pyramides de même hauteur sont entre elles comme leurs bases, et deux pyramides de même base sont entre elles comme leurs hauteurs.

Scholie. On peut évaluer la solidité de tout corps polyèdre en le décomposant en pyramides, et cette décomposition peut se faire de plusieurs manieres: une des plus simples est de faire passer les plans de division par le sommet d'un même angle solide; alors on aura autant de pyramides partielles qu'il y a de faces dans le polyèdre, excepté celles qui forment l'angle solide d'où partent les plans de division.

PROPOSITION XX.

THÉORÊME.

Deux polyèdres symmétriques sont équivalents entre eux ou égaux en solidité.

fig 202. Car 1° deux pyramides triangulaires symmétriques, telles que SABC, TABC, ont pour mesure commune le produit de la base ABC par le tiers de la hauteur SO ou TO; donc ces pyramides sont équivalentes entre elles.

2° Si on partage d'une maniere quelconque l'un des polyèdres symmétriques en pyramides triangulaires, on pourra partager de même l'autre polyèdre en pyramides triangulaires symmétriques; or les pyramides triangulaires symmétriques sont équivalentes chacune à chacune; donc les polyèdres entiers seront équivalents entre eux ou égaux en solidité.

Scholie. Cette proposition semblait résulter immédiatement de la proposition II, où l'on a fait voir que dans deux polyèdres symmétriques, toutes les parties constituantes d'un solide sont égales aux parties constituantes de l'autre; mais il n'en était pas moins nécessaire de la démontrer d'une maniere rigoureuse.

PROPOSITION XXI.

THÉORÊME.

Si une pyramide est coupée par un plan parallele à sa base, le tronc qui reste en ôtant la petite pyramide, est égal à la somme de trois pyramides qui auraient pour hauteur commune la hauteur du tronc, et dont les bases seraient la base inférieure du tronc, sa base supérieure, et une moyenne proportionnelle entre ces deux bases.

fig. 217. Soit ABCDE une pyramide coupée par le plan *abd*

parallele à la base; soit TFGH une pyramide triangulaire dont la base et la hauteur soient égales ou équivalentes à celles de la pyramide SABCDE. On peut supposer les deux bases situées sur un même plan; et alors le plan *abd*, prolongé, déterminera dans la pyramide triangulaire une section *fgh*, située à la même hauteur au-dessus du plan commun des bases: d'où il résulte que la section *fgh* est à la section *abd* comme la base FGH est à la base ABD*; et puisque les bases sont équivalentes, les sections le seront aussi. Les pyramides S*abcde*, T*fgh*, sont donc équivalentes, puisqu'elles ont même hauteur et des bases équivalentes. Les pyramides entieres SABCDE, TFGH, sont équivalentes par la même raison; donc les troncs ABD*dab*, FGH*hfg*, sont équivalents, et par conséquent il suffira de démontrer la proposition énoncée, pour le seul cas du tronc de pyramide triangulaire. * 16.

Soit FGH*hfg* un tronc de pyramide triangulaire à bases paralleles: par les trois points F, *g*, H, conduisez le plan F*g*H, qui retranchera du tronc la pyramide triangulaire *g*FGH. Cette pyramide a pour base la base inférieure FGH du tronc, elle a aussi pour hauteur la hauteur du tronc, puisque le sommet *g* est dans le plan de la base supérieure *fgh*. fig. 218.

Après avoir retranché cette pyramide, il restera la pyramide quadrangulaire *gfh*HF, dont le sommet est *g* et la base *fh*HF. Par les trois points *f*, *g*, H, conduisez le plan *fg*H, qui partagera la pyramide quadrangulaire en deux triangulaires *g*F*f*H, *gfh*H. Cette derniere a pour base la base supérieure *gfh* du tronc, et pour hauteur la hauteur du tronc, puisque son sommet H appartient à la base inférieure: ainsi nous avons déja deux des trois pyramides qui doivent composer le tronc.

Il reste à considérer la troisieme *g*F*f*H: or, si on mene *g*K parallele à *f*F, et qu'on imagine une nou-

velle pyramide fFHK, dont le sommet est K et la base FfH, ces deux pyramides auront même base FfH; elles auront aussi même hauteur, puisque les sommets g et K sont situés sur une ligne gK parallele à Ff, et par conséquent parallele au plan de la base; donc ces pyramides sont équivalentes. Mais la pyramide fFKH peut être considérée comme ayant son sommet en f, et ainsi elle aura même hauteur que le tronc; quant à sa base FKH, je dis qu'elle est moyenne proportionnelle entre les bases FGH, fgh. En effet les triangles FHK, fgh, ont un angle égal F$=f$, et un côté égal
* 24, 3. FK$=fg$; on a donc* FHK:fgh :: FH :fh. On a aussi FHG : FHK : : FG : FK ou fg. Mais les triangles semblables FGH, fgh, donnent FG:fg: :FH:fh; donc FGH : FHK : : FHK :fgh; et ainsi la base FHK est moyenne proportionnelle entre les deux bases FGH, fgh. Donc un tronc de pyramide triangulaire, à bases paralleles, équivaut à trois pyramides qui ont pour hauteur commune la hauteur du tronc, et dont les bases sont la base inférieure du tronc, sa base supérieure, et une moyenne proportionnelle entre ces deux bases.

PROPOSITION XXII.

THÉORÊME.

215. *Si on coupe un prisme triangulaire dont* ABC *est la base, par un plan* DEF *incliné à cette base, le solide* ABCDEF, *qui résulte de cette section, sera égal à la somme de trois pyramides dont les sommets sont* D, E, F, *et la base commune* ABC.

Par les trois points F, A, C, faites passer le plan FAC, qui retranchera du prisme tronqué ABCDEF la pyramide triangulaire FABC : cette pyramide a pour base ABC et pour sommet le point F.

Après avoir retranché cette pyramide, il restera la

pyramide quadrangulaire FACDE, dont F est le sommet et ACDE la base. Par les trois points F, E, C, menez encore un plan FEC, qui divisera la pyramide quadrangulaire en deux pyramides triangulaires FACE, FCDE.

La pyramide FAEC, qui a pour base le triangle AEC et pour sommet le point F, est équivalente à une pyramide EABC, qui aurait pour base AEC et pour sommet le point B. Car ces deux pyramides ont même base; elles ont aussi même hauteur, puisque la ligne BF, étant parallele à chacune des lignes AE, CD, est parallele à leur plan ACE; donc la pyramide FAEC est équivalente à la pyramide EABC, laquelle peut être considérée comme ayant pour base ABC et pour sommet le point E.

La troisieme pyramide FCDE, peut être changée d'abord en AFCD; car ces deux pyramides ont la même base FCD; elles ont aussi la même hauteur, puisque AE est parallele au plan FCD; donc la pyramide FCDE est équivalente à AFCD. Ensuite la pyramide AFCD peut être changée en ABCD, car ces deux pyramides ont la base commune ACD; elles ont aussi la même hauteur, puisque leurs sommets F et B sont situés sur une parallele au plan de la base. Donc la pyramide FCDE, équivalente à AFCD, est aussi équivalente à ABCD; or, celle-ci peut être regardée comme ayant pour base ABC et pour sommet le point D.

Donc enfin le prisme tronqué ABCDEF est égal à la somme de trois pyramides qui ont pour base commune ABC, et dont les sommets sont respectivement les points D, E, F.

Corollaire. Si les arêtes AE, BF, CD, sont perpendiculaires au plan de la base, elles seront en même temps les hauteurs des trois pyramides qui composent le prisme tronqué; de sorte que la solidité du prisme tronqué, sera exprimée par $\frac{1}{3}$ABC × AE + $\frac{1}{3}$ABC × BF + $\frac{1}{3}$ABC × CD, quantité qui se réduit à $\frac{1}{3}$ABC × (AE + BF + CD).

PROPOSITION XXIII.

THÉORÊME.

Deux pyramides triangulaires semblables ont les faces homologues semblables, et les angles solides homologues égaux.

fig. 203. Suivant la définition, les deux pyramides triangulaires SABC, TDEF, sont semblables, si les deux triangles SAB, ABC, sont semblables aux deux TDE, DEF, et semblablement placés, c'est-à-dire, si l'on a l'angle ABS = DET, BAS = EDT, ABC = DEF, BAC = EDF, et si en outre l'inclinaison des plans SAB, ABC, est égale à celle des plans TDE, DEF : cela posé, je dis que ces pyramides ont toutes les faces semblables chacune à chacune, et les angles solides homologues égaux.

Prenez BG = ED, BH = EF, BI = ET, et joignez GH, GI, IH. La pyramide TDEF est égale à la pyramide IGBH; car ayant pris les côtés GB, BH, égaux aux côtés DE, EF, et l'angle GBH étant, par hypothese, égal à l'angle DEF, le triangle GBH est égal à DEF; donc, pour opérer la superposition des deux pyramides, on peut d'abord placer la base DEF sur son égale GBH; ensuite, puisque le plan DTE est incliné sur DEF autant que le plan SAB sur ABC, il est clair que le plan DET tombera indéfiniment sur le plan ABS. Mais, par hypothese, l'angle DET = GBI, donc ET tombera sur son égale BI; et puisque les quatre points D, E, F, T, coïncident avec les quatre
* 1. G, B, H, I, il s'ensuit * que la pyramide TDEF coïncide avec la pyramide IGBH.

à

Or, à cause des triangles égaux DEF, GBH, on a l'angle BGH = EDF = BAC; donc GH est parallele à AC. Par une raison semblable GI est parallele à AS; donc le plan IGH est parallele à SAC*. De là il suit que le triangle IGH, ou son égal TDF, est semblable à SAC*, et que le triangle IBH, ou son égal TEF, est semblable à SBC; donc les deux pyramides triangulaires semblables SABC, TDEF, ont les quatre faces semblables chacune à chacune : de plus elles ont les angles solides homologues égaux. * 13, 5. * 15.

Car on a déja placé l'angle solide E sur son homologue B, et on pourrait faire de même pour deux autres angles solides homologues; mais on voit immédiatement que deux angles solides homologues sont égaux, par exemple, les angles T et S, parce qu'ils sont formés par trois angles plans égaux chacun à chacun, et semblablement placés.

Donc, deux pyramides triangulaires semblables ont les faces homologues semblables et les angles solides homologues égaux.

Corollaire I. Les triangles semblables dans les deux pyramides fournissent les proportions AB : DE :: BC : EF :: AC : DF : : AS : DT : : SB : TE : : SC : TF; donc, *dans les pyramides triangulaires semblables, les côtés homologues sont proportionnels.*

II. Et puisque les angles solides homologues sont égaux, il s'ensuit que *l'inclinaison de deux faces quelconques d'une pyramide est égale à l'inclinaison des deux faces homologues de la pyramide semblable.*

III. Si on coupe la pyramide triangulaire SABC par un plan GIH parallele à l'une des faces SAC, la pyramide partielle BGIH sera semblable à la pyramide entiere BASC : car les triangles BGI, BGH, sont semblables aux triangles BAS, BAC, chacun à chacun, et semblablement placés; l'inclinaison de leurs plans est la même de part et d'autre ; donc les deux pyramides sont semblables.

fig. 214. IV. En général, *si on coupe une pyramide quelconque* SABCDE *par un plan* abcde *parallele à la base, la pyramide partielle* Sabcde *sera semblable à la pyramide entiere* SABCDE. Car les bases ABCDE, *abcde*, sont semblables, et en joignant AC, *ac*, on vient de prouver que la pyramide triangulaire SABC est semblable à la pyramide S*abc* ; donc le point S est déterminé par rapport à la base ABC comme le point
*def.18. S l'est par rapport à la base *abc* * ; donc les deux pyramides SABCDE, S*abcde*, sont semblables.

Scholie. Au lieu des cinq données requises par la définition pour que deux pyramides triangulaires soient semblables, on pourrait en substituer cinq autres, suivant différentes combinaisons, et il en résulterait autant de théorêmes, parmi lesquels on peut distinguer celui-ci : *Deux pyramides triangulaires sont semblables lorsqu'elles ont les côtés homologues proportionnels.*

fig. 203. Car, si on a les proportions AB : DE :: BC : EF : . AC : DF : : AS : DT :: SB : TE :: SC : TF, ce qui renferme cinq conditions, les triangles ABS, ABC, seront semblables aux triangles DET, DEF, et semblablement placés. On aura aussi le triangle SBC semblable à TEF ; donc les trois angles plans qui forment l'angle solide B, seront égaux aux angles plans qui forment l'angle solide E, chacun à chacun ; d'où il suit que l'inclinaison des plans SAB, ABC, est égale à celle de leurs homologues TDE, DEF, et qu'ainsi les deux pyramides sont semblables.

PROPOSITION XXIV.

THÉORÊME.

Deux polyèdres semblables ont les faces homologues semblables, et les angles solides homologues égaux.

Soit ABCDE la base d'un polyèdre; soient M et N les sommets de deux angles solides, hors de cette base, déterminés par les pyramides triangulaires MABC, NABC, dont la base commune est ABC; soient dans l'autre polyèdre, *abcde* la base homologue ou semblable à ABCDE, *m* et *n* les sommets homologues à M et N, déterminés par les pyramides *mabc*, *nabc*, semblables aux pyramides MABC, NABC; je dis d'abord que les distances MN, *mn*, sont proportionnelles aux côtés homologues AB, *ab*. fig. 219.

En effet, les pyramides MABC, *mabc*, étant semblables, l'inclinaison des plans MAC, BAC, est égale à celle des plans *mac*, *bac*; pareillement les pyramides NABC, *nabc*, étant semblables, l'inclinaison des plans NAC, BAC, est égale à celle des plans *nac*, *bac* : donc, si on retranche les premieres inclinaisons des dernieres, il restera l'inclinaison des plans NAC, MAC, égale à celle des plans *nac*, *mac*. Mais, à cause de la similitude des mêmes pyramides, le triangle MAC est semblable à *mac*, et le triangle NAC est semblable à *nac* : donc les deux pyramides triangulaires MNAC, *mnac*, ont deux faces semblables chacune à chacune, semblablement placées et également inclinées entre elles; donc ces pyramides sont semblables*, et leurs côtés homologues donnent la proportion MN : *mn* :: AM : *am*. D'ailleurs AM : *am* :: AB : *ab*; donc MN : *mn* :: AB : *ab*. * 21.

Soient P et *p* deux autres sommets homologues des mêmes polyèdres, et on aura semblablement PN : *pn* :: AB : *ab*, PM : *pm* :: AB : *ab*. Donc MN : *mn* :: PN : *pn* :: PM : *pm*. Donc *le triangle* PNM *qui joint trois sommets quelconques d'un polyèdre est semblable au triangle* pnm *qui joint les trois sommets homologues de l'autre polyèdre.*

Soient encore Q et *q* deux sommets homologues, et le triangle PQN sera semblable à *pqn*. Je dis de plus que l'inclinaison des plans PQN, PMN, est égale à celle des plans *pqn*, *pmn*.

Car si on joint QM et *qm*, on aura toujours le triangle QNM semblable a *qnm*, et par conséquent l'angle QNM égal à *qnm*. Concevez en N un angle solide formé par les trois angles plans QNM, QNP, PNM, et en *n* un angle solide formé par les trois angles plans *qnm*, *qnp*, *pnm* : puisque ces angles plans sont égaux chacun à chacun, il s'ensuit que les angles solides sont égaux. Donc l'inclinaison des deux plans PNQ, PNM, est égale à celle de leurs homologues *pnq*, *pnm* ; donc, si les deux triangles PNQ, PNM, étaient dans un même plan, auquel cas on aurait l'angle QNM=QNP + PNM, on aurait aussi l'angle *qnm*=*qnp* + *pnm*, et les deux triangles *qnp*, *pnm*, seraient aussi dans un même plan.

Tout ce qui vient d'être démontré a lieu, quels que soient les angles M, N, P, Q, comparés à leurs homologues *m*, *n*, *p*, *q*.

Supposons maintenant que la surface de l'un des polyèdres soit partagée en triangles ABC, ACD, MNP, NPQ, etc., on voit que la surface de l'autre polyèdre contiendra un pareil nombre de triangles *abc*, *acd*, *mnp*, *npq*, etc., semblables et semblablement placés ; et si plusieurs triangles, comme MPN, NPQ, etc., appartiennent à une même face et sont dans un même plan, leurs homologues *mpn*, *npq*, etc., seront pareillement dans un même plan. Donc toute face polygone dans un polyèdre répondra à une face polygone semblable dans l'autre polyèdre ; donc les deux polyèdres seront compris sous un même nombre de plans semblables et semblablement placés. Je dis de plus que les angles solides homologues seront égaux.

Car, si l'angle solide N, par exemple, est formé par les angles plans QNP, PNM, MNR, QNR, l'angle solide homologue *n* sera formé par les angles plans *qnp*, *pnm*, *mnr*, *qnr*. Or, ces angles plans sont égaux chacun à chacun, et l'inclinaison de deux plans adjacents est égale à celle de leurs homologues ; donc les deux angles solides sont égaux, comme pouvant être superposés.

Donc enfin deux polyèdres semblables ont les faces homologues semblables et les angles solides homologues égaux.

Corollaire. Il suit de la démonstration précédente que si, avec quatre sommets d'un polyèdre, on forme une pyramide triangulaire, et qu'on en forme une seconde avec les quatre sommets homologues d'un polyèdre semblable, ces deux pyramides seront semblables; car elles auront les côtés homologues proportionnels *. *21, sch.

On voit en même temps que deux diagonales homologues *, par exemple, AN, *an*, sont entre elles comme deux côtés homologues AB, *ab*. *17, 2.

PROPOSITION XXV.

THÉORÊME.

Deux polyèdres semblables peuvent se partager en un même nombre de pyramides triangulaires semblables chacune à chacune, et semblablement placées.

Car on a déja vu que les surfaces de deux polyèdres peuvent se partager en un même nombre de triangles semblables chacun a chacun, et semblablement placés. Considérez tous les triangles d'un polyèdre, excepté ceux qui forment l'angle solide A, comme les bases d'autant de pyramides triangulaires dont le sommet est en A; ces pyramides prises ensemble composeront le polyèdre : partagez de même l'autre polyèdre en pyramides qui aient pour sommet commun celui de l'angle a homologue à A; il est clair que la pyramide qui joint quatre sommets d'un polyèdre sera semblable à la pyramide qui joint les quatre sommets homologues de l'autre polyèdre. Donc deux polyèdres semblables, etc.

PROPOSITION XXVI.

THÉORÈME.

Deux pyramides semblables sont entre elles comme les cubes des côtés homologues.

fig. 214. Car deux pyramides étant semblables, la plus petite pourra être placée dans la plus grande, de maniere qu'elles aient l'angle solide S commun. Alors les bases ABCDE, *abcde*, seront paralleles; car, puisque les
* 22. faces homologues sont semblables*, l'angle Sab est égal à SAB, ainsi que Sbc à SBC; donc le plan abc
13, 5. est parallele au plan ABC. Cela posé, soit SO la perpendiculaire abaissée du sommet S sur le plan ABC, et soit o le point où cette perpendiculaire rencontre le plan abc; on aura, suivant ce qui a été déja
15. démontré, SO:So :: SA:Sa :: AB:ab; et par conséquent,

$$\tfrac{1}{3}SO : \tfrac{1}{3}So :: AB : ab,$$

Mais les bases ABCDE, *abcde*, étant des figures semblables, on a,

$$ABCDE : abcde :: \overline{AB}^2 : \overline{ab}^2.$$

Multipliant ces deux proportions terme à terme, il en résultera la proportion,

$$ABCDE \times \tfrac{1}{3}SO : abcde \times \tfrac{1}{3}So :: \overline{AB}^3 : \overline{ab}^3;$$

or, ABCDE $\times \frac{1}{3}$SO est la solidité de la pyramide
* 18. SABCDE*, et $abcde \times \frac{1}{3}So$ est celle de la pyramide S$abcde$; donc deux pyramides semblables sont entre elles comme les cubes de leurs côtés homologues.

PROPOSITION XXVII.

THÉORÊME.

Deux polyèdres semblables sont entre eux comme les cubes des côtés homologues.

Car deux polyèdres semblables peuvent être partagés en un même nombre de pyramides triangulaires semblables chacune à chacune*. Or, les deux pyramides semblables APNM, *apnm*, sont entre elles comme les cubes des côtés homologues AM, *am*, ou comme les cubes des côtés homologues AB, *ab*. Le même rapport aura lieu entre deux autres pyramides homologues quelconques ; donc la somme de toutes les pyramides qui composent un polyèdre, ou le polyèdre lui-même, est à l'autre polyèdre, comme le cube d'un côté quelconque du premier est au cube du côté homologue du second.

fig. 219.

* 23.

Scholie général.

On peut présenter en termes algébriques, c'est-à-dire de la maniere la plus succincte, la récapitulation des principales propositions de ce livre concernant les solidités des polyèdres.

Soit B la base d'un prisme, H sa hauteur; la solidité du prisme sera $B \times H$ ou BH.

Soit B la base d'une pyramide, H sa hauteur; la solidité de la pyramide sera $B \times \frac{1}{3}H$, ou $H \times \frac{1}{3}B$, ou $\frac{1}{3}BH$.

Soit H la hauteur d'un tronc de pyramide à bases paralleles, soient A et B ses bases; $\sqrt{AB}$ sera la moyenne proportionnelle entre elles, et la solidité du tronc sera $\frac{1}{3}H \times (A + B + \sqrt{AB}.)$

Soit B la base d'un tronc de prisme triangulaire, H, H', H'', les hauteurs de ses trois sommets supérieurs, la solidité du prisme tronqué sera $\frac{1}{3}B \times (H + H' + H'')$.

Soient enfin P et p les solidités de deux polyèdres semblables, A et a deux côtés ou deux diagonales homologues de ces polyèdres, on aura $P : p :: A^3 : a^3$.

LIVRE VII.

LA SPHERE.

DÉFINITIONS.

I. La *sphere* est un solide terminé par une surface courbe, dont tous les points sont également distants d'un point intérieur qu'on appelle *centre*.

On peut imaginer que la sphere est produite par la révolution du demi-cercle DAE autour du diametre DE : car la surface décrite dans ce mouvement par la courbe DAE aura tous ses points à égales distances du centre C. fig 220.

II. Le *rayon de la sphere* est une ligne droite menée du centre à un point de la surface ; le *diametre* ou *axe* est une ligne passant par le centre, et terminée de part et d'autre à la surface.

Tous les rayons de la sphere sont égaux ; tous les diametres sont égaux et doubles du rayon.

III. Il sera démontré * que toute section de la sphere, faite par un plan, est un cercle : cela posé, on appelle *grand cercle* la section qui passe par le centre, *petit cercle* celle qui n'y passe pas. * pr. 1.

IV. Un *plan* est *tangent* à la sphere lorsqu'il n'a qu'un point commun avec sa surface.

V. Le *pole d'un cercle* de la sphere est un point de la surface également éloigné de tous les points de la circonférence de ce cercle. On fera voir * que tout cercle, grand ou petit, a toujours deux poles. * pr. 6.

VI. *Triangle sphérique* est une partie de la surface de la sphere comprise par trois arcs de grands cercles.

Ces arcs, qui s'appellent les *côtés* du triangle, sont toujours supposés plus petits que la demi-circonférence. Les angles que leurs plans font entre eux sont les angles du triangle.

VII. Un triangle sphérique prend le nom de *rectangle*, *isoscele*, *équilatéral*, dans les mêmes cas qu'un triangle rectiligne.

VIII. *Polygone sphérique* est une partie de la surface de la sphere terminée par plusieurs arcs de grands cercles.

IX. *Fuseau* est la partie de la surface de la sphere comprise entre deux demi-grands cercles qui se terminent à un diametre commun.

X. J'appellerai *coin* ou *onglet sphérique* la partie du solide de la sphere comprise entre les mêmes demi-grands cercles, et à laquelle le fuseau sert de base.

XI. *Pyramide sphérique* est la partie du solide de la sphere comprise entre les plans d'un angle solide dont le sommet est au centre. La *base* de la pyramide est le polygone sphérique intercepté par les mêmes plans.

XII. On appelle *zone* la partie de la surface de la sphere comprise entre deux plans paralleles qui en sont les *bases*. L'un de ces plans peut être tangent à la sphere, alors la zone n'a qu'une base.

XIII. *Segment sphérique* est la portion du solide de la sphere comprise entre deux plans paralleles qui en sont les bases.

L'un de ces plans peut être tangent à la sphere, alors le segment sphérique n'a qu'une base.

XIV. *La hauteur d'une zone* ou *d'un segment* est la distance des deux plans paralleles qui sont les bases de la zone ou du segment.

fig. 220. XV. Tandis que le demi-cercle DAE tournant autour du diametre DE décrit la sphere, tout secteur circulaire, comme DCF ou FCH, décrit un solide qu'on appelle *secteur sphérique*.

PROPOSITION PREMIERE.

THÉORÊME.

Toute section de la sphere, faite par un plan, est un cercle.

Soit AMB la section faite par un plan dans la sphere dont le centre est C. Du point C menez la perpendiculaire CO sur le plan AMB, et différentes lignes CM, CM, à différents points de la courbe AMB qui termine la section. fig. 221.

Les obliques CM, CM, CB, sont égales, puisqu'elles sont des rayons de la sphere, elles sont donc également éloignées de la perpendiculaire CO*; donc toutes les lignes OM, OM, OB, sont égales; donc la section AMB est un cercle dont le point O est le centre. * 5, 5.

Corollaire I. Si la section passe par le centre de la sphere, son rayon sera le rayon de la sphere; donc tous les grands cercles sont égaux entre eux.

II. Deux grands cercles se coupent toujours en deux parties égales; car leur intersection commune, passant par le centre, est un diametre.

III. Tout grand cercle divise la sphere et sa surface en deux parties égales; car si, après avoir séparé les deux hémispheres, on les applique sur la base commune en tournant leur convexité du même côté, les deux surfaces coïncideront l'une avec l'autre, sans quoi il y aurait des points plus près du centre les uns que les autres.

IV. Le centre d'un petit cercle et celui de la sphere sont sur une même droite perpendiculaire au plan du petit cercle. fig. 221

V. Les petits cercles sont d'autant plus petits qu'ils

sont plus éloignés du centre de la sphere; car plus la distance CO est grande, plus est petite la corde AB, diametre du petit cercle AMB.

VI. Par deux points donnés sur la surface d'une sphere, on peut faire passer un arc de grand cercle; car les deux points donnés et le centre de la sphere sont trois points qui déterminent la position d'un plan. Si cependant les deux points donnés étaient aux extrémités d'un diametre, alors ces deux points et le centre seraient en ligne droite, et il y aurait une infinité de grands cercles qui pourraient passer par les deux points donnés.

PROPOSITION II.

THÉORÊME.

fig. 222. *Dans tout triangle sphérique* ABC, *un côté quelconque est plus petit que la somme des deux autres.*

Soit O le centre de la sphere, et soient menés les rayons OA, OB, OC. Si on imagine les plans AOB, AOC, COB, ces plans formeront au point O un angle solide, et les angles AOB, AOC, COB, auront pour mesure les côtés AB, AC, BC, du triangle sphérique ABC. Or, chacun des trois angles plans qui composent l'angle solide est moindre que la somme des deux
21, 5. autres; donc un côté quelconque du triangle ABC est moindre que la somme des deux autres.

PROPOSITION III.

THÉORÊME.

Le plus court chemin d'un point à un autre, sur la surface de la sphère, est l'arc de grand cercle qui joint les deux points donnés.

fig. 223. Soit ANB l'arc de grand cercle qui joint les points

A et B, et soit hors de cet arc, s'il est possible, M un point de la ligne la plus courte entre A et B. Par le point M menez les arcs de grands cercles MA, MB, et prenez BN=MB.

Suivant le théorême précédent l'arc ANB est plus court que AM+MB ; retranchant de part et d'autre BN=BM, il restera AN<AM. Or, la distance de B en M, soit qu'elle se confonde avec l'arc BM, ou qu'elle soit toute autre ligne, est égale à la distance de B et N ; car en faisant tourner le plan du grand cercle BM autour du diametre qui passe par B, on peut amener le point M sur le point N, et alors la ligne la plus courte de M en B, quelle qu'elle soit, se confondra avec celle de N en B ; donc les deux chemins de A en B, l'un en passant par M, l'autre en passant par N, ont une partie égale de M en B et de N en B. Le premier chemin est, par hypothese, le plus court ; donc la distance de A en M est plus courte que la distance de A en N, ce qui serait absurde, puisque l'arc AM est plus grand que AN ; donc aucun point de la ligne la plus courte entre A et B ne peut être hors de l'arc ANB ; donc cet arc est lui-même la ligne la plus courte entre ses extrémités.

PROPOSITION IV.

THÉORÊME.

La somme des trois côtés d'un triangle sphérique est moindre que la circonférence d'un grand cercle.

Soit ABC un triangle sphérique quelconque ; prolongez les côtés AB, AC, jusqu'à ce qu'ils se rencontrent de nouveau en D. Les arcs ABD, ACD, seront des demi-circonférences, puisque deux grands cercles se coupent toujours en deux parties égales* ; mais dans le triangle BCD on a le côté BC < BD + CD* ; ajoutant

fig. 224.

* 1.

* 2.

de part et d'autre AB + AC, on aura AB + AC + BC < ABD + ACD, c'est-à-dire, plus petit qu'une circonférence.

PROPOSITION V.

THÉORÊME.

La somme des côtés de tout polygone sphérique est moindre que la circonférence d'un grand cercle.

fig. 225. Soit, par exemple, le pentagone ABCDE : prolongez les côtés AB, DC, jusqu'à leur rencontre en F; puisque BC est plus petit que BF + CF, le contour du pentagone ABCDE est plus petit que celui du quadrilatere AEDF. Prolongez de nouveau les côtés AE, FD, jusqu'à leur rencontre en G, on aura ED < EG + GD; donc le contour du quadrilatere AEDF est plus petit que celui du triangle AFG; celui-ci est plus petit que la circonférence d'un grand cercle; donc *a fortiori* le contour du polygone ABCDE est moindre que cette même circonférence.

Scholie. Cette proposition est au fond la même que la XXIIe du livre V; car, si O est le centre de la sphere, on peut imaginer au point O un angle solide formé par les angles plans AOB, BOC, COD, etc., et la somme de ces angles doit être plus petite que quatre angles droits, ce qui ne differe pas de la proposition présente. La démonstration que nous venons de donner est différente de celle du livre V; l'une et l'autre supposent que le polygone ABCDE est convexe, ou qu'aucun côté prolongé ne coupe la figure.

PROPOSITION VI.

THÉORÊME.

fig. 220. *Si on mene le diametre* DE *perpendiculaire au plan du grand cercle* AMB, *les extrémités*

D *et* E *de ce diametre seront les pôles du cercle* AMB, *et de tous les petits cercles*, *comme* FNG, *qui lui sont paralleles.*

Car DC, étant perpendiculaire au plan AMB, est perpendiculaire à toutes les droites CA, CM, CB, etc., menées par son pied dans ce plan ; donc tous les arcs DA, DM, DB, etc., sont des quarts de circonférence : il en est de même des arcs EA, EM, EB, etc. ; donc les points D et E sont chacun également éloignés de tous les points de la circonférence AMB ; donc ils sont les pôles de cette circonférence *. * déf. 4.

En second lieu, le rayon DC, perpendiculaire au plan AMB, est perpendiculaire à son parallele FNG ; donc il passe par le centre O du cercle FNG * ; donc * 1. si on tire les obliques DF, DN, DG, ces obliques s'écarteront également de la perpendiculaire DO et seront égales. Mais les cordes étant égales, les arcs sont égaux ; donc tous les arcs DF, DN, DG, etc., sont égaux entre eux ; donc le point D est le pôle du petit cercle FNG, et par la même raison le point E est l'autre pôle.

Corollaire I. Tout arc DM mené d'un point de l'arc de grand cercle AMB à son pôle est un quart de circonférence, que nous appellerons pour abréger un *quadrans*, ou un quadrant, et ce quadrant fait en même temps un angle droit avec l'arc AM. Car la ligne DC étant perpendiculaire au plan AMC, tout plan DMC qui passe par la ligne DC est perpendiculaire au plan AMC * ; donc l'angle de ces plans, ou suivant la * 18, 6. déf. VI, l'angle AMD, est un angle droit.

II. Pour trouver le pôle d'un arc donné AM, menez l'arc indéfini MD perpendiculaire à AM, prenez MD égal à un quadrant, et le point D sera un des pôles de l'arc MD ; ou bien menez aux deux points A et M les arcs AD et MD perpendiculaires à AM, le point de concours D de ces deux arcs sera le pôle demandé.

III. Réciproquement, si la distance du point D à chacun des points A et M est égale à un quadrant, je dis que le point D sera le pôle de l'arc AM, et qu'en même temps les angles DAM, AMD, seront droits.

Car soit C le centre de la sphere, et soient menés les rayons CA, CD, CM : puisque les angles ACD, MCD, sont droits, la ligne CD est perpendiculaire aux deux droites CA, CM ; donc elle est perpendiculaire à leur plan ; donc le point D est le pôle de l'arc AM ; et par suite les angles DAM, AMD, sont droits.

Scholie. Les propriétés des pôles permettent de tracer sur la surface de la sphere des arcs de cercle avec la même facilité que sur une surface plane. On voit, par exemple, qu'en faisant tourner l'arc DF ou toute autre ligne de même intervalle autour du point D, l'extrémité F décrira le petit cercle FNG; et si on fait tourner le quadrant DFA autour du point D, l'extrémité A décrira l'arc de grand cercle AM.

S'il faut prolonger l'arc AM, ou si on ne donne que les points A et M par lesquels cet arc doit passer, on déterminera d'abord le pôle D par l'intersection de deux arcs décrits des points A et M comme centres avec un intervalle égal au quadrant. Le pôle D étant trouvé, on décrira du point D, comme centre et avec le même intervalle, l'arc AM et son prolongement.

Enfin, s'il faut du point donné P abaisser un arc perpendiculaire sur l'arc donné AM, on prolongera celui-ci en S jusqu'à ce que l'intervalle PS soit égal à un quadrant; ensuite du pôle S et du même intervalle on décrira l'arc PM, qui sera l'arc perpendiculaire demandé.

PROPOSITION VII.

THÉORÊME.

Tout plan perpendiculaire à l'extrémité d'un rayon est tangent à la sphere.

Soit FAG un plan perpendiculaire à l'extrémité du rayon OA ; si on prend un point quelconque M sur ce plan, et qu'on joigne OM et AM, l'angle OAM sera droit, et ainsi la distance OM sera plus grande que OA. Le point M est donc hors de la sphere ; et, comme il en est de même de tout autre point du plan FAG, il s'ensuit que ce plan n'a que le seul point A commun avec la surface de la sphere ; donc il est tangent à cette surface. * fig. 226.

* déf. 4.

Scholie. On peut prouver de même que deux spheres n'ont qu'un point commun, et sont par conséquent tangentes l'une à l'autre, lorsque la distance de leurs centres est égale à la somme ou à la différence de leurs rayons : alors les centres et le point de contact sont en ligne droite.

PROPOSITION VIII.

THÉORÊME.

L'angle BAC *que font entre eux deux arcs de grands cercles* AB, AC, *est égal à l'angle* FAG, *formé par les tangentes de ces arcs au point* A : *il a aussi pour mesure l'arc* DE, *décrit du point* A *comme pôle entre les côtés* AB, AC, *prolongés s'il est nécessaire.* fig. 220.

Car la tangente AF, menée dans le plan de l'arc AB, est perpendiculaire au rayon AO ; la tangente AG, menée dans le plan de l'arc AC, est perpendiculaire au même rayon AO. Donc l'angle FAG est

* 17, 5. égal à l'angle des plans OAB, OAC*, qui est celui des arcs AB, AC, et qui se désigne par BAC.

Pareillement, si l'arc AD est égal à un quadrant, ainsi que AE, les lignes OD, OE, seront perpendiculaires à AO, et l'angle DOE sera encore égal a l'angle des plans AOD, AOE ; donc l'arc DE est la mesure de l'angle de ces plans, ou la mesure de l'angle CAB.

Corollaire. Les angles des triangles sphériques peuvent se comparer entre eux par les arcs de grands cercles décrits de leurs sommets comme pôles et compris entre leurs côtés : ainsi il est facile de faire un angle égal à un angle donné.

fig. 238. *Scholie*. Les angles opposés au sommet, tels que ACO et BCN sont égaux ; car l'un ou l'autre est toujours l'angle formé par les deux plans ACB, OCN.

On voit aussi que dans la rencontre de deux arcs ACB, OCN, les deux angles adjacents ACO, OCB, pris ensemble, valent toujours deux angles droits.

PROPOSITION IX.

THÉORÈME.

fig. 227. *Étant donné le triangle* ABC, *si des points* A, B, C, *comme pôles, on décrit les arcs* EF, FD, DE, *qui forment le triangle* DEF ; *réciproquement les trois points* D, E, F, *seront les pôles des côtés* BC, AC, AB.

Car le point A étant le pôle de l'arc EF, la distance AE est un quadrant ; le point C étant le pôle de l'arc DE, la distance CE est pareillement un quadrant ; donc le point E est éloigné d'un quadrant de chacun
* 6, des points A et C ; donc il est le pôle de l'arc AC *.
cor. 3. On démontrera de même que D est le pôle de l'arc BC, et F celui de l'arc AB.

Corollaire. Donc le triangle ABC peut être décrit par le moyen de DEF, comme DEF par le moyen de ABC.

PROPOSITION X.

THÉORÈME.

Les mêmes choses étant posées que dans le théorème précédent, chaque angle de l'un des triangles ABC, DEF, *aura pour mesure la demi-circonférence moins le côté opposé dans l'autre triangle.* fig. 227.

Soient prolongés, s'il est nécessaire, les côtés AB, AC, jusqu'à la rencontre de EF en G et H ; puisque le point A est le pôle de l'arc GH, l'angle A aura pour mesure l'arc GH. Mais l'arc EH est un quadrant ainsi que GF, puisque E est le pôle de AH, et F le pôle de AG ; donc EH + GF vaut une demi-circonférence. Or EH + GF est la même chose que EF + GH ; donc l'arc GH qui mesure l'angle A est égal à une demi-circonférence moins le côté EF ; de même l'angle B aura pour mesure $\frac{1}{2}$ *circ.* — DF, et l'angle C, $\frac{1}{2}$ *circ.* — DE.

Cette propriété doit être réciproque entre les deux triangles, puisqu'ils se décrivent de la même manière l'un par le moyen de l'autre. Ainsi on trouvera que les angles D, E, F, du triangle DEF, ont pour mesures respectivement $\frac{1}{2}$ *circ.* — BC, $\frac{1}{2}$ *circ.* — AC, $\frac{1}{2}$ *circ.* — AB. En effet l'angle D, par exemple, a pour mesure l'arc MI ; or MI + BC = MC + BI = $\frac{1}{2}$ *circ.* : donc l'arc MI, mesure de l'angle D, = $\frac{1}{2}$ *circ.* — BC, et ainsi des autres.

Scholie. Il faut remarquer qu'outre le triangle DEF on en pourrait former trois autres par l'intersection des trois arcs DE, EF, DF. Mais la proposition actuelle n'a lieu que pour le triangle central, qui est distingué des trois autres en ce que les deux angles A et D sont situés d'un même côté de BC, les deux B et E d'un même côté de AC, et les deux C et F d'un même côté de AB. fig. 228. fig. 227.

On donne différents noms aux deux triangles ABC, DEF; nous les appellerons *triangles polaires*.

PROPOSITION XI.

LEMME.

fig. 229. *Étant donné le triangle* ABC, *si du pôle* A *et de l'intervalle* AC *on décrit l'arc de petit cercle* DEC; *si du pôle* B *et de l'intervalle* BC *on décrit pareillement l'arc* DFC, *et que du point* D, *où les arcs* DEC, DFC, *se couperont, on mene les arcs de grands cercles* AD, DB; *je dis que le triangle* ADB *ainsi formé aura ses parties égales à celles du triangle* ACB.

Car par construction le côté AD=AC, DB=BC, AB est commun; donc ces deux triangles ont les côtés égaux chacun à chacun. Je dis maintenant que les angles opposés aux côtés égaux sont égaux.

En effet, si le centre de la sphere est supposé en O, on peut concevoir un angle solide formé au point O par les trois angles plans AOB, AOC, BOC; on peut concevoir de même un second angle solide formé par les trois angles plans AOB, AOD, BOD. Et puisque les côtés du triangle ABC sont égaux à ceux du triangle ADB, il s'ensuit que les angles plans qui forment un de ces angles solides sont égaux aux angles plans qui forment l'autre angle solide, chacun à
*23, 5. chacun : mais dans ce cas il a été démontré * que les plans dans lesquels sont les angles égaux sont également inclinés entre eux; donc les angles du triangle sphérique DAB sont égaux à ceux du triangle CAB, savoir DAB=BAC, DBA=ABC, et ADB=ACB; donc les côtés et les angles du triangle ADB sont égaux aux côtés et aux angles du triangle ACB.

Scholie. L'égalité de ces triangles n'est cependant pas une égalité absolue ou de superposition, car il serait impossible de les appliquer l'un sur l'autre exactement, à moins qu'ils ne fussent isosceles. L'égalité dont il s'agit est ce que nous avons déja appelé une égalité par *symmétrie*, et par cette raison nous appellerons les triangles ACB, ADB, *triangles symmétriques.*

PROPOSITION XII.

THÉORÊME.

Deux triangles situés sur la même sphere, ou sur des spheres égales, sont égaux dans toutes leurs parties, lorsqu'ils ont un angle égal compris entre côtés égaux chacun à chacun.

Soit le côté AB=EF, le côté AC=EG, et l'angle BAC=FEG, le triangle EFG pourra être placé sur le triangle ABC ou sur son symmétrique ABD, de la même maniere qu'on superpose deux triangles rectilignes qui ont un angle égal compris entre côtés égaux. Donc toutes les parties du triangle EFG seront égales à celles du triangle ABC, c'est-à-dire qu'outre les trois parties qui sont supposées égales, on aura le côté BC=FG, l'angle ABC=EFG, et l'angle ACB =EGF. fig. 230.

PROPOSITION XIII.

THÉORÊME.

Deux triangles situés sur la même sphere, ou sur des spheres égales, sont égaux dans toutes leurs parties, lorsqu'ils ont un côté égal adjacent à deux angles égaux chacun à chacun.

Car l'un de ces triangles peut être placé sur l'autre ou sur son symmétrique, comme on le fait dans le cas pareil des triangles rectilignes. *Voyez prop. VII, liv. I.*

PROPOSITION XIV.

THÉORÈME.

Si deux triangles situés sur la même sphere, ou sur des spheres égales, sont équilatéraux entre eux, ils seront aussi équiangles, et les angles égaux seront opposés aux côtés égaux.

fig. 229. Cela est manifeste par la proposition XI, où l'on a vu qu'avec trois côtés donnés AB, AC, BC, on ne peut faire que deux triangles ACB, ABD, différents quant à la position des parties, mais égaux quant à la grandeur de ces mêmes parties. Donc deux triangles équilatéraux entre eux sont ou absolument égaux, ou au moins égaux par symmétrie ; dans l'un et l'autre cas ils sont équiangles, et les angles égaux sont opposés aux côtés égaux.

PROPOSITION XV.

THÉORÈME.

Dans tout triangle sphérique isoscele les angles opposés aux côtés égaux sont égaux ; et réciproquement, si deux angles d'un triangle sphérique sont égaux, le triangle sera isoscele.

fig. 231 1° Soit le côté AB=AC ; je dis qu'on aura l'angle C=B : car si du sommet A au point D, milieu de la base, on mene l'arc AD, les deux triangles ABD, ADC, auront les trois côtés égaux chacun à chacun ; savoir, AD commun, BD=DC, et AB=AC : donc, par le théorême précédent, ces triangles auront les angles égaux, et on aura B=C.

2° Soit l'angle B=C ; je dis qu'on aura AC=AB ; car si le côté AB n'est pas égal à AC, soit AB le plus grand des deux, prenez BO = AC, et joignez OC. Les deux côtés BO, BC, sont égaux aux deux AC, BC; l'angle compris par les premiers OBC est égal à l'angle compris par les seconds ACB. Donc les deux triangles BOC, ACB, ont les autres parties égales *, et on a l'angle OCB = ABC : mais l'angle ABC, par hypothese, = ACB; donc on aurait OCB = ACB, ce qui est impossible; donc on ne peut supposer AB différent de AC; donc les côtés AB, AC, opposés aux angles égaux B et C, sont égaux. * 12.

Scholie. La même démonstration prouve que l'angle BAD = DAC, et que l'angle BDA = ADC. Donc ces deux derniers sont droits; donc *l'arc mené du sommet d'un triangle sphérique isoscele au milieu de sa base est perpendiculaire à cette base; et divise l'angle du sommet en deux parties égales.*

PROPOSITION XVI.

THÉORÊME.

Dans un triangle sphérique ABC, *si l'angle* A *est plus grand que l'angle* B, *le côté* BC *opposé à l'angle* A *sera plus grand que le côté* AC *opposé à l'angle* B; *réciproquement, si le côté* BC *est plus grand que* CA, *l'angle* A *sera plus grand que l'angle* B. fig. 232.

1° Soit l'angle A > B, faites l'angle BAD = B, vous aurez AD = DB *: mais AD + DC est plus grand que AC; à la place de AD mettant DB, on aura DB + DC ou BC > AC. * 15.

2° Si on suppose BC > AC, je dis que l'angle BAC sera plus grand que ABC : car, si BAC était égal à ABC, on aurait BC = AC; et si on avait BAC < ABC, il s'ensuivrait, par ce qui vient d'être démontré, qu'on a BC < AC; ce qui est contre la supposition. Donc l'angle BAC est plus grand que ABC.

PROPOSITION XVII.

THÉORÈME.

fig. 233. *Si les deux côtés* AB, AC, *du triangle sphérique* ABC *sont égaux aux deux côtés* DE, DF, *du triangle* DEF *tracé sur une sphere égale, si en même temps l'angle* A *est plus grand que l'angle* D, *je dis que le troisieme côté* BC *du premier triangle sera plus grand que le troisieme* EF *du second.*

La démonstration est absolument semblable à celle de la prop. x, livre I.

PROPOSITION XVIII.

THÉORÈME.

Si deux triangles tracés sur la même sphere ou sur des spheres égales sont équiangles entre eux, ils seront aussi équilatéraux.

Soient A et B les deux triangles donnés, P et Q leurs triangles polaires. Puisque les angles sont égaux dans les triangles A et B, les côtés seront égaux dans les po-
* 10. laires P et Q *: mais de ce que les triangles P et Q sont équilatéraux entre eux, il s'ensuit qu'ils sont aussi
* 14. équiangles *; enfin, de ce que les angles sont égaux
* 10. dans les triangles P et Q, il s'ensuit * que les côtés sont égaux dans leurs polaires A et B. Donc les triangles équiangles A et B sont en même temps équilatéraux entre eux.

On peut encore démontrer la même proposition sans le secours des triangles polaires de la maniere suivante.

fig. 234. Soient ABC, DEF, deux triangles équiangles entre eux, de sorte qu'on ait A=D, B=E, C=F; je dis qu'on aura le côté AB=DE, AC=DF, BC=EF.

Sur le prolongement des côtés AB, AC, prenez AG = DE, et AH = DF; joignez GH et prolongez les arcs BC, GH, jusqu'à ce qu'ils se rencontrent en I et K.

Les deux côtés AG, AH, sont par construction égaux aux deux DF, DE; l'angle compris GAH = BAC = EDF; donc * les triangles AGH, DEF, sont égaux * 12. dans toutes leurs parties, donc l'angle AGH = DEF = ABC, et l'angle AHG = DFE = ACB.

Dans les triangles IBG, KBG, le côté BG est commun, l'angle IGB = GBK; et puisque IGB + BGK est égal à deux droits, ainsi que GBK + IBG, il s'ensuit que BGK = IBG. Donc les triangles IBG, GBK, sont égaux *, donc IG = BK, et IB = GK. * 13.

Pareillement, de ce que l'angle AHG = ACB, on conclura que les triangles ICH, HCK, ont un côté égal adjacent à deux angles égaux; donc ils sont égaux; donc IH = CK, et HK = IC.

Maintenant, si des égales BK, IG, on retranche les égales CK, IH, les restes BC, GH, seront égaux. D'ailleurs l'angle BCA = AHG, et l'angle ABC = AGH. Donc les triangles ABC, AHG, ont un côté égal adjacent à deux angles égaux; donc ils sont égaux: mais le triangle DEF est égal dans toutes ses parties au triangle AHG; donc il est égal aussi au triangle ABC, et on aura AB = DE, AC = DF, BC = EF; donc, si deux triangles sphériques sont équiangles entre eux, les côtés opposés aux angles égaux seront égaux.

Scholie. Cette proposition n'a pas lieu dans les triangles rectilignes, où de l'égalité des angles on ne peut conclure que la proportionnalité des côtés. Mais il est aisé de rendre compte de la différence qui se trouve à cet égard entre les triangles rectilignes et les triangles sphériques. Dans la proposition présente, ainsi que dans les prop. XII, XIII, XIV et XVII, où il s'agit de la comparaison des triangles, il est dit expressément que ces triangles sont tracés sur la même sphere ou sur des spheres égales. Or les arcs semblables sont proportionnels aux rayons; donc, sur des spheres égales, deux triangles ne peuvent être semblables sans être égaux. Il n'est donc pas surprenant que l'égalité des angles entraîne l'égalité des côtés.

Il en serait autrement si les triangles étaient tracés sur des spheres inégales; alors les angles étant égaux, les triangles seraient semblables, et les côtés homologues seraient entre eux comme les rayons des spheres.

PROPOSITION XIX.

THÉORÊME.

La somme des angles de tout triangle sphérique est moindre que six et plus grande que deux angles droits.

Car 1° chaque angle d'un triangle sphérique est moindre que deux angles droits (*voyez le scholie ci-après*); donc la somme des trois angles est moindre que six angles droits.

2° La mesure de chaque angle d'un triangle sphérique est égale à la demi-circonférence moins le côté
10. correspondant du triangle polaire; donc la somme
des trois angles a pour mesure trois demi-circonférences moins la somme des côtés du triangle polaire.
Or cette derniere somme est plus petite qu'une cir-
4. conférence; donc, en la retranchant de trois demi-
circonférences, le reste sera plus grand qu'une demi-
circonférence, qui est la mesure de deux angles
droits; donc 2° la somme des trois angles d'un triangle
sphérique est plus grande que deux angles droits.

Corollaire I. La somme des angles d'un triangle sphérique n'est pas constante comme celle des triangles rectilignes ; elle varie depuis deux angles droits jusqu'à six, sans pouvoir être égale à l'une ni à l'autre limite. Ainsi deux angles donnés ne font pas connaître le troisieme.

Corollaire II. Un triangle sphérique peut avoir deux ou trois angles droits, deux ou trois angles obtus.

Si le triangle ABC est *bi-rectangle*, c'est-à-dire s'il a deux angles droits B et C, le sommet A sera le pôle de la base BC*; et les côtés AB, AC, seront des quadrants. fig. 235. * 6.

Si en outre l'angle A est droit, le triangle ABC sera *tri-rectangle*, ses angles seront tous droits et ses côtés des quadrants. Le triangle tri-rectangle est contenu huit fois dans la surface de la sphere ; c'est ce que l'on voit par la fig. 236, en supposant l'arc MN égal à un quadrant.

Scholie. Nous avons supposé dans tout ce qui précede, et conformément à la définit. VI, que les triangles sphériques ont leurs côtés toujours plus petits que la demi-circonférence ; alors il s'ensuit que les angles sont toujours plus petits que deux angles droits : car, si le côté AB est moindre que la demi-circonférence, ainsi que AC, ces arcs doivent être prolongés tous deux pour se rencontrer en D. Or les deux angles ABC, CBD, pris ensemble, valent deux angles droits; donc l'angle ABC tout seul est moindre que deux angles droits. fig. 224.

Nous observerons cependant qu'il existe des triangles sphériques dont certains côtés sont plus grands que la demi-circonférence, et certains angles plus grands que deux angles droits. Car, si on prolonge le côté AC en une circonférence entiere ACE, ce qui reste, en retranchant de la demi-sphere le triangle ABC, est un nouveau triangle, qu'on peut désigner aussi par ABC, et dont les côtés sont AB, BC, AEDC.

On voit donc que le côté AEDC est plus grand que la demi-circonférence AED ; mais en même temps l'angle opposé en B surpasse deux angles droits de la quantité CBD.

Au reste si on a exclu de la définition les triangles dont les côtés et les angles sont si grands, c'est que leur résolution ou la détermination de leurs parties se réduit toujours à celle des triangles renfermés dans la définition. En effet on voit aisément que si on connaît les angles et les côtés du triangle ABC, on connaîtra immédiatement les angles et les côtés du triangle de même nom qui est le reste de la demi-sphere.

PROPOSITION XX.

THÉORÊME.

fig. 236. *Le fuseau* AMBNA *est à la surface de la sphere comme l'angle* MAN *de ce fuseau est à quatre angles droits, ou comme l'arc* MN *qui mesure cet angle est à la circonférence.*

Supposons d'abord que l'arc MN soit à la circonférence MNPQ dans un rapport rationnel, par exemple, comme 5 est à 48. On divisera la circonférence MNPQ en 48 parties égales, dont MN contiendra 5; joignant ensuite le pôle A et les points de division par autant de quarts de circonférence, on aura 48 triangles dans la demi-sphere AMNPQ, lesquels seront tous égaux entre eux, puisqu'ils auront toutes leurs parties égales. La sphere entiere contiendra donc 96 de ces triangles partiels, et le fuseau AMBNA en contiendra 10 ; donc le fuseau est à la sphere comme 10 est à 96, ou comme 5 est à 48, c'est-à-dire comme arc MN est à la circonférence.

Si l'arc MN n'est pas commensurable avec la circonférence, on prouvera par le même raisonnement dont on a déja vu beaucoup d'exemples, que le fuseau est toujours à la sphere comme l'arc MN est à la circonférence.

Corollaire I. Deux fuseaux sont entre eux comme leurs angles respectifs.

Corollaire II. On a déja vu que la surface entiere de la sphere est égale à huit triangles tri-rectangles * ; * 19.
donc, si l'aire d'un de ces triangles est prise pour l'unité, la surface de la sphere sera représentée par 8. Cela posé, la surface du fuseau dont l'angle est A sera exprimée par 2A (si toutefois l'angle A est évalué en prenant l'angle droit pour unité) ; car on a 2A : 8 :: A : 4. Il y a donc ici deux unités différentes ; l'une pour les angles, c'est l'angle droit ; l'autre pour les surfaces, c'est le triangle sphérique tri-rectangle, ou celui dont tous les angles sont droits, et les côtés des quarts de circonférence.

Scholie. L'onglet sphérique compris par les plans AMB, ANB, est au solide entier de la sphere comme l'angle A est à quatre angles droits. Car les fuseaux étant égaux, les onglets sphériques seront pareillement égaux : donc deux onglets sphériques sont entre eux comme les angles formés par les plans qui les comprennent.

PROPOSITION XXI.

THÉORÊME.

Deux triangles sphériques symmetriques sont égaux en surface.

Soient ABC, DEF deux triangles symmétriques, fig. 237.
c'est-à-dire deux triangles qui ont les côtés égaux, AB = DE, AC = DF, CB = EF, et qui cependant ne pourraient être superposés ; je dis que la surface ABC est égale à la surface DEF.

Soit P le pôle du petit cercle qui passerait par les trois points A, B, C (1) ; de ce point soient menés les
*6. arcs égaux * PA, PB, PC ; au point F faites l'angle DFQ=ACP, l'arc FQ=CP, et joignez DQ, EQ.

Les côtés DF, FQ, sont égaux aux côtés AC, CP ; l'angle DFQ=ACP ; donc les deux triangles DFQ,
* 12. ACP, sont égaux dans toutes leurs parties * ; donc le côté DQ=AP, et l'angle DQF=APC.

Dans les triangles proposés DFE, ABC, les angles DFE, ACB, opposés aux côtés égaux DE, AB, étant
* 11. égaux *, si on en retranche les angles DFQ, ACP, égaux par construction, il restera l'angle QFE égal à PCB. D'ailleurs les côtés QF, FE, sont égaux aux côtés PC, CB ; donc les deux triangles FQE, CPB, sont égaux dans toutes leurs parties ; donc le côté QE=PB, et l'angle FQE=CPB.

Si on observe maintenant que les triangles DFQ, ACP, qui ont les côtés égaux chacun à chacun, sont en même temps isosceles, on verra qu'ils peuvent s'appliquer l'un sur l'autre ; car, ayant placé PA sur son égal QF, le côté PC tombera sur son égal QD, et ainsi les deux triangles seront confondus en un seul : donc ils sont égaux, donc la surface DQF=APC. Par une raison semblable la surface FQE=CPB, et la surface DQE=APB ; donc on a DQF + FQE — DQE=APC + CPB — APB ; ou DFE=ABC ; donc les deux triangles symmétriques ABC, DEF, sont égaux en surface.

Scholie. Les pôles P et Q pourraient être situés au-dedans des triangles ABC, DEF ; alors il faudrait ajouter les trois triangles DQF, FQE, DQE, pour

(1) Le cercle qui passe par les trois points A, B, C, ou qui est circonscrit au triangle ABC, ne peut être qu'un petit cercle de la sphere ; car, si c'était un grand cercle, les trois côtés AB, BC, AC, seraient situés dans un même plan, et le triangle ABC se réduirait à un de ses côtés.

en composer le triangle DEF, et pareillement il faudrait ajouter les trois triangles APC, CPB, APB, pour en composer le triangle ABC; d'ailleurs la démonstration et la conclusion seraient toujours les mêmes.

PROPOSITION XXII.

THÉORÈME.

Si deux grands cercles AOB, COD, *se coupent comme on voudra dans l'hémisphere* AOCBD, *la somme des triangles opposés* AOC, BOD, *sera égale au fuseau dont l'angle est* BOD. fig. 238.

Car, en prolongeant les arcs OB, OD, dans l'autre hémisphere jusqu'à leur rencontre en N, OBN sera une demi-circonférence, ainsi que AOB; retranchant de part et d'autre OB, on aura BN = AO. Par une raison semblable on a DN = CO, et BD = AC; donc les deux triangles AOC, BDN, ont les trois côtés égaux: d'ailleurs leur position est telle qu'ils sont symmétriques l'un de l'autre; donc ils sont égaux en surface *, * 21. et la somme des triangles AOC, BOD, est équivalente au fuseau OBNDO dont l'angle est BOD.

Scholie. Il est clair aussi que les deux pyramides sphériques qui ont pour bases les triangles AOC, BOD, prises ensemble, équivalent à l'onglet sphérique dont l'angle est BOD.

PROPOSITION XXIII.

THÉORÈME.

La surface d'un triangle sphérique quelconque a pour mesure l'excès de la somme de ses trois angles sur deux angles droits.

Soit ABC le triangle proposé; prolongez ses côtés fig. 239.

jusqu'à ce qu'ils rencontrent le grand cercle DEFG, mené comme on voudra hors du triangle. En vertu du théorême précédent, les deux triangles ADE, AGH, pris ensemble, équivalent au fuseau dont l'angle est
* 20. A, et qui a pour mesure 2A* : ainsi on aura ADE + AGH = 2A; par une raison semblable BGF + BID = 2B, CIH + CFE = 2C. Mais la somme de ces six triangles excede la demi-sphere de deux fois le triangle ABC, d'ailleurs la demi-sphere est représentée par 4; donc le double du triangle ABC est égal à 2A + 2B + 2C — 4, et par conséquent ABC = A + B + C — 2; donc tout triangle sphérique a pour mesure la somme de ses angles moins deux angles droits.

Corollaire I. Autant il y aura d'angles droits dans cette mesure, autant le triangle proposé contiendra de triangles tri-rectangles ou de huitiemes de sphere
* 20. qui sont l'unité de surface*. Par exemple, si les angles sont égaux chacun aux $\frac{4}{3}$ d'un angle droit, alors les trois angles vaudront 4 angles droits, et le triangle proposé sera représenté par 4 — 2 ou 2; donc il sera égal à deux triangles tri-rectangles ou au quart de la surface de la sphere.

Corollaire II. Le triangle sphérique ABC est équivalent au fuseau dont l'angle est $\frac{A+B+C}{2} - 1$; de même la pyramide sphérique, dont la base est ABC, équivaut à l'onglet sphérique dont l'angle est $\frac{A+B+C}{2} - 1$.

Scholie. En même temps qu'on compare le triangle sphérique ABC au triangle tri-rectangle, la pyramide sphérique qui a pour base ABC se compare avec la pyramide tri-rectangle, et il en résulte la même proportion. L'angle solide au sommet de la pyramide se compare de même avec l'angle solide au sommet de la pyramide tri-rectangle : en effet la comparaison s'établit par la coïncidence des parties. Or, si les bases des pyramides coïncident, il est évident que les pyramides elles-mêmes coïncideront, ainsi que les angles solides à leur sommet. De là résultent plusieurs conséquences.

1° Deux pyramides triangulaires sphériques sont entre elles comme leurs bases; et, puisqu'une pyramide polygonale peut se partager en plusieurs pyramides triangulaires, il s'ensuit que deux pyramides sphériques quelconques sont entre elles comme les polygones qui leur servent de bases.

2° Les angles solides au sommet des mêmes pyramides sont également dans la proportion des bases; donc, pour comparer deux angles solides quelconques, il faut placer leurs sommets au centre de deux spheres égales, et ces angles solides seront entre eux comme les polygones sphériques interceptés entre leurs plans ou faces.

L'angle au sommet de la pyramide tri-rectangle est formé par trois plans perpendiculaires entre eux : cet angle, qu'on peut appeler *angle solide droit*, est très-propre à servir d'unité de mesure aux autres angles solides. Cela posé, le même nombre qui donne l'aire d'un polygone sphérique donnera la mesure de l'angle solide correspondant. Par exemple, si l'aire du polygone sphérique est $\frac{3}{4}$, c'est-à-dire, s'il est les $\frac{3}{4}$ du triangle tri-rectangle, l'angle solide correspondant sera aussi les $\frac{3}{4}$ de l'angle solide droit.

PROPOSITION XXIV.

THÉORÊME.

La surface d'un polygone sphérique a pour mesure la somme de ses angles, moins le pro-

duit de deux angles droits par le nombre des côtés du polygone moins deux.

fig. 240. D'un même sommet A soient menées à tous les autres sommets les diagonales AC, AD; le polygone ABCDE sera partagé en autant de triangles moins deux qu'il a de côtés. Mais la surface de chaque triangle a pour mesure la somme de ses angles moins deux angles droits, et il est clair que la somme de tous les angles des triangles est égale à la somme des angles du polygone : donc la surface du polygone est égale à la somme de ses angles diminuée d'autant de fois deux angles droits qu'il a de côtés moins deux.

Scholie. Soit s la somme des angles d'un polygone sphérique, n le nombre de ses côtés; l'angle droit étant supposé l'unité, la surface du polygone aura pour mesure $s - 2(n - 2)$ ou $s - 2n + 4$.

PROPOSITION XXV.

THÉORÊME.

Soit S *le nombre des angles solides d'un polyèdre,* H *le nombre de ses faces,* A *le nombre de ses arêtes; je dis qu'on aura toujours* $S + H = A + 2$.

Prenez au-dedans du polyèdre un point d'où vous menerez des lignes droites aux sommets de tous ses angles; imaginez ensuite que du même point comme centre on décrive une surface sphérique qui soit rencontrée par toutes ces lignes en autant de points; joignez ces points par des arcs de grands cercles, de maniere à former sur la surface de la sphere des polygones correspondants et en même nombre avec les faces du polyèdre. Soit ABCDE un de ces polygones
fig. 240.
et soit n le nombre de ses côtés; sa surface sera $s - 2n + 4$, s étant la somme des angles A, B, C, D, E. Si on évalue semblablement la surface de chacun des autres polygones sphériques, et qu'on les ajoute toutes ensemble, on en conclura que leur somme, ou la surface de la sphere représentée par 8, est égale à la somme de tous les angles des polygones,

moins deux fois le nombre de leurs côtés, plus 4 pris autant de fois qu'il y a de faces. Or, comme tous les angles qui s'ajustent autour d'un même point A valent quatre angles droits, la somme de tous les angles des polygones est égale à 4 pris autant de fois qu'il y a d'angles solides; elle est donc égale à 4S. Ensuite le double du nombre des côtés AB, BC, CD, etc. est égal au quadruple du nombre des arêtes ou $= 4A$, puisque la même arête sert de côté à deux faces : donc on aura $8 = 4S - 4A + 4H$; ou, en prenant le quart de chaque membre, $2 = S - A + H$; donc $S + H = A + 2$.

Corollaire. Il suit de là que *la somme des angles plans qui forment les angles solides d'un polyèdre est égale à autant de fois quatre angles droits qu'il y a d'unités dans* $S - 2$, S *étant le nombre des angles solides du polyèdre.*

Car, si on considere une face dont le nombre de côtés est n, la somme des angles de cette face sera $2n - 4$ angles droits*. Mais la somme de tous les $2n$, ou le double du nombre des côtés de toutes les faces, $= 4A$, et 4 pris autant de fois qu'il y a de faces $= 4H$; donc la somme des angles de toutes les faces $= 4A - 4H$. Or, par le théorême qu'on vient de démontrer, on a $A - H = S - 2$, et par conséquent $4A - 4H = 4 (S - 2)$. Donc *la somme des angles plans*, etc.

* 25, 1.

PROPOSITION XXVI.

THÉORÊME.

fig. 272 et 273.

De tous les triangles sphériques formés avec deux côtés donnés CB, CA, *et un troisieme à volonté, le plus grand* ABC *est celui dans lequel l'angle* C, *compris par les côtés donnés, est égal à la somme des deux autres angles* A *et* B.

Prolongez les deux côtés AC, AB, jusqu'à leur rencontre en D, vous aurez un triangle sphérique BCD, dans lequel l'angle DBC sera aussi égal à la somme des deux autres angles BDC, BCD : car BCD + BCA étant égale à deux angles droits, ainsi que CBA + CBD, on a $BCD + BCA = CBA + CBD$; ajoutant de part et d'autre $BDC = BAC$, on aura $BCD + BCA + BDC = CBA + CBD + BAC$. Or, par hypothese, $BCA = CBA + BAC$; donc $CBD = BCD + BDC$.

Menez BI qui fasse l'angle CBI $=$ BCD, et par suite IBD $=$ BDC; les deux triangles IBC, IBD, seront isosceles, et on aura IC $=$ IB $=$ ID. Donc le point I, milieu de BC, est à égale distance des trois points B, C, D: par une raison semblable le point O, milieu de AB, sera également distant des trois points A, B, C.

fig. 272. Soit maintenant CA' $=$ CA et l'angle BCA' $>$ BCA; si l'on joint A'B, et qu'on prolonge les arcs A'C, A'B, jusqu'à leur rencontre en D', l'arc D'CA' sera une demi-circonférence ainsi que DCA; donc puisqu'on a CA' $=$ CA, on aura aussi CD' $=$ CD. Mais dans le triangle CID', on a CI $+$ ID' $>$ CD'; donc ID' $>$ CD $-$ CI, ou ID' $>$ ID.

Dans le triangle isoscele CIB divisons l'angle du sommet I en deux également par l'arc EIF qui sera perpendiculaire sur le milieu de BC. Si on prend un point L entre I et E, la distance BL, égale à LC, sera moindre que BI; car on peut démontrer, comme dans la prop. IX, liv. I, qu'on a BL $+$ LC $<$ BI $+$ IC; donc en prenant les moitiés de part et d'autre, on aura BL $<$ BI. Mais dans le triangle D'LC on a D'L $>$ D'C $-$ CL, et à plus forte raison D'L $>$ DC $-$ CI, ou D'L $>$ DI, ou D'L $>$ BI; donc D'L $>$ BL. Donc si on cherche sur l'arc EIF un point également distant des trois points B, C, D', ce point ne saurait se trouver que sur le prolongement de EI vers F. Soit I' le point cherché, en sorte qu'on ait D' I' $=$ BI' $=$ CI'; les triangles I'CB, I'CD', I'BD', étant isosceles, on aura les angles égaux I'BC $=$ I'CB, I'BD' $=$ I'D'B, I'CD' $=$ I'D'C. Mais les angles D'BC $+$ CBA' valent deux angles droits, ainsi que D'CB $+$ BCA'; donc

$$D'BI' + I'BC + CBA' = 2,$$
$$BCI' - I'CD' + BCA' = 2.$$

Ajoutant les deux sommes et observant qu'on a I'BC $=$ BCI' et D'BI' $-$ I'CD' $=$ BD'I' $-$ I'D'C $=$ CD'B $=$ CA'B, on aura

$$2I'BC + CA'B + CBA' + BCA' = 4.$$

Donc CA'B $+$ CBA' $+$ BCA' $-$ 2 (mesure de l'aire du triangle A'BC) $=$ 2 $-$ 2I'BC; de sorte qu'on a *aire* A'BC $=$ 2 $-$ 2 *angle* I'BC; semblablement dans le triangle ABC, on aurait *aire* ABC $=$ 2 $-$ 2 *angle* IBC. Or, on a démontré que l'angle I'BC est plus grand que IBC; donc l'aire A'BC est plus petite que ABC.

La même démonstration et la même conclusion auraient lieu, si, en prenant toujours l'arc CA′ = CA, on faisait l'angle BCA′ < BCA; donc ABC est le triangle le plus grand entre tous ceux qui ont deux côtés donnés et le troisième à volonté. fig. 273.

Scholie I. Le triangle ABC, le plus grand entre tous ceux qui ont deux côtés donnés CA, CB, peut être inscrit dans un demi-cercle dont la corde du troisième côté AB sera le diametre; car O étant le milieu de AB, on a vu que les distances OC, OB, sont égales; donc la circonférence de petit cercle décrite du point O comme pole et de l'intervalle OB passera par les trois points A, B, C. De plus la ligne droite BA est un diametre de ce petit cercle; car le centre qui doit se trouver à la fois dans le plan du petit cercle et dans le plan de l'arc de grand cercle* BOA, se trouvera nécessairement dans l'intersection de ces deux plans qui est la droite BA, et ainsi BA sera un diamètre. fig. 241. pr. 1, cor. 4.

II. Dans le triangle ABC, l'angle C étant égal à la somme des deux autres A et B, il s'ensuit que la somme des trois angles est double de l'angle C. Mais cette somme est toujours plus grande que deux angles droits*; donc l'angle C est plus grand qu'un droit.

III. Si l'on prolonge les côtés CB, CA, jusqu'à leur rencontre en E, le triangle BAE sera égal au quart de la surface de la sphere. Car l'angle E = C = ABC + CAB; donc les trois angles du triangle BAE équivalent aux quatre ABC, ABE, CAB, BAE dont la somme est égale à quatre angles droits; donc la surface du triangle BAE* = 4 − 2 = 2, qui est le quart de la surface de la sphere. *24.

IV. Il n'y aurait pas lieu à *maximum*, si la somme des deux côtés donnés CA, CB, était égale ou plus grande que la demi-circonférence d'un grand cercle. Car puisque le triangle ABC doit être inscrit dans un demi-cercle de la sphere, la somme des deux côtés CA, CB, sera moindre que la demi-circonférence BCA*, et par conséquent moindre que la demi-circonférence d'un grand cercle. *3.

La raison pourquoi il n'y a pas de *maximum*, lorsque la somme des deux côtés donnés est plus grande que la demi-circonférence d'un grand cercle, c'est qu'alors le triangle augmente de plus en plus à mesure que l'angle compris par les côtés donnés est plus grand ; enfin lorsque cet angle sera égal à deux droits, les trois côtés seront dans un même plan, et formeront une circonférence entiere ; le triangle sphérique deviendra donc égal à la demi-sphere, mais il cessera alors d'être triangle.

PROPOSITION XXVII.

THÉORÊME.

De tous les triangles sphériques formés avec un côté donné et un périmetre donné, le plus grand est celui dans lequel les deux côtés non déterminés sont égaux.

fig. 242. Soit AB le côté donné commun aux deux triangles ACB, ADB, et soit AC + CB = AD + DB ; je dis que le triangle isoscele ACB, dans lequel AC = CB, est plus grand que le non-isoscele ADB.

Car ces triangles ayant la partie commune AOB, il suffit de faire voir que le triangle BOD est plus petit que AOC. L'angle CBA égal à CAB, est plus grand que OAB ; ainsi
21. le côté AO est plus grand que OB ; prenez OI = OB, faites OK = OD, et joignez KI ; le triangle OKI sera égal à DOB*. Si on nie maintenant que le triangle DOB ou son égal KOI soit plus petit que OAC, il faudra qu'il soit égal ou plus grand ; dans l'un et l'autre cas, puisque le point I est entre les points A et O, il faudra que le point K soit sur OC prolongé, sans quoi le triangle OKI serait contenu dans le triangle CAO, et par conséquent plus petit. Cela posé, le plus court chemin de C en A étant CA, on a $CK + KI + IA > CA$. Mais $CK = OD - CO$, $AI = AO - OB$, $KI = BD$; donc $OD - CO + AO - OB + BD > CA$, et en réduisant $AD - CB + BD > CA$, ou $AD + BD > AC + CB$. Or cette inégalité est contraire à l'hypothese $AD + BD = AC + CB$; donc le point K ne peut tomber sur le prolongement de OC ; donc il tombe entre O et C, et par conséquent le triangle KOI, ou son égal ODB, est plus petit que ACO ; donc le triangle isoscele ACB est plus grand que le non-isoscele ADB de même base et de même périmetre.

Scholie. Ces deux dernieres propositions sont analogues

aux propositions I et III de l'appendice au liv. IV; ainsi on peut en tirer, par rapport aux polygones sphériques, les conséquences qui ont lieu pour les polygones rectilignes.

Voici les principales :

1° *De tous les polygones sphériques isopérimetres et d'un même nombre de côtés, le plus grand est un polygone équilatéral.*

Même démonstration que pour la prop. II de l'appendice au livre IV.

2° *De tous les polygones sphériques formés avec des côtés donnés et un dernier à volonté, le plus grand est celui qu'on peut inscrire dans un demi-cercle dont la corde du côté non déterminé sera le diametre.*

La démonstration se déduit de la prop. XXVI, comme on l'a vu dans la prop. IV de l'appendice cité; il faut pour l'existence du *maximum*, que la somme des côtés donnés soit moindre que la demi-circonférence d'un grand cercle.

3° *Le plus grand des polygones sphériques formés avec des côtés donnés, est celui qu'on peut inscrire dans un cercle de la sphere.*

Même démonstration que pour la prop. VI de l'appendice au livre IV.

4° *Le plus grand des polygones sphériques qui ont le même périmetre et le même nombre de côtés, est celui qui a ses angles égaux et ses côtés égaux.*

C'est ce qui résulte des corollaires 1 et 3 qui précèdent.

Nota. Toutes les propositions de *maximum* concernant les polygones sphériques s'appliquent aux angles solides dont ces polygones sont la mesure.

APPENDICE AUX LIVRES VI ET VII.

LES POLYEDRES REGULIERS.

PROPOSITION PREMIERE.

THÉORÊME.

Il *ne peut y avoir que cinq polyèdres réguliers.*

Car on a défini *polyèdres réguliers* ceux dont toutes les faces sont des polygones réguliers égaux, et dont tous les angles solides sont égaux entre eux. Ces conditions ne peuvent avoir lieu que dans un petit nombre de cas.

1° Si les faces sont des triangles équilatéraux, on peut former chaque angle solide du polyèdre avec trois angles de ces triangles, ou avec quatre, ou avec cinq : de là naissent trois corps réguliers, qui sont le tétraèdre, l'octaèdre, et l'icosaèdre. On n'en peut pas former un plus grand nombre avec des triangles équilatéraux, car six angles de ces triangles valent quatre angles droits, et ne peuvent former d'angle solide*.

21,5.

2° Si les faces sont des quarrés, on peut assembler leurs angles trois à trois ; et de là résulte l'hexaèdre ou cube.

Quatre angles de quarrés valent quatre angles droits, et ne peuvent former d'angle solide.

3° Enfin, si les faces sont des pentagones réguliers, on pourra encore assembler leurs angles trois à trois, et il en résultera le dodécaèdre régulier.

On ne peut aller plus loin ; car trois angles d'hexagones réguliers valent quatre angles droits, et trois d'heptagones encore plus.

Donc il ne peut y avoir que cinq polyèdres réguliers, trois formés avec des triangles équilatéraux, un avec des quarrés, et un avec des pentagones.

Scholie. On va prouver dans la proposition suivante que

ces cinq polyèdres existent réellement, et qu'on peut en déterminer toutes les dimensions lorsqu'on connaît une de leurs faces.

PROPOSITION II.

PROBLÊME.

Etant donnée l'une des faces d'un polyèdre régulier, ou seulement son côté, construire le polyèdre.

Ce problême en présente cinq qui vont être résolus successivement.

Construction du tétraèdre.

Soit ABC le triangle équilatéral qui doit être une des faces du tétraèdre; au point O, centre de ce triangle, élevez OS perpendiculaire au plan ABC; terminez cette perpendiculaire au point S, de sorte que AS = AB; joignez SB, SC, et la pyramide SABC sera le tétraèdre requis. fig. 243.

Car, à cause des distances égales OA, OB, OC, les obliques SA, SB, SC, s'écartent également de la perpendiculaire SO et sont égales. L'une d'elles SA = AB; donc les quatre faces de la pyramide SABC sont des triangles égaux au triangle donné ABC. D'ailleurs les angles solides de cette pyramide sont égaux entre eux, puisqu'ils sont formés chacun avec trois angles plans égaux; donc cette pyramide est un tétraèdre régulier.

Construction de l'hexaèdre.

Soit ABCD un quarré donné: sur la base ABCD construisez un prisme droit dont la hauteur AE soit égale au côté AB. Il est clair que les faces de ce prisme sont des quarrés égaux, et que ses angles solides sont égaux entre eux comme étant formés chacun avec trois angles droits; donc ce prisme est un hexaèdre régulier ou cube. fig. 244.

Construction de l'octaèdre.

Soit AMB un triangle équilatéral donné: sur le côté AB décrivez le quarré ABCD; au point O, centre de ce quarré, élevez sur son plan la perpendiculaire TS, terminée de part et d'autre en T et S, de maniere que OT = OS = AO; fig. 245.

joignez ensuite SA, SB, TA, etc., vous aurez un solide SABCDT, composé de deux pyramides quadrangulaires SABCD, TABCD, adossées par leur base commune ABCD; ce solide sera l'octaèdre régulier demandé.

En effet le triangle AOS est rectangle en O, ainsi que le triangle AOD; les côtés AO, OS, OD, sont égaux; donc ces triangles sont égaux, donc AS = AD. On démontrera de même que tous les autres triangles rectangles AOT, BOS, COT, etc., sont égaux au triangle AOD; donc tous les côtés AB, AS, AT, etc. sont égaux entre eux, et par conséquent le solide SABCDT est compris sous huit triangles égaux au triangle équilatéral donné ABM. Je dis de plus que les angles solides du polyèdre sont égaux entre eux: par exemple, l'angle S est égal à l'angle B.

Car il est visible que le triangle SAC est égal au triangle DAC, et qu'ainsi l'angle ASC est droit; donc la figure SATC est un quarré égal au quarré ABCD. Mais si on compare la pyramide BASCT à la pyramide SABCD, la base ASCT de la premiere peut se placer sur la base ABCD de la seconde; alors le point O étant un centre commun, la hauteur OB de la premiere coïncidera avec la hauteur OS de la seconde, et les deux pyramides se confondront en une seule; donc l'angle solide S est égal à l'angle solide B; donc le solide SABCDT est un octaèdre régulier.

Scholie. Si trois droites égales, AC, BD, ST, sont perpendiculaires entre elles et se coupent dans leur milieu, les extrémités de ces droites seront les sommets d'un octaèdre régulier.

Construction du dodécaèdre.

fig. 246. Soit ABCDE un pentagone régulier donné; soient ABP, CBP, deux angles plans égaux à l'angle ABC; avec ces angles plans formez l'angle solide B, et déterminez par la proposition XXIV, livre V, l'inclinaison mutuelle de deux de ces plans, inclinaison que j'appelle K. Formez semblablement aux points C, D, E, A, des angles solides égaux à l'angle solide B, et situés de la même maniere: le plan CBP sera le même avec le plan BCG, puisqu'ils sont inclinés l'un et l'autre de la même quantité K sur le plan ABCD. On peut donc dans le plan PBCG décrire le pentagone BCGFP égal au pentagone ABCDE. Si on fait de même dans chacun des autres plans CDI, DEL, etc., on aura une surface convexe PFGH, etc. composée de six pentagones réguliers égaux et inclinés chacun sur son adjacent de la même quantité K. Soit *pfgh*, etc. une seconde surface égale à PFGH, etc., je dis que ces deux surfaces peuvent être réunies de maniere à ne former qu'une seule surface convexe continue. En effet l'angle *opf*, par exemple, peut se joindre aux deux angles OPB, BPF, pour faire un angle solide P égal à l'angle B; et dans cette jonction il ne sera rien changé à l'inclinaison des plans BPF, BPO, puisque cette inclinaison est telle qu'il le faut pour la formation de l'angle solide. Mais en même temps que l'angle solide P se forme, le côté *pf* s'appliquera sur son égal PF, et au point F se trouveront réunis trois angles plans PFG, *pfe*, *efg*, qui formeront un angle solide égal à chacun des angles déja formés; cette jonction se fera sans rien changer ni à l'état de l'angle P, ni à celui de la surface *efgh*, etc.; car les plans PFG, *efp*, déja réunis en P, ont entre eux l'inclinaison convenable K, ainsi que les plans *efg*, *efp*. Continuant ainsi de proche en proche, on voit que les deux surfaces s'ajusteront mutuellement l'une avec l'autre, pour ne former qu'une seule surface continue et rentrante sur elle-même : cette surface sera celle d'un dodécaèdre régulier, puisqu'elle est composée de douze pentagones réguliers égaux, et que tous ses angles solides sont égaux entre eux.

Construction de l'icosaèdre.

Soit ABC une de ses faces; il faut d'abord former un angle solide avec cinq plans égaux au plan ABC et également inclinés chacun sur son adjacent. Pour cela, sur le côté B'C', égal à BC, faites le pentagone régulier B'C'H'I'D'; au centre de ce pentagone élevez sur son plan une perpendiculaire, que vous terminerez en A' de maniere que B'A' = B'C'; joignez A'C', A'H', A'I', A'D', et l'angle solide A', formé par les cinq plans B'A'C', C'A'H', etc., sera l'angle solide requis. Car les obliques A'B', A'C', etc. sont égales, l'une d'elles A'B' est égale au côté B'C', donc tous les triangles B'A'C', C'A'H', etc. sont égaux entre eux et au triangle donné ABC. fig. 47.

Il est visible d'ailleurs que les plans B'A'C', C'A'H', etc. sont également inclinés chacun sur son adjacent ; car les angles solides B', C', etc. sont égaux entre eux, puisqu'ils sont formés chacun avec deux angles de triangles équilatéraux et un de pentagone régulier. Appelons K l'inclinaison des deux plans où sont les angles égaux, inclinaison qu'on peut déterminer par la proposition XXIV, liv. V ; l'angle K sera en même temps l'inclinaison de chacun des plans qui composent l'angle solide A' sur son adjacent.

Cela posé, si on fait aux points A, B, C, des angles solides égaux chacun à l'angle A', on aura une surface convexe DEFG, etc. composée de dix triangles équilatéraux, dont chacun sera incliné sur son adjacent de la quantité K ; et les angles D, E, F, etc. de son contour réuniront alternativement trois et deux angles de triangles équilatéraux. Imaginez une seconde surface égale à la surface DEFG, etc. ; ces deux surfaces pourront s'adapter mutuellement, en joignant chaque angle triple de l'une à un angle double de l'autre ; et, comme les plans de ces angles ont déja entre eux l'inclinaison K nécessaire pour former un angle solide quintuple égal à l'angle A, il ne sera rien changé dans cette jonction à l'état de chaque surface en particulier, et les deux ensemble formeront une seule surface continue, composée de vingt triangles équilatéraux. Cette surface sera celle de l'icosaèdre régulier, puisque d'ailleurs tous les angles solides sont égaux entre eux.

PROPOSITION III.

PROBLÈME.

Trouver l'inclinaison de deux faces adjacentes d'un polyèdre regulier.

Cette inclinaison se déduit immédiatement de la construction qui vient d'être donnée des cinq polyèdres réguliers ; à quoi il faut ajouter la proposition XXIV, liv. V, par laquelle étant donnés les trois angles plans qui forment un angle solide, on détermine l'angle que deux de ces plans font entre eux.

fig. 243. *Dans le tétraèdre.* Chaque angle solide est formé de trois angles de triangles équilatéraux : il faut donc chercher par le problême cité l'angle que deux de ces plans font entre eux, cet angle sera l'inclinaison de deux faces adjacentes du tétraèdre.

Dans l'hexaèdre. L'angle de deux faces adjacentes est un angle droit. fig. 244.

Dans l'octaèdre. Formez un angle solide avec deux angles de triangles équilatéraux et un angle droit, l'inclinaison des deux plans où sont les angles des triangles sera celle de deux faces adjacentes de l'octaèdre. fig. 245.

Dans le dodécaèdre. Chaque angle solide est formé avec trois angles de pentagones réguliers; ainsi l'inclinaison des plans de deux de ces angles sera celle de deux faces adjacentes du dodécaèdre. fig. 246.

Dans l'icosaèdre. Formez un angle solide avec deux angles de triangles équilatéraux et un angle de pentagone régulier, l'inclinaison des deux plans où sont les angles des triangles sera celle de deux faces adjacentes de l'icosaèdre. fig. 247.

PROPOSITION IV.

PROBLÊME.

Etant donné le côté d'un polyèdre régulier, trouver le rayon de la sphere inscrite et celui de la sphere circonscrite au polyèdre.

Il faut d'abord démontrer que tout polyèdre régulier peut être inscrit dans la sphere, et qu'il peut lui être circonscrit. fig. 248.

Soit AB le côté commun à deux faces adjacentes, soient C et E les centres de ces deux faces, et CD, ED, les perpendiculaires abaissées de ces centres sur le côté commun AB, lesquelles tomberont au point D, milieu de ce côté. Les deux perpendiculaires CD, DE, font entre elles un angle connu, qui est égal à l'inclinaison de deux faces adjacentes, déterminée par le problême précédent. Or si, dans le plan CDE, perpendiculaire à AB, on mene sur CD et ED les perpendiculaires indéfinies CO et EO, qui se rencontrent en O, je dis que le point O sera le centre de la sphere inscrite et celui de la sphere circonscrite ; le rayon de la premiere étant OC, et celui de la seconde OA.

En effet, puisque les apothêmes CD, DE, sont égales, et l'hypoténuse DO commune, le triangle rectangle CDO est
*18, 1. égal au triangle rectangle ODE * et la perpendiculaire OC est égale à la perpendiculaire OE. Mais AB étant perpendiculaire au plan CDE, le plan ABC est perpendiculaire à
17, 5. CDE, ou CDE à ABC; d'ailleurs CO, dans le plan CDE, est perpendiculaire à CD, intersection commune des plans
18, 5. CDE, ABC; donc CO est perpendiculaire au plan ABC. Par la même raison EO est perpendiculaire au plan ABE; donc les deux perpendiculaires CO, EO, menées aux plans de deux faces adjacentes par les centres de ces faces, se rencontrent en un même point O et sont égales. Supposons maintenant que ABC et ABE représentent deux autres faces adjacentes quelconques, l'apothême CD restera toujours de la même grandeur, ainsi que l'angle CDO, moitié de CDE; donc le triangle rectangle CDO et son côté CO seront égaux pour toutes les faces du polyèdre; donc, si du point O comme centre et du rayon OC on décrit une sphere, cette sphere touchera toutes les faces du polyèdre dans leurs centres (car les plans ABC, ABE, seront perpendiculaires à l'extrémité d'un rayon), et la sphere sera inscrite dans le polyèdre, ou le polyèdre circonscrit à la sphere.

Joignez OA, OB; à cause de CA = CB, les deux obliques OA, OB, s'écartant également de la perpendiculaire, seront égales; il en sera de même de deux autres lignes quelconques menées du centre O aux extrémités d'un même côté; donc toutes ces lignes sont égales entre elles; donc si du point O comme centre et du rayon OA on décrit une surface sphérique, cette surface passera par les sommets de tous les angles solides du polyèdre, et la sphere sera circonscrite au polyèdre ou le polyèdre inscrit dans la sphere.

Cela posé, la solution du problème proposé n'a plus aucune difficulté, et peut s'effectuer ainsi :

fig. 249. Étant donné le côté d'une face du polyèdre, décrivez cette face, et soit CD son apothême. Cherchez par le problême précédent l'inclinaison de deux faces adjacentes du polyèdre, et faites l'angle CDE égal à cette inclinaison, prenez DE égale à CD, menez CO et EO perpendiculaires à CD et ED; ces deux perpendiculaires se rencontreront en un point O, et CO sera le rayon de la sphere inscrite dans le polyèdre.

Sur le prolongement de DC prenez CA égale au rayon du cercle circonscrit à une face du polyèdre, et OA sera le rayon de la sphere circonscrite à ce même polyèdre.

Car les triangles rectangles CDO, CAO, de la fig. 249, sont égaux aux triangles de même nom dans la figure 248 : ainsi, tandis que CD et CA sont les rayons des cercles inscrit et circonscrit à une face du polyèdre, OC et OA sont les rayons des sphères inscrite et circonscrite au même polyèdre.

Scholie. On peut tirer des propositions précédentes plusieurs conséquences.

1° Tout polyèdre régulier peut être partagé en autant de pyramides régulieres que le polyèdre a de faces : le sommet commun de ces pyramides sera le centre du polyèdre, qui est en même temps celui des spheres inscrite et circonscrite.

2° La solidité d'un polyèdre régulier est égale à sa surface multipliée par le tiers du rayon de la sphere inscrite.

3° Deux polyèdres réguliers de même nom sont deux solides semblables, et leurs dimensions homologues sont proportionnelles; donc les rayons des spheres inscrites ou circonscrites sont entre eux comme les côtés de ces polyèdres.

4° Si on inscrit un polyèdre régulier dans une sphere, les plans menés du centre le long des différents côtés partageront la surface de la sphere en autant de polygones sphériques égaux et semblables que le polyèdre a de faces.

LIVRE VIII.

LES TROIS CORPS RONDS.

DÉFINITIONS.

fig. 250. I. On appelle *cylindre* le solide produit par la révolution d'un rectangle ABCD, qu'on imagine tourner autour du côté immobile AB.

Dans ce mouvement les côtés AD, BC, restant toujours perpendiculaires à AB, décrivent des plans circulaires égaux DHP, CGQ, qu'on appelle les *bases du cylindre*, et le côté CD en décrit *la surface convexe*.

La ligne immobile AB s'appelle l'*axe du cylindre*.

Toute section KLM, faite dans le cylindre perpendiculairement à l'axe, est un cercle égal à chacune des bases : car pendant que le rectangle ABCD tourne autour de AB, la ligne IK, perpendiculaire à AB, décrit un plan circulaire égal à la base, et ce plan n'est autre chose que la section faite perpendiculairement à l'axe au point I.

Toute section PQGH, faite suivant l'axe, est un rectangle double du rectangle générateur ABCD.

fig. 251. II. On appelle *cône* le solide produit par la révolution du triangle rectangle SAB, qu'on imagine tourner autour du côté immobile SA.

Dans ce mouvement le côté AB décrit un plan circulaire BDCE, qu'on appelle *la base du cône*, et l'hypoténuse SB en décrit la *surface convexe*.

Le point S s'appelle *le sommet du cône*, SA *l'axe* ou *la hauteur*, et SB *le côté* ou *l'apothême*.

Toute section HKFI, faite perpendiculairement à l'axe, est un cercle; toute section SDE, faite suivant l'axe, est un triangle isoscele double du triangle générateur SAB.

III. Si du cône SCDB on retranche, par une section parallele à la base, le cône SFKH, le solide restant CBHF s'appelle *cône tronqué* ou *tronc de cône.*

On peut supposer qu'il est décrit par la révolution du trapeze ABHG, dont les angles A et G sont droits, autour du côté AG. La ligne immobile AG s'appelle *l'axe* ou *la hauteur du tronc*, les cercles BDC, HFK, en sont *les bases*, et BH en est *le côté.*

IV. Deux cylindres ou deux cônes sont *semblables* lorsque leurs axes sont entre eux comme les diametres de leurs bases.

V. Si, dans le cercle ACD qui sert de base à un cylindre, on inscrit un polygone ABCDE, et que sur la base ABCDE on élève un prisme droit égal en hauteur au cylindre, le prisme est dit *inscrit dans le cylindre*, ou le cylindre *circonscrit au prisme.* fig. 252.

Il est clair que les arêtes AF, BG, CH, etc. du prisme, étant perpendiculaires au plan de la base, sont comprises dans la surface convexe du cylindre; donc le prisme et le cylindre se touchent suivant ces arêtes.

VI. Pareillement, si ABCD est un polygone circonscrit à la base d'un cylindre, et que sur la base ABCD on construise un prisme droit égal en hauteur au cylindre, le prisme est dit *circonscrit au cylindre*, ou le cylindre *inscrit dans le prisme.* fig. 253.

Soient M, N, etc. les points de contact des côtés AB, BC, etc. et soient élevées par les points M, N, etc. les perpendiculaires MX, NY, etc. au plan de la base; il est clair que ces perpendiculaires seront à-la-fois dans la surface du cylindre et dans celle du prisme circonscrit; donc elles seront leurs lignes de contact.

N. B. Le cylindre, le cône, et la sphere, sont les *trois corps ronds* dont on s'occupe dans les éléments.

Lemmes préliminaires sur les surfaces.

I.

fig. 254. *Une surface plane* OABCD *est plus petite que toute autre surface* PABCD, *terminée au même contour* ABCD.

Cette proposition est assez évidente pour être rangée au nombre des axiômes; car on pourrait supposer que le plan est parmi les surfaces ce que la ligne droite est parmi les lignes : la ligne droite est la plus courte entre deux points donnés, de même le plan est la surface la plus petite entre toutes celles qui ont un même contour. Cependant comme il convient de réduire les axiômes au plus petit nombre possible, voici un raisonnement qui ne laissera aucun doute sur cette proposition.

Une surface étant une étendue en longueur et en largeur, on ne peut concevoir qu'une surface soit plus grande qu'une autre, à moins que les dimensions de la premiere n'excedent dans quelques sens celles de la seconde; et s'il arrive que les dimensions d'une surface soient en tous sens plus petites que les dimensions d'une autre surface, il est évident que la premiere surface sera la plus petite des deux. Or, dans quelque sens qu'on fasse passer le plan BPD, qui coupera la surface plane suivant BD, et l'autre surface suivant BPD; la ligne droite BD sera toujours plus petite que BPD; donc la surface plane OABCD est plus petite que la surface environnante PABCD.

II.

fig. 255. *Toute surface* convexe OABCD *est moindre qu'une autre surface quelconque qui envelopperait la premiere en s'appuyant sur le même contour* ABCD.

Nous répéterons ici que nous entendons par *surface convexe* une surface qui ne peut être rencontrée par une ligne droite en plus de deux points : et cependant il est possible qu'une ligne droite s'applique exactement dans un certain sens sur une surface convexe ; on en voit des exemples dans les surfaces du cône et du cylindre. Nous observerons aussi que la dénomination de surface convexe n'est pas bornée aux seules surfaces courbes ; elle comprend les surfaces *polyédrales* ou composées de plusieurs plans, et aussi les surfaces en partie courbes, en partie polyédrales.

Cela posé, si la surface OABCD n'est pas plus petite que toutes celles qui l'enveloppent, soit parmi celles-ci PABCD la surface la plus petite qui sera au plus égale à OABCD. Par un point quelconque O, faites passer un plan qui touche la surface OABCD sans la couper ; ce plan rencontrera la surface PABCD, et la partie qu'il en retranchera sera plus grande que le plan terminé à la même surface* : donc, en conservant le reste de la surface PABCD, on pourrait substituer le plan à la partie retranchée, et on aurait une nouvelle surface qui envelopperait toujours la surface OABCD, et qui serait plus petite que PABCD. *lem. 1.

Mais celle-ci est la plus petite de toutes par hypothese ; donc cette hypothese ne saurait subsister, donc la surface convexe OABCD est plus petite que toute autre surface qui envelopperait OABCD, et qui serait terminée au même contour ABCD.

Scholie. Par un raisonnement entièrement semblable on prouvera,

1° Que, si une surface convexe terminée par deux contours ABC, DEF, est enveloppée par une autre surface quelconque terminée aux mêmes contours, la surface enveloppée sera la plus petite des deux. fig. 256.

fig. 257. 2° Que, si une surface convexe AB est enveloppée de toutes parts par une autre surface MN, soit qu'elles aient des points, des lignes ou des plans communs, soit qu'elles n'aient aucun point de commun, la surface enveloppée sera toujours plus petite que la surface enveloppante.

Car parmi celles-ci il ne peut y en avoir aucune qui soit la plus petite de toutes, puisque dans tous les cas on pourrait toujours mener le plan CD tangent à la surface convexe, lequel plan serait plus petit

* lem. 1. que la surface CMD*; et ainsi la surface CND serait plus petite que MN, ce qui est contraire à l'hypothese que MN est la plus petite de toutes. Donc la surface convexe AB est plus petite que toutes celles qui l'enveloppent.

PROPOSITION PREMIERE.

THÉORÊME.

La solidité d'un cylindre est égale au produit de sa base par sa hauteur.

fig. 258. Soit CA le rayon de la base du cylindre donné, H sa hauteur; représentons par *surf.* CA la surface du cercle dont le rayon est CA; je dis que la solidité du cylindre sera *surf.* CA × H. Car, si *surf.* CA × H n'est pas la mesure du cylindre donné, ce produit sera la mesure d'un cylindre plus grand ou plus petit. Et d'abord supposons qu'il soit la mesure d'un cylindre plus petit, par exemple, du cylindre dont CD est le rayon de la base et H la hauteur.

Circonscrivez au cercle dont le rayon est CD, un polygone régulier GHIP, dont les côtés ne rencon-

* 10. 4 trent pas la circonférence dont CA est le rayon *; imaginez ensuite un prisme droit qui ait pour base le

polygone GHIP, et pour hauteur H, lequel prisme sera circonscrit au cylindre dont CD est le rayon de la base. Cela posé, la solidité du prisme* est égale à * 14. sa base GHIP, multipliée par la hauteur H; la base GHIP est plus petite que le cercle dont CA est le rayon : donc la solidité du prisme est plus petite que *surf.* CA × H. Mais *surf.* CA × H est, par hypothese, la solidité du cylindre inscrit dans le prisme; donc le prisme serait plus petit que le cylindre : or, au contraire, le cylindre est plus petit que le prisme, puisqu'il y est contenu; donc il est impossible que *surf.* CA × H soit la mesure du cylindre dont CD est le rayon de la base et H la hauteur; ou, en termes plus généraux, *le produit de la base d'un cylindre par sa hauteur ne peut mesurer un cylindre plus petit.*

Je dis en second lieu que ce même produit ne peut mesurer un cylindre plus grand : car, pour ne pas multiplier les figures, soit CD le rayon de la base du cylindre donné, et soit, s'il est possible, *surf.* CD × H la mesure d'un cylindre plus grand, par exemple, du cylindre dont CA est le rayon de la base et H la hauteur.

Si on fait la même construction que dans le premier cas, le prisme circonscrit au cylindre donné aura pour mesure GHIP × H : l'aire GHIP est plus grande que *surf.* CD ; donc la solidité du prisme dont il s'agit est plus grande que *surf.* CD × H : le prisme serait donc plus grand que le cylindre de même hauteur qui a pour base *surf.* CA. Or, au contraire, le prisme est plus petit que le cylindre, puisqu'il y est contenu; donc *il est impossible que la base d'un cylindre multipliée par sa hauteur soit la mesure d'un cylindre plus grand.*

Donc enfin la solidité d'un cylindre est égale au produit de sa base par sa hauteur.

Corollaire I. Les cylindres de même hauteur sont entre eux comme leurs bases, et les cylindres de même base sont entre eux comme leurs hauteurs.

Corollaire II. Les cylindres semblables sont comme les cubes des hauteurs, ou comme les cubes des diametres des bases. Car les bases sont comme les quarrés de leurs diametres; et puisque les cylindres sont semblables, les diametres des bases sont comme les
* déf. 4. hauteurs* : donc les bases sont comme les quarrés des hauteurs; donc les bases multipliées par les hauteurs, ou les cylindres eux-mêmes, sont comme les cubes des hauteurs.

Scholie. Soit R le rayon de la base d'un cylindre,
* 12. 4. H sa hauteur, la surface de la base sera πR^2*, et la solidité du cylindre sera $\pi R^2 \times H$, ou $\pi R^2 H$.

PROPOSITION II.

LEMME.

La surface convexe d'un prisme droit est égale au périmetre de sa base multiplié par sa hauteur.

fig. 252. Car cette surface est égale à la somme des rectangles AFGB, BGHC, CHID, etc. dont elle est composée: or les hauteurs AF, BG, CH, etc. de ces rectangles sont égales à la hauteur du prisme; leurs bases AB, BC, CD, etc. prises ensemble, font le périmetre de la base du prisme. Donc la somme de ces rectangles ou la surface convexe du prisme est égale au périmetre de sa base multiplié par sa hauteur.

Corollaire. Si deux prismes droits ont la même hauteur, les surfaces convexes de ces prismes seront entre elles comme les périmetres de leurs bases.

PROPOSITION III.

LEMME.

La surface convexe du cylindre est plus grande que la surface convexe de tout prisme inscrit, et plus petite que la surface convexe de tout prisme circonscrit.

Car la surface convexe du cylindre et celle du prisme inscrit ABCDEF peuvent être considérées comme ayant même longueur, puisque toute section faite dans l'une et dans l'autre parallèlement à AF est égale à AF; et si pour avoir les largeurs de ces surfaces on les coupe par des plans paralleles à la base ou perpendiculaires à l'arête AF, les sections seront égales, l'une à la circonférence de la base, l'autre au contour du polygone ABCDE plus petit que cette circonférence : donc, puisqu'à longueur égale la largeur de la surface cylindrique est plus grande que celle de la surface prismatique, il s'ensuit que la premiere surface est plus grande que la seconde. fig. 252.

Par un raisonnement entièrement semblable on prouvera que la surface convexe du cylindre est plus petite que celle de tout prisme circonscrit BCDKLH. fig. 253.

PROPOSITION IV.

THÉORÊME.

La surface convexe d'un cylindre est égale à la circonférence de sa base multipliée par sa hauteur.

Soit CA le rayon de la base du cylindre donné, H sa hauteur; si on représente par *circ.* CA la circonférence qui a pour rayon CA, je dis que fig. 253.

circ. CA × H sera la surface convexe de ce cylindre. Car, si on nie cette proposition, il faudra que *circ.* CA × H soit la surface d'un cylindre plus grand ou plus petit; et d'abord supposons qu'elle soit la surface d'un cylindre plus petit, par exemple, du cylindre dont CD est le rayon de la base et H la hauteur.

Circonscrivez au cercle dont le rayon est CD un polygone régulier GHIP, dont les côtés ne rencontrent pas la circonférence qui a CA pour rayon; imaginez ensuite un prisme droit qui ait pour hauteur H, et pour base le polygone GHIP. La surface convexe de ce prisme sera égale au contour du polygone
* 2. GHIP multiplié par la hauteur H* : ce contour est plus petit que la circonférence dont le rayon est CA; donc la surface convexe du prisme est plus petite que *circ.* CA × H. Mais *circ.* CA × H est, par hypothese, la surface convexe du cylindre dont CD est le rayon de la base, lequel cylindre est inscrit dans le prisme; donc la surface convexe du prisme serait plus petite que celle du cylindre inscrit. Or, au contraire,
3. elle doit être plus grande* ; donc l'hypothese d'où l'on est parti est absurde: donc, 1° *la circonférence de la base d'un cylindre multipliée par sa hauteur ne peut mesurer la surface convexe d'un cylindre plus petit.*

Je dis en second lieu que ce même produit ne peut mesurer la surface d'un cylindre plus grand. Car, pour ne pas changer de figure, soit CD le rayon de la base du cylindre donné, et soit, s'il est possible, *circ.* CD × H la surface convexe d'un cylindre qui, avec la même hauteur, aurait pour base un cercle plus grand, par exemple, le cercle dont le rayon est CA. On fera la même construction que dans la premiere hypothese, et la surface convexe du prisme sera toujours égale au contour du polygone GHIP

multiplié par la hauteur H. Mais ce contour est plus grand que *circ.* CD; donc la surface du prisme serait plus grande que *circ.* CD × H, qui, par hypothese, est la surface du cylindre de même hauteur dont CA est le rayon de la base. Donc la surface du prisme serait plus grande que celle de ce cylindre. Mais, quand même le prisme serait inscrit dans le cylindre, sa surface serait plus petite que celle du cylindre *; * 3.
à plus forte raison est-elle plus petite lorsque le prisme ne s'étend pas jusqu'au cylindre. Donc la seconde hypothese ne saurait avoir lieu; donc 2° *la circonférence de la base d'un cylindre multipliée par sa hauteur ne peut mesurer la surface d'un cylindre plus grand.*

Donc enfin la surface convexe d'un cylindre est égale à la circonférence de sa base multipliée par sa hauteur.

PROPOSITION V.

THÉORÊME.

La solidité d'un cône est égale au produit de sa base par le tiers de sa hauteur.

Soit SO la hauteur du cône donné, AO le rayon fig. 259.
de la base; si on désigne par *surf.* AO la surface de la base, je dis que la solidité de ce cône sera égale à *surf.* AO × $\frac{1}{3}$ SO.

En effet, supposons 1° que *surf.* AO × $\frac{1}{3}$ SO soit la solidité d'un cône plus grand, par exemple, du cône dont SO est toujours la hauteur; mais dont OB, plus grand que AO, est le rayon de la base.

Au cercle dont le rayon est AO circonscrivez un polygone régulier MNPT qui ne rencontre pas la circonférence dont le rayon est OB *; imaginez en- * 10, 4.
suite une pyramide qui ait pour base le polygone et pour sommet le point S. La solidité de cette py-

19, 6. ramide est égale à l'aire du polygone MNPT multipliée par le tiers de la hauteur SO. Mais le polygone est plus grand que le cercle inscrit représenté par *surf.* AO ; donc la pyramide est plus grande que *surf.* AO $\times \frac{1}{3}$SO, qui, par hypothese, est la mesure du cône dont S est le sommet et OB le rayon de la base. Or, au contraire, la pyramide est plus petite que le cône, puisqu'elle y est contenue; donc 1° il est impossible que la base d'un cône multipliée par le tiers de sa hauteur soit la mesure d'un cône plus grand.

Je dis 2° que ce même produit ne peut être la mesure d'un cône plus petit. Car, pour ne pas changer de figure, soit OB le rayon de la base du cône donné, et soit, s'il est possible, *surf.* OB $\times \frac{1}{3}$SO la solidité du cône qui a pour hauteur SO et pour base le cercle dont AO est le rayon. On fera la même construction que ci-dessus, et la pyramide SMNPT aura pour mesure l'aire MNPT multipliée par $\frac{1}{3}$ SO. Mais l'aire MNPT est plus petite que *surf.* OB ; donc la pyramide aurait une mesure plus petite que *surf.* OB $\times \frac{1}{3}$ SO, et par conséquent elle serait plus petite que le cône dont AO est le rayon de la base et SO la hauteur. Or, au contraire, la pyramide est plus grande que le cône, puisque le cône y est contenu : donc 2° il est impossible que la base d'un cône multipliée par le tiers de sa hauteur soit la mesure d'nn cône plus petit.

Donc enfin la solidité d'un cône est égale au produit de sa base par le tiers de sa hauteur.

Corollaire. Un cône est le tiers d'un cylindre de même base et de même hauteur ; d'où il suit,

1° Que les cônes d'égales hauteurs sont entre eux comme leurs bases ;

2° Que les cônes de bases égales sont entre eux comme leurs hauteurs ;

3°. Que les cônes semblables sont comme les cubes des diametres de leurs bases, ou comme les cubes de leurs hauteurs.

Scholie. Soit R le rayon de la base d'un cône, H sa hauteur; la solidité du cône sera $\pi R^2 \times \frac{1}{3} H$ ou $\frac{1}{3} \pi R^2 H$.

PROPOSITION VI.

THÉORÊME.

Le cône tronqué ADEB, *dont* AO, DP *sont les rayons des bases et* PO *la hauteur, a pour mesure* $\frac{1}{3}\pi . OP . (\overline{AO}^2 + \overline{DP}^2 + AO \times DP)$. fig. 260.

Soit TFGH une pyramide triangulaire de même hauteur que le cône SAB, et dont la base FGH soit équivalente à la base du cône. On peut supposer que ces deux bases sont placées sur un même plan; alors les sommets S et T seront à égales distances du plan des bases, et le plan EPD prolongé fera dans la pyramide la section IKL. Or je dis que cette section IKL est équivalente à la base DE; car les bases AB, DE, sont entre elles comme les quarrés des rayons AO, DP *, ou comme les quarrés des hauteurs SO, SP; *11, 4. les triangles FGH, IKL, sont entre eux comme les quarrés de ces mêmes hauteurs *; donc les cercles *15, 6. AB, DE, sont entre eux comme les triangles FGH, IKL. Mais, par hypothese, le triangle FGH est équivalent au cercle AB; donc le triangle IKL est équivalent au cercle DE.

Maintenant la base AB multipliée par $\frac{1}{3}$SO est la solidité du cône SAB, et la base FGH multipliée par $\frac{1}{3}$SO est celle de la pyramide TFGH; donc, à cause des bases équivalentes, la solidité de la pyramide est égale à celle du cône. Par une raison semblable, la pyramide TIKL est équivalente au cône SDE; donc

le tronc de cône ADEB est équivalent au tronc de pyramide FGHIKL. Mais la base FGH, équivalente au cercle dont le rayon est AO, a pour mesure $\pi \times \overline{AO}^2$; de même la base $IKL = \pi \times \overline{DP}^2$, et la moyenne proportionnelle entre $\pi \times \overline{AO}^2$ et $\pi \times \overline{DP}^2$ est $\pi \times AO \times DP$; donc la solidité du tronc de pyramide, ou celle du tronc de cône, a pour mesure $\frac{1}{3}OP \times$
* 20, 6. $(\pi \times \overline{AO}^2 + \pi \times \overline{DP}^2 + \pi \times AO \times DP)$*, qui est la même chose que $\frac{1}{3}\pi \times OP \times (\overline{AO}^2 + \overline{DP}^2 + AO \times DP)$.

PROPOSITION VII.

THÉORÊME.

La surface convexe d'un cône est égale à la circonférence de sa base multipliée par la moitié de son côté.

fig. 259. Soit AO le rayon de la base du cône donné, S son sommet, et SA son côté; je dis que sa surface sera *circ.* $AO \times \frac{1}{2}SA$. Car soit, s'il est possible, *circ.* $AO \times \frac{1}{2}SA$, la surface d'un cône qui aurait pour sommet le point S et pour base le cercle décrit du rayon OB plus grand que AO.

Circonscrivez au petit cercle un polygone régulier MNPT, dont les côtés ne rencontrent pas la circonférence qui a pour rayon OB; et soit SMNPT la pyramide régulière, qui aurait pour base le polygone, et pour sommet le point S. Le triangle SMN, l'un de ceux qui composent la surface convexe de la pyramide, a pour mesure sa base MN multipliée par la moitié de la hauteur SA, qui est en même temps le côté du cône donné; cette hauteur étant égale dans tous les autres triangles SNP, SPQ, etc. il s'ensuit que la surface convexe de la pyramide est égale au contour MNPTM multiplié par $\frac{1}{2}SA$. Mais le contour MNPTM, est plus grand que *circ.* AO; donc la surface convexe de la pyramide est plus grande que *circ.* AO$\times\frac{1}{2}$SA, et par conséquent plus grande que la surface convexe du cône qui avec le même sommet S aurait pour base le cercle décrit du rayon OB. Or, au contraire, la surface convexe du cône est plus grande que celle de la pyramide; car si on adosse base à base la pyramide à une pyramide égale, le cône à un cône égal; la surface des deux cônes enveloppera de toutes parts la surface des deux pyramides; donc la premiere surface sera plus grande que la seconde *, donc la surface du cône est plus grande que celle de la pyramide qui y est comprise. Le contraire était une suite de notre hypothese; donc cette hypothese ne peut avoir lieu : donc 1° la circonférence de la base d'un cône multipliée par la moitié de son côté ne peut mesurer la surface d'un cône plus grand. * lem. 2.

Je dis 2° que le même produit ne peut mesurer la surface d'un cône plus petit. Car soit BO le rayon de la base du côté donné, et soit, s'il est possible, *circ.* BO$\times\frac{1}{2}$SB la surface du cône dont S est le sommet, et AO, plus petit que OB, le rayon de la base.

Ayant fait la même construction que ci-dessus, la surface de la pyramide SMNPT sera toujours égale au contour MNPT multiplié par $\frac{1}{2}$SA. Or le contour MNPT est moindre que *circ.* BO, SA est moindre que SB; donc par cette double raison la surface convexe de la pyramide est moindre que *circ.* BO$\times\frac{1}{2}$SB, qui, par hypothese, est la surface du cône dont AO est le rayon de la base; donc la surface de la pyramide serait plus petite que celle du cône inscrit. Or, au contraire, elle est plus grande; car en adossant base à base la pyramide à une pyramide égale, le cône à un cône égal, la surface des deux pyramides enveloppera celle des deux cônes, et par conséquent sera la plus grande. Donc 2° il est impossible que la circonférence de la base d'un cône donné multipliée par la moitié de son côté mesure la surface d'un cône plus petit.

Donc enfin la surface convexe d'un cône est égale à la circonférence de sa base multipliée par la moitié de son côté.

Scholie. Soit L le côté d'un cône, R le rayon de sa base, la circonférence de cette base sera $2\pi R$, et la surface du cône aura pour mesure $2\pi R \times \frac{1}{2}L$, ou πRL.

PROPOSITION VIII.

THÉORÈME.

fig. 261. *La surface convexe du tronc de cône* ADEB *est égale à son côté* AD *multiplié par la demi-somme des circonférences de ses deux bases* AB, DE.

Dans le plan SAB qui passe par l'axe SO, menez perpendiculairement à SA la ligne AF, égale à la circonférence qui a pour rayon AO; joignez SF, et menez DH parallele à AF.

A cause des triangles semblables SAO, SDC, on aura AO : DC :: SA : SD; et à cause des triangles semblables SAF, SDH, on aura AF : DH :: SA : SD;
11, 4. donc AF : DH :: AO : DC, ou :: *circ.* AO : *circ.* DC *. Mais par construction AF = *circ.* AO; donc DH = *circ.* DC. Cela posé, le triangle SAF, qui a pour mesure AF $\times \frac{1}{2}$SA, est égale à la surface du cône SAB qui a pour mesure *circ.* AO $\times \frac{1}{2}$SA. Par une raison semblable le triangle SDH est égal à la surface du cône SDE. Donc la surface du tronc ADEB est égale à celle du trapeze ADHF. Celle-ci a pour
* 7, 3. mesure * AD $\times \left(\frac{AF+DH}{2}\right)$; donc la surface du tronc de cône ADEB est égale à son côté AD mul-

tiplié par la demi-somme des circonférences de ses deux bases.

Corollaire. Par le point I, milieu de AD, menez IKL parallele à AB, et IM parallele à AF; on démontrera comme ci-dessus que IM=*circ.* IK. Mais le trapeze ADHF=AD×IM=AD×*circ.* IK. Donc on peut dire encore que *la surface d'un tronc de cône est égale à son côté multiplié par la circonférence d'une section faite à égale distance des deux bases.*

Scholie. Si une ligne AD, située tout entiere d'un même côté de la ligne OC et dans le même plan, fait une révolution autour de OC, la surface décrite par AD aura pour mesure AD × $\left(\frac{circ.\ AO + circ.\ DC}{2}\right)$, ou AD × *circ.* IK; les lignes AO, DC, IK, étant des perpendiculaires abaissées des extrémités et du milieu de la ligne AD sur l'axe OC.

Car si on prolonge AD et OC jusqu'à leur rencontre mutuelle en S, il est clair que la surface décrite par AD est celle d'un cône tronqué dont OA et DC sont les rayons des bases, le cône entier ayant pour sommet le point S. Donc cette surface aura la mesure mentionnée.

Cette mesure aurait toujours lieu, quand même le point D tomberait en S, ce qui donnerait un cône entier, et aussi quand la ligne AD serait parallele à l'axe, ce qui donnerait un cylindre. Dans le premier cas DC serait nulle, dans le second DC serait égale à AO et à IK.

PROPOSITION IX.

LEMME.

fig. 262. *Soient* AB, BC, CD, *plusieurs côtés successifs d'un polygone régulier*, O *son centre*, *et* OI *le rayon du cercle inscrit; si on suppose que la portion de polygone* ABCD, *située tout entiere d'un même côté du diametre* FG, *fasse une révolution autour de ce diametre*, *la surface décrite par* ABCD *aura pour mesure* MQ $\times$ *circ.* OI, MQ *étant la hauteur de cette surface ou la partie de l'axe comprise entre les perpendiculaires* AM, DQ.

Le point I étant milieu de AB, et IK étant une perpendiculaire à l'axe abaissée du point I, la sur-
*8. face décrite par AB aura pour mesure AB $\times$ *circ.* IK*. Menez AX parallele à l'axe, les triangles ABX, OIK, auront les côtés perpendiculaires chacun à chacun, savoir OI à AB, IK à AX, et OK à BX; donc ces triangles sont semblables et donnent la proportion AB : AX ou MN :: OI : IK, ou :: *circ.* OI : *circ.* IK; donc AB $\times$ *circ.* IK $=$ MN $\times$ *circ.* OI. D'où l'on voit que la surface décrite par AB est égale à sa hauteur MN multipliée par la circonférence du cercle inscrit. De même la surface décrite par BC, $=$ NP $\times$ *circ.* OI, la surface décrite par CD, $=$ PQ $\times$ *circ.* OI. Donc la surface décrite par la portion de polygone ABCD, a pour mesure (MN $+$ NP $+$ PQ) $\times$ *circ.* OI, ou MQ $\times$ *circ.* OI; donc elle est égale à sa hauteur multipliée par la circonférence du cercle inscrit.

Corollaire. Si le polygone entier est d'un nombre de côtés pair, et que l'axe FG passe par deux sommets opposés F et G, la surface entiere décrite par la révolution du demi-polygone FACG sera égale à son axe FG multiplié par la circonférence du cercle inscrit. Cet axe FG sera en même temps le diametre du cercle circonscrit.

PROPOSITION X.

THÉORÊME.

La surface de la sphere est égale à son diametre multiplié par la circonférence d'un grand cercle.

Je dis 1° que le diametre d'une sphere, multiplié par la circonférence de son grand cercle, ne peut mesurer la surface d'une sphere plus grande. Car soit, s'il est possible, AB × *circ.* AC la surface de la fig. 263.
sphere qui a pour rayon CD.

Au cercle dont le rayon est CA, circonscrivez un polygone régulier d'un nombre pair de côtés qui ne rencontre pas la circonférence dont CD est le rayon; soient M et S deux sommets opposés de ce polygone; et autour du diametre MS faites tourner le demi-polygone MPS. La surface décrite par ce polygone aura pour mesure MS × *circ.* AC* : mais MS est plus grand * 9.
que AB; donc la surface décrite par le polygone est plus grande que AB × *circ.* AC, et par conséquent plus grande que la surface de la sphere dont le rayon est CD. Or, au contraire, la surface de la sphere est plus grande que la surface décrite par le polygone, puisque la premiere enveloppe la seconde de toutes parts. Donc 1° le diametre d'une sphere multiplié par la circonférence de son grand cercle ne peut mesurer la surface d'une sphere plus grande.

Je dis 2° que ce même produit ne peut mesurer la surface d'une sphere plus petite. Car soit, s'il est possible, DE × *circ.* CD la surface de la sphere qui a pour rayon CA. On fera la même construction que dans le premier cas, et la surface du solide engendré par le polygone sera toujours égale à MS × *circ.* AC. Mais MS est plus petit que DE, et *circ.* AC plus petite que *circ.* CD; donc, par ces deux raisons, la surface du solide décrit par le polygone serait plus petite que DE × *circ.* CD, et par conséquent plus petite que la surface de la sphere dont le rayon est AC. Or, au contraire, la surface décrite par le polygone est plus grande que la surface de la sphere dont le rayon est AC, puisque la premiere surface enveloppe la seconde; donc 2° le diametre d'une sphere multiplié par la circonférence de son grand cercle ne peut mesurer la surface d'une sphere plus petite.

Donc la surface de la sphere est égale à son diametre multiplié par la circonférence de son grand cercle.

Corollaire. La surface du grand cercle se mesure en multipliant sa circonférence par la moitié du rayon ou le quart du diametre; donc *la surface de la sphere est quadruple de celle d'un grand cercle.*

Scholie. La surface de la sphere étant ainsi mesurée et comparée à des surfaces planes, il sera facile d'avoir la valeur absolue des fuseaux et triangles sphériques dont on a déterminé ci-dessus le rapport avec la surface entiere de la sphere.

D'abord le fuseau dont l'angle est A, est a la surface de la sphere comme l'angle A est à quatre angles
* 20, 7. droits*, ou comme l'arc de grand cercle qui mesure l'angle A est à la circonférence de ce même grand cercle. Mais la surface de la sphere est égale à cette circonférence multipliée par le diametre; donc la surface du fuseau est égale à l'arc qui mesure l'angle de ce fuseau multiplié par le diametre.

En second lieu tout triangle sphérique est équivalent à un fuseau dont l'angle est égal à la moitié de l'excès de la somme de ses trois angles sur deux angles droits*. Soient donc P, Q, R, les arcs de grand cercle qui mesurent les trois angles du triangle ; soit C la circonférence d'un grand cercle et D son diametre ; le triangle sphérique sera équivalent au fuseau dont l'angle a pour mesure $\frac{P+Q+R-\frac{1}{2}C}{2}$, et par conséquent sa surface sera $D\times\left(\frac{P+Q+R-\frac{1}{2}C}{2}\right)$. * 23, 7.

Ainsi, dans le cas du triangle tri-rectangle, chacun des arcs P, Q, R, est égal à $\frac{1}{4}$C, leur somme est $\frac{3}{4}$C, l'excès de cette somme sur $\frac{1}{2}$C est $\frac{1}{4}$C, et la moitié de cet excès $=\frac{1}{8}$C ; donc la surface du triangle tri-rectangle $=\frac{1}{8}C\times D$, ce qui est la huitieme partie de la surface totale de la sphere.

La mesure des polygones sphériques suit immédiatement de celle des triangles, et d'ailleurs elle est entièrement déterminée par la prop.' XXIV, liv. VII, puisque l'unité de mesure, qui est le triangle tri-rectangle, vient d'être évaluée en surface plane.

PROPOSITION XI.

THÉORÊME.

La surface d'une zone sphérique quelconque est égale à la hauteur de cette zone multipliée par la circonférence d'un grand cercle.

Soit EF un arc quelconque plus petit ou plus grand que le quart de circonférence, et soit abaissée FG perpendiculaire sur le rayon EC; je dis que la zone à une fig. 269.

base, décrite par la révolution de l'arc EF autour de EC, aura pour mesure EG × *circ.* EC.

Car supposons d'abord que cette zone ait une mesure plus petite, et soit, s'il est possible, cette mesure = EG × *circ.* CA. Inscrivez dans l'arc EF une portion de polygone régulier EMNOPF dont les côtés n'atteignent pas la circonférence décrite du rayon CA, et abaissez CI perpendiculaire sur EM; la surface décrite par le polygone EMF tournant autour de EC,
*9. aura pour mesure EG × *circ.* CI*. Cette quantité est plus grande que EG × *circ.* AC, qui, par hypothese, est la mesure de la zone décrite par l'arc EF. Donc la surface décrite par le polygone EMNOPF serait plus grande que la surface décrite par l'arc circonscrit EF; or, au contraire, cette derniere surface est plus grande que la premiere, puisqu'elle l'enveloppe de toutes parts; donc 1° la mesure de toute zone sphérique à une base ne peut être plus petite que la hauteur de cette zone multipliée par la circonférence d'un grand cercle.

Je dis en second lieu que la mesure de la même zone ne peut être plus grande que la hauteur de cette zone multipliée par la circonférence d'un grand cercle. Car supposons qu'il s'agisse de la zone décrite par l'arc AB autour de AC, et soit, s'il est possible, *zone* AB > AD × *circ.* AC. La surface entiere de la sphere, composée des deux zones AB, BH, a pour mesure
*10. AH × *circ.* AC*, ou AD × *circ.* AC + DH × *circ.* AC; si donc on a *zone* AB > AD × *circ.* AC, il faudra qu'on ait *zone* BH < DH × *circ.* AC; ce qui est contraire à la premiere partie déja démontrée. Donc 2° la mesure d'une zone sphérique à une base ne peut être plus grande que la hauteur de cette zone multipliée par la circonférence d'un grand cercle.

Donc enfin toute zone sphérique à une base a pour

mesure la hauteur de cette zone multipliée par la circonférence d'un grand cercle.

Considérons maintenant une zone quelconque, à deux bases, décrite par la révolution de l'arc FH fig. 220. autour du diametre DE, et soient abaissées les perpendiculaires FO, HQ sur ce diametre. La zone décrite par l'arc FH est la différence des deux zones décrites par les arcs DH et DF ; celles-ci ont pour mesures DQ × *circ.* CD et DO × *circ.* CD ; donc la zone décrite par FH a pour mesure (DQ — DO) × *circ.* CD ou OQ × *circ.* CD.

Donc toute zone sphérique à une ou à deux bases, a pour mesure la hauteur de cette zone multipliée par la circonférence d'un grand cercle.

Corollaire. Deux zones prises dans une même sphere ou dans des spheres égales, sont entre elles comme leurs hauteurs, et une zone quelconque est à la surface de la sphere comme la hauteur de cette zone est au diametre.

PROPOSITION XII.

THÉORÊME.

Si le triangle BAC *et le rectangle* BCEF *de* fig. 264, et 265. *même base et de même hauteur tournent simultanément autour de la base commune* BC, *le solide décrit par la révolution du triangle sera le tiers du cylindre décrit par la révolution du rectangle.*

Abaissez sur l'axe la perpendiculaire AD; le cône fig. 264. décrit par le triangle ABD est le tiers du cylindre décrit par le rectangle AFBD*, de même le cône décrit * 5.

par le triangle ADC est le tiers du cylindre décrit par le rectangle ADCE ; donc la somme des deux cônes ou le solide décrit par ABC est le tiers de la somme des deux cylindres ou du cylindre décrit par le rectangle BCEF.

fig. 265. Si la perpendiculaire AD tombe au-dehors du triangle, alors le solide décrit par ABC sera la différence des cônes décrits par ABD et ACD ; mais en même temps le cylindre décrit par BCEF sera la différence des cylindres décrits par AFBD, AECD. Donc le solide décrit par la révolution du triangle sera toujours le tiers du cylindre décrit par la révolution du rectangle de même base et de même hauteur.

Scholie. Le cercle dont AD est le rayon a pour surface $\pi \times \overline{AD}^2$; donc $\pi \times \overline{AD}^2 \times BC$ est la mesure du cylindre décrit par BCEF, et $\frac{1}{3}\pi \times \overline{AD}^2 \times BC$ est celle du solide décrit par le triangle ABC.

PROPOSITION XIII.

PROBLÈME.

fig. 266. *Le triangle* CAB *étant supposé faire une révolution autour de la ligne* CD, *menée comme on voudra hors du triangle par son sommet* C, *trouver la mesure du solide ainsi engendré.*

Prolongez le côté AB jusqu'à ce qu'il rencontre l'axe CD en D, des points A et B abaissez sur l'axe les perpendiculaires AM, BN.

Le solide décrit par le triangle CAD a pour mesure* $\frac{1}{3}\pi \times \overline{AM}^2 \times CD$; le solide décrit par le triangle CBD a pour mesure $\frac{1}{3}\pi \times \overline{BN}^2 \times CD$; donc le diffé-

* 12.

rence de ces solides ou le solide décrit par ABC aura pour mesure $\frac{1}{3}\pi.(\overline{AM}^2 - \overline{BN}^2)\times CD$.

On peut donner à cette expression une autre forme. Du point I, milieu de AB, menez IK perpendiculaire à CD, et par le point B menez BO parallele à CD, on aura $AM + BN = 2IK$* et $AM - BN = AO$; donc, * 7, 3.
$(AM + BN)\times(AM - BN)$, ou $\overline{AM}^2 - \overline{BN}^2 = 2IK \times$
AO*. La mesure du solide dont il s'agit est donc * 10, 5.
exprimée aussi par $\frac{2}{3}\pi \times IK \times AO \times CD$. Mais si on abaisse CP perpendiculaire sur AB, les triangles ABO, DCP, seront semblables, et donneront la proportion $AO : CP :: AB : CD$; d'où résulte $AO \times CD = CP \times AB$; d'ailleurs $CP \times AB$ est le double de l'aire du triangle ABC; ainsi on a $AO \times CD = 2ABC$; donc le solide décrit par le triangle ABC a aussi pour mesure $\frac{4}{3}\pi \times ABC \times IK$, ou, ce qui est la même chose, $ABC \times \frac{2}{3}$*circ.* IK; (car *circ.* $IK = 2\pi.IK$). *Donc le solide décrit par la révolution du triangle* ABC, *a pour mesure l'aire de ce triangle multipliée par les deux tiers de la circonférence que décrit le point* I *milieu de sa base.*

Corollaire. Si le côté $AC = CB$, la ligne CI sera fig. 267.
perpendiculaire à AB, l'aire ABC sera égale à $AB \times \frac{1}{2}CI$, et la solidité $\frac{4}{3}\pi \times ABC \times IK$ deviendra $\frac{2}{3}\pi \times AB \times IK \times CI$. Mais les triangles ABO, CIK, sont semblables et donnent la proportion $AB : BO$ ou $MN :: CI : IK$; donc $AB \times IK = MN \times CI$; donc le solide décrit par le triangle isoscele ABC aura pour mesure $\frac{2}{3}\pi \times MN \times \overline{CI}^2$.

Scholie. La solution générale paraît supposer que la ligne AB prolongée rencontre l'axe; mais les résultats n'en seraient pas moins vrais, quand la ligne AB serait parallele à l'axe.

fig. 268. En effet le cylindre décrit par AMNB a pour mesure $\pi.\overline{AM}^2.MN$, le cône décrit par $ACM = \frac{1}{3}\pi.\overline{AM}^2.CM$, et le cône décrit par $BCN = \frac{1}{3}\pi.\overline{AM}^2.CN$. Ajoutant les deux premiers solides et retranchant le troisieme, on aura pour le solide décrit par ABC $\pi.\overline{AM}^2.(MN + \frac{1}{3}CM - \frac{1}{3}CN)$: et puisque $CN - CM = MN$, cette expression se réduit à $\pi.\overline{AM}^2.\frac{2}{3}MN$, ou $\frac{2}{3}\pi.\overline{CP}^2.MN$, ce qui s'accorde avec les résultats déja trouvés.

PROPOSITION XIV.

THÉORÊME.

fig. 262. *Soient* AB, BC, CD, *plusieurs côtés successifs d'un polygone régulier,* O *son centre, et* OI *le rayon du cercle inscrit; si on imagine que le secteur polygonal* AOD, *situé d'un même côté du diametre* FG, *fasse une révolution autour de ce diametre, le solide décrit aura pour mesure* $\frac{2}{3}\pi.\overline{OI}^2.MQ$, MQ *étant la portion de l'axe terminée par les perpendiculaires extrêmes* AM, DQ.

En effet, puisque le polygone est régulier, tous les triangles AOB, BOC, etc. sont égaux et isosceles. Or, suivant le corollaire de la proposition précédente, le solide produit par le triangle isoscele AOB a pour mesure $\frac{2}{3}\pi.\overline{OI}^2.MN$, le solide décrit par le triangle BOC a pour mesure $\frac{2}{3}\pi.\overline{OI}^2.NP$, et le solide décrit par le triangle COD, a pour mesure $\frac{2}{3}\pi.\overline{OI}^2.PQ$; donc la somme de ces solides, ou le solide entier décrit par le secteur polygonal AOD, aura pour mesure $\frac{2}{3}\pi.\overline{OI}^2.(MN + NP + PQ)$ ou $\frac{2}{3}\pi.\overline{OI}^2.MQ$.

PROPOSITION XV.

THÉORÊME.

Tout secteur sphérique a pour mesure la zone qui lui sert de base multipliée par le tiers du rayon, et la sphere entiere a pour mesure sa surface multipliée par le tiers du rayon.

Soit ABC le secteur circulaire qui, par sa révolution autour de AC, décrit le secteur sphérique; la zone décrite par AB étant AD×*circ.* AC ou $2\pi . AC . AD$*, je dis que le secteur sphérique aura pour mesure cette zone multipliée par $\frac{1}{3}AC$, ou $\frac{2}{3}\pi . \overline{AC}^2 . AD$. fig. 269. * 12.

En effet, 1° supposons, s'il est possible, que cette quantité $\frac{2}{3}\pi . \overline{AC}^2 . AD$ soit la mesure d'un secteur sphérique plus grand, par exemple, du secteur sphérique décrit par le secteur circulaire ECF semblable à ACB.

Inscrivez dans l'arc EF la portion de polygone régulier EMNF dont les côtés ne rencontrent pas l'arc AB, imaginez ensuite que le secteur polygonal ENFC tourne autour de EC en même temps que le secteur circulaire ECF. Soit CI le rayon du cercle inscrit dans le polygone, et soit abaissée FG perpendiculaire sur EC. Le solide décrit par le secteur polygonal aura pour mesure $\frac{2}{3}\pi . \overline{CI}^2 . EG$* : or CI est plus grand que AC par construction, et EG est plus grand que AD : car, joignant AB, EF, les triangles EFG, ABD, qui sont semblables, donnent la proportion EG : AD :: FG : BD :: CF : CB; donc EG > AD. * 14.

Par cette double raison $\frac{2}{3}\pi . \overline{CI}^2 . EG$ est plus grand que $\frac{2}{3}\pi . \overline{CA}^2 . AD$: la premiere expression est la mesure du solide décrit par le secteur polygonal, la seconde est par hypothese celle du secteur sphérique décrit par le secteur circulaire ECF ; donc le solide décrit par le secteur polygonal serait plus grand que le secteur sphérique décrit par le secteur circulaire. Or, au contraire, le solide dont il s'agit est moindre que le secteur sphérique, puisqu'il y est contenu ; donc l'hypothese d'où on est parti ne saurait subsister ; donc 1° la zone ou base d'un secteur sphérique multipliée par le tiers du rayon ne peut mesurer un secteur sphérique plus grand.

Je dis 2° que le même produit ne peut mesurer un secteur sphérique plus petit. Car, soit CEF le secteur circulaire qui par sa révolution produit le secteur sphérique donné, et supposons, s'il est possible, que $\frac{2}{3}\pi . \overline{CE}^2 . EG$ soit la mesure d'un secteur sphérique plus petit, par exemple, de celui qui provient du secteur circulaire ACB.

La construction précédente restant la même, le solide décrit par le secteur polygonal aura toujours pour mesure $\frac{2}{3}\pi . \overline{CI}^2 . EG$. Mais CI est moindre que CE ; donc le solide est moindre que $\frac{2}{3}\pi . \overline{CE}^2 . EG$, qui, par hypothese, est la mesure du secteur sphérique décrit par le secteur circulaire ACB. Donc le solide décrit par le secteur polygonal serait moindre que le secteur sphérique décrit par ACB. Or, au contraire, le solide dont il s'agit est plus grand que le secteur sphérique, puisque celui-ci est contenu dans l'autre. Donc 2° il est impossible que la zone d'un secteur sphérique multipliée par le tiers du rayon soit la mesure d'un secteur sphérique plus petit.

Donc tout secteur sphérique a pour mesure la zone qui lui sert de base multipliée par le tiers du rayon.

Un secteur circulaire ACB peut augmenter jusqu'à devenir égal au demi-cercle ; alors le secteur sphérique décrit par sa révolution est la sphere entiere. Donc *la solidité de la sphere est égale à sa surface multipliée par le tiers de son rayon.*

Corollaire. Les surfaces des spheres étant comme les quarrés de leurs rayons, ces surfaces multipliées par les rayons sont comme les cubes des rayons. Donc *les solidités de deux spheres sont comme les cubes de leurs rayons, ou comme les cubes de leurs diametres.*

Scholie. Soit R le rayon d'une sphere, sa surface sera $4\pi R^2$, et sa solidité $4\pi R^2 \times \frac{1}{3} R$, ou $\frac{4}{3}\pi R^3$. Si on appelle D le diametre, on aura $R = \frac{1}{2} D$, et $R^3 = \frac{1}{8} D^3$; donc la solidité s'exprimera aussi par $\frac{4}{3}\pi \times \frac{1}{8} D^3$, ou $\frac{1}{6}\pi D^3$.

PROPOSITION XVI.

THÉORÊME.

La surface de la sphere est à la surface totale du cylindre circonscrit (en y comprenant ses bases) comme 2 est à 3. Les solidités de ces deux corps sont entre elles dans le même rapport.

Soit MPNQ le grand cercle de la sphere, ABCD le quarré circonscrit ; si on fait tourner à la fois le demi-cercle PMQ et le demi-quarré PADQ autour du diametre PQ, le demi-cercle décrira la sphere, et le demi-quarré décrira le cylindre circonscrit à la sphere. fig. 270.

La hauteur AD de ce cylindre est égale au diametre PQ, la base du cylindre est égale au grand cercle, puisqu'elle a pour diametre AB égale à MN donc la surface convexe du cylindre * est égale à la *4.

circonférence du grand cercle multipliée par son
diametre. Cette mesure est la même que celle de
* 10. la surface de la sphere * : d'où il suit que *la surface de la sphere est égale à la surface convexe
du cylindre circonscrit.*

Mais la surface de la sphere est égale à quatre grands cercles; donc la surface convexe du cylindre circonscrit est égale aussi à quatre grands cercles : si on y joint les deux bases qui valent deux grands cercles, la surface totale du cylindre circonscrit sera égale à six grands cercles; donc la surface de la sphere est à la surface totale du cylindre circonscrit comme 4 est à 6, ou comme 2 est à 3. C'est le premier point qu'il s'agissait de démontrer.

En second lieu, puisque la base du cylindre circonscrit est égale à un grand cercle et sa hauteur au
diametre, la solidité du cylindre sera égale au grand
* 1. cercle multiplié par le diametre *. Mais la solidité de
la sphere est égale à quatre grands cercles multipliés
* 16. par le tiers du rayon *, ce qui revient à un grand
cercle multiplié par $\frac{4}{3}$ du rayon, ou $\frac{2}{3}$ du diametre;
donc la sphere est au cylindre circonscrit comme
2 est à 3, et par conséquent les solidités de ces
deux corps sont entre elles comme leurs surfaces.

Scholie. Si on imagine un polyèdre dont toutes les faces touchent la sphere, ce polyèdre pourra être considéré comme composé de pyramides qui ont toutes pour sommet le centre de la sphere, et dont les bases sont les différentes faces du polyèdre. Or il est clair que toutes ces pyramides auront pour hauteur commune le rayon de la sphere, de sorte que chaque pyramide sera égale à la face du polyèdre qui lui sert de base, multipliée par le tiers du rayon : donc le polyèdre entier sera égal à sa surface multipliée par le tiers du rayon de la sphere inscrite.

On voit par là que les solidités des polyèdres circonscrits à la sphere sont entre elles comme les surfaces de ces mêmes polyèdres. Ainsi la propriété que nous avons démontrée pour le cylindre circonscrit est commune à une infinité d'autres corps.

On aurait pu remarquer également que les surfaces des polygones circonscrits au cercle sont entre elles comme leurs contours.

PROPOSITION XVII.

PROBLÊME.

Le segment circulaire BMD *étant supposé faire une révolution autour d'un diametre extérieur à ce segment, trouver la valeur du solide engendré.* fig. 271.

Abaissez sur l'axe les perpendiculaires BE, DF; du centre C menez CI perpendiculaire sur la corde BD, et tirez les rayons CB, CD.

Le solide décrit par le secteur BCA $= \frac{2}{3}\pi . \overline{CB}^2 .$ AE*; le solide décrit par le secteur DCA $= \frac{2}{3}\pi . \overline{CB}^2 .$ AF; donc la différence de ces deux solides, ou le solide décrit par le secteur DCB $= \frac{2}{3}\pi . \overline{CB}^2 (AF - AE) = \frac{2}{3}\pi . \overline{CB}^2 . EF$. Mais le solide décrit par le triangle isoscele DCB a pour mesure $\frac{2}{3}\pi . \overline{CI}^2 . EF$*; donc le solide décrit par le segment BMD $= \frac{2}{3}\pi . EF . (\overline{CB}^2 - \overline{CI}^2)$. Or dans le triangle rectangle CBI, on a $\overline{CB}^2 - \overline{CI}^2 = \overline{BI}^2 = \frac{1}{4}\overline{BD}^2$; donc le solide décrit par le segment BMD aura pour mesure $\frac{2}{3}\pi . EF . \frac{1}{4}\overline{BD}^2$, ou $\frac{1}{6}\pi . \overline{BD}^2 . EF$.

* 15.

* 14.

Scholie. Le solide décrit par le segment BMD est à la sphere qui a pour diametre BD, comme $\frac{1}{6}\pi.\overline{BD}^2.EF$ est à $\frac{1}{6}\pi.\overline{BD}^3$, ou :: EF : BD.

PROPOSITION XVIII.

THÉORÊME.

Tout segment de sphere, compris entre deux plans paralleles, a pour mesure la demi-somme de ses bases multipliée par sa hauteur, plus la solidité de la sphere dont cette même hauteur est le diametre.

fig. 271. Soient BE, DF, les rayons des bases du segment, EF sa hauteur, de sorte que le segment soit produit par la révolution de l'espace circulaire BMDFE autour de l'axe FE. Le solide décrit par le seg-

17. ment BMD $=\frac{1}{6}\pi.\overline{BD}^2.EF$, le tronc de cône décrit

6. par le trapeze BDFE $=\frac{1}{3}\pi.EF.(\overline{BE}^2+\overline{DF}^2+BE.DF)$; donc le segment de sphere qui est la somme de ces deux solides $=\frac{1}{6}\pi.EF.(2\overline{BE}^2+2\overline{DF}^2+2BE.BF+\overline{BD}^2)$. Mais, en menant BO parallele à EF, on aura DO =

9, 3. DF — BE, $\overline{DO}^2=\overline{DF}^2-2DF.BE+\overline{BE}^2$, et par conséquent $\overline{BD}^2=\overline{BO}^2+\overline{DO}^2=\overline{EF}^2+\overline{DF}^2-2DF\times BE+\overline{BE}^2$. Mettant cette valeur à la place de $\overline{BD}^2$ dans l'expression du segment, et effaçant ce qui se détruit, on aura pour la solidité du segment,

$$\frac{1}{6}\pi.EF.(3\overline{BE}^2+3\overline{DF}^2+\overline{EF}^2),$$

expression qui se décompose en deux parties; l'une $\frac{1}{6}\pi.EF.(3\overline{BE}^2+3\overline{DF}^2)$, ou $EF.\left(\frac{\pi.\overline{BE}^2+\pi.\overline{DF}^2}{2}\right)$ est la demi-somme des bases multipliée par la hauteur;

l'autre $\frac{1}{6}\pi.\overline{EF}^3$ représente la sphere dont EF est le diametre * : donc tout segment de sphere, etc. *15.sch.

Corollaire. Si l'une des bases est nulle, le segment dont il s'agit devient un segment sphérique à une seule base; donc *tout segment sphérique à une base équivaut à la moitié du cylindre de même base et de même hauteur, plus la sphere dont cette hauteur est le diametre.*

Scholie général.

Soit R le rayon de la base d'un cylindre, H sa hauteur; la solidité du cylindre sera $\pi R^2 \times H$, ou $\pi R^2 H$.

Soit R le rayon de la base d'un cône, H sa hauteur; la solidité du cône sera $\pi R^2 . \frac{1}{3} H$, ou $\frac{1}{3}\pi R^2 H$.

Soient A et B les rayons des bases d'un cône tronqué, H sa hauteur; la solidité du tronc de cône sera $\frac{1}{3}\pi H (A^2 + B^2 + AB)$.

Soit R le rayon d'une sphere; sa solidité sera $\frac{4}{3}\pi R^3$.

Soit R le rayon d'un secteur sphérique, H la hauteur de la zone qui lui sert de base; la solidité du secteur sera $\frac{2}{3}\pi R^2 H$.

Soient P et Q les deux bases d'un segment sphérique, H sa hauteur, la solidité de ce segment sera $\left(\frac{P+Q}{2}\right). H + \frac{1}{6}\pi H^3$.

Si le segment sphérique n'a qu'une base P, l'autre étant nulle, sa solidité sera $\frac{1}{2}PH + \frac{1}{6}\pi H^3$.

FIN DES ÉLÉMENTS DE GÉOMÉTRIE.

NOTES

SUR LES ÉLÉMENTS DE GÉOMÉTRIE.

NOTE I.

Sur quelques noms et définitions.

On a introduit dans cet ouvrage quelques expressions et définitions nouvelles qui tendent à donner au langage géométrique plus d'exactitude et de précision. Nous allons rendre compte de ces changements, et en proposer quelques autres qui pourraient remplir plus complétement les mêmes vues.

Dans la définition ordinaire du *parallélogramme rectangle* et du *quarré*, on dit que les angles de ces figures sont droits; il serait plus exact de dire que leurs angles sont égaux. Car, supposer que les quatre angles d'un quadrilatere peuvent être droits, et même que les angles droits sont égaux entre eux, c'est supposer des propositions qui ont besoin d'être démontrées. On éviterait cet inconvénient et plusieurs autres du même genre, si, au lieu de placer les définitions, suivant l'usage, à la tête d'un livre, on les distribuait dans le courant du livre, chacune à la place où ce qu'elle suppose est déja démontré.

Le mot *parallélogramme*, suivant son étymologie, signifie *lignes paralleles;* il ne convient pas plus à la figure de quatre côtés qu'à celles de six, de huit, etc., dont les opposés seraient paralleles. Le mot *parallélepipede* signifie de même *plans paralleles;* il ne désigne pas plus le solide à six faces que ceux qui en auraient huit, dix, etc., dont les opposées seraient paralleles. Il paraît donc que les dénominations de parallélogramme et de parallélepipede, qui d'ailleurs ont l'inconvénient d'être fort longues, devraient être bannies de la géométrie. On pourrait leur substituer celles de *rhombe* et *rhomboïde*, qui sont beaucoup plus commodes, et conserver le nom de *lozange* au quadrilatere dont les côtés sont égaux.

Le mot *inclinaison* doit être entendu dans le même sens que celui d'angle ; l'un et l'autre indiquent la maniere d'être de deux lignes ou de deux plans qui se rencontrent, ou qui, prolongés, se rencontreraient. L'inclinaison de deux lignes est nulle lorsque l'angle est nul, c'est-à-dire lorsque les lignes sont paralleles ou coïncidentes. L'inclinaison est la plus grande lorsque l'angle est le plus grand, ou lorsque les deux lignes font entre elles un angle très-obtus. La qualité de *pencher* est prise dans un sens différent; une ligne *penche* d'autant plus sur une autre qu'elle s'écarte plus de la perpendiculaire à celle-ci.

Euclide et d'autres auteurs appellent assez souvent *triangles égaux* des triangles qui ne sont égaux qu'en surface, et *solides égaux* des solides qui ne sont égaux qu'en solidité. Il nous a paru plus convenable d'appeler ces triangles ou ces solides *triangles* ou *solides équivalents*, et de réserver la dénomination de *triangles égaux*, *solides égaux*, à ceux qui peuvent coïncider par la superposition.

Il est de plus nécessaire de distinguer dans les solides et les surfaces courbes deux sortes d'égalité qui sont différentes. En effet, deux solides, deux angles solides, deux triangles ou polygones sphériques, peuvent être égaux dans toutes leurs parties constituantes, sans néanmoins coïncider par la superposition. Il ne paraît pas que cette observation ait été faite dans les livres d'éléments; et cependant, faute d'y avoir égard, certaines démonstrations fondées sur la coïncidence des figures ne sont pas exactes. Telles sont les démonstrations par lesquelles plusieurs auteurs prétendent prouver l'égalité des triangles sphériques dans les mêmes cas et de la même maniere que celle des triangles rectilignes : on en voit sur-tout un exemple frappant, lorsque Robert Simson (1), attaquant la démonstration de la prop. XXVIII, liv. XI, d'Euclide, tombe lui-même dans l'inconvénient de fonder sa démonstration sur une coïncidence qui n'existe pas. Nous avons donc cru de-

(1) Voyez l'ouvrage de cet auteur, intitulé : *Euclidis Elementorum libri sex, etc. Glasguæ*, 1756.

voir donner un nom particulier à cette égalité qui n'entraîne pas la coïncidence; nous l'avons appelée *égalité par symmétrie;* et les figures qui sont dans ce cas, nous les appelons figures *symmétriques.*

Ainsi les dénominations de figures *égales*, figures *symmétriques*, figures *équivalentes*, se rapportent à des choses différentes, et ne doivent pas être confondues en une seule dénomination.

Dans les propositions qui concernent les polygones, les angles solides et les polyèdres, nous avons exclus formellement ceux qui auraient des angles rentrants. Car, outre qu'il convient de se borner dans les éléments aux figures les plus simples, si cette exclusion n'avait pas lieu, certaines propositions ou ne seraient pas vraies, ou auraient besoin de modification. Nous nous sommes donc réduits à la considération des lignes et des surfaces que nous appelons *convexes*, et qui sont telles qu'une ligne droite ne peut les couper en plus de deux points.

Nous avons employé assez fréquemment l'expression *produit de deux ou d'un plus grand nombre de lignes;* par où nous entendons le produit des nombres qui représentent ces lignes, en les évaluant d'après une unité linéaire prise à volonté. Le sens de ce mot étant ainsi fixé, il n'y a aucune difficulté à en faire usage. On entendrait de même ce que signifie le produit d'une surface par une ligne, d'une surface par un solide, etc. : il suffit d'avoir établi une fois pour toutes que ces produits sont ou doivent être considérés comme des produits de nombres, chacun de l'espece qui lui convient. Ainsi le produit d'une surface par un solide n'est autre chose que le produit d'un nombre d'unités superficielles par un nombre d'unités solides.

Souvent, dans le discours, on se sert du mot *angle* pour désigner le point situé à son sommet : cette expression est vicieuse. Il serait plus clair et plus exact de désigner par un nom particulier, tel que celui de *sommets*, les points situés aux sommets des angles d'un polygone et d'un polyèdre. C'est ainsi qu'on doit entendre la dénomination de *sommets d'un polyèdre* dont nous avons fait usage.

Nous avons suivi la définition ordinaire des *figures recti-*

lignes semblables; mais nous observerons qu'elle contient trois conditions superflues. Car, pour construire un polygone dont le nombre des côtés est n, il faut d'abord connaître un côté, et ensuite avoir la position des sommets des angles situés hors de ce côté. Or, le nombre de ces angles est $n-2$, et la position de chaque sommet exige deux données; d'où il suit que le nombre total des données nécessaires pour construire un polygone de n côtés est $1+2n-4$, ou $2n-3$. Mais dans le polygone semblable il y a un côté à volonté; ainsi le nombre de conditions pour qu'un polygone soit semblable à un polygone donné, est $2n-4$. Or la définition ordinaire exige, 1° que les angles soient égaux chacun à chacun, ce qui fait n conditions; 2° que les côtés homologues soient proportionnels, ce qui fait $n-1$ conditions. Il y a donc en tout $2n-1$ conditions, ce qui fait trois de trop. Pour obvier à cet inconvénient, on pourrait décomposer la définition en deux autres, de cette maniere :

1° *Deux triangles sont semblables, lorsqu'ils ont deux angles égaux chacun à chacun.*

2° *Deux polygones sont semblables lorsqu'on peut former dans l'un et dans l'autre un même nombre de triangles semblables chacun à chacun et semblablement disposés.*

Mais, pour que cette derniere définition ne contienne pas elle-même de conditions superflues, il faut que le nombre des triangles soit égal au nombre des côtés du polygone moins deux; ce qui peut avoir lieu de deux manieres. On peut mener de deux angles homologues des diagonales aux angles opposés, alors tous les triangles formés dans chaque polygone auront un sommet commun, et leur somme sera égale au polygone; ou bien, on peut supposer que tous les triangles formés dans un polygone, ont pour base commune un côté du polygone, et pour sommets ceux des différents angles opposés à cette base. Dans l'un ou l'autre cas le nombre des triangles formés de part et d'autre étant $n-2$, les conditions de leur similitude seront au nombre de $2n-4$; et la définition ne contiendra rien de superflu. Cette nouvelle définition étant posée, l'ancienne deviendra un théorême qu'on pourra démontrer immédiatement.

Si la définition des figures rectilignes semblables est imparfaite dans les livres d'éléments, celle des *solides polyèdres semblables* l'est encore bien davantage. Dans Euclide, cette définition dépend d'un théorême non démontré; dans d'autres auteurs elle a l'inconvénient d'être fort rédondante. Nous avons donc rejeté ces définitions des solides semblables, et nous leur en avons substitué une fondée sur les principes que nous venons d'exposer. Mais, comme il y a beaucoup d'autres observations à faire à ce sujet, nous y reviendrons dans une note particuliere.

La définition de la *perpendiculaire à un plan* peut être regardée comme un théorême; celle de l'*inclinaison de deux plans* a besoin aussi d'être justifiée par un raisonnement; plusieurs autres sont dans le même cas. C'est pourquoi, en conservant ces définitions suivant l'ancien usage, nous avons eu soin de renvoyer aux propositions où elles sont démontrées; quelquefois nous nous sommes contentés d'y ajouter un éclaircissement succinct.

L'*angle* formé par la rencontre *de deux plans*, et *l'angle solide* formé par la rencontre de plusieurs plans en un même point, sont des grandeurs, chacune de son espece, auxquelles il serait peut-être bon de donner des noms particuliers. Sans cela il est difficile d'éviter l'obscurité et les circonlocutions lorsqu'on parle de l'arrangement des plans qui composent la surface d'un polyèdre. Et comme la théorie de ces solides a été peu cultivée jusqu'à présent, il y a moins d'inconvénient à y introduire des expressions nouvelles, si elles sont reclamées par la nature des choses.

Je proposerais d'appeler *coin* l'angle formé par deux plans; l'*arête* ou *faîte* du coin serait l'intersection commune des deux plans. Le coin se désignerait par quatre lettres dont les deux moyennes répondraient à l'arête. Alors un *coin droit* serait l'angle formé par deux plans perpendiculaires entre eux. Quatre coins droits rempliraient tout l'espace angulaire solide autour d'une ligne donnée. Cette nouvelle dénomination n'empêcherait pas que le coin n'eût toujours pour mesure l'angle formé par les deux perpendiculaires menées dans chacun des plans à un même point de l'arête ou intersection commune.

NOTE II.

Sur la démonstration de la proposition XX, liv. I, et de quelques autres propositions fondamentales de la géométrie.

La proposition XX du livre I n'est qu'un cas particulier du fameux *postulatum* sur lequel Euclide a établi la théorie des paralleles, ainsi que le théorême sur la somme des trois angles du triangle. Ce *postulatum* n'a point été encore démontré d'une maniere entièrement géométrique et indépendante de la considération de l'infini; ce qu'il faut attribuer sans doute à l'imperfection de la définition de la ligne droite, qui sert de base aux éléments. Mais si on considere cet objet sous un point de vue plus abstrait, l'analyse offre un moyen très-simple de démontrer rigoureusement cette proposition, ainsi que les autres propositions fondamentales de la géométrie. C'est ce que nous allons développer avec tout le détail nécessaire, en commençant par le théorême sur la somme des trois angles du triangle.

On démontre immédiatement par la superposition, et sans aucune proposition préliminaire que *deux triangles sont égaux, lorsqu'ils ont un côté égal adjacent à deux angles égaux chacun à chacun.* Appelons p le côté dont il s'agit, A et B les deux angles adjacents, C le troisieme angle. Il faut donc que l'angle C soit entièrement déterminé, lorsqu'on connaît les angles A et B, avec le côté p; car, si plusieurs angles C pouvaient correspondre aux trois données A, B, p, il y aurait autant de triangles différents qui auraient un côté égal adjacent à deux angles égaux, ce qui est impossible : donc l'angle C doit être une fonction déterminée des trois quantités A, B, p; ce que j'exprime ainsi, $C = \varphi : (A, B, p)$.

Soit l'angle droit égal à l'unité, alors les angles A, B, C, seront des nombres compris entre 0 et 2; et puisque $C = \varphi : (A, B, p)$, je dis que la ligne p ne doit point entrer dans la fonction φ. En effet on a vu que C doit être entièrement déterminé par les seules données A, B, p, sans autre angle ni ligne quelconque, mais la ligne p est hétérogene avec les nombres A, B, C; et si on avait une équation quelconque entre A, B, C, p, on en pourrait tirer la valeur de p en A, B, C; d'où il résulterait que p est égal à un nombre, ce qui est absurde : donc p ne peut entrer dans la fonction φ, et on a simplement $C = \varphi : (A, B)$....(1)

Cette formule prouve déja que, si deux angles d'un triangle sont égaux à deux angles d'un autre triangle, le troisieme doit être égal au troisieme; et, cela posé, il est facile de parvenir au théorême que nous avons en vue.

Soit d'abord ABC un triangle rectangle en A; du point A abaissez AD perpendiculaire sur l'hypoténuse. Les angles B et D du triangle ABD sont égaux aux angles B et A du triangle BAC; donc, suivant ce qu'on vient de démontrer, le troisieme BAD est égal au troisieme C. Par la même raison l'angle $DAC = B$, donc $BAD + DAC$, ou $BAC = B + C$: or l'angle BAC est droit; donc *les deux angles aigus d'un triangle rectangle, pris ensemble, valent un angle droit.* fig. 274.

Soit ensuite BAC un triangle quelconque et BC un côté qui ne soit pas moindre que chacun des deux autres : si de l'angle opposé A on abaisse la perpendiculaire AD sur BC, cette perpendiculaire tombera au-dedans du triangle ABC, et le partagera en deux triangles rectangles BAD, fig. 275.

(1) On a objecté contre cette démonstration que, si elle était appliquée, mot pour mot, aux triangles sphériques, il en resulterait que deux angles connus suffisent pour déterminer le troisieme, ce qui n'a pas lieu dans ces sortes de triangles. La réponse est que, dans les triangles sphériques, il y a un élément de plus que dans les triangles plans, et cet élément est le rayon de la sphere dont on ne doit pas faire abstraction. Soit donc r le rayon, alors au lieu d'avoir $C = \varphi\,(A, B, p)$, on aura $C = \varphi\,(A, B, p, r)$, ou seulement $C = \varphi\left(A, B, \frac{p}{r}\right)$, en vertu de la loi des homogenes. Or, puisque le rapport $\frac{p}{r}$ est un nombre, ainsi que A, B, C, rien n'empêche que $\frac{p}{r}$ ne se trouve dans la fonction φ, et alors on n'en peut plus conclure $C = \varphi\,(A, B)$.

DAC : or, dans le triangle rectangle BAD, les deux angles BAD, ABD, valent ensemble un angle droit ; dans le triangle rectangle DAC, les deux angles DAC, ACD, valent aussi un angle droit. Donc les quatre réunis, ou seulement les trois BAC, ABC, ACB, valent ensemble deux angles droits ; donc *dans tout triangle la somme des trois angles est égale à deux angles droits.*

On voit par-là que ce théorème, considéré *a priori*, ne dépend point d'un enchaînement de propositions, et qu'il se déduit immédiatement du principe de l'homogénéité ; principe qui doit avoir lieu dans toute relation entre des quantités quelconques. Mais poursuivons, et faisons voir qu'on peut tirer de la même source les autres théorèmes fondamentaux de la géométrie.

Conservons les mêmes dénominations que ci-dessus, et appelons de plus m le côté opposé à l'angle A, et n le côté opposé à l'angle B. La quantité m doit être entièrement déterminée par les seules quantités A, B, p ; donc m est une fonction de A, B, p, et $\frac{m}{p}$ en est une aussi, de sorte qu'on peut faire $\frac{m}{p} = \psi : (A, B, p)$. Mais $\frac{m}{p}$ est un nombre, ainsi que A et B ; donc la fonction ψ ne doit point contenir la ligne p, et on a simplement $\frac{m}{p} = \psi : (A, B)$, ou $m = p\,\psi : (A, B)$. On a donc semblablement $n = p\,\psi : (B, A)$.

Soit maintenant un autre triangle formé avec les mêmes angles A, B, C, auxquels soient opposés les côtés m', n', p', respectivement. Puisque A et B ne changent pas, on aura dans ce nouveau triangle $m' = p'\,\psi\,(A, B)$, et $n' = p'\,\psi : (B, A)$. Donc $m : m' :: n : n' :: p : p'$. Donc, *dans les triangles équiangles, les côtés opposés aux angles égaux sont proportionnels.*

De cette proposition générale on déduit comme cas particulier celle que nous avons supposée dans le texte, pour la démonstration de la proposition XX. En effet,
fig. 35. les triangles AFG, AML ont deux angles égaux, chacun à chacun, savoir, l'angle A commun, et un angle droit. Donc ces triangles sont équiangles ; donc on a la proportion

AF : AL :: AG : AM, au moyen de laquelle la prop. XX est pleinement démontrée.

La proposition du quarré de l'hypoténuse est, comme on sait, une suite de celle des triangles équiangles. Voilà donc trois propositions fondamentales de la géométrie, celle des trois angles d'un triangle, celle des triangles équiangles, et celle du quarré de l'hypoténuse, qui se déduisent très-simplement et très-immédiatement de la considération des fonctions. On peut par la même voie démontrer très-succinctement les propositions concernant les figures semblables et les solides semblables.

Soit ABCD un polygone quelconque; ayant choisi un côté AB, comme base, formez autant de triangles ABC, ABD, etc. sur cette base, qu'il y a d'angles C, D, E, etc. au-dehors. Soit la base $AB = p$; soient A et B les deux angles du triangle ABC adjacents au côté AB; soient A′ et B′ les deux angles du triangle ABD adjacents au même côté AB, et ainsi de suite. La figure ABCDE sera entièrement déterminée, si on connait le côté p avec les angles A, B, A′, B′, A″, B″, etc., et le nombre des données sera en tout $2n-3$, n étant le nombre des côtés du polygone. Cela posé, un côté ou une ligne quelconque x, menée comme on voudra dans le polygone, avec les seules données qui constituent ce polygone, sera une fonction de ces données; et comme $\frac{x}{p}$ doit être un nombre, on pourra supposer $\frac{x}{p} = \psi : (A, B, A', B', \text{etc.})$, ou $x = p\,\psi : (A, B, A', B', \text{etc.})$, et la fonction ψ ne contiendra point p. Si, avec les mêmes angles A, B, A′, B′, etc. et un autre côté p', on forme un second polygone, on aura pour la ligne x', correspondante ou homologue à x, la valeur $x' = p'\,\psi : (A, B, A', B', \text{etc.})$; donc $x : x' :: p : p'$. On peut définir les figures ainsi construites, *figures semblables*; donc *dans les figures semblables les lignes homologues sont proportionnelles*. Ainsi, non-seulement les côtés homologues, les diagonales homologues, mais les lignes terminées de la même maniere dans les deux figures, sont entre elles comme deux autres lignes homologues quelconques.

Appelons S la surface du premier polygone, cette surface est homogene au quarré p^2; il faut donc que $\frac{S}{p^2}$ soit un nombre qui ne contienne que les angles A, B, A′, B′, etc., de sorte qu'on aura $S = p^2 \varphi : (A, B, A', B', \text{etc.})$. Par la même raison, si S′ est la surface du second polygone, on aura $S' = p'^2 \varphi : (A, B, A', B', \text{etc.})$. Donc $S : S' :: p^2 : p'^2$; donc *les surfaces des figures semblables sont entre elles comme les quarrés des côtés homologues.*

Venons maintenant aux polyèdres. On peut supposer qu'une face est déterminée au moyen d'un côté connu p et de plusieurs angles A, B, C, etc. Ensuite les sommets des angles solides, hors de cette base, seront déterminés chacun par le moyen de trois données, qu'on peut regarder comme autant d'angles; de sorte que la détermination entiere du polyèdre dépend d'un côté p, et de plusieurs angles A, B, C, etc., dont le nombre varie suivant la nature du polyèdre. Cela posé, une ligne qui joint deux sommets, ou, plus généralement, toute ligne x menée d'une maniere déterminée dans le polyèdre, avec les seules données qui constituent ce solide, sera une fonction des données p, A, B, C, etc.; et comme $\frac{x}{p}$ doit être un nombre, la fonction égale à $\frac{x}{p}$ ne contiendra que les angles A, B, C, etc., et on pourra supposer $x = p\,\varphi : (A, B, C, \text{etc.})$. La surface du solide est homogene à p^2; ainsi, cette surface peut se représenter par $p^2\,\psi : (A, B, C, \text{etc.})$; sa solidité est homogene à p^3, et peut se représenter par $p^3\,\Pi : (A, B, C, \text{etc.})$, les fonctions désignées par ψ et Π étant indépendantes de p.

Supposons qu'on construise un second solide avec les mêmes angles A, B, C, etc., et un côté p' différent de p: nous appellerons les solides ainsi construits *solides semblables*; et, cela posé, la ligne qui était $p\varphi : (A, B, C, \text{etc.})$, ou simplement $p\varphi$ dans un solide sera $p'\varphi$ dans un autre; la surface qui était $p^2\psi$ dans l'un sera $p'^2\psi$ dans l'autre, et enfin la solidité qui était $p^3\,\Pi$ dans l'un sera $p'^3\,\Pi$ dans l'autre. Donc, 1° *dans les solides semblables les côtés ou lignes homologues sont proportionnelles*; 2° *leurs surfaces sont comme les quarrés des côtés homologues;* 3° *leurs solidités sont comme les cubes de ces mêmes côtés.*

Les mêmes principes s'appliquent aisément au cercle. Soit c la circonférence et s la surface du cercle dont le rayon est r; puisqu'il ne peut y avoir deux cercles inégaux décrits du même rayon, les quantités $\frac{c}{r}$ et $\frac{s}{r^2}$ doivent être des fonctions déterminées de r: mais, comme ces quantités sont des nombres, elles ne doivent point contenir dans leur expression la ligne r; ainsi on aura $\frac{c}{r}=\alpha$, et $\frac{s}{r^2}=\beta$, α et β étant des nombres constants. Soit c' la circonférence et s' la surface d'un autre cercle dont le rayon est r; on aura donc aussi $\frac{c'}{r'}=\alpha$, et $\frac{s'}{r'^2}=\beta$. Donc $c:c'::r:r'$, et $s:s'::r^2:r'^2$; donc *les circonférences des cercles sont comme les rayons, et leurs surfaces comme les quarrés des rayons.*

Considérons un secteur dont r soit le rayon et A l'angle au centre; soit x l'arc qui termine le secteur, et y la surface de ce même secteur. Puisque le secteur est entièrement déterminé lorsqu'on connaît r et A, il faut que x et y soient des fonctions déterminées de r et de A, donc $\frac{x}{r}$ et $\frac{y}{r^2}$ sont aussi de pareilles fonctions. Mais $\frac{x}{r}$ est un nombre, ainsi que $\frac{y}{r^2}$; donc ces quantités ne doivent point contenir r, et elles sont simplement fonctions de A, de sorte qu'on aura $\frac{x}{r}=\varphi:\text{A}$, et $\frac{y}{r^2}=\psi:\text{A}$. Soient x' et y' l'arc et la surface d'un autre secteur dont l'angle est A et le rayon r'; nous appellerons ces deux secteurs *secteurs semblables;* et puisque l'angle A est égal de part et d'autre, on aura $\frac{x'}{r'}=\varphi:\text{A}$, et $\frac{y'}{r'^2}=\psi:\text{A}$. Donc $x:x'::r:r'$, et $y:y'::r^2:r'^2$; donc *les arcs semblables* ou *les arcs des secteurs semblables sont proportionnels aux rayons, et les secteurs eux-mêmes sont proportionnels aux quarrés des rayons.*

Il est clair qu'on prouverait, de la même maniere, que les spheres sont comme les cubes de leurs rayons.

On suppose, dans tout ce qui précede, que les surfaces se mesurent par le produit de deux lignes, et les solidités par le produit de trois; c'est ce qu'il est facile de démontrer aussi par voie d'analyse. Considérons un rectangle dont les dimensions sont p et q, et sa surface qui est une fonction de p et q, représentons-la par $\varphi : (p, q)$. Si on considere un autre rectangle dont les dimensions sont $p+p'$ et q, il est clair que ce rectangle est composé de deux autres, l'un qui a pour dimensions p et q, l'autre qui a pour dimensions p' et q; de sorte qu'on aura

$$\varphi : (p+p', q) = \varphi : (p, q) + \varphi : (p'. q).$$

Soit $p'=p$, on aura $\varphi\,(2\,p, q) = 2\varphi\,(p, q)$. Soit $p'= 2\,p$, on aura $\varphi\,(3p, q) = \varphi\,(p, q) + \varphi\,(2\,p, q) = 3\,\varphi\,(p, q)$. Soit $p'= 3\,p$, on aura $\varphi\,(4\,p, q) = \varphi\,(p, q) + \varphi\,(3\,p, q) = 4\,\varphi\,(p, q)$. Donc en général, si k est un nombre entier quelconque, on aura $\varphi\,(k\,p, q) = k\,\varphi\,(p, q)$ ou $\frac{\varphi(p, q)}{p} = \frac{\varphi(k\,p, q)}{k\,p}$. Il résulte de là que $\frac{\varphi(p, q)}{p}$ est une telle fonction de p, qu'elle ne change pas en mettant à la place de p un multiple quelconque kp. Donc cette fonction est indépendante de p, et ne doit renfermer que q. Mais par une raison semblable $\frac{\varphi\,(p, q)}{q}$ doit être indépendante de q; donc $\frac{\varphi(p, q)}{p\,q}$ ne renferme ni p ni q, et ainsi cette quantité doit se réduire à une constante α. Donc on aura $\varphi\,(p\,q) = \alpha\,p\,q$; et comme rien n'empêche de prendre $= 1$, on aura $\varphi\,(p, q) = p\,q$; ainsi la surface d'un rectangle est égale au produit de ses deux dimensions.

On démontrerait, d'une maniere absolument semblable, que la solidité d'un parallélepipede rectangle dont les dimensions sont p, q, r, est égale au produit $p\,q\,r$ de ses trois dimensions.

Nous observerons, en finissant, que la considération des fonctions, qui fournit ainsi une démonstration très-simple des propositions fondamentales de la Géométrie, a déja été employée avec succès pour la démonstration des principes fondamentaux de la Mécanique. *Voyez* les Mémoires de Turin, tome II.

NOTE III.

Sur l'approximation de la proposition XVI, livre IV.

Dès qu'on a trouvé un rayon excédent et un déficient qui s'accordent dans les premiers chiffres, on peut achever le calcul d'une maniere très-prompte par le moyen d'une formule algébrique.

Soit a le rayon déficient et b l'excédent, dont la différence est petite; soient a' et b' les rayons suivants qui s'en déduisent par les formules $b' = \sqrt{ab}$, $a' = \sqrt{\left(a.\frac{a+b}{2}\right)}$.

Ce que l'on cherche, c'est le dernier terme de la suite a, a', a'', etc., qui est en même temps celui de la suite b, b', b'', etc. Appelons ce dernier terme x, et soit $b = a\,(1 + \omega)$; on pourra supposer $x = a\,(1 + P\,\omega + Q\,\omega^2 + \text{etc.})$, P et Q étant des coëfficients indéterminés. Or les valeurs de b' et a' donnent

$$b' = a\,(1 + \tfrac{1}{2}\omega - \tfrac{1}{8}\omega^2 + \text{etc.});$$
$$a' = a\,(1 + \tfrac{1}{4}\omega^2 - \tfrac{1}{32}\omega^2 + \text{etc.}).$$

Et si on fait pareillement $b' = a'\,(1 + \omega')$, on aura

$$\omega' = \tfrac{1}{4}\omega - \tfrac{3}{32}\omega^2 \text{ etc.}$$

Mais la valeur de x doit être la même, soit que la suite a, a', a'', etc. commence par a ou par a'; donc on aura

$$a\,(1 + P\,\omega + Q\,\omega^2 + \text{etc.}) = a'\,(1 + P\,\omega' + Q\,\omega'^2 + \text{etc.}).$$

Substituant dans cette équation les valeurs de a' et de ω' en a et ω, et comparant les termes semblables, on en déduira $P = \frac{1}{3}$, et $Q = -\frac{1}{15}$; donc

$$x = a\,(1 + \tfrac{1}{3}\omega - \tfrac{1}{15}\omega^2).$$

Si les rayons a et b s'accordent dans la premiere moitié de leurs chiffres, on pourra rejeter le terme ω^2, et la valeur précédente se réduira à $x = a\,(1 + \frac{1}{3}\omega) = a + \frac{b - a}{3}$.

Ainsi, en faisant $a = 1,\,1282657$, et $b = 1,\,1286063$, on en déduira immédiatement $x = 1,\,1283792$.

Si les rayons a et b ne s'accordent que dans le premier tiers de leurs chiffres, il faudra prendre les trois termes de la formule précédente; ainsi en faisant $a = 1,\,1265639$ et $b = 1,\,1320149$, on trouvera $x = 1,\,1283791$.

On pourrait supposer que a et b sont encore moins près l'un de l'autre; mais alors il faudrait calculer la valeur de x avec un plus grand nombre de termes.

L'approximation de la prop. XIV, qui est de Jacques Gregory, est susceptible de semblables abrégés. Nous renvoyons à l'ouvrage de cet auteur, intitulé : *Vera circuli et hyperbolæ quadratura*, ouvrage d'un grand mérite pour le temps où il a paru.

NOTE IV.

Où l'on démontre que le rapport de la circonférence au diametre et son quarré, sont des nombres irrationnels.

Considérons la suite infinie

$$1+\frac{a}{z}+\frac{1}{2}.\frac{a^2}{z.z+1}+\frac{1}{2.3}.\frac{a^3}{z.z+1.z+2}+\text{etc.}$$

dont le terme général est $\frac{1}{1.2.3\ldots n}.\frac{a^n}{z.z+1.z+2\ldots.(z+n-1)}$ et supposons que $\varphi:z$ en représente la somme. Si on met $z+1$ à la place de z, $\varphi:(z+1)$ sera pareillement la somme de la suite

$$1+\frac{a}{z+1}+\frac{1}{2}.\frac{a^2}{z+1.z+2}+\frac{1}{2.3}.\frac{a^3}{z+1.z+2.z+3}+\text{etc.}$$

Retranchons ces deux suites, terme à terme, l'une de l'autre et nous aurons $\varphi:z-\varphi:(z+1)$ pour la somme du reste qui sera

$$\frac{a}{z.z+1}+\frac{a^2}{z.z+1.z+2}+\frac{1}{2}.\frac{a^3}{z.z+1.z+2.z+3}+\text{etc.}$$

Mais ce reste peut être mis sous la forme

$$\frac{a}{z.z+1}.\left(1+\frac{a}{z+2}+\frac{1}{2}.\frac{a^2}{z+2.z+3}+\text{etc.}\right),$$

et alors il se réduit à $\frac{a}{z.z+1}\varphi:(z+2)$. Donc on aura généralement

$$\varphi:z-\varphi:(z+1)=\frac{a}{z.z+1}\varphi:(z+2).$$

Divisons cette équation par $\varphi:(z+1)$, et, pour simplifier le résultat, soit $\psi:z$ une nouvelle fonction de z telle que $\psi : z = \frac{a}{z} \cdot \frac{\varphi : (z+1)}{\varphi : (z)}$; alors on pourra mettre $\frac{a}{z \psi : z}$ au lieu de $\frac{\varphi : z}{\varphi : (z+1)}$, et $\frac{(z+1)\psi : (z+1)}{a}$ au lieu de $\frac{\varphi : (z+2)}{\varphi : (z+1)}$. La substitution faite, on aura

$$\psi : z = \frac{a}{z + \psi : (z+1)},$$

Mais en mettant successivement dans cette équation $z+1$, $z+2$, etc., à la place de z, il en résultera

$$\psi : (z+1) = \frac{a}{z+1+\psi : (z+2)},$$

$$\psi : (z+2) = \frac{a}{z+2+\psi : (z+3)}; \text{ etc.}$$

Donc la valeur de $\psi : z$ peut s'exprimer par la fraction continue :

$$\psi : z = \cfrac{a}{z + \cfrac{a}{z+1+\cfrac{a}{z+2+\text{etc.}}}}$$

Réciproquement cette fraction continue, prolongée à l'infini, a pour somme $\psi : z$, ou son égale $\frac{a}{z} \cdot \frac{\varphi : (z+1)}{\varphi : z}$; et cette somme, développée en suites ordinaires, est

$$\frac{a}{z} \cdot \frac{1 + \frac{a}{z+1} + \frac{1}{2} \cdot \frac{a^2}{z+1 \,.\, z+2} + \text{etc.}}{1 + \frac{a}{z} + \frac{1}{2} \cdot \frac{a^2}{z \,.\, z+1} + \text{etc.}}$$

Soit maintenant $z = \frac{1}{2}$, la fraction continue deviendra

$$\cfrac{2a}{1 + \cfrac{4a}{3 + \cfrac{4a}{5 + \text{etc.}}}}$$

dans laquelle les numérateurs, excepté le premier, sont tous égaux à $4a$, et les dénominateurs forment la suite des nombres impairs 1, 3, 5, 7, etc. La valeur de cette fraction continue peut donc aussi s'exprimer par

$$2a.\frac{1+\frac{4a}{2.3}+\frac{16a^2}{2.3.4.5}+\frac{64a^3}{2.3..7}+\text{etc.}}{1+\frac{4a}{2}+\frac{16a^2}{2.3.4}+\frac{64a^3}{2.3...6}+\text{etc.}}$$

Mais ces suites se rapportent à des formules connues, et on sait qu'en représentant par e le nombre dont le logarithme hyperbolique est 1, l'expression précédente se réduit à $\frac{e^{2\sqrt{a}}-e^{-2\sqrt{a}}}{e^{2\sqrt{a}}+e^{-2\sqrt{a}}}.\sqrt{a}$; de sorte qu'on aura en général

$$\frac{e^{2\sqrt{a}}-e^{-2\sqrt{a}}}{e^{2\sqrt{a}}+e^{-2\sqrt{a}}}.2\sqrt{a}=\cfrac{4a}{1+\cfrac{4a}{3+\cfrac{4a}{5+\text{etc.}}}}$$

De là résultent deux formules principales selon que a est positif ou négatif. Soit d'abord $4a=x^2$, on aura

$$\frac{e^{x}-e^{-x}}{e^{x}+e^{-x}}=\cfrac{x}{1+\cfrac{x^2}{3+\cfrac{x^2}{5+\text{etc.}}}}$$

Soit ensuite $4a=-x^2$, et en vertu de la formule connue $\frac{e^{x\sqrt{-1}}-e^{-x\sqrt{-1}}}{e^{x\sqrt{-1}}+e^{-x\sqrt{-1}}}=\sqrt{-1}.\,\text{tang}.\,x$, on aura

$$\text{tang}.\,x=\cfrac{x}{1-\cfrac{x^2}{3-\cfrac{x^2}{5-\cfrac{x^2}{7-\text{etc.}}}}}$$

Celle-ci est la formule qui servira de base à notre démonstration. Mais il faut, avant tout, démontrer les deux lemmes suivants.

LEMME I. *Soit une fraction continue prolongée à l'infini,*

$$\cfrac{m}{n+\cfrac{m'}{n'+\cfrac{m''}{n''+\text{etc.}}}}$$

dans laquelle tous les nombres m, n, m', n', etc. *sont des entiers positifs ou négatifs; si on suppose que les fractions composantes* $\frac{m}{n}, \frac{m'}{n'}, \frac{m''}{n''}$, etc. *soient toutes plus petites que l'unité, je dis que la valeur totale de la fraction continue sera nécessairement un nombre irrationnel.*

D'abord, je dis que cette valeur sera plus petite que l'unité. En effet, sans diminuer la généralité de la fraction continue, on peut supposer tous les dénominateurs n, n', n'', etc. positifs; or, si on prend un seul terme de la suite proposée, on aura, par hypothese, $\frac{m}{n} < 1$. Si on prend les deux premiers, à cause de $\frac{m'}{n'} < 1$, il est clair que $n + \frac{m'}{n}$ est plus grand que $n - 1$: mais m est plus petit que n; et, puisqu'ils sont l'un et l'autre des entiers, m sera aussi plus petit que $n + \frac{m'}{n'}$. Donc la valeur qui résulte des deux termes

$$\frac{m}{n + \frac{m'}{n'}}$$

est plus petite que l'unité. Calculons trois termes de la fraction continue proposée; et d'abord, suivant ce qu'on vient de voir, la valeur de la partie

$$\frac{m'}{n' + \frac{m''}{n''}}$$

sera plus petite que l'unité. Appelons cette valeur ω, et il est clair que $\frac{m}{n + \omega}$ sera encore plus petite que l'unité : donc la valeur qui résulte des trois termes

$$\frac{m}{n + \frac{m'}{n' + \frac{m''}{n''}}}$$

est plus petite que l'unité. Continuant le même raisonnement, on verra que, quel que soit le nombre de termes qu'on calcule de la fraction continue proposée, la valeur qui en résulte est plus petite que l'unité; donc la valeur totale de cette fraction prolongée à l'infini, est aussi plus petite que l'unité. Elle ne pourrait être égale à l'unité que dans le seul cas où la fraction proposée serait de la forme

$$\cfrac{m}{m+1-\cfrac{m'}{m'+1-\cfrac{m''}{m''+1-\text{etc.}}}}$$

dans tout autre cas elle sera plus petite.

Cela posé, si on nie que la valeur de la fraction continue proposée soit égale à un nombre irrationnel, supposons qu'elle est égale à un nombre rationnel, et soit ce nombre $\frac{B}{A}$, B et A étant des entiers quelconques; on aura donc

$$\frac{B}{A}=\cfrac{m}{n+\cfrac{m'}{n'+\cfrac{m''}{n''+\text{etc.}}}}$$

Soient C, D, E, etc. des indéterminées telles qu'on ait

$$\frac{C}{B}=\cfrac{m'}{n'+\cfrac{m''}{n''+\cfrac{m'''}{n'''+\text{etc.}}}}$$

$$\frac{D}{C}=\cfrac{m''}{n''+\cfrac{m'''}{n'''+\cfrac{m^{\text{iv}}}{n^{\text{iv}}+\text{etc.}}}}$$

et ainsi à l'infini. Ces différentes fractions continues ayant tous leurs termes plus petits que l'unité, leurs valeurs ou sommes $\frac{B}{A}, \frac{C}{B}, \frac{D}{C}, \frac{E}{D}$, etc. seront plus petites que l'unité, suivant ce qui vient d'être démontré, et ainsi on aura $B<A$, $C<B$, $D<C$, etc.; d'où l'on voit que la suite A, B, C, D, E, etc. est décroissante à l'infini. Mais l'enchaînement des fractions continues dont il s'agit donne

$$\frac{B}{A}=\cfrac{m}{n+\frac{C}{B}}\text{; d'où résulte } C=mA-nB,$$

$$\frac{C}{B}=\cfrac{m'}{n'+\frac{D}{C}}\text{; d'où résulte } D=m'B-n'C,$$

$$\frac{D}{C}=\cfrac{m''}{n''+\frac{E}{D}}\text{; d'où résulte } E=m''C-n''D,$$

etc. etc.

Et puisque les deux premiers nombres A et B sont entiers par hypothese, il s'ensuit que tous les autres C, D, E, etc., qui jusqu'à ce moment étaient indéterminés, sont aussi des nombres entiers. Or, il implique contradiction qu'une suite infinie A, B, C, D, E, etc. soit à-la-fois décroissante et composée de nombres entiers; car d'ailleurs aucun des nombres A, B, C, D, E, etc. ne peut être zéro, puisque la fraction continue proposée s'étend à l'infini, et qu'ainsi les sommes représentées par $\frac{B}{A}, \frac{C}{B}, \frac{D}{C}$, etc. doivent toujours être quelque chose. Donc l'hypothese, que la somme de la fraction continue proposée est égale à une quantité rationnelle $\frac{B}{A}$, ne saurait subsister; donc cette somme est nécessairement un nombre irrationnel.

LEMME II. *Les mêmes choses étant posées, si les fractions composantes* $\frac{m}{n}, \frac{m'}{n'}, \frac{m''}{n''}$, etc. *sont d'une grandeur quelconque au commencement de la suite; mais qu'après un certain intervalle, elles soient constamment plus petites que l'unité; je dis que la fraction continue proposée, en supposant toujours qu'elle s'étende à l'infini, aura une valeur irrationnelle.*

Car, si à compter de $\frac{m'''}{n'''}$, par exemple, toutes les fractions $\frac{m'''}{n'''}, \frac{m^{\text{IV}}}{n^{\text{IV}}}, \frac{m^{\text{V}}}{n^{\text{V}}}$, etc. à l'infini, sont plus petites que l'unité; alors, suivant le lemme I, la fraction continue

$$\cfrac{m'''}{n''' + \cfrac{m^{\text{IV}}}{n^{\text{IV}} + \cfrac{m^{\text{V}}}{n^{\text{V}} + \text{etc.}}}}$$

aura une valeur irrationnelle. Appelons cette valeur ω, et la fraction continue proposée deviendra

$$\cfrac{m}{n + \cfrac{m'}{n' + \cfrac{m''}{n'' + \omega}}}.$$

Mais si on fait successivement

$$\frac{m''}{n''+\omega}=\omega', \frac{m'}{n'+\omega'}=\omega'', \frac{m}{n+\omega''}=\omega''',$$

il est clair que, ω étant irrationnelle, toutes les quantités ω', ω'', ω''', doivent l'être pareillement. Or, la derniere ω''' est égale à la fraction continue proposée; donc la valeur de celle-ci est irrationnelle.

Nous pouvons maintenant, pour revenir à notre sujet, démontrer cette proposition générale.

THÉORÊME.

Si un arc est commensurable avec le rayon, sa tangente sera incommensurable avec le même rayon.

En effet, soit le rayon $=1$, et l'arc $x=\frac{m}{n}$, m et n étant des nombres entiers, la formule trouvée ci-dessus donnera, en faisant la substitution,

$$\text{tang.}\,\frac{m}{n}=\cfrac{m}{n-\cfrac{m^2}{3n-\cfrac{m^2}{5n-\cfrac{m^2}{7n-\text{etc.}}}}}$$

Or cette fraction continue est dans le cas du lemme II; car il est clair que les dénominateurs $3n$, $5n$, $7n$, etc. augmentant continuellement, tandis que le numérateur m^2 reste de la même grandeur, les fractions composantes seront ou deviendront bientôt plus petites que l'unité, donc la valeur de tang. $\frac{m}{n}$ est irrationnelle; donc, *si l'arc est commensurable avec le rayon, sa tangente sera incommensurable.*

De là résulte, comme conséquence très-immédiate, la proposition qui fait l'objet de cette note. Soit π la demi-circonférence dont le rayon est 1; si π était rationnel, l'arc $\frac{\pi}{4}$ le serait aussi, et par conséquent sa tangente devrait être irrationnelle: mais on sait, au contraire, que la tangente de l'arc $\frac{\pi}{4}$ est égale au rayon 1; donc π ne peut être rationnel. Donc *le rapport de la circonférence au diametre, est un nombre irrationnel* (1).

(1) Cette proposition a été démontrée pour la premiere fois par Lambert, dans les Mémoires de Berlin, année 1761.

Il est probable que le nombre π n'est pas même compris dans les irrationnelles algébriques, c'est-à-dire, qu'il ne peut être la racine d'une équation algébrique d'un nombre fini de termes dont les coëfficients sont rationnels : mais il paraît très-difficile de démontrer rigoureusement cette proposition ; nous pouvons seulement faire voir que le quarré de π est encore un nombre irrationnel.

En effet, si dans la fraction continue qui exprime tang. x, on fait $x = \pi$, à cause de tang. $\pi = 0$, on doit avoir

$$0 = 3 - \cfrac{\pi^2}{5 - \cfrac{\pi^2}{7 - \cfrac{\pi^2}{9 - \text{etc.}}}}$$

Mais si π^2 était rationnel, et qu'on eût $\pi^2 = \frac{m}{n}$, m et n étant des entiers, il en résulterait

$$3 = \cfrac{\frac{m}{n}}{5 - \cfrac{m}{7 - \cfrac{m}{9n - \cfrac{m}{11 - \text{etc.}}}}}$$

Or, il est visible que cette fraction continue est encore dans le cas du lemme II, sa valeur est donc irrationnelle, et ne saurait être égale au nombre 3. Donc *le quarré du rapport de la circonférence au diametre, est un nombre irrationnel.*

NOTE V.

Où l'on donne la solution analytique de divers problémes concernant le triangle, le quadrilatere inscrit, le parallélepipede et la pyramide triangulaire.

PROBLÊME PREMIER.

Étant donnés les trois côtés d'un triangle, trouver sa surface, le rayon du cercle inscrit et le rayon du cercle circonscrit.

Soient les côtés BC $= a$, AC $= b$, AB $= c$; si du sommet A on abaisse la perpendiculaire AD sur le côté opposé BC, on aura * $\overline{AC}^2 = \overline{AB}^2 + \overline{BC}^2 - 2BC \times BD$; donc BD $=$ fig. 274. * 12. 3.

$\frac{a^2+c^2-b^2}{2a}$. Cette valeur donne $\overline{AB}^2 - \overline{BD}^2$ ou $\overline{AD}^2 = c^2 - \left(\frac{a^2+c^2-b^2}{2a}\right)^2 = \frac{4a^2c^2-(a^2+c^2-b^2)^2}{4a^2}$; donc AD $= \frac{\sqrt{[4a^2c^2-(a^2+c^2-b^2)^2]}}{2a}$. Soit S l'aire du triangle, on aura $S = \frac{1}{2}BC \times AD$; donc

$S = \frac{1}{4}\sqrt{[4a^2c^2-(a^2+c^2-b^2)^2]} = \frac{1}{4}\sqrt{(2a^2b^2+2a^2c^2+2b^2c^2-a^4-b^4-c^4)}$

Cette formule peut encore se réduire à une autre forme plus commode pour le calcul logarithmique ; pour cela il faut observer que la quantité $4a^2c^2-(a^2+c^2-b^2)^2$ est le produit des deux facteurs $2ac+(a^2+c^2-b^2)$ et $2ac-(a^2+c^2-b^2)$; le premier $=(a+c)^2-b^2=(a+c+b)(a+c-b)$; le second $=b^2-(a-c)^2=(b+a-c)(b-a+c)$; donc on aura

$S = \frac{1}{4}\sqrt{[(a+b+c)(a+b-c)(a+c-b)(b+c-a)]}$,

Enfin si on fait $\frac{a+b+c}{2} = p$, ce qui donne $a+b+c=2p$, $a+b-c=2p-2c$, $a+c-b=2p-2b$, $b+c-a=2p-2a$; on aura encore plus simplement

$$S = \sqrt{(p \,.\, p-a \,.\, p-b \,.\, p-c)}.$$

D'où l'on voit que pour avoir la surface d'un triangle dont les trois côtés sont donnés, il faut prendre la demi-somme des trois côtés, de cette demi-somme retrancher successivement chacun des côtés, ce qui donnera trois restes, multiplier ces trois restes entre eux et par la demi-somme des côtés, et enfin extraire la racine quarrée du produit : cette racine sera l'aire du triangle.

Soient maintenant z le rayon du cercle circonscrit au triangle, et u le rayon du cercle inscrit dans ce même triangle, on aura suivant la prop. XXXII, liv. III,

$z = \frac{\frac{1}{4}abc}{S}$ et $u = \frac{2S}{a+b+c} = \frac{S}{p}$; donc en substituant la valeur trouvée de S, il viendra

$z = \frac{\frac{1}{4}abc}{\sqrt{(p.p-a.p-b.p-c)}}$, $u = \sqrt{\left(\frac{p-a.p-b.p-c}{p}\right)}$,

PROBLÊME II.

Etant donnés les quatre côtés d'un quadrilatere inscrit, trouver le rayon du cercle, la surface du quadrilatere et ses angles.

Soient les côtés donnés $AB = a$, $BC = b$, $CD = c$, $DA = d$, et les diagonales inconnues $AC = x$, $BD = y$, on aura, suivant le théor. 33, liv. III, $xy = ac + bd$ et $\frac{x}{y} = \frac{ad + bc}{ab + cd}$; fig. 276.

d'où l'on tire

$$x = \sqrt{\left(\frac{(ac+bd)(ad+bc)}{ab+cd}\right)}, y = \sqrt{\left(\frac{(ac+bd)(ab+cd)}{ad+bc}\right)}.$$

Mais, suivant le problême précédent, le rayon du cercle circonscrit au triangle ABC, dont les côtés sont a, b, x, peut s'exprimer par la formule $z = \frac{ab\,x}{\sqrt{[4a^2b^2 - (a^2+b^2-x^2)^2]}}$.

Substituant au lieu de x la valeur qu'on vient de trouver et décomposant le résultat en facteurs, on aura

$$z = \sqrt{\left[\frac{(ac+bd)(ad+bc)(ab+cd)}{(a+b+c-d)(a+b+d-c)(a+c+d-b)(b+c+d-a)}\right]}.$$

Cela posé, l'aire du triangle $ABC = \frac{\frac{1}{4}abx}{z}$, celle du triangle $ADC = \frac{\frac{1}{4}cdx}{z}$; donc l'aire du quadrilatere $ABCD = \frac{1}{4}.\frac{(ab+cd)x}{z}$

$= \frac{1}{4}\sqrt{[(a+b+c-d)(a+b+d-c)(a+c+d-b)(b+c+d-a)]}$.

Et si on fait, pour abréger, $p = \frac{1}{2}(a+b+c+d)$, on aura l'aire $ABCD = \sqrt{(p-a.p-b.p-c.p-d)}$. Enfin pour avoir l'un des angles, par exemple, l'angle B, on observera que le triangle ABC donne $\cos B = \frac{a^2 + b^2 - x^2}{2ab}$; substituant la valeur de x et réduisant, on aura $\cos B = \frac{a^2 + b^2 - c^2 - d^2}{2ab + 2cd}$. De là on tire $\frac{1 - \cos B}{1 + \cos B}$, ou $\text{tang.}^2 \frac{1}{2}$ B.

$$=\frac{(c+a)^2-(a-b)^2}{(a+b)^2-(c-d)^2}=\frac{(a+c+d-b)\ (b+c+d-a)}{(a+b+c-d)\ (a+b+d-c)}.$$ Donc

$$\text{tang.}\ \tfrac{1}{2}\,B=\sqrt{\left(\frac{p-a\ .\ p-b}{p-c\ .\ p-d}\right)}.$$

PROBLÈME III.

fig. 277. *Dans le quadrilatere* ABDC *dont les angles opposés* B *et* C *sont droits, étant donnés les deux côtés* AB, AC *avec l'angle compris* BAC, *trouver les deux autres côtés et la diagonale* AD.

Soit AC $=b$, AB $=c$, et l'angle BAC $=$ A ; si l'on prolonge BD et AC jusqu'à leur rencontre en E, le triangle BAE rectangle en B, où l'on connaît l'angle BAE et le côté AB, donnera AE $=\frac{c}{\cos A}$; donc CE $=\frac{c}{\cos A}-b$. Ensuite le triangle DCE rectangle en C, où l'on connaît le côté CE et l'angle CDE $=$ A, donnera CD $=$ CE cot A $=\frac{c-b\cos A}{\sin A}$. On aura donc semblablement BD $=\frac{b-c\cos A}{\sin A}$. Ce sont les valeurs des deux côtés cherchés du quadrilatere.

De-là résulte la diagonale AD $=\sqrt{(\overline{AC}^2+\overline{DC}^2)}=\sqrt{\left(b^2+(\frac{c-b\cos A}{\sin A})^2\right)}=\frac{\sqrt{(b^2+c^2-2bc\cos A)}}{\sin A}$. Mais par le triangle BAC on aurait BC $=\sqrt{(b^2+c^2-2bc\cos A)}$. Donc la diagonale AD, qui joint les deux angles obliques, est à la diagonale BC qui joint les deux angles droits :: 1 : sin A.

Scholie. La diagonale AD est en même temps le diametre du cercle dans lequel le quadrilatere ABDC serait inscrit.

Dans ce cercle on aurait l'angle ABC $=$ ADC, donc en abaissant CF perpendiculaire sur AB, les triangles BFC ADC sont semblables et donnent AD : BC :: AC : FC :: 1 : sin A ; ce qui s'accorde avec le résultat précédent.

PROBLÈME IV.

Étant données les trois arêtes d'un parallélepipede avec les angles qu'elles font entre elles, trouver la solidité du parallélepipede.

Soient les arêtes $SA=f$, $SB=g$, $SC=h$, et les angles compris $ASB=\gamma$, $ASC=\beta$, $BSC=\alpha$. Si du point C on abaisse CO perpendiculaire sur le plan ASB, le triangle rectangle CSO donnera $CO=CS \sin CSO = h \sin CSO$. D'ailleurs la surface du parallélogramme $ASBP = fg \sin \gamma$. Donc si on appelle S la solidité du parallélepipede ST, on aura $S = fgh \sin \alpha \sin CSO$. Il reste à trouver sin CSO. fig 278.

Pour cela du point S comme centre et d'un rayon $=1$, décrivez une surface sphérique qui rencontre en D, E, F, G, les droites SA, SB, SC, SO; vous aurez un triangle DEF dans lequel l'arc FG est perpendiculaire sur ED, puisque le plan CSO est perpendiculaire sur ASB. Or le triangle DEF, où l'on a les trois côtés $DE=\gamma$, $DF=\beta$, $EF=\alpha$, donne $\cos E = \dfrac{\cos \beta - \cos \alpha \cos \gamma}{\sin \alpha \sin \gamma}$, et $\sin E =$

$$\frac{\sqrt{(1-\cos^2\alpha-\cos^2\beta-\cos^2\gamma+2\cos\alpha\cos\beta\cos\gamma)}}{\sin\alpha\sin\gamma}.$$

Ensuite le triangle rectangle EFG donne sin GF ou sin CSO $= \sin E \sin EF = \sin \alpha \sin E$. Donc $S = fgh \sin \alpha \sin \gamma \sin E$, ou

$$S = fgh\sqrt{(1-\cos^2\alpha-\cos^2\beta-\cos^2\gamma+2\cos\alpha\cos\beta\cos\gamma)}.$$

Dans cette expression la quantité sous le radical est le produit des deux facteurs $\sin\alpha\sin\gamma+\cos\beta-\cos\alpha\cos\gamma$ et $\sin\alpha\sin\gamma-\cos\beta+\cos\alpha\cos\gamma$. Le premier $=\cos\beta-\cos(\alpha+\gamma)$

$=2\sin\dfrac{\alpha+\beta+\gamma}{2}\sin\dfrac{\alpha+\gamma-\beta}{2}$, le second $=\cos(\alpha-\gamma)-\cos\beta$

$=2\sin\dfrac{\alpha+\beta-\gamma}{2}\sin\dfrac{\beta+\gamma-\alpha}{2}$. Donc la solidité cherchée

$$S = 2fgh\sqrt{\left[\sin\frac{\alpha+\beta+\gamma}{2}\sin\frac{\alpha+\beta-\gamma}{2}\sin\frac{\alpha+\gamma-\beta}{2}\sin\frac{\beta+\gamma-\alpha}{2}\right]}.$$

PROBLÈME V.

Les mêmes choses étant données que dans le problème précédent, trouver l'expression de la diagonale qui joint deux sommets opposés.

fig. 278. Soit la diagonale de la base $SP = z$ et la diagonale cherchée $ST = u$; le triangle ASP dans lequel cos SAP $= -\cos\gamma$, donnera $z^2 = f^2 + g^2 + 2fg\cos\gamma$; pareillement le triangle TSP dans lequel cos TPS $= -$ cos CSP, donnera $u^2 = z^2 + h^2 + 2hz$ cos CSP. Il ne s'agit plus que d'avoir le cosinus de l'angle CSP ou de l'arc FH : or dans le triangle sphérique EFH, on a cos FH $=$ cos EF cos EH $+$ sin EF sin EH cos E; substituant les valeurs $EF = \alpha$ et $\cos E = \dfrac{\cos 6 - \cos\alpha\cos\gamma}{\sin\alpha\sin\gamma}$, il viendra

$$\cos FH = \cos\alpha\cos EH + \frac{\sin EH}{\sin\gamma}(\cos 6 - \cos\alpha\cos\gamma) =$$

$$\frac{\sin EH\cos 6}{\sin\gamma} + \frac{\sin(\gamma - EH).\cos\alpha}{\sin\gamma} = \frac{\sin EH\cos 6 + \sin DH\cos\alpha}{\sin\gamma}.$$

Donc $2hz$ cos FH, ou $2hz$ cos CSP $= 2h\cos 6.\dfrac{z\sin EH}{\sin\gamma} + 2h\cos\alpha.\dfrac{z\sin DH}{\sin\gamma}$. Mais dans le triangle BSP on a $BP = \dfrac{SP\sin BSP}{\sin SBP}$ et $BS = \dfrac{SP\sin BPS}{\sin SBP}$, ce qui donne $\dfrac{z\sin EH}{\sin\gamma} = f$ et $\dfrac{z\sin DH}{\sin\gamma} = g$. Donc $2hz$ cos CSP $= 2fh\cos 6 + 2gh\cos\alpha$. Donc enfin le quarré de la diagonale cherchée :

$$u^2 = f^2 + g^2 + h^2 + 2fg\cos\gamma + 2fh\cos 6 + 2gh\cos\alpha.$$

Corollaire. L'angle solide A est formé par les arêtes f, g, h, faisant entre elles deux à deux les angles $200^0 - \gamma$, $200^0 - 6$, α; ainsi il suffit de changer les signes de $\cos\gamma$ et $\cos 6$ dans l'expression de $\overline{SE}^2$ pour avoir celle de $\overline{AM}^2$. Faisant de même pour les deux autres diagonales, on aura les valeurs de leurs quarrés comme il suit :

$\overline{ST}^2 = f^2 + g^2 + h^2 + 2fg\cos\gamma + 2fh\cos\beta + 2gh\cos\alpha$

$\overline{AM}^2 = f^2 + g^2 + h^2 - 2fg\cos\gamma - 2fh\cos\beta + 2gh\cos\alpha$

$\overline{BN}^2 = f^2 + g^2 + h^2 - 2fg\cos\gamma + 2fh\cos\beta - 2gh\cos\alpha$

$\overline{CP}^2 = f^2 + g^2 + h^2 + 2fg\cos\gamma - 2fh\cos\beta - 2gh\cos\alpha$

De là on tire $\overline{ST}^2 + \overline{AM}^2 + \overline{BN}^2 + \overline{CP}^2 = 4f^2 + 4g^2 + 4h^2$. Donc, *dans tout parallélepipède, la somme des quarrés des quatre diagonales est égale à la somme des quarrés des douze arêtes.* Ce théorême remarquable et analogue à celui qui a lieu dans le parallélogramme*, pourrait se déduire immédiatement de ce dernier. Car au moyen des parallélogrammes SCTP, ABMN, on a

* 14. 3, cor.

$$\overline{ST}^2 + \overline{CP}^2 = 2\overline{SC}^2 + 2\overline{SP}^2,$$

$$\overline{AM}^2 + \overline{BN}^2 = 2\overline{BM}^2 + 2\overline{AB}^2.$$

Ajoutant ces deux équations et observant qu'on a SC=BM et $\overline{SP}^2 + \overline{AB}^2 = 2\overline{SA}^2 + 2\overline{SB}^2$, il viendra $\overline{ST}^2 + \overline{AM}^2 + \overline{BN}^2 + \overline{CP}^2 = 4\overline{SA}^2 + 4\overline{SB}^2 + 4\overline{SC}^2$.

PROBLÊME VI.

Étant données les trois arêtes qui aboutissent à un même sommet d'une pyramide triangulaire, et les trois angles que ces arêtes forment entre elles, trouver la solidité de la pyramide.

Soit SABC la pyramide triangulaire proposée, dans laquelle on connaît les arêtes SA $=f$, SB $=g$, SC $=h$, et les angles compris ASB $=\gamma$, ASC $=\beta$, BSC $=\alpha$. Si sur les arêtes SA, SB, SC, données de grandeur et de position, on décrit le parallélepipede ST, la pyramide qui est le tiers du prisme triangulaire BSANMC sera le sixieme du parallélepipede ST. Donc en appelant P la solidité de la pyramide, on aura, d'après le probl. IV, fig. 278.

$$P = \tfrac{1}{6}fgh\sqrt{(1 - \cos^2\alpha - \cos^2\beta - \cos^2\gamma + 2\cos\alpha\cos\beta\cos\gamma)}$$

ou $P = \tfrac{1}{3}fgh\sqrt{\left[\sin\frac{\alpha+\beta+\gamma}{2}\sin\frac{\alpha+\beta-\gamma}{2}\sin\frac{\alpha+\gamma-\beta}{2}\sin\frac{\gamma+\beta-\alpha}{2}\right]}$.

PROBLÈME VII.

Étant donnés les six côtés ou arêtes d'une pyramide triangulaire, trouver sa solidité.

fig. 278. Si l'on conserve les mêmes dénominations que dans le problême précédent, et qu'on fasse de plus $BC = f'$, $CA = g'$, $BA = h'$, on aura $\cos\gamma = \frac{f^2+g^2-h'^2}{2fg}$, $\cos 6 = \frac{f^2+h^2-g'^2}{2fh}$, $\cos\alpha = \frac{g^2+h^2-f'^2}{2gh}$. Substituant ces vaeurs dans la formule trouvée, et faisant pour abréger $g^2+h^2-f'^2 = F$, $f^2+h^2-g'^2 = G$, $f^2+g^2-h'^2 = H$, on aura la solidité demandée

$$P = \tfrac{1}{12}\sqrt{(4f^2g^2h^2 - f^2F^2 - g^2G^2 - h^2H^2 + FGH)}.$$

Dans l'application de ces formules on observera que f', g', h', désignent les côtés d'une même face ou base, et f, g, h, les trois autres arêtes, qui aboutissent au sommet, leur disposition étant telle que f est opposée à f', g à g et h à h'.

Scholie. Soit A la somme des quatre triangles qui composent la surface de la pyramide, soit r le rayon de la sphere inscrite; il est aisé de voir qu'on a $P = A \times \frac{1}{3}r$; car on peut concevoir la pyramide décomposée en quatre autres, qui auraient pour sommet commun le centre de la sphere, et pour bases, les différentes faces de la pyramide. On a donc le rayon de la sphere inscrite $r = \frac{3P}{A}$.

PROBLÊME VIII.

Les mêmes choses étant données que dans le problême VI, trouver le rayon de la sphere circonscrite à la pyramide.

fig. 279. Soit M le centre du cercle circonscrit au triangle SAB, MO la perpendiculaire menée par le point M sur le plan SAB ; soit pareillement N le centre du cercle circonscrit au triangle SAC, NO la perpendiculaire élevée par le point N sur le plan SAC. Ces deux perpendiculaires situées dans un même plan MDN perpendiculaire à SA, se rencontreront en un point O qui sera le centre de la sphere circonscrite ; car le point O, comme appartenant à la perpendiculaire MO, est à égale distance des trois points S, B, A ; et ce même point, comme appartenant à la perpendiculaire NO, est à égale distance des trois points S, A, C ; donc il est à égale distance des quatre points S, A, B, C.

On peut imaginer que le point M est déterminé dans le plan SAB, au moyen du quadrilatere SDMH, dont les deux angles D et H sont droits, et où l'on a $SD = \frac{1}{2}f$, $SH = \frac{1}{2}g$, et $ASB = \gamma$. Donc on aura (d'après le problème III), $DM = \frac{\frac{1}{2}g - \frac{1}{2}f\cos\gamma}{\sin\gamma}$; semblablement on aura $DN = \frac{\frac{1}{2}h - \frac{1}{2}f\cos 6}{\sin 6}$.

Appelons D l'angle MDN qui mesure l'inclinaison des deux plans SAB, SAC ; dans le triangle sphérique dont α, 6, γ, sont les côtés, D sera l'angle opposé au côté α, et ainsi on aura $\cos D = \frac{\cos\alpha - \cos\gamma\cos 6}{\sin\gamma\sin 6}$, de sorte que l'angle D peut être supposé connu.

Cela posé, dans le quadrilatere OMDN dont les deux angles M et N sont droits, et où l'on connaît les deux côtés MD, DN et l'angle compris $MDN = D$, on aura par le problème III, le quarré de la diagonale $\overline{OD}^2 = \frac{\overline{DM}^2 + \overline{DN}^2 - 2DM \times DN\cos D}{\sin^2 D}$. Ensuite dans le triangle OSD rectangle en D, on aura $\overline{SO}^2 = \overline{OD}^2 + \overline{SD}^2$: c'est la valeur du quarré du rayon de la sphere circonscrite.

Si on fait la substitution des valeurs de DM, DN et ensuite celle des valeurs de cos D et de sin D, afin d'avoir immédiatement l'expression du rayon SO, par le moyen des données du problême VI, on trouvera pour résultat :

$$SO = \frac{1}{2}\sqrt{\left\{\frac{f^2\sin^2\alpha + g^2\sin^2 6 + h^2\sin^2\gamma - 2fg(\cos\gamma - \cos 6\cos\alpha) - 2fh(\cos 6 - \cos\alpha\cos\gamma) - 2gh(\cos\alpha - \cos\gamma\cos 6)}{1 - \cos^2\alpha - \cos^2 6 - \cos^2\gamma + 2\cos\alpha\cos 6\cos\gamma}\right\}}.$$

NOTE VI.

Sur la plus courte distance de deux droites non situées dans le même plan.

fig. 280. Soient AB, CD, deux droites données, non situées dans le même plan, dont il s'agit de trouver la plus courte distance.

Suivant AB faites passer deux plans perpendiculaires entre eux qui rencontrent CD l'un en C, l'autre en D; des points C et D abaissez CA et DB perpendiculaires sur AB; dans le plan ABD menez DE parallele et AE perpendiculaire à BA, ce qui formera le rectangle ABDE; dans le plan CAE joignez CE et menez AI perpendiculaire à CE; enfin dans le plan CDE menez IK parallele à DE jusqu'à la rencontre de CD en K, faites AL=IK et joignez KL; je dis, 1° que la droite KL est perpendiculaire à-la-fois aux deux droites données AB, CD; 2° que cette même droite KL est plus courte que toute autre qui joindrait deux points des lignes AB, CD, et qu'ainsi KL, ou son égale AI, est la plus courte distance demandée.

En effet, 1° les trois droites AB, AC, AE étant par construction perpendiculaires entre elles, l'une d'elles AB est perpendiculaire au plan des deux autres; donc AB est perpendiculaire à AI; d'ailleurs KI est parallele à DE, et DE à AB, donc KI est parallele à AB, et puisqu'on a fait AL=KI, il s'ensuit que la figure AIKL est un rectangle. Cela posé, l'angle AIK est droit ainsi que AIC, donc la droite AI est perpendiculaire au plan KIC ou CDE; donc sa parallele KL est perpendiculaire au même plan CDE, et par conséquent est perpendiculaire à CD. Donc, 1° la droite KL est perpendiculaire à-la-fois aux deux droites AB, CD.

2° Soit M un point quelconque de la droite CD; si par ce point on mene MN parallele à DE ou à AB, la distance du point M à la droite AB sera égale à AN, puisque l'angle BAN est droit. Or on a AN > AI; donc AI est la plus courte distance des lignes données AB, CD.

Soient les perpendiculaires CA = a, et DB = AE = b,

on aura $CE = \sqrt{(a^2 + b^2)}$; et parce que l'aire du triangle ACE s'exprime également par $\frac{1}{2}$ AC$\times$AE et par $\frac{1}{2}$ CE$\times$AI, on aura $AI = \frac{AC \times EA}{CE} = \frac{ab}{\sqrt{(a^2+b^2)}}$. C'est l'expression de la plus courte distance des lignes données.

Si en même temps on fait la distance $AB = c$, et qu'on appelle A l'angle compris entre les deux lignes données, c'est-à-dire l'angle CDE, compris entre la ligne CD et une parallele DE à la ligne AB, le triangle CDE rectangle en E donnera $\cos CDE = \frac{DE}{CD}$, ou $\cos A = \frac{c}{\sqrt{(a^2+b^2+c^2)}}$; car on a $\overline{CD}^2 = \overline{CE}^2 + \overline{ED}^2 = a^2 + b^2 + c^2$. De là on tirerait aussi $\sin A = \frac{\sqrt{(a^2+b^2)}}{\sqrt{(a^2+b^2+c^2)}}$. et $\cot A = \frac{c}{\sqrt{(a^2+b^2)}}$;

NOTE VII.

Sur les polyèdres symmétriques.

C'est pour plus de simplicité que nous avons supposé dans la déf. 16, liv. VI, que le plan auquel les polyèdres symmétriques sont rapportés, est le plan d'une face : on pourrait supposer que ce plan est un plan quelconque, et alors la définition deviendrait plus générale, sans qu'il y eût rien à changer à la démonstration de la propos. 11, par laquelle nous avons établi les relations mutuelles des deux polyèdres. On peut aussi prendre une idée très-juste de la maniere d'être de ces deux solides, en regardant l'un des deux comme l'image de l'autre formée dans un miroir plan, lequel tiendra lieu du plan dont nous venons de parler.

NOTE VIII.

Sur la proposition XXV, livre VII.

Ce théorême qu'Euler a démontré le premier dans les Mémoires de Pétersbourg, année 1758, offre plusieurs conséquences qui méritent d'être développées.

1° Soit a le nombre des triangles, b le nombre des quadrilateres, c le nombre des pentagones, etc. qui composent la surface d'un polyèdre; le nombre total des faces sera $a+b+c+d+$ etc., et le nombre total de leurs côtés sera $3a+4b+5c+6d+$ etc. Ce dernier nombre est double de celui des arêtes, puisque la même arête appartient à deux faces, ainsi on aura

$$H=a+b+c+d+\text{etc.}$$
$$2A=3a+4b+5c+6d+\text{etc.}$$

Et puisque, suivant le théorême dont il s'agit, $S+H=A+2$, on en tire

$$2S=4+a+2b+3c+4d+\text{etc.}$$

Une premiere remarque que fournissent ces valeurs, c'est que le nombre des faces impaires $a+c+e+$ etc. est toujours pair.

On peut faire pour abréger $\omega=b+2c+3d+$ etc., et alors on aura

$$A=\tfrac{3}{2}H+\tfrac{1}{2}\omega,$$
$$S=2+\tfrac{1}{2}H+\tfrac{1}{2}\omega.$$

Ainsi dans tout polyèdre on a toujours $A>\frac{3}{2}H$, et $S>2+\frac{1}{2}H$, où il faut observer que le signe $>$ n'exclut pas l'égalité, attendu qu'on pourrait avoir $\omega=0$.

Le nombre de tous les angles plans du polyèdre est $2A$, celui des angles solides est S, de sorte que le nombre moyen des angles plans qui forment chaque angle solide, est $\frac{2A}{S}$.

Ce nombre ne peut être moindre que 3, puisqu'il faut au moins trois angles plans pour former un angle solide; ainsi on doit avoir $2A>3S$, le signe $>$ n'excluant pas l'égalité. Si on met au lieu de A et S leurs valeurs en H et ω, on aura $3H+\omega>6+\frac{3}{2}H+\frac{3}{2}\omega$, ou $3H>12+\omega$. Remettant les valeurs de H et ω en a, b, c, etc., il en résultera

$$3a+2b+c>12+e+2f+3g+\text{etc.}$$

d'où l'on voit que a, b, c, ne peuvent pas être zéro à-la-fois, et qu'ainsi il n'existe aucun polyèdre dont toutes les faces aient plus de cinq côtés.

Puisqu'on a $H>4+\frac{1}{3}\omega$, la substitution dans les valeurs de S et de A donnera $S>4+\frac{2}{3}\omega$, et $A>6+\omega$. Mais en même temps on a $\omega<3H-12$; et de là il résulte $S<2H-4$, et $A < 3H - 6$, où l'on se souviendra que les signes $>$ et $<$ n'excluent pas l'égalité. Ces limites ont lieu généralement dans tous les polyèdres.

2° Supposons $2A > 4S$, ce qui convient à une infinité de polyèdres, et nommément à ceux dont tous les angles solides sont formés de quatre plans ou plus, on aura dans ce cas $H > 8 + \omega$, ou, en faisant la substitution,

$$a > 8 + c + 2d + 3e + \text{etc.}$$

Donc il faut que le solide ait au moins huit faces triangulaires; la limite $H > 8 + \omega$ donne $S > 6 + \omega$, et $A > 2 + \omega 12$. Mais on a en même temps $\omega < H - 8$; et de là résulte $S < H - 2$, $A < 2H - 4$.

3° Supposons $2A > 5S$, ce qui renferme entre autres polyèdres ceux dont tous les angles solides sont au moins quintuples, il en resultera $H > 20 + 3\omega$, ou

$$a > 20 + 2b + 5c + 8d + \text{etc.}$$

Et on aura en même temps $S > 12 + 2\omega$, et $A > 30 + 5\omega$; enfin de ce que $\omega < \frac{1}{3}(H - 20)$, on tire les limites $S < \frac{2}{3}(H - 2)$, $A < \frac{5}{3}(H - 2)$.

On ne peut supposer $2A = 6S$; car on a en général $2A + 2\omega + 12 = 6S$; donc il n'y a aucun polyèdre dont tous les angles solides soient formés de six angles plans ou plus; et en effet la moindre valeur qu'aurait chaque angle plan, l'un portant l'autre, serait l'angle d'un triangle équilatéral, et six de ces angles feraient quatre angles droits, ce qui est trop grand pour un angle solide.

4° Considérons un polyèdre dont toutes les faces soient triangulaires, on aura $\omega = 0$, ce qui donnera $A = \frac{3}{2}H$, et $S = 2 + \frac{1}{2}H$. Supposons en outre que tous les angles solides du polyèdre soient en partie quintuples, en partie sextuples; soit p le nombre des angles solides quintuples, q celui des sextuples, on aura $S = p + q$ et $2A = 5p + 6q$, ce qui donne $6S - 2A = p$: mais on a d'ailleurs $A = \frac{3}{2}H$, et $S = 2 + \frac{1}{2}H$; donc $p = 6S - 2A = 12$. Donc *si un polyèdre a toutes ses faces triangulaires, et que ses angles solides soient en partie quintuples, en partie sextuples, les angles solides quintuples seront toujours au nombre de* 12. Les sextuples peuvent être en nombre quelconque : ainsi, en laissant q indéterminé, on aura dans tous ces solides $S = 12 + q$, $H = 20 + 2q$, $A = 30 + 3q$.

Nous terminerons ces applications par la recherche du nombre de conditions ou données nécessaires pour déterminer un polyèdre; question intéressante, et qu'il ne paraît pas qu'on ait encore résolue.

Supposons d'abord que le polyèdre soit *d'une espece déterminée*, c'est-à-dire qu'on connaisse le nombre de ses faces, le nombre de leurs côtés individuellement, et leur disposition les unes à l'égard des autres. On connaît donc les nombres H, S, A, ainsi que a, b, c, d, etc.; il ne s'agit plus que d'avoir le nombre de données effectives, lignes ou angles, par le moyen desquelles le polyèdre peut être construit et déterminé.

Considérons une des faces du polyèdre que nous prendrons pour sa base. Soit n le nombre de ses côtés; il faudra $2n - 3$ données pour déterminer cette base. Les angles solides hors de la base sont au nombre de $S - n$; le sommet de chaque angle exige trois données pour sa détermination; ainsi la position de $S - n$ sommets exigerait $3S - 3n$ données, auxquelles ajoutant les $2n - 3$ de la base, on aurait en tout $3S - n - 3$. Mais ce nombre est en général trop grand, il doit être diminué du nombre de conditions nécessaires pour que les sommets qui répondent à une même face soient dans un même plan. Nous avons appelé n le nombre de côtés de la base, appelons de même n', n'', etc. les nombres de côtés des autres faces. Trois points déterminent un plan; ainsi ce qui se trouvera de plus que 3 dans chacun des nombres n', n'', etc. donnera autant de conditions pour que les différents sommets soient situés dans les plans des faces auxquelles ils appartiennent, et le nombre total de ces conditions sera égal à la somme $(n' - 3) + (n'' - 3) + (n''' - 3) +$ etc. Mais le nombre des termes de cette suite est $H - 1$, et d'ailleurs $n + n' + n''$ $+$ etc. $= 2A$: donc la somme de la suite sera $2A - n - 3(H - 1)$. Retranchant cette somme de $3S - n - 3$, il restera $3S - 2A + 3H - 6$, quantité qui, à cause de $S + H = A + 2$, se réduit à A. Donc *le nombre de données nécessaires pour déterminer un polyèdre, parmi tous ceux de la même espece, est égal au nombre de ses arêtes.*

Remarquez cependant que les données dont il s'agit ne

doivent pas être prises au hasard parmi les lignes et les angles qui constituent les éléments du polyèdre; car, quoiqu'on eût autant d'équations que d'inconnues, il pourrait se faire que certaines relations entre les quantités connues rendissent le problème indéterminé. Ainsi il semblerait, d'après le théorème qu'on vient de trouver, que la connaissance des arêtes seules suffit en général pour déterminer un polyèdre; mais il y a des cas où cette connaissance n'est pas suffisante. Par exemple, étant donné un prisme non triangulaire quelconque, on pourra former une infinité d'aures prismes qui auront des arêtes égales et placées de la même maniere. Car, dès que la base a plus de trois côtés, on peut, en conservant les côtés, changer les angles, et donner ainsi à cette base une infinité de formes différentes; on peut aussi changer la position de l'arête longitudinale du prisme par rapport au plan de la base, enfin on peut combiner ces deux changements l'un avec l'autre; et il en résultera toujours un prisme dont les arêtes ou côtés n'auront pas changé. D'où l'on voit que les arêtes seules ne suffisent pas dans ce cas pour déterminer le solide.

Les données qu'il convient de prendre pour déterminer un solide, sont celles qui ne laissent aucune indétermination, et qui ne donnent absolument qu'une solution. Et d'abord la base ABCDE sera déterminée entre autres manieres, si on connaît le côté AB, avec les angles adjacents BAC, ABC, pour le point C; les angles BAD, ABD, pour le point D, et ainsi des autres. Soit ensuite M un point dont il faut déterminer la position hors du plan de la base; ce point sera déterminé, si, en imaginant la pyramide MABC, ou seulement le plan MAB, on connaît les angles MAB, ABM, et l'inclinaison du plan MAB sur la base ABC. Si on détermine, par le moyen de trois données pareilles la position de chacun des sommets du polyèdre hors du plan de la base, il est clair que le polyèdre sera déterminé absolument et d'une maniere unique, de sorte que deux polyèdres construits avec les mêmes données seront nécessairement égaux; ils seraient cependant symmétriques l'un de l'autre, s'ils étaient construits de différents côtés du plan de la base.

fig. 281.

Il n'est pas toujours nécessaire d'avoir trois données pour déterminer chaque sommet d'un polyèdre ; car si le point M doit se trouver sur un plan déja déterminé dont l'intersection avec la base soit FG, il suffira, après avoir pris FG à volonté, de connaître les angles MGF, MFG; ainsi il faudra une donnée de moins. Si le point M doit se trouver sur deux plans déja déterminés, ou sur leur intersection commune MK qui rencontre le plan ABC en K, on connaitra déja le côté AK, l'angle AKM, et l'inclinaison du plan AKM sur la base; il suffira donc d'avoir pour nouvelle donnée l'angle MAK. C'est ainsi que le nombre de données nécessaires pour déterminer un polyèdre absolument et d'une maniere unique, se réduira toujours au nombre de ses arêtes A.

Le côté AB et un nombre A — 1 d'angles donnés déterminent un polyèdre; un autre côté à volonté et les mêmes angles détermineront un polyèdre semblable. D'où il suit que *le nombre de conditions nécessaires pour que deux polyèdres de la même espece soient semblables, est égal au nombre des arêtes moins un.*

La question qu'on vient de résoudre serait beaucoup plus simple si on ne connaissait pas l'espece du polyèdre, mais seulement le nombre de ses angles solides S. Déterminez alors trois sommets à volonté par le moyen d'un triangle où il y aura trois données; ce triangle sera regardé comme la base du solide, ensuite les sommets hors de cette base seront au nombre de S — 3; et la détermination de chacun d'eux exigeant trois données, il est clair que le nombre total de données nécessaires pour déterminer le polyèdre, sera 3 + 3 (S — 3), ou 3 S — 6.

Il faudra donc 3 S — 7 conditions pour que deux polyèdres qui ont un égal nombre S d'angles solides soient semblables entre eux.

NOTE IX.

Sur les polyèdres réguliers. (Voyez l'appendice au livre VII.)

Nous nous sommes attachés dans la proposition II de cet appendice à démontrer l'existence des cinq polyèdres réguliers, c'est-à-dire, la possibilité d'arranger un certain nombre de plans égaux de maniere qu'il en résulte un solide uniforme dans toute son étendue. Il nous a paru que dans d'autres ouvrages on suppose cet arrangement existant, sans trop en rendre raison; ou bien on ne le démontre, comme a fait Euclide, que par des figures compliquées et difficiles à entendre.

Le problême de déterminer l'inclinaison de deux faces adjacentes du polyèdre, et celui de déterminer les rayons des spheres inscrite et circonscrite, sont réduits dans les problêmes III et IV à des constructions fort simples; mais il ne sera pas inutile d'appliquer à ces mêmes problêmes le calcul trigonométrique qui fournira d'ailleurs de nouvelles propositions.

Soient a, b, c, les trois angles plans qui composent l'angle solide O, et soit proposé de trouver l'inclinaison des plans où sont les angles a et b, on décrira du centre O le triangle sphérique ABC, dans lequel on connaîtra les trois côtés $BC = a$, $AC = b$, $AB = c$, et il faudra trouver l'angle C compris entre les côtés a et b. Or, par les formules connues, on a $\cos C = \frac{\cos c - \cos a \cos b}{\sin a \sin b}$. Cette formule appliquée aux cinq polyèdres réguliers, va nous faire connaître l'inclinaison de deux faces adjacentes dans chacun de ces solides. fig. 222.

Dans le tétraèdre, les trois angles plans qui composent l'angle solide S, sont des angles de triangles équilatéraux; soit donc la demi-circonférence ou l'arc de $200° = \pi$, on aura $a = b = c = \frac{1}{3}\pi$; donc $\cos C = \frac{\cos a - \cos^2 a}{\sin^2 a} = \frac{\cos a\,(1 - \cos a)}{1 - \cos^2 a} = \frac{\cos a}{1 + \cos a}$; mais on sait que $\cos \frac{1}{3}\pi = \frac{1}{2}$, donc $\cos C = \frac{1}{3}$. fig. 243.

Dans l'hexaèdre ou cube, les trois angles plans qui forment l'angle solide A, sont des angles droits; ainsi on a $a = b = c = \frac{1}{2}\pi$, et $\cos a = 0$, donc $\cos C = 0$. Donc l'angle de deux faces adjacentes est un angle droit. fig. 244

Dans l'octaèdre, si l'on fait $a = DAS = \frac{1}{3}\pi$, $b = DAT = \frac{1}{3}\pi$, $c = TAS = \frac{1}{2}\pi$, on aura $\cos C = \frac{\cos \frac{1}{2}\pi - \cos^2 \frac{1}{3}\pi}{\sin^2 \frac{1}{3}\pi}$ fig. 245.

Or, $\cos \frac{1}{2}\pi = 0$, $\cos \frac{1}{3}\pi = \frac{1}{2}$, $\sin \frac{1}{3}\pi = \frac{1}{2}\sqrt{3}$; donc $\cos C = -\frac{1}{3}$. D'où l'on voit que l'inclinaison des faces de l'octaèdre et l'inclinaison des faces du tétraèdre sont deux angles suppléments l'une de l'autre.

fig. 246. *Dans le dodécaèdre*, un angle solide est formé de trois angles plans égaux, chacun, à l'angle d'un pentagone régulier; ainsi, en faisant $a = b = c = \frac{3}{5}\pi$, on aura $\cos C = \frac{\cos a}{1 + \cos a}$; mais $\cos \frac{3}{5}\pi = -\sin \frac{1}{10}\pi = \frac{1 - \sqrt{5}}{4}$, donc $\cos C = \frac{1 - \sqrt{5}}{5 - \sqrt{5}} = -\frac{1}{\sqrt{5}}$, $\sin C = \frac{2}{\sqrt{5}}$, et $\operatorname{tang} C = -2$.

fig. 247. *Dans l'icosaèdre*, il faut faire $c = C'B'D' = \frac{3}{5}\pi$, $a = b = C'B'A' = \frac{1}{3}\pi$, et on aura $\cos C = \frac{\cos \frac{3}{5}\pi - \cos^2 \frac{1}{3}\pi}{\sin^2 \frac{1}{3}\pi} = \frac{\frac{1}{4}(1 - \sqrt{5}) - \frac{1}{4}}{\frac{3}{4}} = \frac{-\sqrt{5}}{3}$; donc $\sin C = \frac{2}{3}$. Telles sont les expressions très simples par lesquelles on détermine l'inclinaison de deux faces dans les cinq polyèdres réguliers. Mais nous remarquerons qu'on aurait pu les comprendre dans une seule et même formule.

fig. 248. En effet, soit n le nombre de côtés de chaque face, m le nombre d'angles plans qui se réunissent dans chaque angle solide; si du centre O et d'un rayon $= 1$, on décrit une surface sphérique qui rencontre en p, q, r, les lignes OA, OC, OD, on aura un triangle sphérique pqr, dans lequel on connait l'angle droit r, l'angle $p = \frac{\pi}{m}$, et l'angle $q = \frac{\pi}{n}$; on aura donc, par les formules connues, $\cos qr = \frac{\cos p}{\sin q}$. Mais $\cos qr = \cos COD = \sin CDO = \sin \frac{1}{2} C$, C désignant l'angle CDE; donc $\sin \frac{1}{2} C = \frac{\cos \frac{\pi}{m}}{\sin \frac{\pi}{n}}$. Formule générale qui, appliquée successivement aux cinq polyèdres, donnerait les mêmes valeurs de $\cos C$ ou de $1 - 2 \sin^2 \frac{1}{2} C$

qu'on a trouvées par une autre voie; pour cela, il faut substituer, dans chaque cas, les valeurs de m et n, savoir :

	Tétraèdre,	Hexaèdre,	Octaèdre,	Dodécaèdre,	Icosaèdre.
$m =$	3,	3,	4,	3,	5.
$n =$	3,	4,	3,	5,	3.

Le même triangle sphérique pqr, d'où l'on vient de déduire l'inclinaison de deux faces adjacentes, donne $\cos pq = \cot p \cot q$, ou $\frac{\text{CO}}{\text{OA}} = \cot\frac{\pi}{m}\cot\frac{\pi}{n}$. Donc, si on appelle R le rayon de la sphere circonscrite au polyèdre, et r le rayon de la sphere inscrite dans le même polyèdre, on aura $\frac{\text{R}}{r} = \text{tang}\frac{\pi}{m}\,\text{tang}\frac{\pi}{n}$; d'ailleurs, en faisant le côté $\text{AB} = a$, on a $\text{CA} = \frac{\frac{1}{2}a}{\sin\frac{\pi}{n}}$, et par conséquent $\text{R}^2 = r^2 + \frac{\frac{1}{4}a^2}{\sin^2\frac{\pi}{n}}$. Ces deux équations donneront pour chaque polyèdre, les valeurs des rayons R et r des spheres circonscrite et inscrite. On a aussi, en supposant C connu, $r = \frac{1}{2}a\cot\frac{\pi}{n}\,\text{tang}\,\frac{1}{2}\text{C}$ et $\text{R} = \frac{1}{2}a\,\text{tang}\frac{\pi}{m}\,\text{tang}\,\frac{1}{2}\text{C}$.

Dans le dodécaèdre et l'icosaèdre, on voit que le rapport $\frac{\text{R}}{r}$ a la même valeur $\text{tang}\frac{\pi}{3}\,\text{tang}\frac{\pi}{5}$. Donc, si R est le même pour tous les deux, r sera aussi le même; c'est-à-dire, que si ces deux solides sont inscrits dans une même sphere, ils seront aussi circonscrits à la même sphere, et *vice versâ*. La même propriété a lieu entre l'hexaèdre et l'octaèdre, puisque la valeur de $\frac{\text{R}}{r}$ est, pour l'un et pour l'autre, $\text{tang}\frac{\pi}{3}\,\text{tang}\frac{\pi}{4}$.

Remarquons que les polyèdres réguliers ne sont pas les seuls solides qui soient compris sous des polygones réguliers égaux; car, si on adosse par une face commune deux tétraèdres réguliers égaux, il en résultera un solide compris sous six triangles égaux et équilatéraux. On pourrait encore former un autre solide avec dix triangles égaux et équilatéraux; mais les polyèdres réguliers sont les seuls qui aient en même temps les angles solides égaux.

NOTE X.

Sur l'aire du triangle sphérique.

Soit 1 le rayon de la sphere, π la demi-circonférence d'un grand cercle; soient a, b, c, les trois côtés d'un triangle sphérique; A, B, C, les arcs de grand cercle qui mesurent les angles opposés. Soit $A+B+C-\pi=S$; suivant ce
*23, 7. qui a été démontré dans le texte *, l'aire du triangle sphérique est égale à l'arc S multiplié par le rayon, et ainsi est représentée par S. Or, par les analogies de *Néper*, on a :

$$\text{tang}\,\frac{A+B}{2} : \cot\frac{C}{2} :: \cos\frac{a-b}{2} : \cos\frac{a+b}{2};$$

de là, tirant la valeur de tang $\frac{1}{2}(A+B)$, on en déduira aisément celle de tang $(\frac{1}{2}A+\frac{1}{2}B+\frac{1}{2}C)=-\cot\frac{1}{2}S$: on aura ainsi

$$\cot\tfrac{1}{2}S=\frac{\cot\frac{1}{2}a\cot\frac{1}{2}b+\cos C}{\sin C},$$

formule très-simple qui peut servir à calculer l'aire d'un triangle sphérique lorsqu'on connaît deux côtés a, b, et l'angle compris C. On peut aussi en déduire plusieurs conséquences remarquables.

1° Si l'angle C est constant, ainsi que le produit $\cot\frac{a}{2}\cot\frac{b}{2}$, l'aire du triangle sphérique représentée par S,
fig. 282. demeurera constante. Donc deux triangles CAB, CDE, qui ont un angle égal C, seront équivalents, si on a tang $\frac{1}{2}$ CA : tang $\frac{1}{2}$ CD :: tang $\frac{1}{2}$ CE : tang $\frac{1}{2}$ CB, c'est-à-dire, si les tangentes des moitiés des côtés qui comprennent l'angle égal, sont réciproquement proportionnelles.

2° Pour faire sur le côté donné CD et avec le même

angle C, un triangle CDE équivalent au triangle donné CAB, il faut déterminer CE par la proportion :

$$\text{tang}\tfrac{1}{2}\,CD : \text{tang}\tfrac{1}{2}\,CA :: \text{tang}\tfrac{1}{2}\,CB : \text{tang}\tfrac{1}{2}\,CE.$$

3° Pour faire avec l'angle du sommet C un triangle isoscèle DCE équivalent au triangle donné CAB, il faut prendre tang $\frac{1}{2}$ CD, ou tang $\frac{1}{2}$ CE, moyenne proportionnelle entre tang $\frac{1}{2}$ CA et tang $\frac{1}{2}$ CB.

4° La même formule $\cot\frac{1}{2}S = \dfrac{\cot\frac{1}{2}a \cot\frac{1}{2}b + \cos C}{\sin C}$ peut servir à démontrer d'une maniere très-simple la proposition XXVI du livre VII; savoir, que de tous les triangles sphériques formés avec deux côtés donnés a et b, le plus grand est celui dans lequel l'angle C compris par les côtés donnés, est égal à la somme des deux autres angles A et B.

Du rayon $OZ = 1$ décrivez la demi-circonférence VMZ, faites l'arc $ZX = C$, et de l'autre côté du centre prenez $OP = \cot\frac{1}{2}a \cot\frac{1}{2}b$; enfin joignez PX et abaissez XY perpendiculaire sur PZ. fig. 283.

Dans le triangle rectangle PXY on a $\cot P = \dfrac{PY}{XY} = \dfrac{\cot\frac{1}{2}a \cot\frac{1}{2}b + \cos C}{\sin C}$; donc $P = \frac{1}{2}S$; donc la surface S sera un *maximum*, si l'angle P en est un. Or, il est évident que si on mene PM tangente à la circonférence, l'angle MPO sera le *maximum* des angles P, et alors on aura $MPO = MOZ - \frac{1}{2}\pi$. Donc le triangle sphérique, formé avec deux côtés donnés, sera un *maximum* si on a $\frac{1}{2}S = C - \frac{1}{2}\pi$, ou $C = A + B$, ce qui s'accorde avec la proposition citée.

On voit en même temps, par cette construction, qu'il n'y aurait pas lieu à *maximum* si le point P était au-dedans du cercle, c'est-à-dire, si l'on avait $\cot\frac{1}{2}a \cot\frac{1}{2}b < 1$. Condition d'où l'on tire successivement $\cot\frac{1}{2}a < \text{tang}\frac{1}{2}b$, $\text{tang}\left(\frac{1}{2}\pi - \frac{1}{2}a\right) < \text{tang}\frac{1}{2}b$, $\frac{1}{2}\pi - \frac{1}{2}a < \frac{1}{2}b$, et enfin $\pi < a + b$, ce qui s'accorde encore avec le scholie de la même proposition.

Problème I. *Trouver la surface d'un triangle sphérique par le moyen de ses trois côtés.*

Pour cela, il faudra dans la formule

$$\cot \tfrac{1}{2} S = \frac{\cot \tfrac{1}{2} a \cot \tfrac{1}{2} b + \cos C}{\sin C}.$$

substituer les valeurs de sin C et cos C exprimées en a, b, c: or, on a $\cos C = \frac{\cos c - \cos a \cos b}{\sin a \sin b}$ et $\cot \tfrac{1}{2} a \cot \tfrac{1}{2} b = \frac{1+\cos a}{\sin a} \cdot \frac{1+\cos b}{\sin b}$; de là résulte :

$$\cos C + \cot \tfrac{1}{2} a \cot \tfrac{1}{2} b = \frac{1+\cos a + \cos b + \cos c}{\sin a \sin b}.$$

Ensuite la valeur de cos C donne

$$1+\cos C = \frac{\cos c - \cos(a+b)}{\sin a \sin b} = \frac{2 \sin \frac{a+b+c}{2} \sin \frac{a+b-c}{2}}{\sin a \sin b}$$

$$1-\cos C = \frac{\cos(a-b) - \cos c}{\sin a \sin b} = \frac{2 \sin \frac{a+c-b}{2} \sin \frac{b+c-a}{2}}{\sin a \sin b}.$$

Multipliant ces deux quantités entre elles et extrayant la racine du produit, on aura

$$\sin C = \frac{2\sqrt{\left(\sin \frac{a+b+c}{2} \sin \frac{a+b-c}{2} \sin \frac{a+c-b}{2} \sin \frac{b+c-a}{2}\right)}}{\sin a \sin b}.$$

Donc enfin

$$\cot \tfrac{1}{2} S = \frac{1+\cos a + \cos b + \cos c}{2\sqrt{\left(\sin \frac{a+b+c}{2} \sin \frac{a+b-c}{2} \sin \frac{a+c-b}{2} \sin \frac{b+a-c}{2}\right)}}.$$

Cette formule résout le problême proposé, mais on peut parvenir à un résultat plus simple.

Pour cela reprenons la formule

$$\cot \tfrac{1}{2} S = \frac{\cot \tfrac{1}{2} a \cot \tfrac{1}{2} b + \cos C}{\sin C},$$

nous en tirerons d'abord $1 + \cot^2 \tfrac{1}{2} S$, ou

$$\frac{1}{\sin^2 \tfrac{1}{2} S} = \frac{\cot^2 \tfrac{1}{2} a \cot^2 \tfrac{1}{2} b + 2 \cot \tfrac{1}{2} a \cot \tfrac{1}{2} b \cos C + 1}{\sin^2 C}$$

Or, la valeur de cos C donne $2 \cot \frac{1}{2} a \cot \frac{1}{2} b \cos C = \frac{\cos c - \cos a \cos b}{2 \sin^2 \frac{1}{2} a \sin^2 \frac{1}{2} b}$; mettant dans le numérateur, au lieu de $\cos c$, $\cos a$, $\cos b$, leurs valeurs $1 - 2 \sin^2 \frac{1}{2} c$, $1 - 2 \sin^2 \frac{1}{2} a$, $1 - 2 \sin^2 \frac{1}{2} b$, et réduisant, on aura

$$2 \cot \tfrac{1}{2} a \cot \tfrac{1}{2} b \cos C = \frac{\sin^2 \frac{1}{2} a + \sin^2 \frac{1}{2} b - \sin^2 \frac{1}{2} c}{\sin^2 \frac{1}{2} a \sin^2 \frac{1}{2} b} - 2.$$

On a d'ailleurs $\cot^2 \frac{1}{2} a . \cot^2 \frac{1}{2} b = \frac{1 - \sin^2 \frac{1}{2} a}{\sin^2 \frac{1}{2} a} . \frac{1 - \sin^2 \frac{1}{2} b}{\sin^2 \frac{1}{2} b} = \frac{1 - \sin^2 \frac{1}{2} a - \sin^2 \frac{1}{2} b}{\sin^2 \frac{1}{2} a \sin^2 \frac{1}{2} b} + 1$. Donc, en substituant ces valeurs, on aura $\frac{1}{\sin^2 \frac{1}{2} S} = \frac{1 - \sin^2 \frac{1}{2} c}{\sin^2 \frac{1}{2} a \sin^2 \frac{1}{2} b \sin^2 C}$, ce qui donne $\sin \frac{1}{2} S = \frac{\sin \frac{1}{2} a \sin \frac{1}{2} b \sin C}{\cos \frac{1}{2} c}$, et, en remettant la valeur de $\sin C$, on a

$$\sin \tfrac{1}{2} S = \frac{\sqrt{\left(\sin \frac{a+b+c}{2} \sin \frac{a+b-c}{2} \sin \frac{a+c-b}{2} \sin \frac{b+c-a}{2}\right)}}{2 \cos \frac{1}{2} a \cos \frac{1}{2} b \cos \frac{1}{2} c}.$$

Formule commode pour le calcul logarithmique.

Si on multiplie celle-ci par la valeur de $\cot \frac{1}{2} S$, il en résultera

$$\cos \tfrac{1}{2} S = \frac{1 + \cos a + \cos b + \cos c}{4 \cos \frac{1}{2} a \cos \frac{1}{2} b \cos \frac{1}{2} c} = \frac{\cos^2 \frac{1}{2} a + \cos^2 \frac{1}{2} b + \cos^2 \frac{1}{2} c - 1}{2 \cos \frac{1}{2} a \cos \frac{1}{2} b \cos \frac{1}{2} c}.$$

Nouvelle formule qui a l'avantage d'être composée de termes rationnels.

De là on tire encore $\frac{1 - \cos \frac{1}{2} S}{\sin \frac{1}{2} S}$, ou

$$\operatorname{tang} \tfrac{1}{4} S = \frac{1 - \cos^2 \frac{1}{2} a - \cos^2 \frac{1}{2} b - \cos^2 \frac{1}{2} c + 2 \cos \frac{1}{2} a \cos \frac{1}{2} b \cos \frac{1}{2} c}{\sqrt{\left(\sin \frac{a+b+c}{2} \sin \frac{a+b-c}{2} \sin \frac{a+c-b}{2} \sin \frac{b+c-a}{2}\right)}}.$$

Or, le numérateur de cette expression peut se décomposer en facteurs, comme on l'a fait pour une quantité semblables, note V, problême IV; on oura ainsi

$$\text{tang}\tfrac{1}{4}S=\frac{4\sin\frac{a+b+c}{4}\sin\frac{a+b-c}{4}\sin\frac{a+c-b}{4}\sin\frac{b+c-a}{4}}{\sqrt{\left(\sin\frac{a+b+c}{2}\sin\frac{a+b-c}{2}\sin\frac{a+c-b}{2}\sin\frac{b+c-a}{2}\right)}}$$

Mais on a $\frac{\sin\frac{1}{2}p}{\sqrt{\sin p}}=\sqrt{\left(\frac{\sin^2\frac{1}{2}p}{2\sin\frac{1}{2}p\cos\frac{1}{2}p}\right)}=\sqrt{(\tfrac{1}{2}\text{tang}\tfrac{1}{2}p)}$;

donc enfin

$$\text{tang}\tfrac{1}{4}S=\sqrt{\left(\text{tang}\frac{a+b+c}{4}\text{tang}\frac{a+b-c}{4}\text{tang}\frac{a+c-b}{4}\text{tang}\frac{b+c-a}{4}\right)}$$

Cette formule très-élégante est due à Simon Lhuillier.

fig. 284. PROBLEME II. *Etant donnés les trois côtés* BC$=$a, AC$=$b, AB$=$c, *déterminer la position du point* I, *pôle du cercle circonscrit au triangle* ABC.

Soit l'angle ACI$=x$, et l'arc AI$=$CI$=$BI$=\varphi$; dans les triangles CAI, CBI, on aura par les formules connues
$\cos x=\frac{\cos\varphi-\cos b\cos\varphi}{\sin b\sin\varphi}=\frac{1-\cos b}{\sin b}\cot\varphi=\frac{\sin b}{1+\cos b}\cot\varphi$,
$\cos(C-x)=\frac{1-\cos a}{\sin a}\cot\varphi$. Donc $\frac{\cos(C-x)}{\cos x}$, ou
$\cos C+\sin C\,\text{tang}\,x=\frac{(1+\cos b)(1-\cos a)}{\sin a\sin b}$; substituant dans cette équation les valeurs de cos C et sin C exprimées en a, b, c, et faisant, pour abréger,
$M=\sqrt{(1-\cos^2 a-\cos^2 b-\cos^2 c+2\cos a\cos b\cos c)}$,
on en déduira $\text{tang}\,x=\frac{1+\cos b-\cos c-\cos a}{M}$, formule qui détermine l'angle ACI. On peut observer qu'à cause des triangles isosceles ACI, ABI, BCI, on a ACI$=\tfrac{1}{2}(C+A-B)$; on aurait de même BCI$=\tfrac{1}{2}(B+C-A)$, BAI$=\tfrac{1}{2}(A+B-C)$. De là résultent ces formules remarquables :

$$\text{tang}\tfrac{1}{2}(A+C-B)=\frac{1+\cos b-\cos a-\cos c}{M}$$

$$\text{tang}\tfrac{1}{2}(B+C-A)=\frac{1+\cos a-\cos b-\cos c}{M}$$

$$\text{tang}\,\tfrac{1}{2}(A+B-C)=\frac{1+\cos c-\cos a-\cos b}{M},$$

auxquelles on peut joindre celle qui donne $\cot\frac{1}{2}S$, et qui peut se mettre sous la forme :

$$\text{tang}\,\tfrac{1}{2}(A+B+C)=\frac{-1-\cos a-\cos b-\cos c}{M}.$$

La valeur de tang x qu'on vient de trouver, donne $1+\text{tang}^2 x$ ou $\frac{1}{\cos^2 x}=\frac{2(1+\cos b)(1-\cos c)(1-\cos a)}{M^2}$ $=\frac{16\cos^2\frac{1}{2}b\sin^2\frac{1}{2}c\sin^2\frac{1}{2}a}{M^2}$; donc $\frac{1}{\cos x}$ $=\frac{4\cos\frac{1}{2}b\sin\frac{1}{2}c\sin\frac{1}{2}a}{M}$. Mais de l'équation $\cos x=\frac{1-\cos b}{\sin b}\cot\varphi=\text{tang}\,\frac{1}{2}b\cot\varphi$, on tire $\text{tang}\,\varphi=\frac{\text{tang}\,\frac{1}{2}b}{\cos x}$; donc $\text{tang}\,\varphi=\frac{4\sin\frac{1}{2}a\sin\frac{1}{2}b\sin\frac{1}{2}c}{M}$

$$=\frac{2\sin\frac{1}{2}a\sin\frac{1}{2}b\sin\frac{1}{2}c}{\sqrt{\left(\sin\frac{a+b+c}{2}\sin\frac{a+b-c}{2}\sin\frac{a+c-b}{2}\sin\frac{b+c-a}{2}\right)}}.$$

Problème III. *Déterminer sur la surface de la sphere la ligne sur laquelle sont situés tous les sommets des triangles de même base et de même surface.*

Soit ABC l'un des triangles sphériques dont la base commune est $AB=c$, et la surface donnée $A+B+C-\pi=S$. Soit IPK une perpendiculaire indéfinie élevée sur le milieu de AB; ayant pris IP égal au quadrant, P sera le pôle de l'arc AB, et l'arc PCD mené par les points P, C, sera perpendiculaire sur AB. Soit $ID=p$, $CD=q$; les triangles rectangles ACD, BCD, dans lesquels on a $AC=b$, $BC=a$, $AD=p+\frac{1}{2}c$, $BD=p-\frac{1}{2}c$, donneront $\cos a=\cos q\cos(p-\frac{1}{2}c)$, $\cos b=\cos q\cos(p+\frac{1}{2}c)$. Mais on a trouvé ci-dessus : fig. 285.

$$\cot\tfrac{1}{2}S=\frac{1+\cos a+\cos b+\cos c}{\sin a\sin b\sin C};$$

substituant dans cette formule les valeurs $\cos a+\cos b=$

$2 \cos q \cos p \cos \frac{1}{2} c$, $1 - \cos c = 2 \cos^2 \frac{1}{2} c$, $\sin b \sin C =$ $\sin c \sin B = 2 \sin \frac{1}{2} c \cos \frac{1}{2} c \sin B$; on aura

$$\cot \tfrac{1}{2} S = \frac{\cos \frac{1}{2} c + \cos p \cos q}{\sin a \sin \frac{1}{2} c \sin B}.$$

D'ailleurs dans le triangle rectangle BCD, on a encore $\sin a \sin B = \sin q$; donc $\cot \frac{1}{2} S = \dfrac{\cos \frac{1}{2} c + \cos p \cos q}{\sin \frac{1}{2} c \sin q}$, ou $\cos p \cos q = \cot \frac{1}{2} S \sin \frac{1}{2} c \sin q - \cos \frac{1}{2} c$; c'est la relation entre p et q qui doit déterminer la ligne sur laquelle sont situés tous les points C.

Ayant prolongé IP d'une quantité $PK = x$, joignez KC et soit $KC = y$; dans le triangle PKC, où l'on a $PC = \frac{1}{2}\pi - q$ et l'angle $KPC = \pi - p$, le côté KC se trouvera par la formule $\cos KC = \cos KPC \sin PK \sin PC + \cos PK \cos PC$, ou

$$\cos y = \sin q \cos x - \sin x \cos q \cos p;$$

dans laquelle substituant au lieu de $\cos q \cos p$ sa valeur $\cot \frac{1}{2} S \sin \frac{1}{2} c \sin q - \cos \frac{1}{2} c$, on aura

$$\cos y = \sin x \cos \tfrac{1}{2} c + \sin q \left(\cos x - \sin x \cot \tfrac{1}{2} S \sin \tfrac{1}{2} c\right).$$

De là on voit que si l'on prend $\cos x - \sin x \cot \frac{1}{2} S \sin \frac{1}{2} c = 0$, ou $\cot x = \cot \frac{1}{2} S \sin \frac{1}{2} c$, on aura $\cos y = \sin x \cos \frac{1}{2} c$, et ainsi la valeur de y deviendra constante.

Donc si après avoir mené l'arc IP perpendiculaire sur le milieu de la base AB, on prend au-delà du pole la partie PK telle que $\cot PK = \cot \frac{1}{2} S \sin \frac{1}{2} c$, tous les sommets des triangles qui ont la même base c et la même surface S, seront situés sur le petit cercle décrit du point K comme pole à la distance KC telle que $\cos KC = \sin PK \cos \frac{1}{2} c$.

Ce beau théorême est dû à Lexell. (Voyez le tome V, part. I des *nova Acta Petropolitana.*)

NOTE XI.

Sur la proposition III, livre VIII.

Cette proposition peut être démontrée plus rigoureusement en la ramenant aux lemmes préliminaires, de la maniere suivante.

Je dis d'abord que la surface convexe terminée par les
fig. 252. arêtes AF, BG, et par les arcs AuB, FxG, ne saurait

être plus petite que le rectangle ABGF, partie correspondante de la surface du prisme inscrit.

En effet, soit S la surface convexe dont il s'agit, et soit, s'il est possible, le rectangle ABGF ou $AB \times AF = S + M$, M étant une quantité positive.

Prolongez la hauteur AF du prisme et du cylindre jusqu'à une distance AF′ égale à n fois AF, n étant un nombre entier quelconque; si l'on prolonge en même temps le cylindre et le prisme, il est clair que la surface convexe S′ comprise entre les arêtes AF′, BG′, contiendra n fois la surface S; de sorte qu'on aura $S' = nS$, et parceque $n \times AF = AF'$, on aura $AB \times AF' = nS + nM = S' + nM$. Or n étant un nombre entier à volonté et M une surface donnée, on peut prendre n de maniere qu'on ait nM plus grand que le double du segment AuB, puisqu'il suffit pour cela de faire $n > \frac{2AuB}{M}$; donc alors le rectangle $AB \times AF'$ ou la surface plane ABG′F′ serait plus grande que la surface enveloppante, composée de la surface convexe S′ et de deux segments circulaires égaux AuB, $F'x'G'$. Or, au contraire, la seconde surface est plus grande que la premiere, suivant le premier lemme préliminaire; donc, 1° on ne peut avoir $S < ABGF$.

Je dis en second lieu que la même surface convexe S ne saurait être égale à celle du rectangle ABGF. Car supposons, s'il est possible, qu'en prenant $AE = AB$, la surface convexe AMK soit égale au rectangle AFKE; par un point quelconque M de l'arc AME, menez les cordes AM, ME, et élevez MN perpendiculaire sur le plan de la base. Les trois rectangles AMNF, MEKN, AEKF, ayant même hauteur, sont entre eux comme leurs bases AM, ME, AE. Or on a $AM + ME > AE$, donc la somme des rectangles AMNF, MEKN est plus grande que le rectangle AFKE. Celui-ci est équivalent par hypothese à la surface convexe AMK, composée des deux surfaces partielles AN, MK. Donc la somme des rectangles AMNF, MEKN est plus grande que la somme des surfaces convexes correspondantes AN, MK. Donc il fauda que l'un au moins des rectangles AMNF, MEKN soit plus grand que la surface convexe correspondante. Cette conséquence est contraire à la premiere partie déja démontrée. Donc, 2° la surface convexe S ne saurait être égale à celle du rectangle correspondant ABGF.

Il suit de là qu'on a S > ABGF, et qu'ainsi la surface convexe du cylindre est plus grande que celle de tout prisme inscrit.

Par un raisonnement absolument semblable, on prouvera que la surface convexe du cylindre est plus petite que celle de tout prisme circonscrit.

NOTE XII.

Sur l'égalité et la similitude des polyèdres.

On trouve à la tête du XIe livre d'Euclide, les définitions 9 et 10 ainsi conçues :

9. *Deux solides sont semblables, lorsqu'ils sont compris sous un même nombre de plans semblables chacun à chacun.*

10. *Deux solides sont égaux et semblables, lorsqu'ils sont compris sous un même nombre de plans égaux et semblables chacun à chacun.*

L'objet de ces définitions étant un des points les plus difficiles des éléments de géométrie, nous l'examinerons avec quelque détail, et nous discuterons en même temps les remarques faites à ce sujet par Robert Simson dans son édition des éléments, pag. 388 et suiv.

D'abord nous observerons avec Robert Simson que la définition 10 n'est pas proprement une définition, mais bien un théorème qu'il faudrait démontrer; car il n'est pas évident que deux solides soient égaux par cela seul qu'ils ont les faces égales; et si cette proposition est vraie, il faut la démontrer soit par la superposition, soit de toute autre maniere. On voit ensuite que le vice de la définition 10 est commun à la définition 9. Car, si la définition 10 n'est pas démontrée, on pourra croire qu'il existe deux solides inégaux et dissemblables dont les faces sont égales; mais alors, suivant la définition 9, un troisieme solide qui aurait les faces semblables à celles des deux premiers serait semblable à chacun d'eux, et ainsi serait semblable à deux corps de différente forme, conclusion qui implique contradiction, ou du moins qui ne s'accorde pas avec l'idée qu'on attache naturellement au mot *semblable*.

Plusieurs propositions des XIe et XIIe livres d'Euclide sont fondées sur les définitions 9 et 10, entre autres la proposition XXVIII, livre XI, de laquelle dépend la mesure des prismes et des pyramides. Il semble donc qu'on pourrait reprocher aux éléments d'Euclide de contenir un assez grand nombre de propositions qui ne sont pas rigoureusement démontrées. Mais il y a une circonstance qui sert à affaiblir cette inculpation, et qu'il ne faut pas omettre.

Les figures dont Euclide démontre l'égalité ou la similitude en se fondant sur les définitions 9 et 10, sont telles, que leurs angles solides n'assemblent pas plus de trois angles plans : or, si deux angles solides sont composés de trois angles plans égaux chacun à chacun, il est démontré assez clairement dans plusieurs endroits d'Euclide que ces angles solides sont égaux. D'un autre côté, si deux polyèdres ont les faces égales ou semblables chacune à chacune, les angles solides homologues seront composés d'un même nombre d'angles plans égaux, chacun à chacun. Donc, tant que les angles plans ne sont pas en plus grand nombre que trois dans chaque angle solide, il est clair que les angles solides homologues sont égaux. Mais, si les faces homologues sont égales et les angles solides homologues égaux, il n'y a plus de doute que les solides ne soient égaux; car ils pourront être superposés, ou au moins ils seront symmétriques l'un de l'autre. On voit donc que l'énoncé des définitions 9 et 10 est vrai et admissible, au moins dans le cas des angles solides triples, qui est le seul dont Euclide ait fait usage. Ainsi le reproche d'inexactitude qu'on pourrait faire à cet auteur, ou à ses commentateurs, cesse d'être aussi grave et ne tombe plus que sur des restrictions et des explications qu'il n'a pas données.

Il reste à examiner si l'énoncé de la définition 10, qui est vrai dans le cas des angles solides triples, est vrai en général. Robert Simson assure qu'il ne l'est pas, et qu'on peut construire deux solides inégaux qui seront compris sous un même nombre de faces égales chacune à chacune. Il cite, à l'appui de son assertion, un exemple qu'on peut généraliser ainsi.

Si à un polyèdre quelconque on ajoute une pyramide, en lui donnant pour base une des faces du polyèdre; si ensuite, au lieu d'ajouter la pyramide, on la retranche, en formant dans le polyèdre une cavité égale à la pyramide, on aura ainsi deux nouveaux solides qui auront les faces égales chacune à chacune, et cependant ces deux solides seront inégaux.

Il n'y a aucun doute sur l'inégalité des deux solides ainsi construits; mais nous observerons que l'un de ces solides contient des angles solides rentrants : or, il est plus que probable qu'Euclide a entendu exclure les corps irréguliers qui ont des cavités ou des angles solides rentrants, et qu'il s'est borné aux polyèdres convexes. En admettant cette restriction, sans laquelle d'ailleurs d'autres propositions ne seraient pas vraies, l'exemple de Robert Simson ne conclut point contre la définition ou le théorême d'Euclide.

Quoi qu'il en soit, il résulte de toutes ces observations que les définitions 9 et 10 d'Euclide ne peuvent être conservées telles qu'elles sont. Robert Simson supprime la définition des solides égaux, qui en effet ne doit trouver place que parmi les théorêmes; et il définit *solides semblables* ceux qui sont compris sous un même nombre de plans semblables, et qui ont les angles solides égaux chacun à chacun. Cette définition est vraie, mais elle a l'inconvénient de contenir bien des conditions superflues. Si on supprimait la condition des angles solides égaux, on retomberait dans l'énoncé d'Euclide, qui est défectueux en ce qu'il suppose la démonstration du théorême sur les polyèdres égaux. Pour éviter tout embarras, nous avons cru à propos de diviser la définition des solides semblables en deux parties: d'abord nous avons donné la définition des pyramides triangulaires semblables, ensuite nous avons défini *solides semblables* ceux qui ont des bases semblables, et dont les sommets homologues hors de ces bases sont déterminés par des pyramides triangulaires semblables chacune à chacune.

Cette définition exige pour les bases, en les supposant triangulaires, deux conditions, et pour chacun des sommets hors des bases, trois conditions; de sorte que, si S est le nombre des angles solides de chacun des polyèdres, la similitude de ces deux polyèdres exigera $2+3(S-3)$ angles égaux de part et d'autre, ou $3S-7$ conditions; et aucune de ces conditions n'est superflue ou comprise dans les autres. Car nous considérons ici deux polyèdres comme ayant simplement le même nombre de sommets ou d'angles solides; alors il faut rigoureusement, et sans en omettre une, les $3S-7$ conditions pour que les deux solides soient semblables; mais si on supposait avant tout qu'ils sont *de la même espece* l'un et l'autre, c'est-à-dire qu'ils ont un égal nombre de faces, et que ces faces comparées chacune à chacune ont un égal nombre de côtés, cette supposition renfermerait des conditions dans le cas où il y aurait des faces de plus de trois côtés, et ces conditions diminueraient d'autant le nombre $3S-7$, de sorte qu'au lieu de $3S-7$ conditions il n'en faudrait plus que $A-1$; sur quoi voyez la note VIII. On voit par là ce qui donne lieu à la difficulté de poser une bonne définition des solides semblables; c'est qu'on peut les considérer comme étant de la même espece, ou seulement comme ayant un égal nombre d'angles solides. Dans ce dernier cas toute difficulté est écartée, et il faut que les $3S-7$ conditions renfermées dans la définition soient remplies toutes pour que les solides soient semblables, et on en conclura à plus forte raison qu'ils sont de la même espece. Au reste, notre définition étant complete, nous en avons déduit comme théorême la définition de Robert Simson.

On voit donc qu'il est possible de se passer, dans les éléments, du théorême concernant l'égalité des polyèdres; mais, comme ce théorême est intéressant par lui-même, on sera bien aise d'en trouver ici la démonstration, qui servira à compléter la théorie des polyèdres (1).

(1) La démonstration que nous donnons ici, est, à quelques développements près, la même que M. Cauchy a communiquée récemment à l'Institut, et qu'il a découverte en partant de quelques idées qui

La question qu'il faut examiner, est de savoir si, en faisant varier les inclinaisons des plans qui composent la surface d'un polyèdre convexe donné, on peut former un second polyèdre convexe, compris sous les mêmes plans polygonaux, assemblés entre eux dans le même ordre.

Nous observerons d'abord que, s'il y a un second polyèdre qui satisfait à la question, ce ne peut pas être le polyèdre symmétrique du polyèdre donné, puisque dans ces deux polyèdres les plans égaux sont disposés dans un ordre inverse autour des angles solides correspondants. Ainsi la considération des polyèdres symmétriques doit être entièrement écartée de l'objet dont nous nous occupons.

Nous observerons, en second lieu, que si le polyèdre donné contient un ou plusieurs angles solides triples, ces angles sont de leur nature invariables, puisque la connaissance de trois angles plans suffit pour déterminer les inclinaisons mutuelles de ces plans, lorsqu'ils sont réunis en angle solide. On peut donc supprimer dans le solide proposé toutes les pyramides triangulaires qui forment les angles solides triples (1); et si le nouveau polyèdre qui résulte de cette suppression, offre encore des angles solides triples, on pourra de même les supprimer, et ainsi successivement, jusqu'à ce qu'on parvienne à un polyèdre dont tous les angles solides n'assemblent pas moins de quatre angles plans chacun. En effet, si le solide proposé peut changer de figure par des variations quelconques dans les inclinaisons de ses plans, ce changement ne peut avoir lieu sur les pyramides triangulaires retranchées, et il devra s'opérer tout entier sur le polyèdre restant après la suppression de toutes les pyramides triangulaires. Nous ne nous occuperons donc dans ce qui suit, que des polyèdres dont tous les angles solides assemblent au moins quatre angles plans.

fig. 286. Cela posé, soit S l'un quelconque des angles solides du

avaient été proposées pour le même objet dans la première édition de ces Eléments, pag. 327 et suiv.

(1) Si une même arête était commune à deux angles solides triples, on ne supprimerait dans la première opération qu'un de ces angles.

polyèdre, et soit décrit, du sommet S comme centre, une surface sphérique dont l'intersection avec les plans de l'angle solide formera le polygone sphérique ABCDEF. Les côtés de ce polygone AB, BC, etc. servent de mesure aux angles plans ASB, BSC, etc. et sont par conséquent invariables; quant aux angles A, B, C, etc. du polygone, chacun d'eux est la mesure de l'inclinaison de deux plans adjacents de l'angle solide : ainsi l'angle B est la mesure de l'inclinaison des plans ASB, SBC, que nous appellerons, pour abréger, *inclinaison sur l'arête* SB; de même l'angle C est la mesure de l'inclinaison sur l'arête SC, et ainsi de suite.

Nous pourrons donc juger des changements de figure de chaque angle solide S, par ceux du polygone sphérique ABCDEF, dont les côtés sont constants, et dont les angles varient d'une manière quelconque, pourvu que le polygone ne cesse pas d'être convexe. Or, dans ces polygones, les signes des variations sur les angles offrent des lois assez remarquables, que nous allons exposer dans les deux lemmes suivants.

LEMME I.

Tous les côtés d'un polygone sphérique AB, BC, CD, DE, *étant donnés, à l'exception du dernier* AF, *si l'on fait varier l'un des angles* B, C, D, E, *opposés au côté* AF, *les autres étant constants, je dis que le côté* AF *augmentera si l'angle augmente, et qu'il diminuera si l'angle diminue. Dans tous les cas, on suppose que le polygone est convexe avant et après son changement de figure.* fig. [illegible]

Supposons d'abord qu'on fasse varier l'angle B, les trois autres C, D, E, étant constants, si l'on joint BF, la figure BCDEF n'éprouvera aucune variation, et BF sera constant. On aura donc un triangle sphérique ABF, dont les côtés AB, BF, sont constants, et dans lequel l'angle AF varie d'une même quantité que l'angle ABC du polygone, puisque la partie FBC reste constante. Or, par les propriétés connues (1), on sait que le côté AF augmentera si l'angle ABF augmente, et qu'il diminuera si l'angle ABF diminue.

Supposons maintenant que l'angle C varie, les trois autres B, D, E, étant constants; si on tire les diagonales AC, FC, il est visible que ces diagonales demeureront constantes, ainsi que les angles ACB, FCD; on aura donc encore un triangle sphérique ACF, dont les côtés AC, CF, sont constants, et dans lequel l'angle ACF varie de la même quantité que l'angle C du polygone; d'où l'on conclura de même que le côté AF augmentera si l'angle C augmente, et qu'il diminuera si l'angle C diminue.

Il est évident que le même raisonnement peut s'appliquer à la variation de l'un ou l'autre des angles D et E, et qu'il aurait également lieu pour tout autre polygone sphérique de plus de trois côtés. Ainsi la conclusion sera, dans tous les cas, conforme à l'énoncé de la proposition, si toutefois le polygone est convexe avant et après son changement de figure. Cette restriction est nécessaire, car si l'angle E, par exemple, diminuait jusqu'à ce que le point F tombât sur la diagonale AE, alors AF serait un *minimum;* et si, à compter de ce point, on continuait de diminuer l'angle E, il est visible que le côté AF augmenterait au lieu de diminuer; mais, dans ce dernier cas, l'angle AFE deviendrait un angle rentrant, et le polygone cesserait d'être convexe.

Corollaire. Les mêmes choses étant posées, si plusieurs des angles opposés au dernier côté AF augmentent, et qu'aucun d'eux ne diminue, le côté AF augmentera nécessairement par l'effet de toutes les variations réunies. Le contraire aura lieu, si plusieurs des angles opposés au côté AF diminuent, et qu'aucun d'eux n'augmente.

Car, si par l'effet de l'augmentation ou de la diminution simultanée, les angles A, B, C, etc. du polygone doivent être changés en A′, B′, C′, etc. on pourra passer successivement du polygone proposé à celui qui ne contient qu'un angle varié A′; de celui-ci au polygone qui ne contient que

(1) Cette proposition se démontre de la même manière que la proposition X, liv. I, pour les triangles rectilignes.

les deux angles variés A' et B', et ainsi de suite. Or, dans chacun de ces passages, l'application de la proposition est manifeste, et conduit toujours au même résultat.

LEMME II.

Etant donné un polygone sphérique convexe dont les côtés sont constants, et qui en a plus de trois, si on fait varier les angles d'une manière quelconque, sans cependant que le polygone cesse d'être convexe; si on met ensuite le signe + au sommet de chaque angle qui augmente, le signe — au sommet de chaque angle qui diminue, et qu'on ne mette aucun signe aux angles qui demeurent constants; je dis qu'en faisant le tour du polygone, on devra trouver au moins quatre changements de signe d'un sommet au sommet suivant.

En effet, 1° si n est le nombre des angles du polygone, il ne pourrait y avoir $n-2$ angles consécutifs, qui augmentent tous à-la-fois, ou dont les uns augmentent et les autres restent constants; car si l'un ou l'autre de ces cas avait lieu, il s'ensuivrait, par le corollaire du lemme précédent, que le côté du polygone qui est opposé à ces $n-2$ angles, augmenterait; ce qui est contraire à l'hypothese que tous les côtés du polygone sont constants. Par une raison semblable, on ne pourra supposer que $n-2$ angles consécutifs diminuent tous à-la-fois, ou que quelques-uns diminuent, les autres restant constants. Donc, dans la série de $n-2$ angles consécutifs, il devra y avoir au moins un changement de signe; à plus forte raison ce changement devra-t-il être observé dans la série des n angles consécutifs, lorsqu'on fera le tour entier du polygone.

2° Les variations dans les angles du polygone ne peuvent être telles, qu'elles offrent seulement une série de signes + et une de signes —, de sorte qu'il n'y ait que deux changements de signe dans le tour entier du polygone.

Car soient, par exemple, A, B, C, les trois angles marqués du signe +, et D, E, F, G, les quatre marqués du signe — (cette hypothese comprend celle où il y aurait un fig. 28.

nombre de signes moindre dans chaque série, à raison de l'invariabilité de quelques angles). Si la figure représente l'état initial du polygone, la diagonale GD devra augmenter lorsqu'on augmentera tous les angles A, B, C, ou seulement quelques-uns d'eux; mais la même diagonale GD, comme appartenant au polygone GFED, dont les autres côtés sont constants, devra diminuer en même temps que les angles F et E, ou au moins rester constante, si des quatre angles D, E, F, G, il n'y a que D et G, ou seulement l'un d'eux qui diminue; donc l'hypothese dont il s'agit ne saurait avoir lieu; donc la variation des angles ne peut être telle, qu'elle offre seulement deux séries, l'une de signes +, l'autre de signes —.

3° Il est encore impossible qu'en faisant le tour du polygone, on ne trouve que trois séries alternatives de signes + et de signes —; car, dans cette hypothese, la premiere et la troisieme série seraient de même signe, et se suivraient immédiatement, de sorte qu'elles ne formeraient qu'une seule série; d'où l'on voit qu'il n'y aurait réellement dans le tour du polygone que deux séries, l'une de signes +, autre de signes —; ce que nous avons démontré impossible.

Donc enfin, les changements de signe qu'on trouvera en faisant le tour du polygone, doivent être au moins au nombre de quatre.

Corollaire. Ce que nous venons de démontrer pour les polygones sphériques, s'applique immédiatement aux angles solides dont ces polygones sont la mesure. Ainsi, *étant donné un angle solide convexe, qui assemble plus de trois angles plans, si on fait varier les inclinaisons sur les arêtes d'une maniere quelconque, telle cependant que l'angle solide ne cesse pas d'être convexe; si ensuite on met le signe + ou le signe — sur chaque arête, selon que l'inclinaison sur cette arête augmente ou diminue, et qu'on ne marque d'aucun signe les arêtes sur lesquelles l'inclinaison reste constante, je dis qu'en faisant le tour de l'angle solide, on devra trouver au moins quatre changements de signe d'une arête à la suivante.*

Au moyen de cette proposition et du théorême d'Euler

sur les polyèdres *, nous pouvons maintenant démontrer le théorême suivant dans toute sa généralité. * 25, 75

THÉORÊME.

Etant donné un polyèdre convexe, dont tous les angles solides assemblent plus de trois angles plans, il est impossible de faire varier les inclinaisons des plans de ce solide, de maniere à produire un second polyèdre, qui serait formé avec les mêmes plans disposés entre eux de la même maniere que dans le polyèdre donné.

Pour démontrer cette proposition, il faut distinguer deux cas, selon qu'on fait varier les inclinaisons sur toutes les arêtes, ou seulement quelques-unes de ces inclinaisons.

Premier cas.

Supposons qu'on fasse varier à-la-fois les inclinaisons sur toutes les arêtes, et soit N le nombre total des changements de signe qu'on trouvera d'une arête à la suivante, en faisant le tour de chaque angle solide.

On a vu dans le lemme II, que le nombre des changements de signe ne peut être moindre que quatre pour chaque angle solide.

Donc si on appelle S le nombre des angles solides, on aura $N > 4S$, le signe $>$ n'excluant pas l'égalité.

J'observe maintenant que deux arêtes consécutives d'un angle solide appartiennent toujours à une face du polyèdre, et n'appartiennent qu'à une seule; donc le nombre total des changements de signe observés sur les arêtes consécutives de chaque angle solide, doit être égal au nombre total de changements de signe observés sur les côtés consécutifs de chaque face; car il n'est aucun changement de signe dans un système qui ne réponde à un pareil changement dans l'autre.

Or, pour chaque face triangulaire, le nombre des changements de signe ne peut être plus grand que deux; car en faisant rentrer sur elle-même la suite $+ - +$, ou la suite $+ - -$, on n'obtient que deux changements de signe.

Pour chaque face quadrangulaire, le nombre des changements de signe est de quatre au plus, ce qui est évident.

En général, si le nombre des côtés d'une face est pair $=2n$, le plus grand nombre des changements de signe qu'on puisse trouver en faisant le tour des côtés, est $2n$; ce qui aura lieu lorsque les côtés portent alternativement les signes $+$ et $-$.

Mais si le nombre des côtés d'une face est impair, $=2n+1$, le plus grand nombre des changements de signe sera $2n$ seulement, parce qu'en donnant alternativement aux côtés les signes $+$ et $-$, le premier et le dernier auront nécessairement le même signe; ce qui fait un changement de moins qu'il n'y a de côtés.

Cela posé, soit a le nombre des triangles, b le nombre des quadrilatères, c le nombre des pentagones, etc. qui composent la surface du polyèdre donné, il résulte de ce qu'on vient de dire, que le nombre total des changements de signe observés en faisant le tour de chaque face, ne pourra excéder $2a$ sur les faces triangulaires, $4b$ sur les faces de quatre côtés, $4c$ sur celles de cinq côtés, $6d$ sur celles de six côtés. Donc on aura :

$$N < 2a + 4b + 4c + 6d + 6e + 8f + 8g + \text{etc.}$$

Soit A le nombre des arêtes du polyèdre, et H celui de ses faces, on aura :

$$2A = 3a + 4b + 5c + 6d + 7e + 8f + 8g + \text{etc.}$$
$$H = a + b + c + d + e + f + g + \text{etc.}$$

Mais suivant le théorême d'Euler, $S + H = A + 2$; donc $4S = 8 + 4A - 4H$, et en faisant les substitutions :

$$4S = 8 + 2a + 4b + 6c + 8d + 10e + \text{etc.}$$

Comparant cette valeur à la limite trouvée ci-dessus, on en tire :

$$N < 4S - 8.$$

Mais on ne saurait avoir à-la-fois $N > 4S$ et $N < 4S - 8$; donc il est impossible que les inclinaisons sur les arêtes du polyèdre varient toutes à-la-fois, sans détruire la cohérence des plans qui forment la surface du polyèdre.

Second cas.

Supposons maintenant que les inclinaisons sur les arêtes

ne varient pas toutes à-la-fois, et qu'il y en ait quelques-unes qui demeurent constantes.

Soit FI une de ces arêtes, on pourra imaginer qu'elle soit supprimée, et que les deux faces adjacentes FIG, EFIH, se réunissent en une seule non plane terminée par le contour de forme invariable EFGIH. Appelons S', H et A' ce que deviennent les nombres S, H et A, après la suppression d'une arête, nous aurons $H' = H - 1$, et $A' = A - 1$; d'ailleurs on a $S' = S$, puisque le nombre des angles solides est le même dans les deux solides; donc on aura $S' + H' - A' = S + H - A = 2$. D'où l'on voit que le théorème d'Euler a encore lieu dans le nouveau solide qui contient une arête de moins, et une face de moins, puisque deux faces se sont réunies en une seule non plane. fig. 204.

Si de ce second solide on retranche encore l'une des arêtes sur lesquelles l'inclinaison reste invariable, la suppression de cette arête occasionnera de nouveau la réunion de deux faces contiguës en une seule; et on prouvera de même que le théorème d'Euler a encore lieu dans le troisieme solide qui résulte de la suppression de deux arêtes.

On peut continuer à supprimer tant d'arêtes qu'on voudra, pourvu que cette suppression n'entraîne celle d'aucun angle solide; et le théorème d'Euler aura toujours lieu dans le solide restant: c'est aussi ce qu'on peut voir directement et généralement, en examinant la démonstration que nous avons donnée du théorème d'Euler; en effet, cette démonstration ne suppose pas que les faces du polyèdre sont planes; elle aurait également lieu, quand même ces faces seraient terminées par des contours non situés dans les mêmes plans; elle suppose seulement que chaque contour soit représenté, suivant notre construction, par un polygone sphérique, et que la somme des surfaces de ces polygones soit égale à la surface de la sphère. Et il n'est pas même nécessaire que tous ces polygones soient convexes; il suffit que chacun d'eux puisse être regardé comme la somme de plusieurs polygones convexes; ce qui arrivera toujours, lorsque, par la suppression de plusieurs arêtes appartenant au polyèdre donné, plusieurs faces planes se réuniront en une seule non plane; car alors le polygone sphérique qui représente celle-ci, sera composé de la somme des polygones sphériques convexes qui représentaient les faces planes supprimées.

Venons maintenant au cas où la suppression des arêtes sur lesquelles l'inclinaison ne varie pas, entraîne celle d'un ou de plusieurs angles solides, soit parce que les inclinaisons sur toutes les arêtes, dans chacun de ces angles, sont invariables, soit parce que ces inclinaisons ne pourraient varier que sur trois arêtes seulement, et qu'alors elles seraient nécessairement constantes.

Supposons d'abord qu'on ne supprime qu'un angle solide, et soit m le nombre des faces de cet angle, ou le nombre d'arêtes qui aboutissent à son sommet. En supprimant l'angle solide dont il s'agit, on supprimera en même temps m arêtes, et les m faces formant l'angle solide se réduiront à une seule; donc, si on appelle S', A', H', ce que deviennent les nombres S, A, H, après la suppression d'un angle solide, on aura $S' = S - 1$, $A' = A - m$, $H' = H - (m - 1)$. De là on tire $S' + H' - A' = S + H - A = 2$: donc le théorème d'Euler a encore lieu dans le nouveau solide.

Il est clair maintenant qu'on peut supprimer tant d'angles solides qu'on voudra du polyèdre donné, et que le théorème d'Euler aura toujours lieu dans le polyèdre restant; car en supprimant les angles solides un à un, on a successivement différents polyèdres, dont deux consécutifs rentrent dans le cas que nous venons d'examiner.

Donc en général, si du polyèdre proposé on supprime toutes les arêtes sur lesquelles l'inclinaison ne varie pas; soit que par cette suppression le nombre des angles solides reste le même, ou qu'il devienne moindre, le polyèdre restant satisfera toujours au théorême d'Euler, c'est-à-dire qu'en appelant s, h, a, les quantités qui pour ce polyèdre correspondent aux quantités S, H, A, du polyèdre proposé, on aura $s + h - a = S + H - A = 2$.

Mais dans ce dernier solide, les inclinaisons sur les arêtes devront varier toutes à-la-fois, puisqu'on a supprimé toutes les arêtes sur lesquelles l'inclinaison ne varie pas; donc ce solide rentre dans le premier cas ; donc la variation simultanée de toutes ces inclinaisons ne saurait avoir lieu sans dénaturer le solide.

Donc enfin un polyèdre convexe quelconque ne peut être changé en un autre polyèdre convexe qui serait compris sous les mêmes plans polygonaux, et disposés dans le même ordre les uns à l'égard des autres.

FIN DES NOTES.

TRAITÉ
DE
TRIGONOMÉTRIE.

La Trigonométrie a pour objet de *résoudre* les triangles, c'est-à-dire, de déterminer leurs angles et leurs côtés par le moyen d'un nombre de données suffisant.

Dans les triangles rectilignes il suffit de connaître trois des six parties qui les composent, pourvu que parmi ces parties il y ait un côté. Car si on ne donnait que les trois angles, il est visible que tous les triangles semblables satisferaient à la question.

Dans les triangles sphériques trois données quelconques, angles ou côtés, suffisent toujours pour déterminer le triangle, parceque dans ces sortes de triangles on ne considere pas la grandeur absolue des côtés, mais seulement leur rapport avec le quadrant ou le nombre de degrés qu'ils contiennent.

Dans les problêmes annexés au livre II, on a déja vu comment les triangles rectilignes se construisent au moyen de trois parties données ; les propositions XXIV et XXV du livre V donnent également une idée des constructions par lesquelles on pourrait résoudre les cas analogues des triangles sphériques. Mais ces constructions, qui sont exactes en théorie, ne donneraient qu'une médiocre approximation dans la pratique (1), à cause de l'imperfection des instru-

(1) Il faut distinguer en effet les figures qui ne servent qu'à diriger le raisonnement pour la démonstration d'un théorême ou

ments dont elles exigent l'emploi : on les appelle des *méthodes graphiques*. Les méthodes trigonométriques, au contraire, indépendantes de toute opération mécanique, donnent les solutions avec tout le degré d'exactitude qu'on peut desirer : elles sont fondées sur les propriétés des lignes appelées *sinus*, *cosinus*, *tangentes*, etc., au moyen desquelles on est parvenu à exprimer d'une maniere très-simple les relations qui existent entre les côtés et les angles des triangles.

Nous allons d'abord exposer les propriétés de ces lignes et les principales formules qui en résultent ; formules qui sont d'un grand usage dans toutes les parties des mathématiques, et qui fournissent même à l'analyse algébrique des moyens de perfectionnement. Nous les appliquerons ensuite à la résolution des triangles rectilignes et à celle des triangles sphériques.

Division de la Circonférence.

1. Jusqu'à ces derniers temps les géometres s'étaient accordés à diviser la circonférence en 360 parties égales appelées *degrés*, le degré en 60 *minutes*, la minute en 60 *secondes*, etc. Ce mode présentait quelques facilités dans la pratique, à cause du grand nombre de diviseurs de 60 et de 360 : mais il était réellement sujet à l'inconvénient des nombres complexes, et il nuisait souvent à la rapidité du calcul.

Les savants, à qui on doit l'invention du nouveau système des poids et mesures, ont pensé qu'il y aurait un grand avantage à introduire la division décimale dans la mesure des angles. En conséquence ils ont

la solution d'un problême, des figures que l'on construit pour connaître quelques-unes de leurs dimensions. Les premieres sont toujours supposées exactes ; les secondes, si elles ne sont pas tracées exactement, donneront des résultats fautifs.

regardé comme unité principale le quart de circonférence ou le quadrant, mesure de l'angle droit, et ils ont divisé cette unité en 100 parties égales appelées *degrés*, le degré en 100 *minutes*, et la minute en 100 *secondes*.

Nous n'emploierons désormais que la nouvelle division ou la division décimale de la circonférence. C'est celle qui convient le mieux à la nature de notre arithmétique, et qui est la plus propre à abréger les calculs.

II. Les degrés, minutes et secondes se désignent respectivement par les caracteres °, ′, ″ : ainsi l'expression 16° 6′ 75″, représente un arc ou un angle de 16 degrés 6 minutes 75 secondes. Si on rapportait ce même arc au quadrant pris pour unité, il s'exprimerait par 0, 160675. On voit en même temps que l'angle mesuré par cet arc, est à l'angle droit :: 160675 : 1000000, rapport qu'on ne déduirait pas aussi facilement des expressions données par l'ancienne division de la circonférence.

Les arcs et les angles sont exprimés indistinctement dans le calcul par des nombres de degrés, minutes et secondes. Ainsi nous désignerons l'angle droit ou le quadrant par 100°, deux angles droits ou la demi-circonférence par 200°, quatre angles droits ou la circonférence entiere par 400°; ainsi de suite.

III. Le *complément* d'un angle ou d'un arc est ce qui reste en retranchant cet angle ou cet arc de 100°. Ainsi un angle de 25° 40′ a pour complément, 74° 60′; un angle de 12° 4′ 62″ a pour complément, 87° 95′ 38″.

En général, A étant un angle ou un arc quelconque, 100° — A est le complément de cet angle ou de cet arc. D'où l'on voit que, si l'angle ou l'arc dont il s'agit est plus grand que 100°, son complément sera négatif. C'est ainsi que le complément de 160° 84' 10" est — 60° 84' 10". Dans ce cas, le complément, pris positivement, serait la quantité qu'il faudrait retrancher de l'angle ou de l'arc donné, pour que le reste fût égal à 100°.

Les deux angles d'un triangle rectangle valent ensemble un angle droit : ils sont donc compléments l'un de l'autre.

IV. Le *supplément* d'un angle ou d'un arc est ce qui reste en ôtant cet angle ou cet arc de 200°, valeur de deux angles droits ou d'une demi-circonférence. Ainsi A étant un angle ou un arc quelconque, 200° — A est son supplément.

Dans tout triangle, un angle est le supplément de la somme des deux autres, puisque les trois ensemble font 200°.

Les angles des triangles, tant rectilignes que sphériques, et les côtés de ces derniers, ont toujours leurs suppléments positifs ; car ils sont toujours moindres que 200°.

Notions générales sur les sinus, cosinus, tangentes, etc.

fig. 1. V. Le *sinus* de l'arc AM, ou de l'angle ACM, est la perpendiculaire MP abaissée d'une extrémité de l'arc sur le diametre qui passe par l'autre extrémité.

Si à l'extrémité du rayon CA on mene la perpendiculaire AT jusqu'à la rencontre du rayon CM prolongé, la ligne AT, ainsi terminée, s'appelle la *tangente*, et CT la *sécante* de l'arc AM ou de l'angle ACM.

Ces trois lignes MP, AT, CT, dépendantes de l'arc AM, et toujours déterminées par l'arc AM et le rayon, se désignent ainsi : MP = *sin* AM, ou *sin* ACM, AT = *tang* AM, ou *tang* ACM, CT = *séc* AM, ou *séc* ACM.

VI. Ayant pris l'arc AD égal à un quadrant, si des points M et D on mene les lignes MQ, DS perpendiculaires au rayon CD, l'une terminée à ce rayon, l'autre terminée au rayon CM prolongé; les lignes MQ, DS et CS seront pareillement les sinus, tangente et sécante de l'arc MD, complément de AM. On les appelle, pour abréger, les *cosinus, cotangente* et *cosécante* de l'arc AM, et on les désigne ainsi : $MQ = cos\ AM$, ou $cos\ ACM$, $DS = cot\ AM$, ou $cot\ ACM$, $CS = coséc\ AM$, ou $coséc\ ACM$. En général, A étant un arc ou un angle quelconque, on a $cos\ A = sin\ (100^o - A)$, $cot\ A = tang\ (100^o - A)$, $coséc\ A = séc\ (100^o - A)$.

Le triangle MQC est, par construction, égal au triangle CPM, ainsi on a $CP = MQ$; donc dans le triangle rectangle CMP, dont l'hypoténuse est égale au rayon, les deux côtés MP, CP sont le sinus et le cosinus de l'arc AM. Quant aux triangles CAT, CDS, ils sont semblables aux triangles égaux CPM, CQM, et ainsi ils sont semblables entre eux. De là nous déduirons bientôt les différents rapports qui existent entre les lignes que nous venons de définir ; mais auparavant il faut voir quelle est la marche progressive de ces mêmes lignes, lorsque l'arc auquel elles se rapportent augmente depuis zéro jusqu'à 200°. fig. 1.

VII. Supposons qu'une extrémité de l'arc demeure fixe en A, et que l'autre extrémité, marquée M, parcoure successivement toute l'étendue de la demi-circonférence depuis A jusqu'en B dans le sens ADB.

Lorsque le point M est réuni en A, ou lorsque l'arc AM est zéro, les trois points T, M, P, se confondent avec le point A; d'où l'on voit que le sinus et la tangente d'un arc zéro sont zéro, et que le cosinus de ce même arc est égal au rayon, ainsi que sa sécante. Donc en désignant par R le rayon du cercle, on aura

$$sin\ 0 = 0,\ tang\ 0 = 0,\ cos\ 0 = R,\ séc\ 0 = R.$$

VIII. A mesure que le point M s'avance vers D, le sinus augmente, ainsi que la tangente et la sécante ; mais le cosinus, la cotangente et la cosécante diminuent.

Lorsque le point M se trouve au milieu de AD, ou lorsque l'arc AM est de 50°, ainsi que son complément MD, le sinus MP est égal au cosinus MQ ou CP, et le triangle CMP, devenu isoscele, donne la proportion MP : CM :: $1 : \sqrt{2}$, ou *sin* 50° : R :: $1 : \sqrt{2}$. Donc $sin\ 50^\circ = cos\ 50^\circ = \frac{R}{\sqrt{2}} = \frac{1}{2} R \sqrt{2}$. Dans ce même cas le triangle CAT devient isoscele et égal au triangle CDS ; d'où l'on voit que la tangente de 50° et sa cotangente sont toutes deux égales au rayon, et qu'ainsi on a $tang\ 50^\circ = cot\ 50^\circ = R$.

IX. L'arc AM continuant d'augmenter, le sinus augmente jusqu'à ce que le point M soit parvenu en D : alors le sinus est égal au rayon, et le cosinus est zéro. On a donc $sin\ 100^\circ = R$ et $cos\ 100^\circ = 0$; et l'on peut remarquer que ces valeurs sont une suite de celles que nous avons trouvées pour les sinus et cosinus de l'arc zéro ; car le complément de 100° étant zéro, on a $sin\ 100^\circ = cos\ 0^\circ = R$ et $cos\ 100^\circ = sin\ 0^\circ = 0$.

Quant à la tangente, elle augmente d'une manière très-rapide à mesure que le point M s'approche de D ; et enfin lorsqu'il est parvenu en D, il n'existe plus proprement de tangente, parce que les lignes AT, CD, étant paralleles, ne peuvent se rencontrer. C'est ce qu'on exprime en disant que la tangente de 100° est infinie, et on écrit $tang\ 100^\circ = \infty$.

Le complément de 100° étant zéro, on a $tang\ 0 = cot\ 100^\circ$ et $cot\ 0 = tang\ 100^\circ$. Donc $cot\ 0 = \infty$ et $cot\ 100^\circ = 0$.

X. Le point M continuant à avancer de D vers B, les sinus diminuent et les cosinus augmentent. Ainsi on voit que l'arc AM' a pour sinus M' P', et pour cosinus M'Q ou CP'. Mais l'arc M'B est supplément de AM', puisque AM' + M'B est égal à une demi-circonférence ; d'ailleurs si l'on mene M'M parallele à AB, il est clair que les arcs AM, BM', compris entre paralleles, seront égaux, ainsi que les perpendiculaires ou sinus MP, M'P'. Donc *le sinus d'un arc ou d'un angle est égal au sinus du supplément de cet arc ou de cet angle.*

L'arc ou l'angle A a pour supplément $200^\circ - A$: ainsi on a en général

$$\sin A = \sin(200^\circ - A).$$

La même propriété s'exprimerait aussi par l'équation $\sin(100^\circ + B) = \sin(100^\circ - B)$, B étant l'arc DM ou son égal DM'.

XI. Les mêmes arcs AM', AM qui sont suppléments l'un de l'autre, et qui ont des sinus égaux, ont aussi les cosinus égaux CP', CP ; mais il faut observer que ces cosinus sont dirigés dans des sens différents. Cette différence de situation s'exprime dans le calcul par l'opposition des signes : de sorte que si on regarde comme positifs, ou affectés du signe +, les cosinus des arcs moindres que 100°, il faudra regarder comme négatifs ou affectés du signe —, les cosinus des arcs plus grands que 100°. On aura donc en général

$$\cos A = -\cos(200^\circ - A),$$

ou $\cos(100^\circ + B) = -\cos(100^\circ - B)$; c'est-à-dire, que *le cosinus d'un arc ou d'un angle plus grand que* 100° *est égal au cosinus de son supplément, pris négativement.*

Le complément d'un arc plus grand que 100° étant négatif *, il n'est pas étonnant que le sinus de ce complément soit négatif ; mais pour rendre cette vérité encore plus palpable, cherchons l'expression de la distance du point A à la perpendiculaire MP. * III.

Si on fait l'arc $AM = x$, on aura $CP = cos\ x$, et la distance cherchée $AP = R - cos\ x$. La même formule doit exprimer la distance du point A à la droite MP, quelle que soit la grandeur de l'arc AM, dont l'origine est au point A. Supposons donc que le point M vienne en M', en sorte que x désigne l'arc AM', on aura encore en ce point $AP' = R - cos\ x$; donc $cos\ x = R - AP' = AC - AP' = -CP'$; ce qui fait voir que $cos\ x$ est alors négatif; et parce que $CP' = CP = cos\ (200^o - x)$, on a $cos\ x = - cos\ (200^o - x)$, comme on l'a déja trouvé.

On voit par-là qu'un angle obtus a le même sinus et le même cosinus que l'angle aigu qui lui sert de supplément, avec cette seule différence que le cosinus de l'angle obtus doit être affecté du signe —. Ainsi on a $sin\ 150^o = sin\ 50^o = \frac{1}{2} R\sqrt{2}$, et $cos\ 150^o = - cos\ 50^o = - \frac{1}{2} R \sqrt{2}$.

Quant à l'arc ADB égal à la demi-circonférence, son sinus est zéro, et son cosinus est égal au rayon pris négativement; on a donc $sin\ 200^o = 0$, et $cos\ 200^o = - R$. C'est aussi ce que donneraient les formules $sin\ A = sin\ (200^o - A)$, et $cos\ A = - cos\ (200^o - A)$, en y faisant $A = 200^o$.

XII. Examinons maintenant ce que devient la tangente d'un arc AM' plus grand que 100°. Suivant la définition, elle doit être déterminée par le concours des lignes AT, CM'. Ces lignes ne se rencontrent point dans le sens AT, mais elles se rencontrent dans le sens opposé AV; d'où l'on voit que la tangente d'un arc plus grand que 100° est négative. D'ailleurs, si on observe que AV est la tangente de
fig. 1. l'arc AN supplément de AM' (puisque NAM' est une demi-circonférence), on en conclura que *la tangente d'un arc ou d'un angle plus grand que 100° est égale à celle de son supplément, prise négativement*, de sorte qu'on a

$$tang\ A = - tang\ (200^o - A)$$

Il en est de même de la cotangente représentée par DS', laquelle est égale, et en sens contraire à DS cotangente de AM. On a donc aussi

$$cot\, A = -cot\, (200^\circ - A).$$

Les tangentes et les cotangentes sont donc négatives, ainsi que les cosinus, depuis 100° jusqu'à 200°. Et, dans cette derniere limite, on a $tang\, 200^\circ = 0$ et $cot\, 200^\circ = -cot\, 0 = -\infty$.

XIII. Dans la trigonométrie il n'y a pas lieu de considérer les sinus, cosinus, etc., des arcs ou des angles plus grands que 200°; car c'est toujours entre 0 et 200° que sont compris les angles des triangles tant rectilignes que sphériques, et les côtés de ces derniers. Mais dans diverses applications de la géométrie, il n'est pas rare de considérer des arcs plus grands que la demi-circonférence, et même des arcs comprenant plusieurs circonférences. Il est donc nécessaire de trouver l'expression des sinus et cosinus de ces arcs, quelle que soit leur grandeur.

Observons d'abord que deux arcs égaux et de signes contraires AM, AN, ont des sinus égaux et de signes contraires MP, PN, tandis que le cosinus CP est le même pour l'un et pour l'autre. On a donc en général

$$sin\,(-x) = -sin\, x$$
$$cos\,(-x) = \quad cos\, x,$$

formules qui serviront à exprimer les sinus et cosinus des arcs négatifs.

Depuis 0° jusqu'à 200° les sinus sont toujours positifs, parce qu'ils sont situés d'un même côté du diametre AB; depuis 200° jusqu'à 400° les sinus sont négatifs, parce qu'ils sont situés de l'autre côté de ce diametre. Soit $ABN' = x$ un arc plus grand que 200°, son sinus P'N' est égal à PM sinus de l'arc $AM = x - 200^\circ$; donc on a en général

$$sin\, x = -sin\,(x - 200^\circ).$$

Cette formule donnerait les sinus entre 200° et 400° au moyen des sinus entre 0° et 200°; elle donne en particulier $sin\, 400^\circ = -sin\, 200^\circ = 0$; il est évident en effet que si un arc est égal à la circonférence entiere, les deux extrémités se confondent en un même point, et le sinus se réduit à zéro.

Il n'est pas moins évident que, si à un arc quelconque AM on ajoute une ou plusieurs circonférences, on retombera exactement sur le point M, et l'arc ainsi augmenté aura le même sinus que l'arc AM; donc si C désigne une circonférence entiere ou 400°, on aura

$$sin\, x = sin\,(C + x) = sin\,(2C + x) = sin\,(3C + x) \text{ etc.}$$

La même chose aurait lieu pour les cosinus, tangente, etc.

Maintenant, quel que soit l'arc proposé x, il est facile de voir que son sinus pourra toujours s'exprimer, avec un signe convenable, par le sinus d'un arc moindre que 100°. Car d'abord on peut retrancher de l'arc x autant de fois 400° qu'ils peuvent y être contenus; soit le reste y, on aura $sin\, x = sin\, y$. Ensuite si y est plus grand que 200°, on fera $y = 200^o + z$, et on aura $sin\, y = -sin\, z$. Tous les cas sont donc réduits à celui où l'arc proposé est moindre que 200°, et comme d'ailleurs on a $sin\,(100^o + x) = sin\,(100^o - x)$, il est clair qu'ils se réduisent ultérieurement au cas où l'arc proposé est entre zéro et 100°.

XIV. Les cosinus se réduisent toujours aux sinus en vertu de la formule $cos\, A = sin\,(100^o - A)$, ou, si l'on veut, de la formule $cos\, A = sin\,(100^o + A)$; ainsi, sachant évaluer les sinus dans tous les cas possibles, on saura de même évaluer les cosinus. Au reste, on voit directement par la figure que les cosinus négatifs sont séparés des cosinus positifs par le diametre DE, en sorte que tous les arcs dont l'extrémité tombe à gauche de DE ont un cosinus positif, tandis que ceux dont l'extrémité tombe à droite ont un cosinus négatif.

Ainsi de 0° à 100° les cosinus sont positifs, de 100° à 300° ils sont négatifs, de 300° à 400° ils redeviennent positifs; et après une révolution entiere, ils prennent les mêmes valeurs que dans la révolution précédente, car on a aussi $cos\,(400^o + x) = cos\, x$.

D'après ces explications, il est aisé de voir que les sinus et cosinus des arcs multiples du quadrant, ont les valeurs suivantes :

sin $0^\circ = 0$	*sin* $100^\circ = R$	*cos* $0^\circ = R$	*cos* $100^\circ = 0$
sin $200^\circ = 0$	*sin.* $300^\circ = -R$	*cos* $200^\circ = -R$	*cos* $300^\circ = 0$
sin $400^\circ = 0$	*sin* $500^\circ = R$	*cos* $400^\circ = R$	*cos* $500^\circ = 0$
sin $600^\circ = 0$	*sin* $700^\circ = -R$	*cos* $600^\circ = -R$	*cos* $700^\circ = 0$
sin $800^\circ = 0$	*sin* $900^\circ = R$	*cos* $800^\circ = R$	*cos* $900^\circ = 0$
etc.	etc.	etc.	etc.

En général k désignant un nombre entier quelconque, on aura :

sin $2k.\ 100^\circ = 0$,	*cos* $(2k+1).\ 100^\circ = 0$
sin $(4k+1).\ 100^\circ = R$	*cos* $4k.\ 100^\circ = R$
sin $(4k-1).\ 100^\circ = -R$	*cos* $(4k+2).\ 100^\circ = -R$

Ce que nous venons de dire des sinus et cosinus nous dispense d'entrer dans aucun détail particulier sur les tangentes, cotangentes, etc. des arcs plus grands que 200°; car les valeurs de ces quantités sont toujours faciles à déduire de celles des sinus et cosinus des mêmes arcs, ainsi qu'on le verra par les formules que nous allons exposer.

Théorèmes et formules concernant les sinus, cosinus, tangentes, etc.

XV. *Le sinus d'un arc est la moitié de la corde qui sous-tend un arc double.*

Car le rayon CA, perpendiculaire à MN, divise en deux parties égales la corde MN et l'arc sous-tendu MAN; donc MP, sinus de l'arc MA, est la moitié de la corde MN qui sous-tend l'arc MAN, double de MA. fig. 1.

La corde qui sous-tend la sixieme partie de la circonférence est égale au rayon; donc *sin* $\frac{400^\circ}{12}$ ou *sin* $33^\circ \frac{1}{3} = \frac{1}{2}R$, c'est-à-dire que le sinus du tiers de l'angle droit est égal à la moitié du rayon.

XVI. *Le quarré du sinus d'un arc plus le quarré de son cosinus est égal au quarré du rayon, de sorte qu'on a en général* $\sin^2 A + \cos^2 A = R^2$ (1).

(1) On désigne ici par sin^2 A le quarré de *sin* A, et semblablement par cos^2 A le quarré de *cos* A.

Cette propriété résulte immédiatement du triangle rectangle CMP, où l'on a $\overline{MP}^2+\overline{CP}^2=\overline{CM}^2$.

Il s'ensuit qu'étant donné le sinus d'un arc on trouvera son cosinus, et *vice versâ*, au moyen des formules $cos\ A=\pm\sqrt{(R^2-sin^2 A)}$, $sin\ A=\pm\sqrt{(R^2-cos^2 A)}$. Le double signe de ces formules vient de ce que le même sinus MP répond à deux arcs AM, AM', dont les cosinus CP, CP' sont égaux et de signes contraires, comme le même cosinus CP répond à deux arcs AM, AN, dont les sinus MP, PN sont pareillement égaux et de signes contraires.

Ainsi, par exemple, ayant trouvé $sin\ 33^\circ\frac{1}{3}=\frac{1}{2}R$, on en déduira $cos\ 33^\circ\frac{1}{3}$ ou $sin\ 66^\circ\frac{2}{3}=\sqrt{(R^2-\frac{1}{4}R^2)}=\sqrt{\frac{3}{4}R^2}=\frac{1}{2}R\sqrt{3}$.

XVII. *Etant donnés les sinus et cosinus de l'arc* A, *on peut trouver les tangente, sécante, cotangente et cosécante du même arc au moyen des formules suivantes :*

$$tang\ A=\frac{R\ sin\ A}{cos\ A},\quad séc\ A=\frac{R^2}{cos\ A},\quad cot\ A=\frac{R\ cos\ A}{sin\ A},$$

$$coséc\ A=\frac{R^2}{sin\ A}.$$

En effet les triangles semblables CPM, CAT, CDS donnent les proportions :

$$CP:PM::CA:AT \text{ ou } cos\ A:sin A::R:tang\ A=\frac{R\ sin\ A}{cos\ A}$$

$$CP:CM::CA:CT \text{ ou } cos\ A:R::R:séc\ A=\frac{R^2}{cos\ A}$$

$$PM:CP::CD:DS \text{ ou } sin\ A:cos\ A::R:cot\ A=\frac{R\ cos\ A}{sin\ A}$$

$$PM:CM::CD:CS \text{ ou } sin\ A:R::R:coséc\ A=\frac{R^2}{sin\ A}$$

d'où l'on tire les quatre formules dont il s'agit. On peut observer au reste que les deux dernieres formules se déduiraient des deux premieres en mettant simplement $100^\circ - A$ au lieu de A.

Ces formules donneront les valeurs et les signes propres des tangentes, sécantes, etc. pour tout arc dont on connaîtra le sinus et le cosinus; et comme la loi progressive des sinus et cosinus, selon les différents arcs auxquels ils se rapportent, a été suffisamment dévéloppée dans le chapitre précédent, il ne reste rien à desirer sur la loi que suivent semblablement les tangentes, sécantes, etc.

On peut confirmer aussi par leur moyen plusieurs résultats qui ont été déja obtenus relativement aux tangentes; par exemple, si l'on fait $A = 100^\circ$, on aura $\sin A = R$, et $\cos A = 0$, donc $\tang 100^\circ = \frac{R^2}{0}$, expression qui désigne une quantité infinie; car R^2 divisé par une quantité très-petite, donnerait un quotient très-grand; donc R^2 divisé par zéro donne un quotient plus grand que toute quantité finie. Et parceque zéro peut être pris avec le signe $+$ ou avec le signe $-$, on aura la valeur ambiguë $\tang 100^\circ = \pm \infty$.

Soit encore $A = 200^\circ - B$, on aura $\sin A = \sin B$, et $\cos A = -\cos B$; donc $\tang(200^\circ - B) = \frac{R \sin B}{-\cos B} = -\frac{R \sin B}{\cos B} = -\tang B$, ce qui s'accorde avec l'art. XII.

XVIII. Les formules de l'article précédent, combinées entre elles et avec l'équation $\sin^2 A + \cos^2 A = R^2$, en fournissent quelques autres qui méritent attention.

On a d'abord $R^2 + \tang^2 A = R^2 + \frac{R^2 \sin^2 A}{\cos^2 A} = \frac{R^2 (\sin^2 A + \cos^2 A)}{\cos^2 A} = \frac{R^4}{\cos^2 A}$, donc $R^2 + \tang^2 A = \text{séc}^2 A$, formule qui se déduirait immédiatement du triangle rectangle CAT; on aurait de même, par les formules ou par le triangle rectangle CDS, $R^2 + \cot^2 A = \text{coséc}^2 A$.

Enfin, si on multiplie entre elles les formules $tang\ A = \frac{R\ sin\ A}{cos\ A}$, $cot\ A = \frac{R\ cos\ A}{sin\ A}$, on aura $tang\ A \times cot\ A = R^2$, formule qui donne $cot\ A = \frac{R^2}{tang\ A}$, et $tang\ A = \frac{R^2}{cot\ A}$. On aurait de même $cot\ B = \frac{R^2}{tang\ B}$. Donc $cot\ A : cot\ B :: tang\ B : tang\ A$; c'est-à-dire, que *les cotangentes de deux arcs sont en raison inverse de leurs tangentes.*

Cette formule $cot\ A \times tang\ A = R^2$ se déduirait immédiatement de la comparaison des triangles semblables CAT, CDS, lesquels donnent AT : CA :: CD : DS, ou $tang\ A : R :: R : cot\ A$.

XIX. *Etant donnés les sinus et cosinus de deux arcs* a *et* b, *on peut déterminer les sinus et cosinus de la somme ou de la différence de ces arcs, au moyen des formules suivantes*:

$$sin\ (a+b) = \frac{sin\ a\ cos\ b + sin\ b\ cos\ a}{R}$$

$$sin\ (a-b) = \frac{sin\ a\ cos\ b - sin\ b\ cos\ a}{R}$$

$$cos\ (a+b) = \frac{cos\ a\ cos\ b - sin\ a\ sin\ b}{R}$$

$$cos\ (a-b) = \frac{cos\ a\ cos\ b + sin\ a\ sin\ b}{R}.$$

fig 2. Soit le rayon AC $= R$, l'arc AB $= a$, l'arc BD $= b$; et par conséquent ABD $= a + b$. Des points B et D abaissez BE, DF perpendiculaires sur AC; du point D menez DI perpendiculaire sur BC, enfin du point I menez IK perpendiculaire et IL parallele à AC.

Les triangles semblables BCE, ICK donnent les proportions

CB : CI :: BE : IK ou $R : cos\ b :: sin\ a : IK = \frac{sin\ a\ cos\ b}{R}$

CB : CI :: CE : CK ou $R : cos\ b :: cos\ a : CK = \frac{cos\ a\ cos\ b}{R}$

Les triangles DIL, CBE, qui ont les côtés perpendiculaires chacun à chacun, sont semblables et donnent les proportions

$$\mathrm{CB} : \mathrm{DI} :: \mathrm{CE} : \mathrm{DL} \text{ ou } \mathrm{R} \,.\, \sin b :: \cos a : \mathrm{DL} = \frac{\cos a \sin b}{\mathrm{R}}$$

$$\mathrm{CB} : \mathrm{DI} :: \mathrm{BE} : \mathrm{IL} \text{ ou } \mathrm{R} : \sin b :: \sin a : \mathrm{IL} = \frac{\sin a \sin b}{\mathrm{R}}$$

Mais on a

$\mathrm{IK} + \mathrm{DL} = \mathrm{DF} = \sin\,(a+b)$, et $\mathrm{CK} - \mathrm{IL} = \mathrm{CF} = \cos\,(a+b)$. Donc

$$\sin\,(a+b) = \frac{\sin a \cos b + \sin b \cos a}{\mathrm{R}}$$

$$\cos\,(a+b) = \frac{\cos a \cos b - \sin a \sin b}{\mathrm{R}}.$$

Il serait facile de déduire de ces deux formules les valeurs de $\sin\,(a-b)$ et de $\cos\,(a-b)$; mais on peut les trouver directement par la même figure. En effet, si on prolonge le sinus DI jusqu'à ce qu'il rencontre la circonférence en M, on aura $\mathrm{BM} = \mathrm{BD} = b$, et $\mathrm{MI} = \mathrm{ID} = \sin b$. Par le point M menez MP perpendiculaire et MN parallele à AC; puisque $\mathrm{MI} = \mathrm{DI}$, on aura $\mathrm{MN} = \mathrm{IL}$, et $\mathrm{IN} = \mathrm{DL}$. Mais on a $\mathrm{IK} - \mathrm{IN} = \mathrm{MP} = \sin\,(a-b)$, et $\mathrm{CK} + \mathrm{MN} = \mathrm{CP} = \cos\,(a-b)$; donc

$$\sin\,(a-b) = \frac{\sin a \cos b - \sin b \cos a}{\mathrm{R}}$$

$$\cos\,(a-b) = \frac{\cos a \cos b + \sin a \sin b}{\mathrm{R}}.$$

Ce sont les formules qu'il s'agissait de démontrer.

On pourrait craindre que la démonstration précédente ne fût pas assez générale, parceque la figure qu'on a suivie suppose les arcs a et b, et même $a+b$ plus petits que 100°. Mais d'abord la démonstration s'étend sans peine au cas où a et b étant plus petits que 100°, leur somme $a+b$ est $> 100^\circ$. Alors le point F tomberait sur le prolongement de AC, et le seul changement à faire dans la démonstration, serait de prendre $\cos\,(a+b) = -\mathrm{CF}$; mais comme on aurait en même temps CF = IL — CK, il en résulte toujours $\cos(a+b) = \text{CK} - \text{IL}$, ou $\text{R}\cos(a+b) = \cos a \cos b - \sin a \sin b$.

Supposons maintenant que les formules

$$\text{R}\sin(a+b) = \sin a \cos b + \sin b \cos a$$
$$\text{R}\cos(a+b) = \cos a \cos b - \sin a \sin b$$

soient reconnues exactes pour toutes les valeurs de a et de b, moindres que les limites A et B, je dis qu'elles auront encore lieu lorsque ces limites seront $100^\circ + \text{A}$ et B.

En effet, on a généralement, quelque soit l'arc x,

$$\sin(100^\circ + x) = \cos x$$
$$\cos(100^\circ + x) = -\sin x.$$

Ces équations sont manifestes lorsque x est $< 100^\circ$, et on s'assure aisément qu'elles ont lieu pour toutes les valeurs de x, au moyen de la fig. 18, où MM″ et M′M‴ sont deux diamètres perpendiculaires entre eux, et où l'on peut prendre successivement pour x les valeurs AM, ADM′, ADBM″, ADBEM‴, ou ces valeurs augmentées de tant de circonférences qu'on voudra.

Cela posé, soit $x = m + b$, on aura

$$\sin(100^\circ + m + b) = \cos(m+b)$$
$$\cos(100^\circ + m + b) = -\sin(m+b).$$

Mais, suivant l'hypothese, on connaît les valeurs des seconds membres, tant que m et b n'excedent pas les limites A et B; donc dans cette même hypothese on aura :

$$\text{R}\sin(100^\circ + m + b) = \cos m \cos b - \sin m \sin b.$$
$$\text{R}\cos(100^\circ + m + b) = -\sin m \cos b - \cos m \sin b.$$

Soit $100^\circ + m = a$, puisqu'on a $\sin(100^\circ + m) = \cos m$ et $\cos(100^\circ + m = -\sin m$, il en résultera $\cos m = \sin a$ et $\sin m = -\cos a$; donc en faisant cette substitution dans les équations précédentes, on aura :

$$\text{R}\sin(a+b) = \sin a \cos b + \cos a \sin b$$
$$\text{R}\cos(a+b) = \cos a \cos b - \sin a \sin b.$$

D'où l'on voit que ces formules, qui n'étaient démontrées d'abord que dans les limites $a < \text{A}$, $b < \text{B}$, le sont maintenant dans les limites plus étendues $a < 100^\circ + \text{A}$, $b < \text{B}$. Mais, par la même raison, la limite de b pourra être reculée de 100°, ensuite celle de a, ce qui peut se continuer indéfiniment; donc les formules dont il s'agit ont lieu, quelle que soit la grandeur des arcs a et b.

L'arc a étant composé de la somme des deux arcs $a-b$ et b, on aura, d'après les formules précédentes,

$$\mathrm{R}\sin a = \sin(a-b)\cos b + \cos(a-b)\sin b$$
$$\mathrm{R}\cos a = \cos(a-b)\cos b - \sin(a-b)\sin b.$$

Et de celles-ci on tire :

$$\mathrm{R}\sin(a-b) = \sin a\cos b - \sin b\cos a$$
$$\mathrm{R}\cos(a-b) = \cos a\cos b + \sin a\sin b,$$

formules qui auront encore lieu pour toutes valeurs de a et de b.

XX. Si dans les formules de l'article précédent on fait $b=a$, la premiere et la troisieme donneront

$$\sin 2a = \frac{2\sin a\cos a}{\mathrm{R}},\ \cos 2a = \frac{\cos^2 a - \sin^2 a}{\mathrm{R}}.$$

Celles-ci serviront à trouver le sinus et le cosinus d'un arc double, lorsqu'on connaît le sinus et le cosinus de l'arc simple. C'est le problème de la duplication d'un arc.

Réciproquement pour diviser un arc donné a en deux parties égales, mettons dans les mêmes formules $\frac{1}{2}a$ à la place de a, nous aurons

$$\sin a = \frac{2\sin\frac{1}{2}a\cos\frac{1}{2}a}{\mathrm{R}},\ \cos a = \frac{\cos^2\frac{1}{2}a - \sin^2\frac{1}{2}a}{\mathrm{R}}.$$

Or, puisqu'on a tout-à-la-fois $\cos^2\frac{1}{2}a + \sin^2\frac{1}{2}a = \mathrm{R}^2$ et $\cos^2\frac{1}{2}a - \sin^2\frac{1}{2}a = \mathrm{R}\cos a$, il en résulte $\cos^2\frac{1}{2}a = \frac{1}{2}\mathrm{R}^2 + \frac{1}{2}\mathrm{R}\cos a$ et $\sin^2\frac{1}{2}a = \frac{1}{2}\mathrm{R}^2 - \frac{1}{2}\mathrm{R}\cos a$, donc

$$\sin\tfrac{1}{2}a = \sqrt{(\tfrac{1}{2}\mathrm{R}^2 - \tfrac{1}{2}\mathrm{R}\cos a)}$$
$$\cos\tfrac{1}{2}a = \sqrt{(\tfrac{1}{2}\mathrm{R}^2 + \tfrac{1}{2}\mathrm{R}\cos a)}.$$

Ainsi, en faisant $a=100^\circ$, ou $\cos a=0$, on a $\sin 50^\circ = \cos 50^\circ = \sqrt{\frac{1}{2}\mathrm{R}^2} = \mathrm{R}\sqrt{\frac{1}{2}}$; ensuite si l'on fait $a=50^\circ$, ce qui donne $\cos a = \mathrm{R}\sqrt{\frac{1}{2}}$, on aura $\sin 25^\circ = \mathrm{R}\sqrt{(\frac{1}{2}-\frac{1}{2}\sqrt{\frac{1}{2}})}$, et $\cos 25^\circ = \mathrm{R}\sqrt{(\frac{1}{2}+\frac{1}{2}\sqrt{\frac{1}{2}})}$.

XXI. On peut aussi avoir les valeurs de $\sin\frac{1}{2}a$ et $\cos\frac{1}{2}a$ exprimées par le moyen de $\sin a$, ce qui sera utile dans beaucoup d'occasions; ces valeurs sont :

$$\sin \tfrac{1}{2} a = \tfrac{1}{2}\sqrt{(R^2 + R \sin a)} - \tfrac{1}{2}\sqrt{(R^2 - R \sin a)}$$
$$\cos \tfrac{1}{2} a = \tfrac{1}{2}\sqrt{(R^2 + R \sin a)} + \tfrac{1}{2}\sqrt{(R^2 - R \sin a)}.$$

En effet, si on éleve la premiere au quarré, on aura $\sin^2 \tfrac{1}{2} a = \tfrac{1}{4}(R^2 + R \sin a) + \tfrac{1}{4}(R^2 - R \sin a) - \tfrac{1}{2}\sqrt{(R^4 - R^2 \sin^2 a)} = \tfrac{1}{2} R^2 - \tfrac{1}{2} R \cos a$; on aurait de même $\cos^2 \tfrac{1}{2} a = \tfrac{1}{2} R^2 + \tfrac{1}{2} R \cos a$, ce qui s'accorde avec les valeurs précédentes de $\sin \tfrac{1}{2} a$ et $\cos \tfrac{1}{2} a$. Il faut cependant observer que, si $\cos a$ était négatif, le radical $\sqrt{(R^2 - R \sin a)}$ devrait être pris avec un signe contraire dans les valeurs de $\sin \tfrac{1}{2} a$ et $\cos \tfrac{1}{2} a$, ce qui changerait l'une dans l'autre.

XXII. Au moyen de ces formules, il est facile de déterminer les sinus et cosinus de tous les dixiemes du quadrant.

Et d'abord soit $\sin 20° = x$, $2x$ sera la corde de 40°, ou le côté du décagone régulier inscrit; or ce côté est égal au plus grand segment du rayon divisé en moyenne et
5, 4. extrême raison; donc si on fait le rayon égal $= 1$, on aura $1 : 2x :: 2x : 1 - 2x$. De là on tire $4x^2 = 1 - 2x$, ou $x^2 + \tfrac{1}{2}x = \tfrac{1}{4}$; donc $(x + \tfrac{1}{4})^2 = \tfrac{1}{4} + \tfrac{1}{16} = \tfrac{5}{16}$; donc $x + \tfrac{1}{4} = \tfrac{1}{4}\sqrt{5}$, et enfin x ou $\sin 20° = \tfrac{1}{4}(-1 + \sqrt{5})$.

Cette valeur, élevée au quarré, donne $\sin^2 20° = \dfrac{6 - 2\sqrt{5}}{16}$; donc $1 - \sin^2 20°$, ou $\cos^2 20° = \dfrac{10 + 2\sqrt{5}}{16}$. Mais $\cos^2 a - \sin^2 a = \cos 2a$, donc $\cos 40°$ ou $\sin 60° = \dfrac{4 + 4\sqrt{5}}{16} = \dfrac{1 + \sqrt{5}}{4}$.

Maintenant, si dans les formules du nº XXI on fait $R = 1$, $a = 20°$, et $\sin a = \tfrac{1}{4}(-1 + \sqrt{5})$, on en déduira

$$\sin 10° = \tfrac{1}{4}\sqrt{(3 + \sqrt{5})} - \tfrac{1}{4}\sqrt{(5 - \sqrt{5})}$$
$$\cos 10° = \tfrac{1}{4}\sqrt{(3 + \sqrt{5})} + \tfrac{1}{4}\sqrt{(5 - \sqrt{5})}.$$

Si ensuite on fait dans les mêmes formules $a = 60°$, e $\sin a = \tfrac{1}{4}(1 + \sqrt{5})$, on aura

$$\sin 30° = \tfrac{1}{4}\sqrt{(5 + \sqrt{5})} - \tfrac{1}{4}\sqrt{(3 - \sqrt{5})}$$
$$\cos 30° = \tfrac{1}{4}\sqrt{(5 + \sqrt{5})} + \tfrac{1}{4}\sqrt{(3 - \sqrt{5})}.$$

Avec ces valeurs et celles qu'on connaît déja de $\sin 50$, et de $\sin 100°$, on peut former le tableau suivant :

$\sin\ 0^\circ = \cos 100^\circ = 0.$
$\sin\ 10^\circ = \cos\ 90^\circ = \frac{1}{4}\sqrt{(3+\sqrt{5})} - \frac{1}{4}\sqrt{(5-\sqrt{5})}$
$\sin\ 20^\circ = \cos\ 80^\circ = \frac{1}{4}(-1+\sqrt{5})$
$\sin\ 30^\circ = \cos\ 70^\circ = \frac{1}{4}\sqrt{(5+\sqrt{5})} - \frac{1}{4}\sqrt{(3-\sqrt{5})}$
$\sin\ 40^\circ = \cos\ 60^\circ = \frac{1}{4}\sqrt{(10-2\sqrt{5})}$
$\sin\ 50^\circ = \cos\ 50^\circ = \frac{1}{2}\sqrt{2}$
$\sin\ 60^\circ = \cos\ 40^\circ = \frac{1}{4}(1+\sqrt{5})$
$\sin\ 70^\circ = \cos\ 30^\circ = \frac{1}{4}\sqrt{(5+\sqrt{5})} + \frac{1}{4}\sqrt{(3-\sqrt{5})}$
$\sin\ 80^\circ = \cos\ 20^\circ = \frac{1}{4}\sqrt{(10+2\sqrt{5})}$
$\sin\ 90^\circ = \cos\ 10^\circ = \frac{1}{4}\sqrt{(3+\sqrt{5})} + \frac{1}{4}\sqrt{(5-\sqrt{5})}$
$\sin 100^\circ = \cos\ 0^\circ = 1.$

Ces valeurs peuvent se simplifier encore, puisqu'on a $\sqrt{(3+\sqrt{5})} = \frac{1}{2}\sqrt{10} + \frac{1}{2}\sqrt{2}$ et $\sqrt{(3-\sqrt{5})} = \frac{1}{2}\sqrt{10} - \frac{1}{2}\sqrt{2}$; d'où l'on voit qu'en regardant comme connues $\sqrt{2}$, $\sqrt{5}$ et $\sqrt{10}$, il ne reste que quatre extractions de racines quarrées à faire pour avoir les valeurs des sinus et cosinus de tous les arcs multiples de 10°.

XXIII. Nous tirerons de ces formules deux conséquences remarquables. 1° Puisque $2\sin 40^\circ$ est la corde de 80°, ou le côté du pentagone régulier inscrit, ce côté $= \frac{1}{2}\sqrt{(10-2\sqrt{5})}$, son quarré $= \frac{10-2\sqrt{5}}{4}$. Le côté du décagone régulier $= 2\sin 20^\circ = \frac{1}{2}(-1+\sqrt{5})$, son quarré $= \frac{1}{4}(6-2\sqrt{5})$; or $\frac{1}{4}(10-2\sqrt{5}) = 1 + \frac{1}{4}(6-2\sqrt{5})$. Donc *la somme faite du quarré du rayon et du quarré du côté du décagone, est égale au quarré du pentagone régulier inscrit.*

2° Entre les sinus des divisions décimales impaires du quadrant, on a cette relation

$$\sin 90^\circ + \sin 30^\circ + \sin 10^\circ = \sin 50^\circ + \sin 70^\circ,$$

et les divisions paires donnent semblablement $\sin 60^\circ = \sin 20^\circ + \frac{1}{2}$. Mais ces formules ne sont que des cas particuliers, et on peut démontrer que x étant un arc d'un nombre quelconque de degrés, on a

$$\sin(100^\circ - x) + \sin(20^\circ + x) + \sin(20^\circ - x) = \sin(60^\circ - x) + \sin(60^\circ + x).$$

En effet, la formule $\sin(a+b) + \sin(a-b) = 2\sin a \cos b$, donne

$$\sin(20^\circ + x) + \sin(20^\circ - x) = 2\sin 20^\circ \cos x$$
$$\sin(60^\circ + x) + \sin(60^\circ - x) = 2\sin 60 \cos x.$$

Donc, puisqu'on a $\sin 60° - \sin 20° = \frac{1}{2}$, et $\cos x = \sin(100° - x)$, ces deux équations retranchées l'une de l'autre, donneront

$$\sin(60°+x)+\sin(60°-x)-\sin(20°+x)-\sin(20°-x)=\sin(100°-x).$$

Formule d'où l'on tire l'équation des divisions impaires en faisant $x=10°$, et qui en général peut servir à la vérification des tables de sinus.

XXIV. Si dans les formules premiere et troisieme de l'article XIX, on fait $b=2a$, on aura

$$\sin 3a = \frac{\sin 2a \cos a + \cos 2a \sin a}{R}, \quad \cos 3a = \frac{\cos 2a \cos a - \sin 2a \sin a}{R}.$$

Substituant dans celles-ci, au lieu de $\sin 2a$ et $\cos 2a$, les valeurs trouvées dans l'article XX, et simplifiant les résultats au moyen de l'équation $\sin^2 a + \cos^2 a = R^2$, on aura

$$\sin 3a = 3 \sin a - \frac{4 \sin^3 a}{R^2}$$

$$\cos 3a = \frac{4 \cos^3 a}{R^2} - 3 \cos a.$$

Ces formules qui servent à la triplication des arcs, peuvent servir aussi à opérer leur trisection ou division en trois parties égales. En effet, si on fait $\sin 3a = c$ et $\sin a = x$, on aura pour déterminer x l'équation $c R^2 = 3 R^2 x - 4 x^3$. D'où l'on voit que le problème de la trisection de l'angle, considéré analytiquement, est du troisieme degré.

Si dans les mêmes formules de l'article XIX, on fait successivement $b=3a$, $b=4a$, etc., on aura les sinus et cosinus des arcs $4a$, $5a$, etc.; c'est-à-dire, en général, les sinus et cosinus des multiples de a. Réciproquement les formules qui servent à la multiplication des arcs, donneront les équations à résoudre pour diviser un arc donné en parties égales; c'est-à-dire, pour déterminer $\sin a$ ou $\cos a$, lorsqu'on connaît $\sin na$ et $\cos na$.

XXV. Développons encore les valeurs de $sin\ 5a$ et $cos\ 5a$, et pour cela prenons les formules

$$sin\,(3a+2a)=\frac{sin\,3a\,cos\,2a+cos\,3a\,sin\,2a}{R}$$

$$cos\,(3a+2a)=\frac{cos\,3a\,cos\,2a-sin\,3a\,sin\,2a}{R}.$$

Si on y substitue les valeurs déja trouvées art. XX et XXIV, on aura, après les réductions,

$$sin\,5a=5\,sin\,a-\frac{20\,sin^3 a}{R^2}+\frac{16\,sin^5 a}{R^4}$$

$$cos\,5a=5\,cos\,a-\frac{20\,cos^3 a}{R^2}+\frac{16\,cos^5 a}{R^4}.$$

D'où l'on voit que le problême de la quintisection de l'angle serait du cinquieme degré, et ainsi des autres divisions par les nombres premiers 7, 11, 13, etc.

XXVI. Soit proposé pour exemple de trouver la valeur de $sin\ 1°$ approchée jusqu'à quinze décimales, ce qui peut être utile pour la construction des tables de sinus. L'expression de $sin\ 10°$, trouvée n° XXII, étant réduite en décimales dans la supposition de $R=1$, donne $sin\ 10°=0.15643\ 44650\ 40231$; de là on tire, par la formule du n° XXI, $sin\ 5°=0.07845\ 90957\ 27845$.

Soit maintenant $sin\ 1°=x$, il faudra, pour avoir x, résoudre l'équation

$$16x^5-20x^3+5x=0.07845\ 90957\ 27845.$$

Si, pour abréger, on fait le second membre $=c$, on aura à-peu-près $5x-20x^3=c$, et $x=\frac{1}{5}c+4\left(\frac{1}{5}c\right)^3$. Or $\frac{1}{5}c=0.01569\ 18191$ et $4\left(\frac{1}{5}c\right)^3=0.00001\ 5456$; donc on a, pour premiere approximation, $x=0.01570\ 7275$, valeur qui n'est en erreur que dans la huitieme décimale. Pour en avoir une plus exacte, soit $x=0.01570\ 73+y$, on aura, en substituant dans l'équation proposée, et négligeant le quarré et les autres puissances de y,

$0.0784590094249 27+4.98520 17y=0.0784590957 27845$;

d'où l'on tire $y=0.00000\ 00\ 173\ 118207$, et

$$x \text{ ou } sin\ 1°=0.01570\ 73173\ 118207.$$

Du sinus de 1° ou 100′, on déduirait semblablement les sinus de 50′, de 10′, de 5′, et enfin celui de 1′.

XXVII. Les formules de l'article XIX fournissent un grand nombre de conséquences, entre lesquelles il suffira de rapporter celles qui sont de l'usage le plus fréquent. On en tire d'abord les quatre suivantes :

$$\begin{aligned}
\sin a \cos b &= \tfrac{1}{2}\mathrm{R}\sin(a+b) + \tfrac{1}{2}\mathrm{R}\sin(a-b)\\
\sin b \cos a &= \tfrac{1}{2}\mathrm{R}\sin(a+b) - \tfrac{1}{2}\mathrm{R}\sin(a-b)\\
\cos a \cos b &= \tfrac{1}{2}\mathrm{R}\cos(a-b) + \tfrac{1}{2}\mathrm{R}\cos(a+b)\\
\sin a \sin b &= \tfrac{1}{2}\mathrm{R}\cos(a-b) - \tfrac{1}{2}\mathrm{R}\cos(a+b)
\end{aligned}$$

lesquelles servent à changer un produit de plusieurs sinus ou cosinus, en sinus et cosinus *linéaires* ou multipliés seulement par des constantes.

XXVIII. Si dans ces formules on fait $a+b=p$, $a-b=q$, ce qui donne $a=\frac{p+q}{2}$, $b=\frac{p-q}{2}$, on en déduira

$$\sin p + \sin q = \frac{2}{\mathrm{R}}\sin\tfrac{1}{2}(p+q)\cos\tfrac{1}{2}(p-q)$$

$$\sin p - \sin q = \frac{2}{\mathrm{R}}\sin\tfrac{1}{2}(p-q)\cos\tfrac{1}{2}(p+q)$$

$$\cos p + \cos q = \frac{2}{\mathrm{R}}\cos\tfrac{1}{2}(p+q)\cos\tfrac{1}{2}(p-q)$$

$$\cos q - \cos p = \frac{2}{\mathrm{R}}\sin\tfrac{1}{2}(p+q)\sin\tfrac{1}{2}(p-q).$$

Nouvelles formules qu'on emploie souvent dans les calculs trigonométriques pour réduire deux termes à un seul.

XXIX. Enfin, de ces dernieres on tire encore par la division, et ayant égard à ce que $\frac{\sin a}{\cos a}=\frac{\operatorname{tang} a}{\mathrm{R}}=\frac{\mathrm{R}}{\cot a}$, celles qui suivent :

$$\frac{\sin p + \sin q}{\sin p - \sin q} = \frac{\sin\frac{1}{2}(p+q)\cos\frac{1}{2}(p-q)}{\cos\frac{1}{2}(p+q)\sin\frac{1}{2}(p-q)} = \frac{\tang\frac{1}{2}(p+q)}{\tang\frac{1}{2}(p-q)}$$

$$\frac{\sin p + \sin q}{\cos p + \cos q} = \frac{\sin\frac{1}{2}(p+q)}{\cos\frac{1}{2}(p+q)} = \frac{\tang\frac{1}{2}(p+q)}{R}$$

$$\frac{\sin p + \sin q}{\cos q - \cos p} = \frac{\cos\frac{1}{2}(p-q)}{\sin\frac{1}{2}(p-q)} = \frac{\cot\frac{1}{2}(p-q)}{R}$$

$$\frac{\sin p - \sin q}{\cos p + \cos q} = \frac{\sin\frac{1}{2}(p-q)}{\cos\frac{1}{2}(p-q)} = \frac{\tang\frac{1}{2}(p-q)}{R}$$

$$\frac{\sin p - \sin q}{\cos q - \cos p} = \frac{\cos\frac{1}{2}(p+q)}{\sin\frac{1}{2}(p+q)} = \frac{\cot\frac{1}{2}(p+q)}{R}$$

$$\frac{\cos p + \cos q}{\cos q - \cos p} = \frac{\cos\frac{1}{2}(p+q)}{\sin\frac{1}{2}(p+q)} \cdot \frac{\cos\frac{1}{2}(p-q)}{\sin\frac{1}{2}(p-q)} = \frac{\cot\frac{1}{2}(p+q)}{\tang\frac{1}{2}(p-q)}$$

$$\frac{\sin(p+q)}{\sin p + \sin q} = \frac{2\sin\frac{1}{2}(p+q)\cos\frac{1}{2}(p+q)}{2\sin\frac{1}{2}(p+q)\cos\frac{1}{2}(p-q)} = \frac{\cos\frac{1}{2}(p+q)}{\cos\frac{1}{2}(p-q)}$$

$$\frac{\sin(p+q)}{\sin p - \sin q} = \frac{2\sin\frac{1}{2}(p+q)\cos\frac{1}{2}(p+q)}{2\sin\frac{1}{2}(p-q)\cos\frac{1}{2}(p+q)} = \frac{\sin\frac{1}{2}(p+q)}{\sin\frac{1}{2}(p-q)}$$

Formules qui sont l'expression d'autant de théorêmes. De la premiere il résulte que *la somme des sinus de deux arcs est à la différence de ces mêmes sinus, comme la tangente de la demi-somme des arcs est à la tangente de leur demi-différence.*

XXX. Si on fait $b=a$ ou $q=0$ dans les formules des trois articles précédents, on aura les résultats qui suivent :

$$\cos^2 a = \tfrac{1}{2}R^2 + \tfrac{1}{2}R\cos 2a$$
$$\sin^2 a = \tfrac{1}{2}R^2 - \tfrac{1}{2}R\cos 2a$$

$$R + \cos p = \frac{2\cos^2\frac{1}{2}p}{R}$$

$$R - \cos p = \frac{2\sin^2\frac{1}{2}p}{R}$$

$$\sin p = \frac{2\sin\frac{1}{2}p\cos\frac{1}{2}p}{R}$$

$$\frac{\sin p}{R + \cos p} = \frac{\tang\frac{1}{2}p}{R} = \frac{R}{\cot\frac{1}{2}p}$$

$$\frac{\sin p}{R - \cos p} = \frac{\cot \frac{1}{2} p}{R} = \frac{R}{\tang \frac{1}{2} p}$$

$$\frac{R + \cos p}{R - \cos p} = \frac{\cot^2 \frac{1}{2} p}{R^2} = \frac{R^2}{\tang^2 \frac{1}{2} p}.$$

XXXI. Pour développer aussi quelques formules relatives aux tangentes, considérons l'expression $\tang(a+b) = \frac{R \sin(a+b)}{\cos(a+b)}$, dans laquelle la substitution des valeurs de $\sin(a+b)$ et $\cos(a+b)$, donnera

$$\tang(a+b) = \frac{R(\sin a \cos b + \sin b \cos a)}{\cos a \cos b - \sin b \sin a}.$$

Or on a $\sin a = \frac{\cos a \tang a}{R}$ et $\sin b = \frac{\cos b \tang b}{R}$. substituant ces valeurs et divisant ensuite tous les termes par $\cos a \cos b$, on aura

$$\tang(a+b) = \frac{R^2(\tang a + \tang b)}{R^2 - \tang a \tang b}.$$

C'est là valeur de la tangente de la somme de deux arcs, exprimée par les tangentes de chacun de ces arcs ; on trouverait de même pour la tangente de leur différence

$$\tang(a-b) = \frac{R^2(\tang a - \tang b)}{R^2 + \tang a \tang b}.$$

Soit $b = a$, on aura pour la duplication des arcs la formule

$$\tang 2a = \frac{2 R^2 \tang a}{R^2 - \tang^2 a},$$

d'où résulterait

$$\cot 2a = \frac{R^2}{\tang 2a} = \frac{R^2}{2 \tang a} - \tfrac{1}{2} \tang a = \tfrac{1}{2} \cot a - \tfrac{1}{2} \tang a.$$

Soit $b = 2a$, on aurait pour leur triplication la formule :

$$\tang 3a = \frac{R^2(\tang a + \tang 2a)}{R^2 - \tang a \tang 2a};$$

dans laquelle si on substitue la valeur de $tang\ 2\ a$, on aura

$$tang\ 3\ a = \frac{3\,R^2\ tang\ a - tang^3\ a}{R^2 - 3\ tang^2\ a}.$$

XXXII. Le développement des formules trigonométriques, considéré dans toute sa généralité, forme une branche importante de l'analyse, sur laquelle on peut consulter l'excellent ouvrage d'Euler, intitulé : *Introductio in anal. Inf.*, ou sa traduction par M. Labey. Nous croyons cependant devoir démontrer encore les formules qui servent à exprimer le sinus et le cosinus en fonctions de l'arc, formules dont la connaissance est supposée dans la note IV, et qui d'ailleurs sont nécessaires pour la construction des tables.

Et d'abord, supposant le rayon $=1$, ce qui n'altere pas la généralité des résultats, on a la formule $cos^2 A + sin^2 A = 1$, dont le premier membre peut être regardé comme le produit des deux facteurs imaginaires $cos\ A + \sqrt{-1}\ sin\ A$ et $cos\ A - \sqrt{-1}\ sin\ A$. Si on multiplie ensemble deux facteurs semblables $cos\ A + \sqrt{-1}\ sin\ A$, $cos\ B + \sqrt{-1}\ sin\ B$, le produit sera $cos\ A\ cos\ B - sin\ A\ sin\ B + (sin\ A\ cos\ B + sin\ B\ cos\ A)\sqrt{-1}$, et il se réduit par conséquent à la forme $cos\ (A+B) + \sqrt{-1}\ sin\ (A+B)$, laquelle est semblable à chacun des facteurs. On a donc en général

$$(cos A + \sqrt{-1} sin A)(cos B + \sqrt{-1} sin B) = cos(A+B) + \sqrt{-1} sin(A+B),$$

et il est remarquable que la multiplication de ces sortes de quantités s'exécute en ajoutant seulement les arcs, ce qui est une propriété analogue à celle des logarithmes. On en conclura successivement

$$(cos\ A + \sqrt{-1}\ sin\ A)\ (cos\ A + \sqrt{-1}\ sin\ A) = cos\ 2\ A + \sqrt{-1}\ sin\ 2\ A$$
$$(cos\ A + \sqrt{-1}\ sin\ A)\ (cos\ 2\ A + \sqrt{-1}\ sin\ 2\ A) = cos\ 3\ A + \sqrt{-1}\ sin\ 3\ A$$
$$(cos\ A + \sqrt{-1}\ sin\ A)\ (cos\ 3\ A + \sqrt{-1}\ sin\ 3\ A) = cos\ 4\ A + \sqrt{-1}\ sin\ 4\ A$$

etc.

Le premier produit est égal à $(cos\ A + \sqrt{-1}\ sin\ A)^2$, le second est égal à $(cos\ A + \sqrt{-1}\ sin\ A)^3$; et ainsi de suite. Donc en général, n étant un nombre entier quelconque, on aura

$$(cos\ A + \sqrt{-1}\ sin\ A)^n = cos\ n\ A + \sqrt{-1}\ sin\ n\ A.$$

De là résulte, en changeant le signe de $\sqrt{-1}$,

$$(\cos A - \sqrt{-1}\sin A)^n = \cos nA - \sqrt{-1}\sin nA,$$

et de ces deux équations qui sont une suite l'une de l'autre, on déduira les valeurs séparées de $\sin nA$ et $\cos nA$, savoir:

$$\cos nA = \tfrac{1}{2}(\cos A + \sqrt{-1}\sin A)^n + \tfrac{1}{2}(\cos A - \sqrt{-1}\sin A)^n$$

$$\sin nA = \frac{1}{2\sqrt{-1}}(\cos A + \sqrt{-1}\sin A)^n - \frac{1}{2\sqrt{-1}}(\cos A - \sqrt{-1}\sin A)^n$$

XXXIII. Si on veut exprimer les mêmes quantités en séries, il faudra développer par la formule du binome $(\cos A + \sqrt{-1}\sin A)^n$, ce qui donnera

$$\cos^n A + \frac{n}{1}\cos^{n-1} A \sin A\sqrt{-1} - \frac{n.n-1}{1.2}\cos^{n-2} A \sin^2 A$$

$$-\frac{n.n-1.n-2}{1.2.3}\cos^{n-3} A \sin^3 A\sqrt{-1} + \frac{n.n-1.n-2.n-3}{1.2.3.4}\cos^{n-4} A \sin^4 A + \text{etc.}$$

Et cette quantité étant la valeur de $\cos nA + \sqrt{-1}\sin nA$, on égalera séparément la partie réelle à $\cos nA$, et la partie imaginaire à $\sqrt{-1}\sin nA$. On aura donc

$$\cos nA = \cos^n A - \frac{n.n-1}{1.2}\cos^{n-2} A \sin^2 A + \frac{n.n-1.n-2.n-3}{1.2.3.4}\cos^{n-4} A \sin^4 A -$$

$$\sin nA = n\cos^{n-1} A \sin A - \frac{n.n-1.n-2}{1.2.3}\cos^{n-3} A \sin^3 A + \text{etc},$$

séries dont la loi est facile à saisir, et au moyen desquelles on trouve le sinus et le cosinus d'un arc multiple de A, d'une maniere beaucoup plus prompte que par les opérations indiquées art. XXIV.

XXXIV. Puisqu'on a $\sin A = \cos A \tan A$, ces séries peuvent se mettre sous la forme

$$\cos nA = \cos^n A\left(1 - \frac{n.n-1}{1.2}\tan^2 A + \frac{n.n-1.n-2.n-3}{1.2.3.4}\tan^4 A - \text{etc.}\right.$$

$$\sin nA = \cos^n A\left(\frac{n}{1}\tan A - \frac{n.n-1.n-2}{1.2.3}\tan^3 A + \text{etc.}\right)$$

Soit $n = \frac{x}{A}$, on aura, en substituant cette valeur et conservant cependant le facteur $\cos^n A$,

$$\cos x = \cos^n A\left(1 - \frac{x.x-A}{1.2}\cdot\frac{\tan g^2 A}{A^2} + \frac{x.x-A.x-2A.x-3A}{1.2.3.4}\cdot\frac{\tan g^4 A}{A^4} - \text{etc.}\right)$$

$$\sin x = \cos^n A\left(\frac{x}{1}\cdot\frac{\tan g\,A}{A} - \frac{x.x-A.x-2A}{1.2.3}\cdot\frac{\tan g^3 A}{A^3} + \text{etc.}\right)$$

Dans ces formules on peut prendre A à volonté ; supposons A très-petit, alors $\frac{\tan g\,A}{A}$ sera très-peu différent de l'unité, parceque la tangente d'un arc très-petit est presqu'égale à l'arc. Cependant, tant que l'arc n'est pas nul, on a $\tan g\,A > A$ (1) ou $\frac{\tan g\,A}{A} > 1$; on a en même temps $A > \sin A$ (2) ; donc $\frac{\tan g\,A}{A} < \frac{\tan g\,A}{\sin A}$, ou $\frac{\tan g\,A}{A} < \frac{1}{\cos A}$. De là on voit que le rapport $\frac{\tan g\,A}{A}$ est toujours compris entre les limites 1 et $\frac{1}{\cos A}$. Soit $A = 0$, on aura $\cos A = 1$; donc puisque $\frac{\tan g\,A}{A}$ est compris entre 1 et $\frac{1}{\cos A}$, il faudra qu'on ait exactement $\frac{\tan g\,A}{A} = 1$. Donc en faisant $A = 0$, on aura

$$\cos x = \cos^n A\left(1 - \frac{x^2}{1.2} + \frac{x^4}{1.2.3.4} - \frac{x^6}{1.2.3.4.5.6} + \text{etc.}\right)$$

$$\sin x = \cos^n A\left(x - \frac{x^3}{1.2.3} + \frac{x^5}{1.2.3.4.5} - \text{etc.}\right)$$

Il reste à voir ce que devient $\cos^n A$, lorsque A diminue de plus en plus, et devient enfin zéro. Or on a $\frac{1}{\cos^2 A} = \text{séc}^2 A = 1 + \tan g^2 A$; donc $\cos A = (1 + \tan g^2 A)^{-\frac{1}{2}}$, donc

$$\cos^n A = (1 + \tan g^2 A)^{-\frac{n}{2}} = 1 - \frac{n}{2}\tan g^2 A + \frac{n.n+2}{2.4}\tan g^4 A - \text{etc.}$$

(1) AT est plus grand que AM, parceque le triangle ATC est au secteur ACM : : AT × ½ AC : AM × ½ AC : : AT : AM. fig. 1.

(2) AM est plus grand que MP, parce que l'arc MAN est plus grand que sa corde MN.

Substituant au lieu de n sa valeur $\frac{x}{A}$, on aura

$$\cos^n A = 1 - \frac{x}{2} A . \frac{tang^2 A}{A^2} + \frac{x.x+2A}{2.4} A^2 . \frac{tang^4 A}{A^4} - \text{etc.}$$

Si l'on imagine maintenant que A diminue de plus en plus, x restant la même, la valeur de $\cos^n A$ approchera de plus en plus de l'unité; enfin, si l'on fait $A = 0$ et $\frac{tang A}{A} = 1$, on aura exactement $\cos^n A = 1$. Donc on a les formules

$$\cos x = 1 - \frac{x^2}{1.2} + \frac{x^4}{1.2.3.4} - \frac{x^6}{1.2.3.4.5.6} + \text{etc.}$$

$$\sin x = x - \frac{x^3}{1.2.3} + \frac{x^5}{1.2.3.4.5} - \text{etc.}$$

par lesquelles on pourra calculer le sinus et le cosinus d'un arc dont la longueur est donnée en parties du rayon pris pour unité.

XXXV. Ces mêmes valeurs peuvent être exprimées d'une maniere succincte, par le moyen des exponentielles. Pour cela, il faut se rappeler que e étant le nombre dont le logarithme hyperbolique est 1, on a

$$e^z = 1 + \frac{z}{1} + \frac{z^2}{1.2} + \frac{z^3}{1.2.3} + \frac{z^4}{1.2.3.4} + \text{etc.}$$

Si, dans cette formule, on fait $z = x\sqrt{-1}$, il en résultera

$$e^{x\sqrt{-1}} = 1 + \frac{x\sqrt{-1}}{1} - \frac{x^2}{1.2} - \frac{x^3\sqrt{-1}}{1.2.3} + \frac{x^4}{1.2.3.4} + \frac{x^5\sqrt{-1}}{1.2.3.4.5} - \text{etc.}$$

On aurait semblablement en changeant le signe de $\sqrt{-1}$

$$e^{-x\sqrt{-1}} = 1 - \frac{x\sqrt{-1}}{1} - \frac{x^2}{1.2} + \frac{x^3\sqrt{-1}}{1.2.3} + \frac{x^4}{1.2.3.4} - \frac{x^5\sqrt{-1}}{1.2.3.4.5} - \text{etc.}$$

De là on tire

$$\frac{e^{x\sqrt{-1}} + e^{-x\sqrt{-1}}}{2} = 1 - \frac{x^2}{1.2} + \frac{x^4}{1.2.3.4} - \text{etc.}$$

$$\frac{e^{x\sqrt{-1}} - e^{-x\sqrt{-1}}}{2\sqrt{-1}} = x - \frac{x^3}{1.2.3} + \frac{x^5}{1.2.3.4.5} - \text{etc.}$$

séries dont les seconds membres sont les valeurs trouvées pour $\cos x$ et $\sin x$. Donc on a

$$\cos x = \frac{e^{x\sqrt{-1}} + e^{-x\sqrt{-1}}}{2},\quad \sin x = \frac{e^{x\sqrt{-1}} - e^{-x\sqrt{-1}}}{2\sqrt{-1}};$$

d'où l'on tire $\dfrac{e^{x\sqrt{-1}} - e^{-x\sqrt{-1}}}{e^{x\sqrt{-1}} + e^{-x\sqrt{-1}}} = \sqrt{-1}.\dfrac{\sin x}{\cos x} = \sqrt{-1}\,\mathrm{tang}\, x,$ formule dont on a fait usage, note IV.

Les mêmes formules donnent $e^{x\sqrt{-1}} = \cos x + \sqrt{-1}\sin x$, $e^{-x\sqrt{-1}} = \cos x - \sqrt{-1}\sin x$; donc, en divisant l'une par l'autre, on aura $e^{2x\sqrt{-1}} = \dfrac{\cos x + \sqrt{-1}\sin x}{\cos x - \sqrt{-1}\sin x} = \dfrac{1+\sqrt{-1}\,\mathrm{tang}\,x}{1-\sqrt{-1}\,\mathrm{tang}\,x}$, ou en prenant les logarithmes de chaque membre, $2x\sqrt{-1} = \log.\left(\dfrac{1+\sqrt{-1}\,\mathrm{tang}\,x}{1-\sqrt{-1}\,\mathrm{tang}\,x}\right)$. Mais on sait que $\log.\left(\dfrac{1+z}{1-z}\right) = 2z + \dfrac{2}{3}z^3 + \dfrac{2}{5}z^5 + \text{etc.}$; mettant donc $\sqrt{-1}\,\mathrm{tang}\,x$ au lieu de z, et divisant de part et d'autre par $2\sqrt{-1}$, on aura
$x = \mathrm{tang}\,x - \frac{1}{3}\mathrm{tang}^3 x + \frac{1}{5}\mathrm{tang}^5 x - \frac{1}{7}\mathrm{tang}^7 x + \text{etc.}$
Formule très-simple qui sert à calculer l'arc par sa tangente, lorsque celle-ci est plus petite que l'unité.

XXXVI. Pour appliquer les formules précédentes à la détermination du sinus et du cosinus d'un arc donné en degrés et parties de degré, il faut avoir la longueur de cet arc exprimée en parties du rayon, ou, ce qui revient au même, il faut avoir le rapport de cet arc au rayon. Or, le rayon étant 1, la demi-circonférence ou l'arc de 200° $= 3.\,14159\;26535\;897932$. Soit ce nombre $= \pi$, la longueur de l'arc $\dfrac{m}{n}.\,100^\circ$ sera $\dfrac{m}{n}.\dfrac{\pi}{2}$; donc si on fait dans les formules précédentes $x = \dfrac{m}{n}.\dfrac{\pi}{2}$, qu'ensuite on remette la valeur de π, et qu'on calcule les coëfficients jusqu'à seize décimales, on aura les formules suivantes :

$\sin\left(\frac{m}{n}\cdot 100^\circ\right)=$	$\cos\left(\frac{m}{n}\cdot 100^\circ\right)=$
$1.57079\ 63267\ 948966\frac{m}{n}$	$1.00000\ 00000\ 000000$
$-0.64596\ 40975\ 062463\frac{m^3}{n^3}$	$-1.23370\ 05501\ 361698\frac{m^2}{n^2}$
$+0.07969\ 26262\ 461670\frac{m^5}{n^5}$	$+0.25366\ 95079\ 010480\frac{m^4}{n^4}$
$-0.00468\ 17541\ 353187\frac{m^7}{n^7}$	$-0.02086\ 34807\ 633530\frac{m^6}{n^6}$
$+0.00016\ 04411\ 847874\frac{m^9}{n^9}$	$+0.00091\ 92602\ 748394\frac{m^8}{n^8}$
$-0.00000\ 35988\ 432352\frac{m^{11}}{n^{11}}$	$-0.00002\ 52020\ 423731\frac{m^{10}}{n^{10}}$
$+0.00000\ 00569\ 217292\frac{m^{13}}{n^{13}}$	$+0.00000\ 04710\ 874779\frac{m^{12}}{n^{12}}$
$-0.00000\ 00006\ 688035\frac{m^{15}}{n^{15}}$	$-0.00000\ 00063\ 866031\frac{m^{14}}{n^{14}}$
$+0.00000\ 00000\ 060669\frac{m^{17}}{n^{17}}$	$+0.00000\ 00000\ 656596\frac{m^{16}}{n^{16}}$
$-0.00000\ 00000\ 000438\frac{m^{19}}{n^{19}}$	$-0.00000\ 00000\ 005294\frac{m^{18}}{n^{18}}$
$+0.00000\ 00000\ 000003\frac{m^{21}}{n^{21}}$	$+0.00000\ 00000\ 000034\frac{m^{20}}{n^{20}}$

Les sinus et cosinus des arcs depuis zéro jusqu'à 50°, comprennent les sinus et cosinus des arcs depuis 50° jusqu'à 100°; car on a $\sin(50^\circ+z)=\cos(50^\circ-z)$ et $\cos(50^\circ+z)=\sin(50^\circ-z)$. Donc, dans les formules qui donnent les valeurs de $\sin\frac{m}{n}100^\circ$ et $\cos\frac{m}{n}100^\circ$, on pourra toujours supposer $\frac{m}{n}<\frac{1}{2}$; de sorte que les séries seront tellement convergentes, qu'il n'en faudra jamais calculer qu'un petit nombre de termes, sur-tout si on n'a pas besoin de beaucoup de décimales.

Si on fait successivement $\frac{m}{n} = \frac{1}{10}, \frac{2}{10}, \frac{3}{10}, \frac{4}{10}, \frac{5}{10}$, on trouvera les résultats suivants :

sin	10°	=	*cos*	90°	=	0. 15643 44650 40231
sin	20°	=	*cos*	80°	=	0. 30901 69943 74947
sin	30°	=	*cos*	70°	=	0. 45399 04997 39547
sin	40°	=	*cos*	60°	=	0. 58778 52522 92473
sin	50°	=	*cos*	50°	=	0. 70710 67811 86548
sin	60°	=	*cos*	40°	=	0. 80901 69943 74947
sin	70°	=	*cos*	30°	=	0. 89100 65241 88368
sin	80°	=	*cos*	20°	=	0. 95105 65162 95154
sin	90°	=	*cos*	10°	=	0. 98768 83405 95138
sin	100°	=	*cos*	0°	=	1. 00000 00000 00000

lesquels s'accordent avec les formules algébriques du n° 22. On trouvera pareillement, en faisant $\frac{m}{n} = \frac{1}{100}$, la même valeur de *sin* 1°, qu'on a trouvée n° 26 ; et la grande facilité avec laquelle on parvient à ces résultats, est une preuve de l'excellence de la méthode.

De la construction des tables de sinus.

XXXVII. Les savants utiles à qui on doit la premiere construction des tables de sinus, ont fondé leurs calculs sur des méthodes ingénieuses, mais dont l'application était fort pénible. L'analyse a fourni depuis des méthodes beaucoup plus expéditives pour remplir cet objet ; mais les calculs étant déja faits, ces méthodes seraient restées sans application, si l'établissement du système métrique n'eût fourni l'occasion de calculer de nouvelles tables conformes à la division décimale du cercle.

Pour donner une idée des méthodes qu'on peut suivre dans la construction des tables, supposons qu'il s'agisse de calculer les sinus de tous les arcs de minute en minute, depuis 1 minute jusqu'à 10000 minutes ou 100 degrés; nous ferons le rayon $= 1$, l'arc d'une minute $= a$, et d'abord il faudra trouver le sinus et le cosinus de l'arc a avec un grand degré d'approximation.

Le rayon étant 1, on sait que la demi-circonférence ou l'arc de $200^\circ = 3.14159\ 26535\ 897932$; divisant ce nombre par 20000, on a l'arc de 1' ou $a = 0.0001570796 3267948966$, valeur exacte jusque dans la vingtieme décimale. Quand un arc est très-petit, son sinus est sensiblement égal à l'arc, ainsi on a à très-peu près $\sin a = 0.00015\ 70796\ 32679\ 48966$. Mais cette valeur est déja en erreur à la treizieme décimale, laquelle n'est que le dixieme chiffre significatif. Pour en avoir une plus exacte, le moyen le plus simple est de recourir aux formules de l'art. 36, dans lesquelles, si on fait $\frac{m}{n} = \frac{1}{10000}$, on aura immédiatement, par les deux ou trois premiers termes de chaque série,

$$\sin a = 0.00015\ 70796\ 32033\ 525563$$
$$\cos a = 0.99999\ 99876\ 62994\ 52400\ 5253$$

valeurs exactes jusqu'à la vingtieme décimale pour le *sinus*, et jusqu'à la vingt-quatrieme pour le *cosinus*.

XXXVIII. Connaissant le sinus et le cosinus de l'arc d'une minute désigné par a, pour en déduire successivement les sinus de tous les arcs multiples de a, on fera dans les formules de l'art. 22, $p = x + a$, $q = x - a$. La premiere et la troisieme donneront par cette substitution, et en faisant toujours $R = 1$,

$$\sin(x+a) = 2\cos a \sin x - \sin(x-a)$$
$$\cos(x+a) = 2\cos a \cos x - \cos(x-a)$$

Il résulte de ces formules que si on a une suite d'arcs en progression arithmétique, dont la différence soit a, leurs sinus formeront une suite récurrente dont l'échelle de relation est $2\cos a, -1$, c'est-à-dire, que deux sinus consécutifs A et B étant calculés, on trouvera le suivant C, en multipliant B par $2\cos a$, A par -1, et ajoutant les deux produits, ce qui donnera $C = 2B\cos a - A$. Les cosinus des mêmes arcs formeront également une suite récurrente dont l'échelle de relation est $2\cos a, -1$: on aura donc successivement,

$\sin 0 = 0$	$\cos 0 = 1$
$\sin a = \sin a$	$\cos a = \cos a$
$\sin 2a = 2\cos a \sin a$	$\cos 2a = 2\cos a \cos a - 1$
$\sin 3a = 2\cos a \sin 2a - \sin a$	$\cos 3a = 2\cos a \cos 2a - \cos a$
$\sin 4a = 2\cos a \sin 3a - \sin 2a$	$\cos 4a = 2\cos a \cos 3a - \cos 2a$
$\sin 5a = 2\cos a \sin 4a - \sin 3a$	$\cos 5a = 2\cos a \cos 4a - \cos 3a$

etc.

XXXIX. Il ne s'agit plus que d'exécuter les opérations indiquées, en substituant les valeurs de *sin a* et *cos a*. Si on veut construire des tables de sinus avec 10 décimales, il suffira de prendre les valeurs de *sin a* et *cos a* approchées jusqu'à 16 décimales, savoir :

$$\sin a = 0.00015\ 70796\ 320335$$
$$\cos a = 0.99999\ 99876\ 629945$$

mais comme *cos a* differe très-peu de l'unité, il y a un moyen d'abréviation dont il faut profiter. Soit $k = 2(1 - \cos a) = 0.00000\ 00246\ 740110$, on aura $2 \cos a = 2 - k$, ce qui donnera,

$$\sin(x+a) - \sin x = \sin x - \sin(x-a) - k \sin x$$
$$\cos(x+a) - \cos x = \cos x - \cos(x-a) - k \cos x$$

Pour avoir le terme $\sin(x+a)$ il suffit d'ajouter au terme précédent $\sin x$ la différence $\sin(x+a) - \sin x$, laquelle sera toujours très-petite : or cette différence est, suivant la formule, égale à une différence semblable déja calculée $\sin x - \sin(x-a)$, moins le produit de $\sin x$ par le nombre constant k. Cette multiplication est donc la seule opération un peu longue qu'on ait à faire pour déduire un sinus des deux précédents ; mais il faut observer 1° que l'on n'a besoin de connaître le produit que jusqu'à la seizieme décimale, ce qui donnera fort peu de chiffres à calculer ; 2° que ces multiplications peuvent être abrégées beaucoup en formant d'avance les produits du nombre constant 246740110 par 1, 2, 3 jusqu'à 9 ; car, par ce moyen, on aura immédiatement les produits partiels qui résultent des différents chiffres du multiplicateur $\sin x$, et il ne restera plus qu'à faire l'addition de ces produits, en se bornant toujours à la seizieme décimale.

Les mêmes procédés devront être suivis dans le calcul des cosinus ; et, lorsqu'on aura prolongé l'une et l'autre séries jusqu'à 50°, la table sera complete.

XL. Il est nécessaire, nous le répétons, de calculer les sinus avec 16 décimales, c'est-à-dire avec cinq ou six décimales de plus qu'on n'en veut avoir réellement, afin d'être assuré que les erreurs, qui peuvent se multiplier dans le cours de 5000 opérations, n'influeront cependant pas sur la dixieme décimale des derniers résultats. Le calcul fait, on retranchera les décimales superflues et on ne conservera dans la table que dix décimales.

Au reste, quand il s'agit d'exécuter tant de calculs, on doit chercher à vérifier les résultats aussi souvent qu'il est possible. Dans l'exemple que nous avons apporté d'une table calculée de minute en minute, il serait nécessaire de calculer préalablement les sinus et cosinus de degré en degré, ce qui fera, de 100 termes en 100 termes, une vérification très-utile. Or, pour calculer les sinus de degré en degré, on a les formules et les valeurs qui suivent :

$$\sin(x+1^\circ)-\sin x=\sin x-\sin(x-1^\circ)-h\sin x$$
$$\cos(x+1^\circ)-\cos x=\cos x-\cos(x-1^\circ)-h\cos x$$
$$\sin 1^\circ=0.01570\ 73173\ 11820\ 676$$
$$\cos 1^\circ=0.99987\ 66324\ 81660\ 599$$
$$h=2(1-\cos 1^\circ)=0.00024\ 67350\ 36678\ 802$$

Les sinus calculés de degré en degré se vérifieront eux-mêmes de dix en dix par les valeurs déja connues de $\sin 10^\circ$, $\sin 20^\circ$, etc. Enfin lorsque la table entiere est construite, on peut encore la vérifier de tant de manieres qu'on voudra par l'équation

$$\sin(100^\circ-x)+\sin(20^\circ-x)+\sin(20^\circ+x)=\sin(60^\circ-x)+\sin(60^\circ+x).$$

XLI. Les sinus, tels qu'ils résultent des calculs que nous venons d'indiquer, sont exprimés en parties du rayon, et on les appelle *sinus naturels;* mais on a reconnu dans la pratique, qu'il y a beaucoup d'avantage à se servir des logarithmes des sinus, au lieu des sinus eux-mêmes ; en conséquence la plupart des tables ne contiennent point les sinus naturels, mais seulement leurs logarithmes. On conçoit que les sinus étant calculés, il a été facile d'en trouver les logarithmes; mais comme la supposition du rayon $=1$ rendrait négatifs tous les logarithmes des sinus, on a préféré de prendre le rayon $=10000000000$, c'est-à-dire, qu'on a multiplié par 10000000000 tous les sinus trouvés dans la supposition du rayon $=1$. Par ce moyen le rayon ou sinus de 100°, qui se rencontre fréquemment dans les calculs, a pour logarithme 10 unités, et il faudrait que les angles fussent beaucoup plus petits qu'on ne les rencontre dans la pratique, pour que leurs sinus eussent des logarithmes négatifs.

Les logarithmes des sinus étant trouvés, on en déduit très-aisément les logarithmes des tangentes par de simples soustractions; car, puisqu'on a $tang\,x = \frac{R\,sin\,x}{cos\,x}$, il s'ensuit $log.\,tang\,x = 10 + log.\,sin\,x - log.\,cos\,x$. Quant aux logarithmes des sécantes, ils se trouveraient d'une maniere encore plus simple, à l'aide de l'équation $sec.\,x = \frac{R^2}{cos\,x}$. C'est parcequ'on peut y suppléer si facilement qu'on n'insere dans les tables que les logarithmes des sinus et ceux des tangentes.

Il resterait à expliquer l'espece d'interpolation dont on se sert, soit pour trouver les logarithmes des sinus et tangentes des arcs qui contiennent des fractions de minute, soit pour trouver l'arc qui répond à un logarithme donné de sinus ou de tangente, lorsque ce logarithme tombe entre deux logarithmes des tables. Mais pour ces détails on ne peut mieux faire que de consulter l'explication dont les tables sont toujours accompagnées.

Principes pour la résolution des triangles rectilignes.

XLII. *Dans tout triangle rectangle le rayon est au sinus d'un des angles aigus, comme l'hypoténuse est au côté opposé à cet angle.*

Soit ABC le triangle proposé rectangle en A; du point C, comme centre, et du rayon CD, égal au rayon des tables, décrivez l'arc DE qui sera la mesure de l'angle C; abaissez sur CD la perpendiculaire EF qui sera le sinus de l'angle C. Les triangles CBA, CEF sont semblables et donnent la proportion CE : EF :: CB : BA; donc fig. 3.

$$R : sin\,C :: BC : BA.$$

XLIII. *Dans tout triangle rectangle le rayon est à la tangente d'un des angles aigus, comme le côté adjacent à cet angle est au côté opposé.*

Ayant décrit l'arc DE, comme dans l'article précédent, élevez sur CD la perpendiculaire DG qui sera la tangente de l'angle C. Par les triangles semblables CDG, CAB, on aura la proportion CD : DG .: CA : AB; donc

R : *tang* C :: CA : AB.

XLIV. *Dans un triangle rectiligne quelconque les sinus des angles sont comme les côtés opposés.*

fig. 4. Soit ABC le triangle proposé, AD la perpendiculaire abaissée du sommet A sur le côté opposé BC, il pourra arriver deux cas :

1° Si la perpendiculaire tombe au-dedans du triangle ABC, les triangles rectangles ABD, ACD donneront, suivant l'art. XLII,

R : *sin* B :: AB : AD

R : *sin* C :: AC : AD.

Dans ces deux proportions, les extrêmes étant égaux, on pourra, avec les moyens, faire la proportion

sin C : *sin* B :: AB : AC.

fig. 5. 2° Si la perpendiculaire tombe hors du triangle ABC, les triangles rectangles ABD, ACD donneront encore les proportions

R : *sin* ABD :: AB : AD

R : *sin* C :: AC : AD:

d'où l'on déduit *sin* C : *sin* ABD :: AB : AC. Mais l'angle ABD est supplément de ABC ou B; donc *sin* ABD = *sin* B; donc on a encore

sin C : *sin* B :: AB : AC.

XLV. *Dans tout triangle rectiligne le cosinus d'un angle est au rayon, comme la somme des quarrés des côtés qui comprennent cet angle moins le quarré du troisieme côté, est au double rectangle des deux premiers côtés; c'est-à-dire qu'on a :*

$cos\ B : R :: \overline{AB}^2 + \overline{BC}^2 - \overline{AC}^2 : 2\ AB \times BC$, ou $cos\ B = R \times \frac{\overline{AB}^2 + \overline{BC}^2 - \overline{AC}^2}{2\ AB \times BC}$.

Soit encore abaissée du sommet A la perpendiculaire AD sur le côté BC :

1° Si cette perpendiculaire tombe au-dedans du trian- fig. 4.
gle, on aura* $\overline{AC}^2 = \overline{AB}^2 + \overline{BC}^2 - 2\,BC \times BD$; donc BD * 12. 3.
$= \frac{\overline{AB}^2 + \overline{BC}^2 - \overline{AC}^2}{2\,BC}$. Mais dans le triangle rectangle ABD, on a $R : sin\ BAD :: AB : BD$; d'ailleurs l'angle BAD étant complément de B, on a $sin\ BAD = cos\ B$; donc $cos\ B = \frac{R \times BD}{AB}$, ou en substituant la valeur de BD,

$$cos\ B = R \times \frac{\overline{AB}^2 + \overline{BC}^2 - \overline{AC}^2}{2\ AB \times BC}.$$

2° Si la perpendiculaire tombe au-dehors du trian- fig. 5.
gle, on aura $\overline{AC}^2 = \overline{AB}^2 + \overline{BC}^2 + 2\,BC \times BD$*; donc BD * 13. 3.
$= \frac{\overline{AC}^2 - \overline{AB}^2 - \overline{BC}^2}{2\ BC}$. Mais dans le triangle rectangle BAD, on a toujours $sin\ BAD$, ou $cos\ ABD = \frac{R \times BD}{AB}$, et l'angle ABD, étant supplément de ABC ou B, on
a* $cos\ B = -\,cos\ ABD = -\frac{R \times BD}{AB}$; donc en subs- * 11.
tituant la valeur de BD, on aura encore

$$cos\ B = R \times \frac{\overline{AB}^2 + \overline{BC}^2 - \overline{AC}^2}{2\ AB \times BC}.$$

XLVI. Soient A, B, C, les trois angles d'un triangle quelconque; *a*, *b*, *c*, les côtés qui leur sont respectivement opposés, on aura, suivant cette dernière proposition $\cos B = R.\frac{a^2+c^2-b^2}{2ac}$. Le même principe étant appliqué à chacun des deux autres angles, donnera semblablement $\cos A = R.\frac{b^2+c^2-a^2}{2bc}$, $\cos C = R.\frac{a^2+b^2-c^2}{2ab}$.

Ces trois formules suffisent seules pour résoudre tous les problêmes de la trigonométrie rectiligne ; car étant données trois des six quantités A, B, C, *a*, *b*, *c*, on a par ces formules les équations nécessaires pour déterminer les trois autres. Il faut par conséquent que les principes déja exposés, et ceux qu'on pourrait leur ajouter, ne soient qu'une conséquence de ces trois formules principales.

En effet, la valeur de *cos* B donne. . . . .

$$\sin^2 B = R^2 - \cos^2 B = R^2.\frac{4a^2c^2-(a^2+c^2-b^2)^2}{4a^2c^2} = \frac{R^4}{4a^2c^2}$$

$(2a^2b^2+2a^2c^2+2b^2c^2-a^4-b^4-c^4)$; donc

$$\frac{\sin B}{b} = \frac{R}{2abc}\sqrt{(2a^2b^2+2a^2c^2+2b^2c^2-a^4-b^4-c^4)}.$$

Le second membre étant une fonction de *a*, *b*, *c*, dans laquelle ces trois lettres entrent toutes également, il est clair qu'on peut faire la permutation de deux de ces lettres à volonté, et qu'ainsi on aura $\frac{\sin B}{b} = \frac{\sin A}{a} = \frac{\sin C}{c}$, ce qui est le principe du nº XLIV. Et de celui-ci se déduiraient facilement les principes des nºs XLII et XLIII.

XLVII. *Dans tout triangle rectiligne la somme de deux côtés est à leur différence, comme la tangente de la demi-somme des angles opposés à ces côtés, est à la tangente de la demi-différence de ces mêmes angles.*

fig 4 et 5. Car de la proportion AB : AC :: *sin* C : *sin* B, on tire AC + AB : AC − AB :: *sin* B + *sin* C : *sin* B − *sin* C.

Mais, d'après les formules de l'art. XXIX, on a

$$sin\ B+sin\ C : sin\ B-sin\ C :: tang\frac{B+C}{2} : tang\frac{B-C}{2};$$

donc

$$AC+AB : AC-AB :: tang\frac{B+C}{2} : tang\frac{B-C}{2};$$

ce qui est le principe énoncé.

Avec ce petit nombre de principes, on est en état de résoudre tous les cas de la trigonométrie rectiligne.

Résolution des triangles rectangles.

XLVIII. Soit A l'angle droit d'un triangle rectangle proposé, B et C les deux autres angles; soit *a* l'hypoténuse, *b* le côté opposé à l'angle B, et *c* le côté opposé à l'angle C. Il faudra se rappeler que les deux angles B et C sont compléments l'un de l'autre, et qu'ainsi, suivant les différents cas, on peut prendre *sin* C=*cos* B, *sin* B=*cos* C, et pareillement *tang* B=*cot* C, *tang* C=*cot* B. Cela posé, les différents problêmes qu'on peut avoir à résoudre sur les triangles rectangles se réduiront toujours aux quatre cas suivants.

PREMIER CAS.

XLIX. *Etant donnés l'hypoténuse* a *et un côté* b, *trouver le troisieme côté et les deux angles aigus.*

Pour déterminer l'angle B, on a la proportion* *a* : *b* :: R : *sin* B. Connaissant l'angle B, on connaîtra en même temps son complément 100° — B = C; on pourrait aussi avoir C directement par la proportion *a* : *b* :: R : *cos* C. *XLIII.

Quant au troisieme côté *c*, il peut se trouver de

deux manieres. Après avoir trouvé l'angle B, on peut faire la proportion* R : *cot* B :: $b : c$, qui donnera la valeur de c; ou bien on peut tirer directement la valeur de c, de l'équation $c^2 = a^2 - b^2$ qui donne $c = \sqrt{(a^2 - b^2)}$, et par conséquent

* XLIII.

$$\log c = \frac{1}{2} \log (a+b) + \frac{1}{2} \log (a-b).$$

DEUXIEME CAS.

L. *Etant donnés les deux côtés* b *et* c *de l'angle droit, trouver l'hypoténuse* a *et les angles.*

On aura l'angle B par la proportion* $c : b$ :: R : *tang* B. Ensuite on aura $C = 100° - B$. On trouverait aussi C directement par la proportion $b : c$ :: R : *tang* C.

* XLIII.

Connaissant l'angle B, on trouvera l'hypoténuse par la proportion *sin* B : R :: $b : a$; ou bien on peut avoir a directement par l'équation $a = \sqrt{(b^2 + c^2)}$; mais cette expression, dans laquelle $b^2 + c^2$ ne peut se décomposer en facteurs, est peu commode pour le calcul logarithmique.

TROISIEME CAS.

LI. *Etant donnés l'hypoténuse* a *et un angle* B, *trouver les deux autres côtés* b *et* c.

On fera les proportions R : *sin* B :: $a : b$, R : *cos* B :: $a : c$, lesquelles donneront les valeurs de b et c. Quant à l'angle C, il est égal au complément de B.

QUATRIEME CAS.

LII. *Etant donné un côté* b *de l'angle droit, avec l'un des angles aigus, trouver l'hypoténuse et l'autre côté.*

Connaissant l'un des angles aigus on connaîtra l'autre, ainsi on peut supposer connus le côté b, et l'angle opposé B. Ensuite, pour déterminer a et c, on aura les proportions

$$\sin B : R :: b : a,\ R : \cot B :: b : c.$$

Résolution des triangles rectilignes en général.

Soient A, B, C, les trois angles d'un triangle rectiligne proposé, et soient a, b, c, les côtés qui leur sont respectivement opposés : les différents problêmes qui peuvent avoir lieu pour déterminer trois de ces quantités par le moyen des trois autres, se réduiront toujours aux quatre cas suivants.

PREMIER CAS.

LIII. *Etant donnés le côté* a *et deux des angles du triangle, trouver les deux autres côtés* b *et* c.

Les deux angles connus feront connaître le troisieme, ensuite on trouvera les deux côtés b et c par les proportions*, * XLIV.

$$\sin A : \sin B :: a : b.$$
$$\sin A : \sin C :: a : c.$$

DEUXIEME CAS.

LIV. *Etant donnés les deux côtés* a *et* b, *avec l'angle* A *opposé à l'un de ces côtés, trouver le troisieme côté* c *et les deux autres angles* B *et* C.

On trouvera d'abord l'angle B par la proportion

$$a : b :: \sin A : \sin B.$$

Soit M l'angle aigu dont le sinus $= \frac{b \sin A}{a}$, on pourra, d'après la valeur de $\sin$ B, prendre ou $B = M$ ou $B = 200^o - M$. Mais ces deux solutions n'auront lieu qu'autant qu'on aura à la fois l'angle A aigu et $b > a$. Si l'angle A est obtus, B ne saurait l'être, ainsi il n'y aura qu'une solution; et si A étant aigu on a $b < a$, il n'y aura non plus qu'une solution, parce qu'alors on a $M < A$, et qu'en faisant $B = 200^\circ - M$, on aurait $A + B > 200^\circ$, ce qui ne peut avoir lieu.

Connaissant lès angles A et B, on en conclura le troisieme C. Ensuite on aura le troisieme côté c par la proportion

$$sin\,A : sin\,C :: a : c.$$

On peut aussi déduire c directement de l'équation $\frac{\cos A}{R} = \frac{b^2 + c^2 - a^2}{2bc}$, qui donne $c = \frac{b \cos a}{R} \pm \sqrt{\left(a^2 - \frac{b^2 \sin^2 A}{R^2}\right)}$.
Mais cette valeur ne peut se calculer par logarithmes qu'au moyen d'un angle auxiliaire M ou B, ce qui rentre dans la solution précédente.

TROISIEME CAS.

LV. *Etant donnés deux côtés* a *et* b *avec l'angle compris* C, *trouver les deux autres angles* A *et* B *et le troisieme côté* c.

Connaissant l'angle C, on connaîtra la somme des deux autres angles $A + B = 200^\circ - C$ et leur demi-somme $\frac{1}{2}(A + B) = 100^\circ - \frac{1}{2}C$. Ensuite on calculera la demi-différence de ces mêmes angles par la proportion *

* XLVII.

$$a + b : a - b :: tang\,\tfrac{1}{2}(A + B) \text{ ou } cot\,\tfrac{1}{2}C : tang\,\tfrac{1}{2}(A - B)$$

où l'on suppose $a > b$ et par conséquent $A > B$.

Ayant trouvé la demi-différence $\frac{1}{2}(A - B)$, si on l'ajoute à la demi-somme $\frac{1}{2}(A + B)$, on aura le plus grand angle A; si au contraire on retranche la demi-différence de la demi-somme, on aura le plus petit angle B. Car, A et B étant deux quantités quelconques, on a toujours

$$A = \tfrac{1}{2}(A + B) + \tfrac{1}{2}(A - B)$$
$$B = \tfrac{1}{2}(A + B) - \tfrac{1}{2}(A - B).$$

Les angles A et B étant connus, pour avoir le troisieme côté c, on fera la proportion

$$\sin A : \sin C :: a : c.$$

LVI. Il arrive souvent dans les calculs trigonométriques que deux côtés a et b sont connus par leurs logarithmes ; alors pour ne pas être obligé de chercher les deux nombres correspondants, on cherchera seulement l'angle φ par la proportion $b : a :: R : tang\,\varphi$. L'angle φ sera plus grand que 50°, puisqu'on suppose $a > b$; retranchant donc 50° de φ, on fera la proportion $R : tang\,(\varphi - 50^\circ) :: cot\,\frac{1}{2}C : tang\,\frac{1}{2}(A - B)$, d'où l'on déterminera comme ci-dessus la valeur de $\frac{1}{2}(A-B)$, et ensuite celles des deux angles A et B.

Cette solution est fondée sur ce que $tang\,(\varphi - 50^\circ) = \dfrac{R^2\,tang\,\varphi - R^2\,tang\,50^\circ}{R^2 + tang\,\varphi\,tang\,50^\circ}$; or $tang\,\varphi = \dfrac{aR}{b}$ et $tang\,50^\circ = R$; donc $tang(\varphi - 50^\circ) = \dfrac{R(a-b)}{a+b}$; donc $a+b : a-b :: R : tang\,(\varphi - 50^\circ) :: cot\,\frac{1}{2}C : tang\,\frac{1}{2}(A-B)$.

Quant au troisieme côté c, il peut se trouver directement par l'équation $\dfrac{cos\,C}{R} = \dfrac{a^2+b^2-c^2}{2ab}$, qui donne $c = \sqrt{\left(a^2+b^2-\dfrac{2ab\,cos\,C}{R}\right)}$. Mais cette valeur n'est pas commode à calculer par logarithmes, à moins que les nombres qui représentent a, b, et $cos\,C$, ne soient très-simples.

Il est à remarquer que la valeur de c peut aussi se mettre sous ces deux formes : $c =$

$$\sqrt{\left[(a-b)^2 + 4ab\frac{sin^2\frac{1}{2}C}{R^2}\right]} = \sqrt{\left[(a+b)^2\frac{sin^2\frac{1}{2}C}{R^2} + (a-b)^2\frac{cos^2\frac{1}{2}C}{R^2}\right]}$$

ce qui se vérifie aisément au moyen des formules $sin^2\frac{1}{2}C = \frac{1}{2}R^2 - \frac{1}{2}R\,cos\,C$, $cos^2\frac{1}{2}C = \frac{1}{2}R^2 + \frac{1}{2}R\,cos\,C$. Ces valeurs seront particulièrement utiles, lorsque l'angle C étant très-petit, ainsi que $a-b$, on voudra calculer c avec beaucoup de précision. La derniere fait voir que c serait l'hypoténuse d'un triangle rectangle formé sur les côtés $(a+b)\dfrac{sin\,\frac{1}{2}C}{R}$

et $(a-b)\frac{\cos\frac{1}{2}C}{R}$; et c'est ce qu'on peut aussi trouver par une construction fort simple.

fig. 6. Soit CAB le triangle proposé dans lequel on connaît les deux côtés $CB=a$, $CA=b$, et l'angle compris C. Du point C comme centre et du rayon CB égal au plus grand des deux côtés donnés, décrivez une circonférence qui rencontre en D et E le côté CA prolongé; joignez BD, BE, et menez AF perpendiculaire à BD. L'angle DBE inscrit dans la demi-circonférence sera un angle droit, ainsi les lignes AF, BE, seront paralleles, et on aura la proportion BF : AE :: DF : AD :: $\cos$ D : R. On aura aussi dans le triangle rectangle DAF, AF : DA :: $\sin$ D : R. Substituant donc les valeurs $DA=DC+CA=a+b$, $AE=CE-CA=a-b$, $D=\frac{1}{2}C$, on aura

$$AF=\frac{(a+b)\sin\frac{1}{2}C}{R},\ BF=\frac{(a-b)\cos\frac{1}{2}C}{R}.$$

Donc en effet le troisieme côté AB du triangle proposé est l'hypoténuse du triangle rectangle ABF, dont les côtés sont $(a+b)\frac{\sin\frac{1}{2}C}{R}$ et $(a-b)\frac{\cos\frac{1}{2}C}{R}$. Si dans ce même triangle on cherche l'angle ABF opposé au côté AF, et qu'on en retranche l'angle $CBD=\frac{1}{2}C$, on aura l'angle B du triangle ABC. De-là on voit que la résolution du triangle ABC, dans lequel on connaît les deux côtés a et b et l'angle compris C, se réduit immédiatement à celle du triangle rectangle ABF, dans lequel on connaît les deux côtés de l'angle droit, savoir : $AF=(a+b)\frac{\sin\frac{1}{2}C}{R}$ et $BF=(a-b)\frac{\cos\frac{1}{2}C}{R}$. Ainsi, par cette construction, on pourrait se passer de la proposition du nº 47.

QUATRIEME CAS.

LVII. *Etant donnés les trois côtés* a, b, c, *trouver les trois angles* A, B, C.

L'angle A, opposé au côté a, se trouve par la formule $cos\ A = R.\frac{b^2+c^2-a^2}{2\,bc}$, et on déterminera semblablement les deux autres angles. Mais on peut résoudre ce même cas par une formule plus commode pour le calcul logarithmique.

Si on se rappelle la formule $R^2 - R\ cos\ A = 2\ sin^2 \frac{1}{2} A$, et qu'on y substitue la valeur de $cos\ A$, on aura $2\ sin^2 \frac{1}{2} A = R^2.\frac{a^2-b^2-c^2+2\,bc}{2\,bc} = R^2.\frac{a^2-(b-c)^2}{2\,bc} = R^2.\frac{(a+b-c)\ (a-b+c)}{2\,bc}$. Donc $sin \frac{1}{2} A = R\sqrt{\left(\frac{(a+b-c)\ (a-b+c)}{4\,bc}\right)}$. Soit, pour abréger, $\frac{1}{2}(a+b+c) = p$, ou $a+b+c = 2\,p$, on aura $a+b-c = 2\,p-2\,c$, $a-b+c = 2\,p-2\,b$; donc

$$sin \tfrac{1}{2} A = R\sqrt{\left(\frac{(p-b)\ (p-c)}{bc}\right)}.$$

Formule qui donne aussi la proportion

$$bc : (p-b)(p-c) :: R^2 : sin^2 \tfrac{1}{2} A$$

et qui est facile à calculer par logarithmes. Connaissant le logarithme de $sin \frac{1}{2} A$, on connaîtra $\frac{1}{2} A$ dont le double sera l'angle cherché A. On pourra faire de même par rapport à chacun des deux autres angles B et C.

Il y a d'autres formules également propres à résoudre la question. Et d'abord la formule $R^2 + R\ cos\ A = 2\ cos^2 \frac{1}{2} A$ donne $cos^2 \frac{1}{2} A = R^2.\frac{b^2+c^2+2\,bc-a^2}{4\,bc} = R^2.\frac{(b+c)^2-a^2}{4\,bc} = R^2.\frac{(b+c-a)\ (b+c+a)}{4\,bc}$. Mais en faisant toujours $a+b+c = 2p$, on a $b+c-a = 2p-2a$; donc

$$cos \tfrac{1}{2} A = R\sqrt{\left(\frac{(p-a)p}{bc}\right)}.$$

Cette valeur étant ensuite combinée avec celle de $sin\,\frac{1}{2}A$ donnera une autre formule, car ayant $tang\,\frac{1}{2}A = \frac{R\,sin\,\frac{1}{2}A}{cos\,\frac{1}{2}A}$ on en tire

$$tang\,\tfrac{1}{2}A = R\sqrt{\left(\frac{p-b.p-c}{p.p-a}\right)}.$$

Exemples de la résolution des triangles rectilignes.

LVIII. *Exemple* I. Supposons qu'on veuille avoir
fig. 7. la hauteur d'un édifice AB, dont le pied est accessible.

Ayant mesuré sur le terrain, supposé à-peu-près de niveau, une base AD qui ne soit ni très-grande ni très-petite par rapport à la hauteur AB, on placera en D le pied du cercle ou de l'instrument quelconque avec lequel on doit mesurer l'angle BCE formé par la ligne horizontale CE parallele à AD, et par le rayon visuel CB dirigé au sommet de l'édifice. Supposons qu'on ait trouvé AD ou CE $=$ 67.84 metres et l'angle BCE $=$ 45° 64'; pour avoir BE, il faudra résoudre le triangle rectangle BCE dans lequel on connaît l'angle C et le côté adjacent EC. Ainsi, d'après le cas IV, on fera la proportion R : *tang* 45° 64' :: 67.84 : BE.

L. *tang* 45° 64'	. . . . .	9.9403263
L. 67.84	. . . .	1.8314858
Somme — *log* R $=$	. . . .	1.7718121

Ce logarithme répond à 59.130, ainsi on a BE $=$ 59m. 13. Ajoutant à BE la hauteur de l'instrument CD ou AE que je suppose 1m. 12, on aura la hauteur cherchée AB $=$ 60m. 25.

Si dans le même triangle BEC on veut connaître

l'hypoténuse BC, on fera la proportion *cos* 45° 64′ : R :: 67.84 : BC

L. R + L. 67.84	11.8314858
L. *cos* 45° 64′	9.8772784
Différence	1.9542074 = L. BC.

Donc BC = 89m. 993.

N. B. Si l'on ne voyait que le sommet B de l'édifice ou du lieu quelconque dont on veut connaître la hauteur, on déterminerait la distance BC comme il sera dit dans l'exemple suivant : cette distance et l'angle connu BCE suffisent pour résoudre le triangle rectangle BCE, dont le côté BE augmenté de la hauteur de l'instrument, sera la hauteur demandée.

LIX. *Exemple* II. Pour avoir sur le terrain la distance du point A à un objet inaccessible B, on mesurera une base AD et les deux angles adjacents BAD, ADB. Supposons qu'on ait trouvé AD = 588m. 45, BAD = 115° 48′ et BDA = 40° 8′, on en conclura le troisieme angle ABD = 44° 44′ ; et pour avoir AB, on fera la proportion *sin* ABD : *sin* ADB :: AD : AB. fig. 9.

L. AD.	2.7697096
L. *sin* ADB.	9.7699689
Somme.	2.5396785
L. *sin* ABD.	9.8080314
L. AB.	2.7316471

Donc la distance cherchée AB = 539.07

Si, pour un autre objet inaccessible C, on a trouvé les angles CAD = 39° 17′, ADC = 132° 83′, on en conclura de même la distance AC = 1202m. 32.

LX. *Exemple* III. Pour trouver la distance entre deux objets inaccessibles B et C, on déterminera AB et AC, comme dans l'exemple précédent, et on aura en même temps l'angle compris BAC = BAD — fig. 8.

DAC (1). Supposons qu'on ait trouvé AB$=$539^m. 07, AC$=$1202^m. 32, et l'angle BAC$=$76° 31′; pour avoir BC, il faudra résoudre le triangle BAC dans lequel on connaît deux côtés, et l'angle compris. Or, d'après le troisieme cas, on a la proportion $AC + AB : AC - AB :: tang \frac{B+C}{2} : tang \frac{B-C}{2}$, ou

$1741.39 : 663.25 :: tang\ 61^\circ 84' \frac{1}{2} : tang \frac{B-C}{2}$.

L. 663.25	2.8216773
L. *tang* 61° 84′ ½.	10.1654748
Somme.	12.9871521
L. 1741.39	3.2408960
L. $tang \frac{B-C}{2}$	9.7462561

Donc. . . . . $\frac{B-C}{2}$	$=$	32° 37′, 8
Mais on a. . . . . . . $\frac{B+C}{2}$	$=$	61° 84′, 5
Donc . . . . B	$=$	94° 22′, 3
et. C	$=$	29° 46′. 7

Maintenant, pour avoir la distance BC, on fera la proportion *sin* B : *sin* A :: AC : BC, ou

sin 94°22′. 3 : *sin* 76° 31′ :: 1202^m. 32 : BC

L. 1202. 32	3.0800200
L. *sin* 76° 31′	9.9692099
Somme	13.0492299
L. *sin* 94° 22′, 3.	9.9982096
L. BC.	3.0510203

Donc la distance cherchée BC$=$1124^m. 66.

(1) Il pourrait arriver que les quatre points A, B, C, D, ne fussent pas dans un même plan, alors l'angle BAC ne serait plus la différence entre BAD et DAC, et il faudrait avoir, par une mesure directe, la valeur de cet angle : à cela près, l'opération serait la même.

LXI. *Exemple* IV. Trois points A, B, C, étant donnés sur la carte d'un pays, on propose de déterminer la position d'un quatrieme point M, d'où on aurait mesuré les angles AMB, AMC; les quatre points étant supposés dans le même plan. fig. 9.

Sur AB décrivez un segment AMDB, capable de l'angle donné BMA; sur AC, décrivez pareillement un segment AMC capable de l'angle donné AMC; les deux arcs se couperont en A et M, et le point M sera le point requis. Car les points de l'arc AMDB sont les seuls d'où l'on puisse voir AB sous un angle égal à AMB; ceux de l'arc AMC sont les seuls d'où l'on puisse voir AC sous un angle égal à AMC; donc le point M, intersection de ces deux arcs, est aussi le seul d'où l'on puisse voir à la fois AB et AC sous les angles AMB, AMC. Il s'agit maintenant de calculer trigonométriquement la position du point M, d'après cette construction.

Soient les données $AB = 2500^m$, $AC = 7000^m$ $BC = 9000^m$, $AMB = 30^o\ 80'$, $AMC = 121^o\ 40'$. Dans le triangle ABC, où l'on connaît les trois côtés, on déterminera l'angle BAC* par la formule * LVII.

$sin^2 \frac{1}{2} A = R^2 . \frac{6750.2250}{2500.7000}$; d'où l'on tire $2\ log\ sin \frac{1}{2} A =$ 19.9384483, $log\ sin \frac{1}{2} A = 9.9692241$, $\frac{1}{2} A = 76^o 31'.5$, et enfin $A = 152^o\ 63'$. Tirez le diametre AD et joignez DB; dans le triangle BAD rectangle en B, on aura le côté $BA = 2500$, et l'angle opposé BDA $= BMA = 30^o\ 80'$; d'où résulte l'hypoténuse AD $= \frac{BA \times R}{sin\,BDA} = 5374^m.6$. Tirant de même le diametre AE et joignant CE, on aura un triangle rectangle ACE dans lequel on connaît le côté $AC = 7000$, et l'angle adjacent $CAE = AMC - 100^o = 21^o 40'$; d'où l'on conclura $AE = \frac{R \times AC}{cos\ CAE} = 7415^m$.

Maintenant si l'on tire MD et ME, les deux angles AMD, AME, étant droits, la ligne DME sera droite. Il reste donc à résoudre le triangle DAE dans lequel la ligne AM, dont il faut déterminer la grandeur et la position, est perpendiculaire à DE. Or, dans ce triangle on a les côtés donnés AD=5374.6, AE=7415, et l'angle compris DAE=BAC+CAE —DAB=104° 83'. De-là on conclura l'angle ADE= 56° 93'; et enfin par le triangle rectangle DAM on aura AM=4190^m. 83. Cette distance et l'angle BAM =112° 27' déterminent entièrement la position du point M.

Principes pour la résolution des triangles sphériques rectangles.

LXII. *Dans tout triangle sphérique rectangle, le rayon est au sinus de l'hypoténuse, comme le sinus d'un des angles obliques est au sinus du côté opposé.*

fig. 10. Soit ABC le triangle sphérique proposé, A son angle droit, B et C les deux autres angles que nous appellerons *angles obliques*, et qui cependant pourraient être droits l'un ou l'autre, ou tous les deux; je dis qu'on aura la proportion R : *sin* BC :: *sin* B : *sin* AC.

Du centre O de la sphere, menez les rayons OA, OB, OC; prenez ensuite OF égal au rayon des tables, et du point F menez FD perpendiculaire sur OA; la ligne FD sera perpendiculaire au plan OAB, puisque, par hypothese, l'angle A est droit, et qu'ainsi les deux plans OAB, OAC sont perpendiculaires entre eux. Du point D menez DE perpendiculaire sur OB, et joignez EF; la ligne EF sera aussi perpendiculaire sur OB, et ainsi l'angle DEF mesurera l'inclinaison des deux plans OBA, OBC, et sera égal à l'angle B du triangle ABC. Cela posé dans le triangle DEF rectangle en D, on a R : *sin* DEF :: EF : DF ; or l'angle DEF = B, et puisque OF = R, on a EF = *sin* EOF = *sin* BC, DF = *sin* AC. Donc R : *sin* B :: *sin* BC : *sin* AC, ou

$$R : \sin BC :: \sin B : \sin AC.$$

Si on appelle *a* l'hypoténuse ou le côté opposé à l'angle droit A, *b* le côté opposé à l'angle B, *c* le côté opposé à l'angle C, on aura donc

$$R : \sin a :: \sin B : \sin b :: \sin C : \sin c,$$

ce qui fournit déja deux équations entre les parties du triangle sphérique rectangle.

LXIII. *Dans tout triangle sphérique rectangle le rayon est au cosinus d'un angle oblique, comme la tangente de l'hypoténuse est à la tangente du côté adjacent à cet angle.*

Soit toujours ABC le triangle proposé rectangle en A, je dis qu'on aura R : *cos* B :: *tang* BC : *tang* AB. fig. 10.

Car en faisant la même construction que ci-dessus, le triangle rectangle DEF donne la proportion R : *cos* DEF :: EF : ED. Or on a DEF = B, EF = *sin* BC, OE = *cos* BC, et dans le triangle OED rectangle en E, on a $DE = \frac{OE \tang DOE}{R} =$ $\frac{\cos BC \tang AB}{R}$; donc R : *cos* B :: *sin* BC : $\frac{\cos BC \tang AB}{R} :: \frac{R \sin BC}{\cos BC} : \tang AB$, ou enfin

$$R : \cos B :: \tang BC : \tang AB.$$

Si on fait comme ci-dessus BC = *a* et AB = *c*, on aura R : *cos* B :: *tang a* : *tang c*, ou $\cos B = \frac{R \tang c}{\tang a} = \frac{\tang c \cot a}{R}$. Le même principe appliqué à l'angle C, donnera $\cos C = \frac{R \tang b}{\tang a} = \frac{\tang b \cot a}{R}$.

LXIV. *Dans tout triangle sphérique rectangle le rayon est au cosinus d'un côté de l'angle droit, comme le cosinus de l'autre côté est au cosinus de l'hypoténuse.*

fig. 10. Soit ABC le triangle proposé rectangle en A, je dis qu'on aura R : *cos* AB :: *cos* AC : *cos* BC.

Car la construction étant la même que dans les deux propositions précédentes, le triangle ODF rectangle en D, où l'on a l'hypoténuse OF = R, donnera OD = *cos* DOF = *cos* AC; ensuite le triangle ODE rectangle en E, donnera $OE = \frac{OD \cos DOE}{R} = \frac{\cos AC \cos AB}{R}$. Mais dans le triangle rectangle OEF, on a OE = *cos* BC; donc $\cos BC = \frac{\cos AC \cos AB}{R}$, ou, ce qui revient au même,

R : *cos* AC :: *cos* AB : *cos* BC.

Ce troisieme principe s'exprime par l'équation $R \cos a = \cos b \cos c$; il n'est pas susceptible d'en fournir une seconde, comme les deux précédents, parce que la permutation faite entre b et c n'apporte aucun changement à l'équation.

LXV. Au moyen de ces trois principes généraux, on en peut trouver trois autres nécessaires pour la résolution des triangles sphériques rectangles. Ces derniers principes pourraient se démontrer directement, chacun par une construction particuliere; mais il est préférable de les déduire des trois premiers par voie d'analyse, ainsi qu'on va le faire.

Les équations $\sin B = \frac{R \sin b}{\sin a}$, $\cos C = \frac{R \tang b}{\tang a}$

donnent par leur division $\frac{cos\ C}{sin\ B} = \frac{tang\ b}{sin\ b} \cdot \frac{sin\ a}{tang\ a} = \frac{cos\ a}{cos\ b} =$ (suivant le troisieme principe) $\frac{cos\ c}{R}$. On a donc ce quatrieme principe

$$sin\ B : cos\ C :: R : cos\ c,$$

duquel résulte aussi par la permutation des lettres $sin\ C : cos\ B :: R : cos\ b$.

Le premier et le second principe donnent $sin\ B = \frac{R\ sin\ b}{sin\ a}$, $cos\ B = \frac{R\ tang\ c}{tang\ a}$; de là on déduit $\frac{sin\ B}{cos\ B}$ ou $\frac{tang\ B}{R} = \frac{sin\ b\ tang\ a}{sin\ a\ tang\ c} = \frac{R\ sin\ b}{cos\ a\ tang\ c} =$ (en vertu du troisieme principe) $\frac{R^2\ sin\ b}{cos\ b\ cos\ c\ tang\ c} = \frac{tang\ b}{sin\ c}$. Donc on a pour cinquieme principe l'équation $tang\ B = \frac{R\ tang\ b}{sin\ c}$, ou l'analogie

$$R : tang\ B :: sin\ c : tang\ b;$$

d'où résulte aussi par la permutation des lettres :

$$R : tang\ C :: sin\ b : tang\ c.$$

Enfin ces deux formules donnent $tang\ B\ tang\ C = \frac{R^2\ tang\ b\ tang\ c}{sin\ b\ sin\ c} = \frac{R^4}{cos\ b\ cos\ c} =$ (en vertu du troisieme principe) $\frac{R^3}{cos\ a}$. Donc $R^3 = cos\ a\ tang\ B\ tang\ C$, ou $cot\ B\ cot\ C = R\ cos\ a$; ou

$$tang\ B : cot\ C :: R : cos\ a.$$

C'est le sixieme et dernier principe : il n'est pas susceptible de fournir une autre équation, parce que la permutation entre C et B n'y produit aucun changement.

Voici la récapitulation de ces six principes dont quatre donnent chacun deux équations :

I. R *sin* b = *sin* a *sin* B, R *sin* c = *sin* a *sin* C
II. R *tang* b = *tang* a *cos* C, R *tang* c = *tang* a *cos* B
III. R *cos* a = *cos* b *cos* c,
IV. R *cos* B = *sin* C *cos* b, R *cos* C = *sin* B *cos* c
V. R *tang* b = *sin* c *tang* B, R *tang* c = *sin* b *tang* C
VI. R *cos* a = *cot* B *cot* C.

Il en résulte dix équations contenant toutes les relations qui peuvent exister entre trois des cinq éléments B, C, a, b, c; de sorte que deux de ces quantités étant connues avec l'angle droit, on connaîtra immédiatement la troisieme par son sinus, son cosinus, sa tangente ou sa cotangente.

LXVI. Il est à remarquer que lorsqu'un élément sera déterminé par son sinus seulement, il y aura deux valeurs de cet élément, et par conséquent deux triangles qui satisferont à la question. Car le même sinus qui convient à un angle ou à un arc, convient aussi à son supplément. Il n'en est pas de même lorsque l'élément inconnu sera déterminé par son cosinus, sa tangente ou sa cotangente. Alors on pourra décider, par le signe de cette valeur, si l'élément dont il s'agit est plus grand ou plus petit que 100°; l'élément sera plus petit que 100°, si son cosinus, sa tangente ou sa cotangente a le signe +; il sera plus grand que 100°, si l'une de ces lignes a le signe —. On pourrait aussi établir sur ce sujet des préceptes généraux qui ne seraient que des conséquences des six équations démontrées.

Par exemple, il résulte de l'équation R *cos* a = *cos* b *cos* c, que les trois côtés d'un triangle sphérique rectangle sont tous moindres que 100°, ou que des trois côtés deux sont plus grands que 100°, et le troisieme moindre. Aucune autre combinaison ne peut rendre le signe de *cos b cos c* pareil à celui de *cos a*, comme cette équation l'exige.

De même l'équation R *tang c* = *sin b tang* C, ou *sin b* est toujours positif, prouve que *tang* C a toujours le même signe que *tang c*. Donc *dans tout triangle sphérique rectangle un angle oblique et le côté qui lui est opposé, sont toujours de la même espece; c'est-à-dire, sont tous deux plus grands ou tous deux plus petits que* 100°.

Résolution des triangles sphériques rectangles.

LXVII. Un triangle sphérique peut avoir trois angles droits, et alors ses trois côtés sont de 100°; il peut avoir deux angles droits seulement, alors les côtés opposés sont tous deux de 100°, et il reste un angle avec le côté opposé qui sont mesurés l'un et l'autre par le même nombre de degrés. Ces deux sortes de triangles ne peuvent, comme on voit, donner lieu à aucun problême; on peut donc faire abstraction de ces cas particuliers, pour ne considérer que les triangles qui ont un angle droit seulement.

Soit A l'angle droit, B et C les deux autres angles qu'on appelle angles obliques, soit *a* l'hypoténuse opposée à l'angle A, *b* et *c* les côtés opposés aux angles B et C. Etant données deux des cinq quantités B, C, *a*, *b*, *c*, la résolution du triangle se réduira toujours à l'un des six cas suivants.

PREMIER CAS.

LXVIII. *Etant donnés l'hypoténuse* a *et un côté* b, *on trouvera les deux angles* B *et* C *et le troisieme côté* c *par les équations*

$$sin\ B = \frac{R\ sin\ b}{sin\ a},\ cos\ C = \frac{tang\ b\ cot\ a}{R},\ cos\ c = \frac{R\ cos\ a}{cos\ b}.$$

L'angle C ne peut laisser aucune incertitude, non plus que le côté c; quant à l'angle B, il doit être de même espece que le côté donné b.

DEUXIEME CAS.

LXIX. *Etant donnés les deux côtés de l'angle droit* b *et* c, *on trouvera l'hypoténuse* a *et les angles* B *et* C *par les équations*

$$\cos a = \frac{\cos b \cos c}{R},\ \tan B = \frac{R \tan b}{\sin c},\ \tan C = \frac{R \tan c}{\sin b}.$$

Il n'y a dans ce cas aucune ambiguité.

TROISIEME CAS.

LXX. *Etant donnés l'hypoténuse* a *et un angle* B, *on aura les deux côtés* b *et* c *et l'autre angle* C *par les équations*

$$\sin b = \frac{\sin a \sin B}{R},\ \tan c = \frac{\tan a \cos B}{R},\ \cot C = \frac{\cos a \tan B}{R}.$$

Les éléments c et C sont déterminés sans ambiguité par ces formules; quant au côté b, il sera de même espece que l'angle B.

QUATRIEME CAS.

LXXI. *Etant donné le côté de l'angle droit* b *avec l'angle opposé* B, *on trouvera les trois autres éléments* a, c *et* C *par les formules*

$$\sin a = \frac{R \sin b}{\sin B},\ \sin c = \frac{\tan b \cot B}{R},\ \sin C = \frac{R \cos B}{\cos b}.$$

Dans ce cas, les trois éléments inconnus sont déterminés par des sinus, ainsi la question est susceptible de deux solutions. Il est évident en effet que le trian-
fig. 11. gle ABC et le triangle AB′C sont tous deux rectangles en A, ont tous deux le même côté AC $= b$ et le même angle opposé B $=$ B′. Au reste, les valeurs

doubles doivent se combiner de maniere que c et C soient de la même espece; ensuite l'espece de c et b détermine celle de a par l'inspection de la formule $\cos b \cos c = \mathrm{R} \cos a$, mais la valeur de a se déterminera directement par l'équation $\sin a = \frac{\mathrm{R} \sin b}{\sin \mathrm{B}}$.

CINQUIEME CAS.

LXXII. *Etant donné un côté de l'angle droit* b *avec l'angle adjacent* C, *on trouvera les trois autres éléments* a, c, B, *par les formules*

$$\cot a = \frac{\cot b \cos \mathrm{C}}{\mathrm{R}},\ \mathrm{tang}\, c = \frac{\sin b\ \mathrm{tang}\, \mathrm{C}}{\mathrm{R}},\ \cos \mathrm{B} = \frac{\cos b \sin \mathrm{C}}{\mathrm{R}}.$$

Dans ce cas il ne peut rester aucune incertitude sur l'espece des éléments inconnus.

SIXIEME CAS.

LXXIII. *Etant donnés les angles obliques* B *et* C, *on trouvera les trois côtés* a, b, c, *par les formules*

$$\cos a = \frac{\cot \mathrm{B} \cot \mathrm{C}}{\mathrm{R}},\ \cos b = \frac{\mathrm{R} \cos \mathrm{B}}{\sin \mathrm{C}},\ \cos c = \frac{\mathrm{R} \cos \mathrm{C}}{\sin \mathrm{B}}.$$

Et dans ce cas il ne reste encore aucune incertitude.

REMARQUE.

LXXIV. Le triangle sphérique dont A, B, C, sont les angles, et a, b, c les côtés opposés, répond toujours à un triangle polaire dont les angles sont suppléments des côtés a, b, c, et les côtés suppléments des angles A, B, C; de sorte que si on appelle A′, B′, C′, les angles du triangle polaire, et a', b', c', les côtés opposés à ces angles, on aura

$$\mathrm{A}' = 200^\circ - a,\ \mathrm{B}' = 200^\circ - b,\ \mathrm{C}' = 200^\circ - c$$
$$a' = 200^\circ - \mathrm{A},\ b' = 200^\circ - \mathrm{B},\ c' = 200^\circ - \mathrm{C}.$$

Cela posé, si un triangle sphérique a un côté a égal au quadrant, il est visible que l'angle correspondant A' du triangle polaire sera droit, et qu'ainsi ce triangle sera rectangle. Donc les deux données qu'on doit avoir, outre le côté de 100°, pour résoudre le triangle proposé, serviront à trouver la solution du triangle polaire, et par suite celle du triangle proposé. On pourrait tirer de là des formules semblables aux précédentes pour résoudre directement les triangles sphériques qui ont un côté de 100°.

Un triangle isoscele se partage en deux triangles rectangles égaux dans toutes leurs parties, ainsi la résolution des triangles sphériques isosceles dépend encore de celle des triangles sphériques rectangles.

fig. 12. Soit ABC un triangle sphérique, tel que les deux côtés AB, BC soient suppléments l'un de l'autre; si on prolonge les côtés AB, AC jusqu'à leur rencontre en D, il est clair que BC et BD seront égaux comme étant suppléments d'un même côté AB; d'ailleurs il est visible que les parties du triangle BCD étant connues, on connaît celles du triangle ABC qui est le reste du fuseau AD, et *vice versâ*. Donc la résolution du triangle ABC, dans lequel deux côtés font ensemble 200°, se réduit à celle du triangle isoscele BCD, ou à celle du triangle rectangle BDE qui est la moitié de CBD.

Lorsque les deux côtés AB, BC, sont suppléments l'un de l'autre, il faut que les angles opposés ACB, BAC, soient aussi suppléments l'un de l'autre; car BCD est supplément de BCA; or BCD$=$D$=$A. Donc on ne peut avoir $a+c=200°$, sans avoir en même temps $A+C=200°$, ce qui est réciproque.

De là on voit que la résolution des triangles sphériques rectangles comprend, 1° celle des triangles sphériques qui ont un côté égal au quadrant; 2° celle des triangles sphériques isoscèles; 3° celle des triangles sphériques dans lesquels la somme de deux côtés est de 200°, ainsi que celle des deux angles opposés.

Principes pour la résolution des triangles sphériques en général.

LXXV. *Dans tout triangle sphérique les sinus des angles sont comme les sinus des côtés opposés.*

Soit ABC un triangle sphérique quelconque, je dis qu'on aura $\sin B : \sin C :: \sin AC : \sin AB$. fig. 13.

Du sommet A abaissez l'arc AD perpendiculaire sur le côté opposé BC, les triangles rectangles ABD, ACD donneront les proportions

$$\sin B : R :: \sin AD : \sin AB$$
$$R : \sin C :: \sin AC : \sin AD.$$

Multipliant ces deux proportions par ordre et omettant les facteurs communs, on aura

$$\sin B : \sin C :: \sin AC : \sin AB.$$

Si la perpendiculaire AD tombait au dehors du triangle ABC, on aurait les deux mêmes proportions dans l'une desquelles $\sin C$ désignerait $\sin ACD$; mais comme l'angle ACD et l'angle ACB sont suppléments l'un de l'autre, leurs sinus sont égaux; ainsi on aurait toujours $\sin B : \sin C :: \sin AC : \sin AB$. fig. 14

Soient a, b, c, les côtés opposés aux angles A, B, C, chacun à chacun, on aura, suivant cette proposition, $\sin A : \sin a :: \sin B : \sin b :: \sin C : \sin c$; ce qui donne la double équation :

$$\frac{\sin A}{\sin a} = \frac{\sin B}{\sin b} = \frac{\sin C}{\sin c}.$$

LXXVI. *Dans tout triangle sphérique le cosinus d'un angle est égal au quarré du rayon multiplié par le cosinus du côté opposé, moins le produit du rayon par les cosinus des côtés adjacents, le tout divisé par le produit des sinus de ces mêmes côtés : c'est-à-dire, qu'on a pour l'angle* C, *par exemple*, $\cos C = \frac{R^2 \cos c - R \cos a \cos b}{\sin a \sin b}$.

On aurait semblablement pour les deux autres angles, $\cos A = \frac{R^2 \cos a - R \cos b \cos c}{\sin b \sin c}$, *et* $\cos B = \frac{R^2 \cos b - R \cos a \cos c}{\sin a \sin c}$

fig. 15. Soit ABC le triangle proposé dans lequel on fait BC $= a$, AC $= b$, AB $= c$. Du point O, centre de la sphere, tirez les droites indéfinies OA, OB, OC; prenez OD à volonté, et par le point D, menez DE dans le plan OCA et DF dans le plan OCB, toutes deux perpendiculaires à OD, lesquelles rencontrent en E et F les rayons OA, OB, prolongés; enfin joignez EF.

L'angle D du triangle EDF est par construction la mesure de l'angle que font entre eux les plans OCA, OCB, ainsi l'angle EDF est égal à l'angle C du triangle sphérique ACB : or dans les triangles

LXV DEF, OEF, on a

$$\frac{\cos EDF}{R} = \frac{\overline{DE}^2 + \overline{DF}^2 - \overline{EF}^2}{2 DE . DF}$$

$$\frac{\cos EOF}{R} = \frac{\overline{OE}^2 + \overline{OF}^2 - \overline{EF}^2}{2 OE . OF}$$

Prenant dans la seconde la valeur de $\overline{EF}^2$ et la substituant dans la premiere on aura

$$\frac{\cos \text{EDF}}{\text{R}} = \frac{\overline{\text{DE}}^2 + \overline{\text{DF}}^2 - \overline{\text{OE}}^2 - \overline{\text{OF}}^2 + 2\text{OE}.\text{OF}\frac{\cos \text{EOF}}{\text{R}}}{2\text{DE}.\text{DF}}.$$

Or $\overline{\text{OE}}^2 - \overline{\text{DE}}^2 = \overline{\text{OD}}^2$ et $\overline{\text{OF}}^2 - \overline{\text{DF}}^2 = \overline{\text{OD}}^2$, on a donc

$$\cos \text{EDF} = \frac{\text{OE}.\text{OF}.\cos \text{EOF} - \overline{\text{OD}}^2.\text{R}}{\text{DE}.\text{DF}}.$$

Il ne s'agit plus que de substituer dans cette équation les valeurs relatives au triangle sphérique : or on a $\text{EDF} = \text{C}$, $\text{EOF} = \text{AB} = c$, $\frac{\text{OE}}{\text{DE}} = \frac{\text{R}}{\sin \text{DOE}} = \frac{\text{R}}{\sin b}$, $\frac{\text{OF}}{\text{DF}} = \frac{\text{R}}{\sin \text{DOF}} = \frac{\text{R}}{\sin a}$, $\frac{\text{OD}}{\text{DE}} = \frac{\cos \text{DOE}}{\sin \text{DOE}} = \frac{\cos b}{\sin b}$, $\frac{\text{OD}}{\text{DF}} = \frac{\cos \text{DOF}}{\sin \text{DOF}} = \frac{\cos a}{\sin a}$. Donc

$$\cos \text{C} = \frac{\text{R}^2 \cos c - \text{R} \cos a \cos b}{\sin a \sin b}.$$

Ce principe, qui, étant appliqué successivement aux trois angles, fournit trois équations, suffit pour la résolution de tous les problêmes de la trigonométrie sphérique : il a, par rapport aux triangles sphériques, la même généralité que le principe de l'art. XLV, par rapport aux triangles plans. En effet, puisqu'on a toujours trois éléments donnés par le moyen desquels il faut déterminer les trois autres, il est clair que ce principe donne les équations nécessaires pour résoudre le problême; équations qu'il appartient à l'analyse de développer ultérieurement, pour en tirer, suivant les différents cas, les formules les plus simples et les mieux adaptées au calcul logarithmique.

LXXVII. Puisque le principe dont nous parlons est absolument général, il doit renfermer tous les autres principes relatifs aux triangles sphériques, et notamment le principe du n° LXXV. C'est ce qu'il est facile de vérifier.

En effet l'équation $\cos C = \frac{R^2 \cos c - R \cos a \cos b}{\sin a \sin b}$

donne $R^2 - \cos^2 C$ ou $\sin^2 C =$

$$\frac{R^2 \sin^2 a \sin^2 b - R^2 \cos^2 a \cos^2 b + 2R^3 \cos a \cos b \cos c - R^4 \cos^2 c}{\sin^2 a \sin^2 b}.$$

Or $\sin^2 a \sin^2 b = (R^2 - \cos^2 a)(R^2 - \cos^2 b) = R^4 - R^2 \cos^2 a - R^2 \cos^2 b + \cos^2 a \cos^2 b$. Donc en substituant et extrayant la racine, on aura

$$= \frac{R}{\sin a \sin b} \sqrt{(R^4 - R^2 \cos^2 a - R^2 \cos^2 b - R^2 \cos^2 c + 2R \cos a \cos b \cos c)}.$$

Soit pour abréger $Z =$

$$\sqrt{(R^4 - R^2 \cos^2 a - R^2 \cos^2 b - R^2 \cos^2 c + 2 R \cos a \cos b \cos c)},$$

on aura donc

$$\sin C = \frac{RZ}{\sin a \sin b}, \text{ ou } \frac{\sin C}{\sin c} = \frac{RZ}{\sin a \sin b \sin c}.$$

Les valeurs de $\cos A$ et de $\cos B$ donneraient semblablement

$$\frac{\sin A}{\sin a} = \frac{RZ}{\sin a \sin b \sin c}, \quad \frac{\sin B}{\sin b} = \frac{RZ}{\sin a \sin b \sin c};$$

car la quantité Z ne change pas, lorsqu'on fait la permutation entre deux des quantités a, b, c; donc on a $\frac{\sin A}{\sin a} = \frac{\sin B}{\sin b} = \frac{\sin C}{\sin c}$, ce qui est le principe du n° LXXV.

LXXVIII. Les valeurs que nous venons de trouver pour $\cos C$ et $\sin C$, peuvent servir à trouver les angles d'un triangle sphérique dont on connaît les trois côtés ; mais il existe d'autres formules plus commodes pour le calcul logarithmique.

En effet, si dans la formule $R^2 - R \cos C = 2 \sin^2 \frac{1}{2} C$, on substitue la valeur de $\cos C$, on aura

$$\frac{2 \sin^2 \frac{1}{2} C}{R^2} = 1 - \frac{\cos C}{R} = \frac{\cos a \cos b + \sin a \sin b - R \cos c}{\sin a \sin b}.$$

Le numérateur de cette expression se réduit à $R \cos(a - b) - R \cos c$; or, d'après la formule

$R\cos q - R\cos p = 2\sin\frac{1}{2}(p+q)\sin\frac{1}{2}(p-q)$*, on *XXVIII.
trouve $R\cos(a-b) - R\cos c = 2\sin\frac{1}{2}(c-b+a)$
$\sin\frac{1}{2}(c-a+b)$; donc

$$\frac{\sin^2\frac{1}{2}C}{R^2} = \frac{\sin\left(\frac{c+b-a}{2}\right)\sin\left(\frac{c+a-b}{2}\right)}{\sin a\sin b},$$

$$\text{ou } \sin\tfrac{1}{2}C = R\sqrt{\left\{\frac{\sin\frac{c+b-a}{2}\sin\frac{c+a-b}{2}}{\sin a\sin b}\right\}}.$$

Il est évident qu'on aurait des formules semblables pour exprimer $\sin\frac{1}{2}A$ et $\sin\frac{1}{2}B$, par le moyen des trois côtés a, b, c.

LXXIX. Le problême général de la trigonométrie sphérique consiste, comme nous l'avons déja dit, à déterminer trois des six quantités A, B, C, a, b, c, par le moyen des trois autres. Il est nécessaire, pour cet objet, d'avoir des équations entre quatre de ces quantités, prises de toutes les manieres possibles ; or, six quantités combinées quatre à quatre ou deux à deux, donnent $\frac{6.5}{1.2}$ ou 15 combinaisons, ainsi il y aura quinze équations à former ; mais si on ne considere que les combinaisons essentiellement différentes, ces quinze équations se réduisent à quatre.

En effet, on a, 1° la combinaison $abcA$, qui comprend, par la permutation des lettres, $abcA$, $abcB$, $abcC$;

2° La combinaison $abAB$, d'où résultent $abAB$ $bcBC$, $acAC$;

3° La combinaison $abAC$, qui comprend les six $abAC$, $abBC$, $acAB$, $acBC$, $bcAB$, $bcAC$;

4° Enfin, la combinaison $aABC$, qui comprend les trois $aABC$, $bABC$, $cABC$.

Il y a donc en tout quinze combinaisons, mais

n'y en a que quatre essentiellement différentes.

LXXX. L'équation $\cos A = \frac{R^2 \cos a - R \cos b \cos c}{\sin b \sin c}$, représente déja la premiere combinaison $abcA$ et celles qui en dépendent.

Pour former l'équation qui répond à la combinaison $abAB$, il faut éliminer c des deux formules qui donnent les valeurs de $\cos A$ et $\cos B$; mais l'élimination a déja été faite (LXXVII), et le résultat est $\frac{\sin A}{\sin a} = \frac{\sin B}{\sin b}$.

La troisieme combinaison se forme de la relation entre a, b, A, C; pour cela ayant les deux équations

$$\cos A \sin b \sin c = R^2 \cos a - R \cos b \cos c,$$
$$\cos C \sin b \sin a = R^2 \cos c - R \cos b \cos a,$$

on en éliminera d'abord $\cos c$, ce qui donnera $R \cos A \sin c + \cos C \sin a \cos b = R \cos a \sin b$: mettant ensuite dans celle-ci la valeur $\sin c = \frac{\sin a \sin C}{\sin A}$, on aura pour la troisieme combinaison

$$\cot A \sin C + \cos C \cos b = \cot a \sin b.$$

Enfin, pour avoir la relation entre A, B, C, a, j'observe que dans l'équation précédente le terme $\cot a \sin b = R \cos a . \frac{\sin b}{\sin a} = R \cos a \frac{\sin B}{\sin A}$; donc, en multipliant cette équation par $\sin A$, on aura

$$R \cos A \sin C = R \cos a \sin B - \sin A \cos C \cos b.$$

Si dans cette équation on permute entre elles les lettres A et B, ainsi que a et b, on aura

$$R \cos B \sin C = R \cos b \sin A - \sin B \cos C \cos a.$$

Et de ces deux-ci on tire, en chassant $\cos b$,

$$R^2 \cos A \sin C + R \cos B \sin C \cos C = \cos a \sin B \sin^2 C.$$

Donc enfin

$$\cos a = \frac{R^2 \cos A + R \cos B \cos C}{\sin B \sin C}.$$

C'est la relation cherchée entre A, B, C, a, ou la quatrieme des équations nécessaires pour la résolution des triangles sphériques.

LXXXI. Cette derniere équation entre A, B, C, a, offre une analogie frappante avec la premiere entre a, b, c, A : et on peut rendre raison de cette analogie par la propriété des triangles polaires ou supplémentaires. En effet, on sait que le triangle dont les angles sont A, B, C, et les côtés opposés a, b, c, répond toujours à un triangle polaire, dont les côtés sont $200° - A$, $200° - B$, $200° - C$, et les angles opposés $200° - a$, $200° - b$, $200° - c$. Or le principe de l'article LXXVI étant appliqué à ce dernier triangle, il en résulte

$$\cos(200° - a) = \frac{R^2 \cos(200° - A) - R \cos(200° - B) \cos(200° - C)}{\sin(200° - B) \sin(200° - C)};$$

ce qui se réduit à

$$\cos a = \frac{R^2 \cos A + R \cos B \cos C}{\sin B \sin C},$$

ainsi que nous l'avons trouvé par une autre voie.

Cette formule résout immédiatement le cas où l'on veut déterminer un côté par le moyen de trois angles ; mais, pour avoir une formule plus commode pour le calcul logarithmique, on substituera la valeur de $\cos a$ dans l'équation $1 - \frac{\cos a}{R} = \frac{2 \sin^2 \frac{1}{2} a}{R^2}$, ce qui donnera $\frac{\sin^2 \frac{1}{2} a}{R^2} = \ldots\ldots$ $\frac{\sin B \sin C - \cos B \cos C - R \cos A}{2 \sin B \sin C} = \frac{-R \cos(B + C) - R \cos A}{2 \sin B \sin C}$

Et parce qu'on a en général* $R \cos p + R \cos q =$ *XXVIII.

$2\cos\frac{1}{2}(p+q)\cos\frac{1}{2}(p-q)$, cette équation se réduit à

$$\frac{\sin^2\frac{1}{2}a}{R^2}=\frac{-\cos\frac{1}{2}(A+B+C)\cos\frac{1}{2}(B+C-A)}{\sin B\sin C},$$

où il faut observer que le second membre, quoique sous une forme négative, est néanmoins toujours positif. Car on a en général $\sin(x-100^\circ)=\frac{\sin x\cos 100^\circ-\cos x\sin 100^\circ}{R}=-\cos x$ donc

$$-\cos\tfrac{1}{2}(A+B+C)=\sin\left(\frac{A+B+C}{2}-100^\circ\right)$$

quantité qui est toujours positive, parce que $A+B+C$ étant toujours compris entre 200° et 600°, l'angle $\frac{1}{2}(A+B+C)-100^\circ$ est compris entre zéro et 200°; d'ailleurs $\cos\frac{1}{2}(B+C-A)$ est toujours positif, parce que $B+C-A$ ne peut pas surpasser 200°; en effet dans le triangle polaire le côté $200^\circ-A$ est plus petit que la somme des deux autres $200^\circ-B$, $200^\circ-C$; donc on a $200^\circ-A<400^\circ-B-C$, ou $B+C-A<200^\circ$.

Étant ainsi assuré que le résultat sera toujours positif, on aura, pour déterminer un côté par le moyen des angles, la formule

$$\sin\tfrac{1}{2}a=R\sqrt{\left\{\frac{-\cos\frac{A+B+C}{2}\cos\frac{B+C-A}{2}}{\sin B\sin C}\right\}}$$

LXXXII. Avant d'aller plus loin, nous remarquerons que de ces formules générales, on peut déduire celles qui concernent les triangles sphériques rectangles. Pour cet effet, on fera $A=100^\circ$, tant dans les quatre formules principales que dans celles qui en dérivent par la permutation des lettres. Et d'abord l'équation $\cos A\sin b\sin c=R^2\cos a-R\cos b\cos c$, donnera par cette substitution

$$R\cos a=\cos b\cos c. \quad (1)$$

Les dérivées de l'équation générale ne contiennent

point A, et ainsi ne donnent aucune relation nouvelle dans le cas de $A = 100^\circ$.

L'équation $\frac{sin\ A}{sin\ a} = \frac{sin\ B}{sin\ b}$, donne dans le cas de $A = 100^\circ$,

$$\frac{R}{sin\ a} = \frac{sin\ B}{sin\ b}. \qquad (2)$$

Et la dérivée $\frac{sin\ A}{sin\ a} = \frac{sin\ C}{sin\ c}$, donnerait également $\frac{R}{sin\ a} = \frac{sin\ C}{sin\ c}$; mais celle-ci est elle-même une dérivée de l'équation (2).

L'équation $cot\ A\ sin\ C + cos\ C\ cos\ b = cot\ a\ sin\ b$, donne dans le cas de $A = 100^\circ$, $cos\ C\ cos\ b = cot\ a\ sin\ b$, ou

$$cos\ C\ tang\ a = R\ tang\ b. \qquad (3)$$

La dérivée $cot\ C\ sin\ A + cos\ A\ cos\ b = cot\ c\ sin\ b$, donne dans le même cas, $R\ cot\ C = cot\ c\ sin\ b$, ou

$$R\ tang\ c = sin\ b\ tang\ C. \qquad (4)$$

Enfin la quatrieme équation principale $sin\ B\ sin\ C\ cos\ a = R^2 cos\ A + R\ cos\ B\ cos\ C$, et sa dérivée $sin\ A\ sin\ C\ cos\ b = R^2 cos\ B + R\ cos\ A\ cos\ C$, donnent dans le cas de $A = 100^\circ$, $sin\ B\ sin\ C\ cos\ a = R cos\ B\ cos\ C$ et $sin\ C\ cos\ b = R\ cos\ B$, ou

$$cot\ B\ cot\ C = R\ cos\ a, \qquad (5)$$

$$sin\ C\ cos\ b = R\ cos\ B. \qquad (6)$$

Ce sont les six équations sur lesquelles la résolution des triangles rectangles est fondée.

LXXXIII. Nous terminerons ces principes par la démonstration des *Analogies de Néper*, qui servent à simplifier plusieurs cas de la résolution des triangles sphériques.

Par la combinaison des valeurs de $cos\ A$ et $cos\ C$ exprimées en a, b, c, nous avons déja obtenu l'équation *

$$R\ cos\ A\ sin\ c = R\ cos\ a\ sin\ b - cos\ C\ sin\ a\ cos\ b.$$

* LXX.

Celle-ci donne par une simple permutation :

$$R \cos B \sin c = R \cos b \sin a - \cos C \sin b \cos a.$$

Donc en ajoutant ces deux équations, et réduisant, on aura

$$\sin c (\cos A + \cos B) = (R - \cos C) \sin (a + b).$$

Mais puisque $\frac{\sin c}{\sin C} = \frac{\sin a}{\sin A} = \frac{\sin b}{\sin B}$, on a

$$\sin c (\sin A + \sin B) = \sin C (\sin a + \sin b)$$

et $\sin c (\sin A - \sin B) = \sin C (\sin a - \sin b)$.

Divisant successivement ces deux équations par la précédente, on aura

$$\frac{\sin A + \sin B}{\cos A + \cos B} = \frac{\sin C}{R - \cos C} \cdot \frac{\sin a + \sin b}{\sin (a + b)}$$

$$\frac{\sin A - \sin B}{\cos A + \cos B} = \frac{\sin C}{R - \cos C} \cdot \frac{\sin a - \sin b}{\sin (a + b)}$$

Et en réduisant celles-ci par les formules des articles XXIX et XXX, il viendra

$$\tang \tfrac{1}{2} (A + B) = \cot \tfrac{1}{2} C . \frac{\cos \frac{1}{2} (a - b)}{\cos \frac{1}{2} (a + b)}$$

$$\tang \tfrac{1}{2} (A - B) = \cot \tfrac{1}{2} C . \frac{\sin \frac{1}{2} (a - b)}{\sin \frac{1}{2} (a + b)}.$$

Donc étant donnés les deux côtés a et b avec l'angle compris C, on trouvera les deux autres angles A et B par les analogies,

$$\cos \tfrac{1}{2} (a + b) : \cos \tfrac{1}{2} (a - b) :: \cot \tfrac{1}{2} C : \tang \tfrac{1}{2} (A + B)$$

$$\sin \tfrac{1}{2} (a + b) . \sin \tfrac{1}{2} (a - b) :: \cot \tfrac{1}{2} C : \tang \tfrac{1}{2} (A - B).$$

Si on applique ces mêmes analogies au triangle polaire du triangle ABC, il faudra mettre $200^\circ - A$, $200^\circ - B$, $200^\circ - a$, $200^\circ - b$, $200^\circ - c$, à la place de a, b, A, B, C, respectivement, et on aura pour résultat ces deux analogies

$$\cos \tfrac{1}{2} (A + B) : \cos \tfrac{1}{2} (A - B) :: \tang \tfrac{1}{2} c : \tang \tfrac{1}{2} (a + b)$$

$$\sin \tfrac{1}{2} (A + B) : \sin \tfrac{1}{2} (A - B) :: \tang \tfrac{1}{2} c : \tang \tfrac{1}{2} (a - b),$$

au moyen desquelles, étant donnés un côté c et les

deux angles adjacents A et B, ou pourra trouver les deux autres côtés a et b. Ces quatre proportions sont connues sous le nom d'*Analogies de Néper*.

Résolution des triangles sphériques en général.

La résolution des triangles sphériques comprend six cas généraux, que nous allons développer successivement.

PREMIER CAS.

LXXXIV. *Étant donnés les trois côtés* a, b, c, *on trouvera un angle quelconque, par exemple, l'angle* A *opposé au côté* a, *par la formule :*

$$sin \tfrac{1}{2} A = R \sqrt{\left\{ \frac{sin \frac{a+b-c}{2} \, sin \frac{a+c-b}{2}}{sin\, b \; sin\, c} \right\}}.$$

DEUXIEME CAS.

LXXXV. *Étant donnés deux côtés* a *et* b *avec l'angle* A *opposé à l'un de ces côtés, trouver le troisieme côté* c *et les deux autres angles* B *et* C.

1° L'angle B se trouvera par l'équation $sin\, B = \frac{sin\, A \; sin\, b}{sin\, a}$.

2° Pour avoir l'angle C, il faut résoudre l'équation

$$cot\, A \; sin\, C + cos\, C \; cos\, b = cot\, a \; sin\, b.$$

Soit pris pour cet effet un angle auxiliaire φ de maniere qu'on ait $tang\, \varphi = \frac{cos\, b \; tang\, A}{R}$, ou $cot\, A = \frac{cos\, b \; cos\, \varphi}{sin\, \varphi}$; cette valeur de $cot\, A$ étant substituée dans l'équation à résoudre, donne $\frac{cos\, b}{sin\, \varphi}$ ($cos\, \varphi \; sin\, C +$

$\sin\varphi \cos C) = \cot a \sin b$, d'où l'on tire

$$\sin (C = (\phi + \frac{\operatorname{tang} b \sin \varphi}{\operatorname{tang} a}.$$

Par cet artifice, on voit que les deux termes inconnus dans l'équation proposée se réduisent à un seul, d'où il est facile de tirer l'angle C.

3° Le côté c se trouvera par l'équation

$$\sin c = \frac{\sin a \sin C}{\sin A}.$$

On peut aussi le déterminer directement par la résolution de l'équation :

$$R \cos b \cos c + \cos A \sin b \sin c = R^2 \cos a.$$

Pour cet effet, soit $\cos A \sin b = \frac{R \cos b \sin \varphi}{\cos \varphi}$, ou $\operatorname{tang} \varphi = \frac{\cos A \operatorname{tang} b}{R}$, on aura $\frac{\cos b}{\cos \varphi} (\cos c \cos \varphi + \sin c \sin \varphi) = R \cos a$. Donc, en cherchant d'abord l'auxiliaire φ par l'équation $\operatorname{tang} \varphi = \frac{\cos A \operatorname{tang} b}{R}$, on aura le côté c par l'équation

$$\cos (c \quad \varphi) = \frac{\cos a \cos \varphi}{\cos b}.$$

Ce second cas peut avoir deux solutions, ainsi que le cas analogue des triangles rectilignes.

TROISIEME CAS.

LXXXVI. *Étant donnés deux côtés* a *et* b *avec l'angle compris* C, *trouver les deux autres angles* A *et* B *et le troisieme côté* c.

1° Les angles A et B se trouvent par ces deux équations

$$\cot A = \frac{\cot a \sin b - \cos C \cos b}{\sin C}$$

$$\cot B = \frac{\cot b \sin a - \cos C \cos a}{\sin C},$$

dans lesquelles les seconds membres pourraient être réduits à un seul terme, au moyen d'un auxiliaire; mais il est plus simple, dans ce cas, de se servir des analogies de Néper, qui donnent

$$\tang \frac{A-B}{2} = \cot \tfrac{1}{2} C . \frac{\sin \frac{1}{2}(a-b)}{\sin \frac{1}{2}(a+b)}$$

$$\tang \frac{A+B}{2} = \cot \tfrac{1}{2} C . \frac{\cos \frac{1}{2}(a-b)}{\cos \frac{1}{2}(a+b)}.$$

2° Connaissant les angles A et B, on pourra calculer le troisieme côté c par l'équation $\sin c = \sin a . \frac{\sin C}{\sin A}$; mais pour déterminer c directement, on a l'équation

$$R^2 \cos c = \sin a \sin b \cos C + R \cos a \cos b.$$

Soit pris l'auxiliaire φ, de maniere qu'on ait $\sin b \cos C = \cos b \tang \varphi$, ou $\tang \varphi = \frac{\cos C \tang b}{R}$, on aura

$$\cos c = \frac{\cos b}{\cos \varphi} \cos (a - \varphi).$$

QUATRIEME CAS.

LXXXVII. *Étant donnés deux angles* A *et* B *avec le côté adjacent* c, *trouver les deux autres côtés* a *et* b, *et le troisieme angle* C.

1° Les deux côtés a et b sont donnés par les formules

$$\cot a = \frac{\cot A \sin B + \cos B \cos c}{\sin c}$$

$$\cot b = \frac{\cot B \sin A + \cos A \cos c}{\sin c}.$$

mais on peut les calculer plus facilement par les analogies de Néper, savoir :

$$\sin\frac{A+B}{2} : \sin\frac{A-B}{2} :: \tang\tfrac{1}{2}c : \tang\frac{a-b}{2}$$

$$\cos\frac{A+B}{2} : \cos\frac{A-B}{2} :: \tang\tfrac{1}{2}c : \tang\frac{a+b}{2}.$$

2° Connaissant a et b, on trouvera C par l'équation $\sin C = \frac{\sin c \sin A}{\sin a}$; mais on peut aussi trouver C directement par l'équation

$$R^2 \cos C = \cos c \sin A \sin B - R \cos A \cos B.$$

Soit pris l'auxiliaire φ, de maniere qu'on ait

$$\cos c \sin B = \cos B \cot \varphi, \text{ ou } \cot \varphi = \frac{\cos c \tang B}{R},$$

on aura

$$\cos C = \cos B . \frac{\sin (A-\varphi)}{\sin \varphi}.$$

Ce cas et le précédent ne laissent aucune indétermination.

CINQUIEME CAS.

LXXXVIII. *Étant donnés deux angles* A *et* B *avec le côté* a *opposé à l'un de ces angles, trouver les deux autres côtés* b, c, *et le troisieme angle* C.

1° Le côté b se trouvera par l'équation $\sin b = \sin a . \frac{\sin B}{\sin A}$.

2° Le côté c dépend de l'équation

$$\cot a \sin c - \cos B \cos c = \cot A \sin B.$$

Soit $\cot a = \cos B \frac{\cos \varphi}{\sin \varphi}$ ou $\tang \varphi = \frac{\cos B \tang a}{R}$, on aura $\frac{\cos B}{\sin \varphi} (\sin c \cos \varphi - \cos c \sin \varphi) = \cot A \sin B$; donc

$$\sin (c-\varphi) = \frac{\tang B \sin \varphi}{\tang A}.$$

3° L'angle C se trouvera par la résolution de l'équation

$$cos\, a\, sin\, B\, sin\, C - R\, cos\, B\, cos\, C = R^2\, cos\, A.$$

Soit pour cet effet $cos\, a\, sin\, B = \frac{R\, cos\, B\, cos\, \varphi}{sin\, \varphi}$, ou $cot\, \varphi = \frac{cos\, a\, tang\, B}{R}$, on aura $\frac{cos\, B}{sin\, \varphi}(sin\, C\, cos\, \varphi - cos\, C\, sin\, \varphi) = R\, cos\, A$; donc

$$sin\,(C - \varphi) = \frac{cos\, A\, sin\, \varphi}{cos\, B}.$$

Ce cinquieme cas est, comme le second, susceptible de deux solutions, ainsi que cela a lieu dans le cas analogue des triangles rectilignes.

SIXIEME CAS.

LXXXIX. *Etant donnés les trois angles* A, B, C, *on trouvera un côté quelconque, par exemple, le côté opposé à l'angle* A, *par la formule*

$$sin\,\tfrac{1}{2}a = R\sqrt{\left(\frac{-cos\,\frac{1}{2}(A+B+C)\,cos\,\frac{1}{2}(B+C-A)}{sin\, B\, sin\, C}\right)}.$$

On peut remarquer que de ces six cas généraux les trois derniers pourraient se déduire des trois premiers, par la propriété des triangles polaires : de sorte qu'à proprement parler, il n'y a que trois cas différents dans la résolution générale des triangles sphériques. Le premier cas se résout par une seule analogie, comme les triangles rectangles; le troisieme se résout d'une maniere presque aussi simple, au moyen des analogies de Néper. Quant au second, il exige deux analogies ; et d'ailleurs, il admet quelquefois deux solutions, tandis que le premier et le troisieme n'en admettent jamais qu'une.

XC. Pour distinguer dans le second cas si, pour des valeurs particulieres données de A, a, b, il y a deux fig. 16 triangles qui satisfont à la question ou seulement un; supposons d'abord l'angle $A < 100^\circ$, et soient prolongés les deux côtés AC, AB jusqu'à ce qu'ils se rencontrent de nouveau en A′. Si on prend l'arc AC $< 100^\circ$ et qu'on abaisse CD perpendiculaire sur AB, les côtés AD, CD du triangle rectangle ACD, seront tous deux plus petits que 100°, la ligne CD sera la distance la plus courte du point C à l'arc AB, et en prenant $DB' = DB$, les obliques CB′, CB seront égales et d'autant plus longues qu'elles s'écarteront plus de la perpendiculaire. Soit $AC = b$, $CB = a$, on voit donc qu'un triangle dans lequel on a $A < 100^\circ$, $b < 100^\circ$, et $a < b$, a nécessairement deux solutions ACB, ACB′; mais si, en supposant toujours A et b plus petits que 100°, on a $a > b$, alors le point B′ passerait au-delà du point A, et il n'y aurait qu'une solution représentée par ABC.

Soit ensuite $AC' > 100^\circ$, si on abaisse la perpendiculaire C′D′ sur ABA′, on aura de même $C'D' < A'C'$, et l'arc C′B‴ mené entre D′ et A′, sera $> C'D'$ et $> C'A'$; donc si on fait $AC' = b$, $C'B'' = C'B''' = a$, on voit que la supposition $A < 100^\circ$ et $b > 100^\circ$ donnera deux solutions si $a + b < 200^\circ$, et n'en donnera qu'une si $a + b > 200^\circ$, parce qu'alors le point B‴ passerait au-delà de A′. Discutant de la même maniere le cas où l'angle A est $> 100^\circ$, on pourra établir ainsi les symptômes qui déterminent si, dans le cas II, la question admet deux solutions ou n'en admet qu'une.

$A < 100^\circ, b < 100^\circ$	$a > b$	une solution.
	$a < b$	deux solutions.
$A < 100^\circ, b > 100^\circ$	$a + b > 200^\circ$	une solution.
	$a + b < 200^\circ$	deux solutions.
$A > 100^\circ, b < 100^\circ$	$a + b > 200^\circ$	deux solutions.
	$a + b < 200^\circ$	une solution.
$A > 100^\circ, b > 100^\circ$	$a > b$	deux solutions.
	$a < b$	une seule solution.

Il n'y aura qu'une solution si on a $A = 100^\circ$, soit $a = b$, soit $a + b$ 200°. Il y en aura deux si on a $b = 100^\circ$.

XCI. Ces mêmes résultats peuvent s'appliquer au cas cinquieme par la voie du triangle polaire, et on en tirera les symptômes suivants, qui feront connaître si pour des valeurs données de A, B, a, il y a deux triangles qui satisfont à la question, ou s'il n'y en a qu'un.

$a > 100^\circ, B > 100^\circ \begin{cases} A < B & \text{une solution.} \\ A > B & \text{deux solutions.} \end{cases}$

$a > 100^\circ, B < 100^\circ \begin{cases} A + B < 200^\circ & \text{une solution.} \\ A + B > 200^\circ & \text{deux solutions.} \end{cases}$

$a < 100^\circ, B > 100^\circ \begin{cases} A + B < 200^\circ & \text{deux solutions.} \\ A + B > 200^\circ & \text{une solution.} \end{cases}$

$a < 100^\circ, B < 100^\circ \begin{cases} A < B & \text{deux solutions.} \\ A > B & \text{une solution.} \end{cases}$

Il n'y aura qu'une solution si l'une des égalités suivantes a lieu $a = 100^\circ$, $A = B$, $A + B = 200^\circ$. Il y en aura deux si $B = 100^\circ$.

XCII. Dans tous les cas, pour écarter les solutions inutiles ou fausses, il faut se rappeler, 1° que tout angle ou tout côté doit être plus petit que 200°;

2° Que les plus grands angles sont opposés aux plus grands côtés, en sorte que si on a $A > B$, il faut qu'on ait aussi $a > b$, et *vice versâ*.

Exemples de la résolution des triangles sphériques.

XCIII. *Exemple* I. Soient O, M, N trois points situés dans un plan incliné à l'horizon; si de ces trois points on abaisse les perpendiculaires OD, M m, N n, sur le plan horizontal DEF, les objets situés en O, M, N devront être représentés sur le plan horizontal par leurs *projections* D, m, n, et l'angle MON par m D n. Cela posé, étant donné l'angle MON, et les inclinaisons de ses deux côtés OM, ON sur la verticale OD, il s'agit de trouver l'angle de projection m D n. fig. 15.

Du point O comme centre et d'un rayon = 1, décrivez une surface sphérique qui rencontre en

A, B, C, les côtés OM, ON et la verticale OD, vous aurez un triangle sphérique ABC, dont les trois côtés sont connus; on pourra donc déterminer l'angle C égal à m D n par la formule du premier cas.

Soit par exemple, l'angle MON = AB = 64° 44′ 60″; l'angle DOM = AC = 98° 12′, et l'angle DON = BC = 105° 42′, on aura par la formule citée

$$sin^2 \tfrac{1}{2} C = R^2 . \frac{sin\ 28^\circ\ 57'\ 30''\ sin\ 35^\circ\ 87'\ 30''}{sin\ 98^\circ\ 12'\ sin\ 105^\circ\ 42'}.$$

Valeur que l'on calculera ainsi :

L. *sin* 28° 57′ 30″...9.6373956		L. *sin* 98° 12′...9.9998106	
L. *sin* 35° 87′ 30″...9.7276562		L. *sin* 105° 42′...9.9984242	
somme + 2 LR.	39.3650518		19.9982348
	19.9982348		
2 L. *sin* ½ C......	19.3668170		
L. *sin* ½ C.......	9.6843085	½ C = 32° 4′ 70″ . 5	
		C = 64 9 41	

Donc l'angle 64° 44′ 60″, mesuré dans un plan incliné à l'horizon, se réduit à 64° 9′ 41″, lorsqu'il est projeté sur le plan de l'horizon.

Ce problême est utile dans l'art de lever les plans, lorsque les points qu'on veut déterminer sont situés à des hauteurs sensiblement différentes au-dessus d'un

XCIV. *Exemple* II. Connaissant les latitudes de deux points du globe, et leur différence en longitude, trouver leur plus courte distance..

fig. 14. On imaginera un triangle sphérique ACB formé par le pole boréal C, et les deux lieux A et B dont il s'agit; dans ce triangle on connaîtra l'angle au pôle ACB, qui est la différence en longitude des deux points A et B, et les deux côtés compris AC, CB, qui sont les compléments des latitudes des points A et B. On déterminera donc le troisieme côté AB par les formules du cas III.

Soient, par exemple, A et B les observatoires de Paris et de Pekin ; la latitude boréale de l'un de ces lieux est de 54° 26′ 36″, celle de l'autre est de 44° 33′ 73″, et leur différence en longitude est de 126° 80′ 56″. Ainsi on aura

$$a = 45° 73′ 64″$$
$$b = 55\ 66\ 27$$
$$C = 126\ 80\ 56.$$

D'après ces données on aura pour déterminer c, les formules $tang\ \varphi = \frac{\cos C\ tang\ b}{R}$, $\cos c = \frac{\cos b \cos(a - \varphi)}{\cos \varphi}$, dont voici le calcul

L. *cos* C	9.6114352
L. *tang* b. . . .	10.0776707
L. *tang* φ. . . .	9.6891059

L'angle φ que donnent les tables par le moyen de ce logarithme-tangente est 28° 94′ 23″. Mais il faut observer que *cos* C est négatif, et qu'ainsi *tang* φ étant négatif, on doit prendre $\varphi = -28° 94′ 23″$, ce qui donnera $a - \varphi = 74° 67′ 87″$. Cela posé, en observant que $\cos(-\varphi) = \cos \varphi$, on achevera ainsi le calcul

L. *cos* (a — φ) . .	9.5880938
L. *cos* b	9.8071953
	19.3952891
L. *cos* φ.	9.9554823
L. *cos* c	9.4418068

Donc la distance cherchée $c = 82° 16′ 05″$. Cette même distance peut s'exprimer en myriametres par 821.605 ; car un myriametre est la longueur d'un arc de dix minutes, et un metre est celle d'un arc d'un dixieme de seconde.

XCV. *Exemple* III. Pour donner un exemple du cas cinquieme, proposons-nous de résoudre le triangle sphérique dans lequel on connaît les deux angles $A = 78^\circ\ 50'$, $B = 54^\circ\ 0'$, et le côté opposé à l'un d'eux $a = 99^\circ\ 20'\ 17''$. Au moyen de ces données, on trouve d'après le tableau de l'art. XCI, qu'il ne doit y avoir qu'une solution, parce qu'on a tout à la fois $a < 100^\circ$, $B < 100^\circ$ et $A > B$. Voici le calcul de cette solution.

1° Le côté b se trouvera par la formule $\sin b = \sin a \frac{\sin B}{\sin A}$.

L. *sin a*	9.9999659
L. *sin* B.	9.8751256
10 — L. *sin* A.	0.0252525
L. *sin b*	9.9003440

Ce qui donne $b = 58^\circ\ 50'\ 14''$ ou son supplément $141^\circ\ 49'\ 86''$; mais puisque l'angle B est $< A$, il faut que le côté b soit $< a$, ainsi la premiere valeur est la seule qui puisse avoir lieu.

2° Pour avoir le côté c on doit faire $\text{tang}\ \varphi = \frac{\cos B\ \text{tang}\ a}{R}$, $\sin (c - \varphi) = \frac{\text{tang}\ B \sin \varphi}{\text{tang}\ A} = \frac{\text{tang}\ B \cot A \sin \varphi}{R^2}$.

		L. *sin* φ.	9.9999220
L. *cos* B. . . .	9.8204063	L. *tang* B — LR	0.0547193
L. *tang a* — LR	1.9016731	L. *cot* A.	9.5455236
L. *tang* φ	11.7220794	L. *sin* (c — φ). .	9.6001649
	$\varphi = 98^\circ\ 79'\ 28''.8$		$c - \varphi = 26^\circ\ 7'\ 70''.5$.

Ici on a encore le choix de prendre pour $c - \varphi$ la valeur $26^\circ\ 7'\ 70''.5$, ou son supplément $173^\circ\ 92'\ 29''.5$; mais en prenant cette seconde valeur, on aurait $c > 200^\circ$, ainsi il faut s'en tenir à la premiere, qui donne $c = 124^\circ\ 81'\ 99''.3$.

3° Enfin, pour calculer directement l'angle C, nous prendrons les formules $cot\ \psi = \frac{cos\ a\ tang\ B}{R}$, $sin\ (C - \psi) = \frac{cos\ A\ sin\ \psi}{cos\ B}$.

		L. *sin* ψ.	9.9999563
L. *cos a*.	8.0982928	L. *cos* A.	9.5202711
L. *tang* B — L R	0.0547193	L. R — L *cos* B.	0.1795937
L. *cot* ψ.	8.1530121	L. *sin* (C — ψ)	9.6998211
	ψ = 99° 9′ 45″. 5	C — ψ =	33° 40′ 54″. 5
		ψ .	99 9 45 . 5
		C =	132 50 0 . 0

On n'a pas pu prendre pour C — ψ le supplément de 33° 40′ 54″. 5, parce qu'il aurait donné pour C une valeur plus grande que 200°. Ainsi on voit qu'en effet le problème proposé n'est susceptible que d'une solution.

Nota. Ceux qui voudront connaître les applications les plus utiles de la Trigonométrie, ne pourront mieux faire que de consulter le Traité de Topographie, d'Arpentage et de Nivellement, par M. Puissant. Paris, 1807.

APPENDICE

Contenant la résolution de divers cas particuliers de la Trigonométrie.

XCVI. La résolution des triangles, telle qu'on vient de l'exposer, ne laisse rien à desirer du côté de la généralité. Il est néanmoins quelques circonstances où l'on peut, avec avantage, substituer des solutions particulieres aux solutions générales, soit pour abréger les calculs, soit pour en rendre les résultats plus exacts et plus indépendants de l'erreur des tables. Nous allons résoudre quelques-uns de ces cas particuliers, en choisissant ceux qui sont de l'usage le plus fréquent, ou qui conduisent aux formules les plus remarquables.

Nous continuerons de désigner par A, B, C, les angles du triangle proposé, rectiligne ou sphérique, et par a, b, c, les côtés qui leur sont respectivement opposés. Nous supposerons de plus le rayon des tables $=1$, ce qui n'altere pas la généralité des résultats. Les angles A, B, C, sont exprimés dans le calcul, soit par les degrés, soit par les longueurs absolues des arcs qui les mesurent, ces arcs étant pris dans le cercle dont le rayon est 1. Si un angle ou un arc x est très-petit, on pourra mettre, au lieu de $\sin x$ et $\cos x$, leurs valeurs en séries; savoir : $\sin x = x - \frac{x^3}{1.2.3} + \text{etc.}$, $\cos x = 1 - \frac{x^2}{1.2} + \text{etc.}$; mais alors x doit être exprimé en parties du rayon. Un arc étant trouvé en parties du rayon, pour avoir sa valeur en minutes, il faut le multiplier par le nombre de minutes comprises dans le rayon; ce nombre est $\frac{20000}{\pi} = 6366.1977237$, et son logarithme $= 3.80388012297$.

§. I. *Des triangles rectilignes dont deux angles sont très-petits.*

XCVII. Supposons que les angles A et B soient très-petits et par suite C très-obtus, on pourra faire $\sin A = A - \frac{1}{6}A^3$, $\sin B = B - \frac{1}{6}B^3$, et $\sin C = \sin(A+B) = A+B - \frac{1}{6}(A+B)^3$. Si donc on connaît le côté c avec les angles adjacents A et B, on trouvera les deux autres côtés par les formules $a = \frac{c \sin A}{\sin(A+B)}$, $b = \frac{c \sin B}{\sin(A+B)}$, lesquelles, en substituant les valeurs précédentes et réduisant, deviennent

$$a = \frac{cA}{A+B}\left(1 + \frac{2AB + B^2}{6}\right)$$
$$b = \frac{cB}{A+B}\left(1 + \frac{A^2 + 2AB}{6}\right),$$

et de là résulte $a + b - c = \frac{1}{2}c\,AB$. Ces valeurs sont exactes, aux termes près qui contiennent quatre dimensions en A et B.

XCVIII. Supposons en second lieu qu'on donne les deux côtés a et b, avec l'angle compris $C = \pi - \theta$, θ étant très-petit. On aura d'abord $c^2 = a^2 + b^2 + 2ab\cos\theta = a^2 + b^2 + 2ab(1 - \frac{1}{2}\theta^2) = (a+b)^2 - ab\,\theta^2$; donc

$$c = a + b - \tfrac{1}{2}.\frac{ab\theta^2}{a+b}.$$

Ensuite l'angle A se trouvera par l'équation $\sin A = \frac{a}{c}\sin C = \frac{a}{c}\sin\theta$, d'où l'on tire, en substituant la valeur de c et celle de $\sin\theta$, $\sin A = \frac{a}{a+b}\left(\theta + \frac{1}{2}.\frac{ab}{(a+b)^2}\theta^3 - \frac{1}{6}\theta^3\right) = \frac{a\theta}{a+b}\left(1 + \frac{ab - a^2 - b^2}{(a+b)^2}.\frac{\theta^2}{6}\right)$.

Donc $A = \sin A + \frac{1}{6}\sin^3 A = \frac{a\theta}{a+b} + \frac{ab(a-b)}{(a+b)^2}.\frac{\theta^3}{6}$. De là on déduirait la valeur de B en permutant entre elles les lettres a et b; mais A étant connu, on a immédiatement $B = \theta - A$. Si θ est donné en minutes, pour avoir A exprimé aussi en minutes, il faudra, dans les formules précédentes, substituer, au lieu de A et θ, les rapports $\frac{A}{R}$, $\frac{\theta}{R}$, R étant le nombre de minutes comprises dans le rayon. On aura ainsi

$$c = a + b - \frac{\frac{1}{2}ab}{a+b} \cdot \left(\frac{\theta}{R}\right)^2$$

$$A = \frac{a\theta}{a+b}\left[1 + \frac{b(a-b)}{6(a+b)^2}\left(\frac{\theta}{R}\right)^2\right]$$

XCIX. Pour donner un exemple de ces formules, soit $a = 1000^m$, $b = 2400^m$, $C = 199°32'$ ou $\theta = 68'$, on aura $a+b-c = \frac{1200000}{3400} \cdot \left(\frac{68}{R}\right)^2 = 0.037806$, d'où $c = 3399^m, 962194$. Ensuite on a par une premiere approximation $A = \frac{a\theta}{a+b} = 20'$, et $B = \theta - A = 48'$; mais la formule entiere donne $A = 20' \left[1 - \frac{2400 \times 1400}{6(3400)^2}\left(\frac{68}{R}\right)^2\right] = 19' \cdot 99988946$, et par suite $B = 48' . 00011054$, valeurs qui doivent être exactes jusque dans la derniere décimale.

§. II. *Résolution du troisieme cas des triangles rectilignes par la voie des séries.*

C. Etant donnés les deux côtés a et b et l'angle compris C, pour trouver l'angle B, on a la proportion $b : a :: \sin B : \sin(B + C)$, laquelle donne $a \sin B = b(\sin B \cos C + \cos B \sin C)$, et par conséquent $\frac{\sin B}{\cos B} = \frac{b \sin C}{a - b \cos C}$. Si dans cette équation on met à la place des sinus et cosinus leurs
* XXXV. valeurs en exponentielles imaginaires *, on aura

$$\frac{e^{B\sqrt{-1}} - e^{-B\sqrt{-1}}}{e^{B\sqrt{-1}} + e^{-B\sqrt{-1}}} = \frac{b\left(e^{C\sqrt{-1}} - e^{-C\sqrt{-1}}\right)}{2a - b\left(e^{C\sqrt{-1}} + e^{-C\sqrt{-1}}\right)};$$

d'où l'on tire

$$e^{2B\sqrt{-1}} = \frac{a - be^{-C\sqrt{-1}}}{a - be^{C\sqrt{-1}}}.$$

Prenant les logarithmes de chaque membre et développant

le second en série d'après la formule connue $L(a-x)=$ $La-\frac{x}{a}-\frac{x^2}{2a^2}-\frac{x^3}{3a^3}-$etc., on aura

$$2B\sqrt{-1}=\frac{b}{a}e^{C\sqrt{-1}}+\frac{b^2}{2a^2}e^{2C\sqrt{-1}}+\frac{b^3}{3a^3}e^{3C\sqrt{-1}}+\text{etc.}$$

$$-\frac{b}{a}e^{-C\sqrt{-1}}-\frac{b^2}{2a^2}e^{-2C\sqrt{-1}}-\frac{b^3}{3a^3}e^{-3C\sqrt{-1}}-\text{etc.}$$

Donc en divisant par $2\sqrt{-1}$, et observant que $e^{mC\sqrt{-1}}-e^{-mC\sqrt{-1}}=2\sqrt{-1}\sin mC$, on aura

$$B=\frac{b}{a}\sin C+\frac{b^2}{2a^2}\sin 2C+\frac{b^3}{3a^3}\sin 3C+\frac{b^4}{4a^4}\sin 4C+\text{etc.}$$

C'est la valeur de l'angle B, exprimée en parties du rayon, par une suite dont la loi est très-simple, et qui sera d'autant plus convergente que b sera plus petit par rapport à a.

La valeur qu'on vient de trouver doit satisfaire aussi à l'équation $\tang(B+\frac{1}{2}C)=\frac{a+b}{a-b}\tang\frac{1}{2}C$, qui est la même que $\tang\frac{1}{2}(A-B)=\frac{a-b}{a+b}\cot\frac{1}{2}C$, et qui ne differe que par la forme, de l'équation $\frac{\sin B}{\cos B}=\frac{b\sin C}{a-b\cos C}$.

CI. L'angle B étant connu, on aura le troisieme angle $A=200^\circ-B-C$. Quant au troisieme côté c, il dépend de l'équation $c^2=a^2-2ab\cos C+b^2$, laquelle donne par l'extraction de la racine,

$$c=a-b\cos C+\frac{b^2}{2a}\sin^2 C+\frac{b^3}{2a^2}\sin^2 C\cos C-\text{etc.}$$

Mais cette série n'a pas une marche réguliere, et ne peut pas être continuée à volonté. Au contraire, on peut trouver une série fort simple pour la valeur du logarithme hyperbolique de c. En effet, il est facile de voir que la quantité $a^2-2ab\cos C+b^2=(a-be^{C\sqrt{-1}})(a-be^{-C\sqrt{-1}})$; car le produit développé de ces deux facteurs donne

$a^2-ab(e^{C\sqrt{-1}}+e^{-C\sqrt{-1}})+b^2$, ou $a^2-2ab\cos C+b^2$.

On a donc $c^2=(a-be^{C\sqrt{-1}})(a-be^{-C\sqrt{-1}})$.

Prenant les logarithmes de chaque membre, il viendra

$$2\,\mathrm{L}c = \mathrm{L}a - \frac{b}{a}e^{C\sqrt{-1}} - \frac{b^2}{2a^2}e^{2C\sqrt{-1}} - \frac{b^3}{3a^3}e^{3C\sqrt{-1}} - \text{etc.}$$
$$+\mathrm{L}a - \frac{b}{a}e^{-C\sqrt{-1}} - \frac{b^2}{2a^2}e^{-2C\sqrt{-1}} - \frac{b^3}{3a^3}e^{-3C\sqrt{-1}} - \text{etc.}$$

Donc en réduisant de nouveau à l'aide de la formule $e^{mC\sqrt{-1}} + e^{-mC\sqrt{-1}} = 2\cos m\,C$, on aura

$$\mathrm{L}c = \mathrm{L}a - \frac{b}{a}\cos C - \frac{b^2}{2a^2}\cos 2\,C - \frac{b^3}{3a^3}\cos 3\,C - \text{etc.}$$

série non moins élégante que celle qui donne la valeur de B; il faudra multiplier ses différents termes par le module 0.43429448, si on veut que les logarithmes soient ceux des tables ordinaires.

§. III. *Résolution du troisieme cas des triangles sphériques par la voie des séries.*

CII. On a fait voir dans le paragraphe précédent que la valeur de x tirée de l'équation $\tang x = \frac{m+n}{m-n}\tang \frac{1}{2}C$, peut s'exprimer par cette série

$$x = \tfrac{1}{2}C + \frac{n}{m}\sin C + \frac{n^2}{2m^2}\sin 2\,C + \frac{n^3}{3m^3}\sin 3\,C + \text{etc.}$$

Or dans un triangle sphérique où l'on connait les deux côtés a et b et l'angle compris C, on a par les analogies de
*LXXXVI Néper *.

$$\cot\frac{A-B}{2} = \frac{\sin(\frac{1}{2}a + \frac{1}{2}b)}{\sin(\frac{1}{2}a - \frac{1}{2}b)}\tang\tfrac{1}{2}C$$
$$= \frac{\sin\frac{1}{2}a\cos\frac{1}{2}b + \cos\frac{1}{2}a\sin\frac{1}{2}b}{\sin\frac{1}{2}a\cos\frac{1}{2}b - \cos\frac{1}{2}a\sin\frac{1}{2}b}\tang\tfrac{1}{2}C$$
$$\cot\frac{A+B}{2} = \frac{\cos(\frac{1}{2}a + \frac{1}{2}b)}{\cos(\frac{1}{2}a - \frac{1}{2}b)}\tang\tfrac{1}{2}C$$
$$= \frac{\cos\frac{1}{2}a\cos\frac{1}{2}b - \sin\frac{1}{2}a\sin\frac{1}{2}b}{\cos\frac{1}{2}a\cos\frac{1}{2}b + \sin\frac{1}{2}a\sin\frac{1}{2}b}\tang\tfrac{1}{2}C$$

Donc, en vertu de la formule précédente et supposant toujours $b > a$, on aura

$$\frac{A-B}{2} = 100^\circ - \tfrac{1}{2}C - \frac{tang\tfrac{1}{2}b}{tang\tfrac{1}{2}a}\,sin\,C - \frac{tang^2\tfrac{1}{2}b}{2\,tang^2\tfrac{1}{2}a}\,sin\,2\,C - \frac{tang^3\tfrac{1}{2}b}{3\,tang^3\tfrac{1}{2}a}\,sin\,3\,C - \text{etc.}$$

$$\frac{A+B}{2} = 100^\circ - \tfrac{1}{2}C + \frac{tang\tfrac{1}{2}b}{cot\tfrac{1}{2}a}\,sin\,C - \frac{tang^2\tfrac{1}{2}b}{2\,cot^2\tfrac{1}{2}a}\,sin\,2\,C + \frac{tang^3\tfrac{1}{2}b}{3\,cot^3\tfrac{1}{2}a}\,sin\,3\,C - \text{etc.}$$

Suites dont la loi est très-simple, et qui seront d'autant plus convergentes que b sera plus petit. La premiere est toujours convergente, puisqu'on suppose $b<a$; la seconde le sera aussi, si on a $tang\tfrac{1}{2}b<cot\tfrac{1}{2}a$, ou $a+b<200^\circ$. Elle serait divergente et fausse si on avait $a+b>200^\circ$, mais ce cas peut toujours s'éviter; car la résolution du triangle BCA dans lequel on aurait $CA+CB>200^\circ$, se réduit toujours à celle du triangle $A'CB'$ dans lequel on a $CA'+CB'<200^\circ$. Au reste, la seconde série est dans sa plus grande convergence, lorsque a et b sont tous deux très-petits; alors le troisieme côté c est très-petit aussi, puisqu'on doit avoir $c<a+b$, et le triangle sphérique differe très-peu d'un triangle plan; dans ce cas l'excès de la somme des trois angles sur deux angles droits, s'exprime ainsi: fig. 11.

$$A+B+C-200^\circ = \tfrac{2}{1}\,tang\tfrac{1}{2}a\,tang\tfrac{1}{2}b\,sin\,C - \tfrac{2}{2}\,tang^2\tfrac{1}{2}a\,tang^2\tfrac{1}{2}b\,sin\,2\,C + \tfrac{2}{3}\,tang^3\tfrac{1}{2}a\,tang^3\tfrac{1}{2}b\,sin\,3\,C - \text{etc.}$$

CIII. Pour trouver le troisieme côté c du triangle proposé, on a l'équation $cos\,c = cos\,a\,cos\,b + sin\,a\,sin\,b\,cos\,C$, de laquelle il est aisé de déduire les deux suivantes:

$$sin^2\tfrac{1}{2}c = sin^2\tfrac{1}{2}a\,cos^2\tfrac{1}{2}b - 2\,sin\tfrac{1}{2}a\,cos\tfrac{1}{2}b\,cos\tfrac{1}{2}a\,sin\tfrac{1}{2}b\,cos\,C + cos^2\tfrac{1}{2}a\,sin^2\tfrac{1}{2}b$$

$$cos^2\tfrac{1}{2}c = cos^2\tfrac{1}{2}a\,cos^2\tfrac{1}{2}b + 2\,cos\tfrac{1}{2}a\,cos\tfrac{1}{2}b\,sin\tfrac{1}{2}a\,sin\tfrac{1}{2}b\,cos\,C + sin^2\tfrac{1}{2}a\,sin^2\tfrac{1}{2}b.$$

Par la forme de ces valeurs on voit que $sin\tfrac{1}{2}c$ peut être regardé comme le troisieme côté d'un triangle rectiligne dans lequel on aurait les deux côtés connus $sin\tfrac{1}{2}a\,cos\tfrac{1}{2}b$, $cos\tfrac{1}{2}a\,sin\tfrac{1}{2}b$ et l'angle compris C; de même $cos\tfrac{1}{2}c$ est le troisieme côté d'un triangle rectiligne, dont deux côtés seraient $cos\tfrac{1}{2}a\,cos\tfrac{1}{2}b$, $sin\tfrac{1}{2}a\,sin\tfrac{1}{2}b$ et l'angle compris $200^\circ - C$. Donc on a par la formule trouvée pour les triangles rectilignes *.

*CI.

$$\log\sin\tfrac{1}{2}c = \log(\sin\tfrac{1}{2}a\cos\tfrac{1}{2}b) - \frac{\mathrm{tang}\tfrac{1}{2}b}{\mathrm{tang}\tfrac{1}{2}a}\cos C - \frac{\mathrm{tang}^2\tfrac{1}{2}b}{2\,\mathrm{tang}^2\tfrac{1}{2}a}\cos 2C - \text{etc.}$$

$$\log\cos\tfrac{1}{2}c = \log(\cos\tfrac{1}{2}a\cos\tfrac{1}{2}b) + \frac{\mathrm{tang}\tfrac{1}{2}b}{\cot\tfrac{1}{2}a}\cos C - \frac{\mathrm{tang}^2\tfrac{1}{2}b}{2\cot^2\tfrac{1}{2}a}\cos 2C + \text{etc.}$$

Il est à remarquer ultérieurement que comme chacun des triangles rectilignes dont nous venons de parler peut se résoudre par le moyen d'un triangle rectiligne rectangle, on peut directement réduire la résolution du triangle sphérique proposé à celle d'un triangle rectiligne rectangle.

On trouve par ce moyen que $\sin\frac{1}{2}c$ est l'hypoténuse d'un triangle rectangle dont les côtés sont $\sin\frac{1}{2}(a+b)\sin\frac{1}{2}C$ et $\sin\frac{1}{2}(a-b)\cos\frac{1}{2}C$. De même $\cos\frac{1}{2}c$ est l'hypoténuse d'un triangle rectangle dont les côtés seraient $\cos\frac{1}{2}(a-b)\cos\frac{1}{2}C$ et $\cos\frac{1}{2}(a+b)\sin\frac{1}{2}C$.

De plus, si on appelle M l'angle qui dans le premier triangle est opposé au côté $\sin\frac{1}{2}(a-b)\cos\frac{1}{2}C$, et dans le second, N l'angle opposé au côté $\cos\frac{1}{2}(a-b)\cos\frac{1}{2}C$, il résulte des analogies de Néper qu'on aura $\frac{A-B}{2}=M$, et $\frac{A+B}{2}=N$ ou $=200^\circ-N$; savoir: $\frac{A+B}{2}=N$ si $a+b<200^\circ$, et $\frac{A+B}{2}=200^\circ-N$ si $a+b>200^\circ$. Donc dans tout triangle sphérique où l'on connait deux côtés a et b et l'angle compris C, on peut trouver directement chacune des quantités $\frac{1}{2}c$, $\frac{A+B}{2}$, $\frac{A-B}{2}$, par la résolution d'un triangle rectiligne rectangle où l'on connaît les deux côtés de l'angle droit.

Il résulte aussi de là qu'après avoir trouvé l'angle M ou $\frac{A-B}{2}$ par la formule $\mathrm{tang}\,M=\frac{\sin\frac{1}{2}(a-b)}{\sin\frac{1}{2}(a+b)}\cot\frac{1}{2}C$, on peut calculer le troisieme côté par la formule $\sin\frac{1}{2}c=\frac{\sin\frac{1}{2}(a-b)\cos\frac{1}{2}C}{\sin M}=\frac{\sin\frac{1}{2}(a+b)\sin\frac{1}{2}C}{\cos M}$.

N. B. Les formules trouvées dans ce paragraphe s'appliqueront aisément à la résolution du cinquieme cas des triangles sphériques, puisque celui-ci peut se rapporter au troisieme par la propriété du triangle polaire.

§. IV. *Résolution d'un triangle sphérique dont deux côtés sont peu différents de 100°.*

CIV. Soient a et b les deux côtés donnés peu différents de 100°, on propose de déterminer l'angle C par le moyen des trois côtés a, b, c.

Si les côtés a et b étaient exactement égaux à 100°, on aurait $C = c$; donc a et b différant très-peu de 100°, l'angle C aura pour mesure un arc très-peu différent de c. Soit $a = 100° + \alpha$, $b = 100° + \beta$, $C = c + x$; si on substitue ces valeurs dans l'équation $\cos C = \frac{\cos c - \cos a \cos b}{\sin a \sin b}$, on aura $\cos(c+x) = \frac{\cos c - \sin\alpha \sin\beta}{\cos\alpha \cos\beta}$. Mais puisque α et β sont supposés très-petits, on peut en négligeant seulement les termes où α ou β montent au quatrieme degré, faire $\sin\alpha \sin\beta = \alpha\beta$, $\cos\alpha \cos\beta = 1 - \frac{\alpha^2}{2} - \frac{\beta^2}{2}$, ce qui donnera

$$\cos(c+x) = \frac{\cos c - \alpha\beta}{1 - \frac{1}{2}\alpha^2 - \frac{1}{2}\beta^2} = (1 + \tfrac{1}{2}\alpha^2 + \tfrac{1}{2}\beta^2)\cos c - \alpha\beta$$

Or, en négligeant le quarré de x, on a $\cos(c+x) = \cos c - x \sin c$; donc

$$x = \frac{\alpha\beta - \frac{1}{2}(\alpha^2 + \beta^2)\cos c}{\sin c}.$$

Et puisque x est du second ordre par rapport à α et β, on voit qu'il n'y a de négligées dans cette valeur que les quantités du quatrieme ordre. Soit $\frac{1}{2}(\alpha+\beta) = p$, $\frac{1}{2}(\alpha-\beta) = q$, ou $\alpha = p+q$, $\beta = p-q$, on aura sous une forme plus simple

$$x = p^2\left(\frac{1-\cos c}{\sin c}\right) - q^2\left(\frac{1+\cos c}{\sin c}\right) = p^2 \tang\tfrac{1}{2}c - q^2 \cot\tfrac{1}{2}c.$$

Cette valeur est exprimée en parties du rayon; mais comme dans la pratique p et q sont données en secondes, si l'on veut que x soit exprimé aussi en secondes, il faudra faire

$$x = \frac{p^2}{R}\tang\tfrac{1}{2}c - \frac{q^2}{R}\cot\tfrac{1}{2}c,$$

R étant le nombre de secondes contenues dans le rayon,

nombre dont le logarithme $= 5.8038801$. Connaissant x, on aura l'angle cherché $C = c + x$.

Le formule que nous venons de trouver est utile dans les opérations géodésiques pour réduire à l'horizon les angles observés dans des plans inclinés; elle est plus expéditive et demande des tables moins étendues que la formule du cas premier des triangles sphériques, dont nous avons donné un exemple (n° 93). Cependant, si les élévations ou dépressions α et β étaient de plus de 2 ou 3 degrés, il serait plus sûr de se servir de la méthode générale.

§. V. *Résolution des triangles sphériques dont les côtés sont très-petits par rapport au rayon de la sphere.*

CV. Lorsque les côtés a, b, c, sont très-petits par rapport au rayon de la sphere, le triangle proposé est peu différent d'un triangle réctiligne ; et, en le considérant comme tel, on peut en avoir une premiere solution approchée, mais on néglige de cette maniere l'excès de la somme des angles sur 200°. Pour avoir une solution plus approchée, il faut tenir compte de cet excès, et c'est ce qu'on peut faire très-aisément, au moyen d'un principe général que nous allons démontrer.

Soit r le rayon de la sphere sur laquelle est situé le triangle proposé, si l'on imagine un triangle semblable tracé sur la sphere dont le rayon est 1, les côtés de ce triangle seront $\frac{a}{r}, \frac{b}{r}, \frac{c}{r}$, et on aura $\cos A = \frac{\cos\frac{a}{r} - \cos\frac{b}{r}\cos\frac{c}{r}}{\sin\frac{b}{r}\sin\frac{c}{r}}$. Mais puisque r est fort grand par rapport à a, b, c, on aura d'une

* xxxv. maniere très-approchée * $\cos\frac{a}{r} = 1 - \frac{a^2}{2r^2} + \frac{a^4}{2.3.4r^4}$, $\cos\frac{b}{r} = 1 - \frac{b^2}{2r^2} + \frac{b^4}{2.3.4r^4}$, $\cos\frac{c}{r} = 1 - \frac{c^2}{2r^2} + \frac{c^4}{2.3.4r^4}$, $\sin\frac{b}{r} = \frac{b}{r} - \frac{b^3}{2.3r^3}$, $\sin\frac{c}{r} = \frac{c}{r} - \frac{c^3}{2.3r^3}$. Substituant ces

valeurs dans l'équation précédente, et négligeant les termes de plus de quatre dimensions en a, b, c, on aura

$$\cos A = \frac{\frac{b^2+c^2-a^2}{2r^2} + \frac{a^4-b^4-c^4}{24r^4} - \frac{b^2c^2}{4r^4}}{\frac{bc}{r^2}\left(1-\frac{b^2}{6r^2}-\frac{c^2}{6r^2}\right)}.$$

Multipliant les deux termes de cette fraction par $1+\frac{b^2+c^2}{6r^2}$ et réduisant, on aura

$$\cos A = \frac{b^2+c^2-a^2}{2bc} + \frac{a^4+b^4+c^4-2a^2b^2-2a^2c^2-2b^2c^2}{24bcr^2}.$$

Soit maintenant A′ l'angle opposé au côté a, dans le triangle rectiligne dont les côtés seraient égaux en longueur aux arcs a, b, c; on aura $\cos A' = \frac{b^2+c^2-a^2}{2bc}$ et $4b^2c^2\sin^2 A'$ $= 2a^2b^2+2a^2c^2+2b^2c^2-a^4-b^4-c^4$. Donc

$$\cos A = \cos A' - \frac{bc}{6r^2}\sin^2 A'.$$

Soit $A = A' + x$, on aura en rejetant le quarré de x, $\cos A = \cos A' - x \sin A'$, d'où l'on voit que $x = \frac{bc}{6r^2}\sin A'$; et puisque x est du second ordre par rapport à $\frac{b}{r}$ et $\frac{c}{r}$, il s'ensuit que ce résultat est exact aux quantités près du quatrieme ordre. On aura donc

$$A = A' + \frac{bc}{6r^2}\sin A'.$$

Mais $\frac{1}{2}bc \sin A'$ est l'aire du triangle rectiligne dont a, b, c sont les trois côtés, laquelle ne differe pas sensiblement de celle du triangle sphérique proposé. Donc, si l'une ou l'autre aire est appelée α, on aura $A = A' + \frac{\alpha}{3r^2}$, ou $A' = A - \frac{\alpha}{3r^2}$.

On aurait semblablement $B' = B - \frac{\alpha}{3r^2}$, $C' = C - \frac{\alpha}{3r^2}$, et il en résulte $A'+B'+C'$ ou $200^\circ = A+B+C-\frac{\alpha}{r^2}$. On peut donc considérer $\frac{\alpha}{r^2}$ comme étant l'excès de la somme des trois angles du triangle sphérique proposé sur deux angles droits. Cela posé, on a ce théorème remarquable qui réduit la résolution des triangles sphériques très-petits, à celle des triangles rectilignes.

Etant proposé un triangle sphérique dont les côtés sont très-petits par rapport au rayon de la sphere, si de chacun de ses angles on retranche le tiers de l'excès de la somme des trois angles sur deux droits, les angles ainsi diminués pourront être pris pour les angles d'un triangle rectiligne, dont les côtés sont égaux en longueur à ceux du triangle sphérique proposé, ou en d'autres termes :

Le triangle sphérique très-peu courbe dont les angles sont A, B, C, *et les côtés opposés* a, b, c, *répond toujours à un triangle rectiligne qui a les côtés de même longueur* a, b, c, *et dont les angles opposés sont* $A-\frac{1}{3}\varepsilon$, $B-\frac{1}{3}\varepsilon$, $C-\frac{1}{3}\varepsilon$, ε *étant l'excès de la somme des angles du triangle sphérique proposé sur deux angles droits.*

CVI. L'excès ε ou $\frac{\alpha}{r^2}$, qui est proportionnel à l'aire du triangle, peut toujours se calculer *a priori* par les données du triangle sphérique considéré comme rectiligne. Si deux côtés b, c, sont donnés avec l'angle compris A, on aura l'aire $\alpha = \frac{1}{2} b\, c \sin A$; si on donne un côté a et les deux angles adjacents B, C, on aura l'aire $\alpha = \frac{1}{2} a^2 \frac{\sin B \sin C}{\sin (B+C)}$.

Ensuite on aura $\varepsilon = \frac{\alpha}{r^2} R$, R étant le nombre de secondes comprises dans le rayon, et de cette maniere ε sera exprimé en secondes.

Pour appliquer ces formules aux triangles tracés sur la surface de la terre, considérée comme sphérique (1), il

(1) Dans les opérations géodésiques les triangles sont le plus souvent formés entre trois stations inégalement éloignées du centre de la terre; mais, par des réductions convenables, on substitue aux triangles observés les triangles qui résultent de la projection des stations sur une même surface sphérique perpendiculaire à la direction de la pesanteur.

faudra supposer que les côtés a, b, c, ainsi que le rayon de la terre r sont exprimés en metres. Or, puisque le quart du méridien $\frac{1}{2}\pi r$ est égal à 10000000 metres, on en conclut $log\, r = 6.8038801$; d'un autre côté le rayon R exprimé en secondes, a pour logarithme 5,8038801. Donc si au logarithme de l'aire α exprimée en metres quarrés, on ajoute le logarithme constant 2.196119, et qu'on retranche dix unités de la somme, on aura le logarithme de l'excès ε exprimé en secondes.

Connaissant ε on retranchera ou on supposera retranché $\frac{1}{3}\varepsilon$ de chaque angle du triangle sphérique proposé, et alors dans le triangle rectiligne formé par les côtés a, b, c, et les angles $A' = A' - \frac{1}{3}\varepsilon$, $B' = B - \frac{1}{3}\varepsilon$, $C' = C - \frac{1}{3}\varepsilon$, on aura les données nécessaires pour en déterminer toutes les parties. Ainsi on connaitra en même temps celles du triangle sphérique proposé.

CVII. *Exemple.* Soient donnés l'angle C et les deux côtés a et b, savoir :

$$C = 123^\circ\ 19'\ 99''.23$$
$$log\, a = 4.5891503$$
$$log\, b = 4.5219271$$

la quantité $\frac{1}{2} a\, b\, sin\, C$ qui représente l'aire du triangle, aura pour logarithme 8.78055, à quoi ajoutant 2.19612, on aura $log\, \varepsilon = 0.97667$, partant $\varepsilon = 9''.48$ et $\frac{1}{3}\varepsilon = 3''.16$. Cela posé, il faut résoudre le triangle rectiligne dans lequel on a les deux côtés a et b comme ci-dessus, et l'angle compris $C' = 123^\circ\ 19'\ 96''.07$. Pour cet effet, nous suivrons la méthode du n° 56,

$$a \ldots\ldots 4.5891503$$
$$b \ldots\ldots \underline{4.5219271}$$
$$tang\,\varphi \ldots\ 0.0672232$$

$$\varphi = 54^\circ\ 90'\ 74''.72$$
$$\tfrac{1}{2}C' = 61\ \ 59\ \ 98\ .03$$
$$100^\circ - \tfrac{1}{2}C' = 38\ \ 40\ \ \ 1\ .97$$

$$tang\,(\varphi - 50^\circ) \ldots\ldots 8.8878392$$
$$cot\,\tfrac{1}{2}C' \ldots\ldots\ldots \underline{9.8381110}$$
$$tang\,\frac{A'-B'}{2} \ldots\ldots\ldots 8.7259502$$

$$\frac{A'-B'}{2} = 3^\circ\ 38'\ 39''.27$$
$$\frac{A'+B'}{2} = 38\ \ 40\ \ \ 1\ .97$$
$$A' = 41\ \ 78\ \ 41\ .24$$
$$B' = 35\ \ \ 1\ \ 62\ .70$$

Il reste à déterminer le troisieme côté c, ce qui se fera par l'équation $c = \frac{a \sin C'}{\sin A'}$

a	4·5891503		
$\sin A'$ ...	9·7854893		
différence	4·8036610	....	4·8036610
$\sin C'$ ...	9·9705008	$\sin B'$ ...	9·7182661
$\log c =$..	4·7741618	$\log b =$	4·5219271

Donc dans le triangle sphérique proposé, les éléments qu'il fallait trouver sont :

$$A = 41° 78' 44'' \cdot 40$$
$$B = 35 \quad 1 \quad 65 \cdot 86$$
$$\log c = 4 \cdot 7741618, \text{ ou } c = 59451^{m}\, 256.$$

N. B. La méthode donnée dans ce paragraphe, peut servir aussi à
fig. 16. résoudre les triangles dans lesquels deux côtés seraient très-peu différents de 200° et le troisieme très-petit. Car, en prolongeant les grands côtés A'C, A'B, on aura un triangle sphérique BCA, dont les trois côtés seront très-petits.

§. VI. *Des triangles sphériques dont deux angles sont très-aigus.*

fig. 17. CVIII. Soit ABC le triangle sphérique proposé dans lequel A et B sont deux angles très-aigus, soit LMN son triangle polaire, de sorte qu'on ait MN = 200° — A et LN = 200° — B. Si on prolonge les arcs NM, NL, jusqu'à leur rencontre en K, il est clair qu'on aura KM = A, et KL = B, le triangle LKM aura donc ses côtés très-petits, et il sera dans le cas d'être résolu par la méthode du paragraphe précédent. Soient A', B', C', les trois angles et a', b', c' les trois côtés du triangle LKM, on aura

$$A' = MLK = a \qquad a' = KM = A$$
$$B' = LMK = b \qquad b' = LK = B$$
$$C' = LKM = 200° - c \qquad c' = LM = 200° - C.$$

Donc trois éléments connus dans le triangle ABC en donneront trois dans le triangle LKM, et par conséquent trois aussi dans le triangle rectiligne auquel le triangle LKM peut être ramené : or celui-ci étant résolu, on aura la solution du triangle LKM, et de là celle du triangle proposé ABC.

CIX. Soit par exemple, $A=3^{\circ}$, $B=2^{\circ}$ et le côté adjacent $c=150^{\circ}$, les données du triangle LKM, ou plutôt $A'B'C'$, seront $a'=3^{\circ}$, $b'=2^{\circ}$, et l'angle compris $C'=50^{\circ}$. Par le moyen de ces données, on trouve l'excès sphérique $\varepsilon = \frac{\frac{1}{2} a' \, b' \sin C'}{R} = 333''.21$, et le tiers de ε étant retranché de C', le reste sera $49^{\circ}\ 98'\ 88''.93$. Il faut donc résoudre un triangle rectiligne dans lequel on a les deux côtés $a'=30000''$, $b'=20000''$, et l'angle compris $C''=49^{\circ}\ 98'\ 88''.93$. On trouvera les deux autres angles $A''=103^{\circ}\ 64'\ 86''.33$, $B''=46^{\circ}\ 36'\ 24''.75$, et le troisieme côté $c'=21244''.36$; ajoutant donc $\frac{1}{3}\varepsilon$ aux angles A'' et B'' du triangle rectiligne, afin d'avoir les angles A', B' du triangle sphérique, on aura pour la solution cherchée

$$\begin{aligned} A' &= a = 103^{\circ}\ 65'\ 97''.40 \\ B' &= b = 46\ \ 37\ \ 35\ .82 \\ C = 200^{\circ} - c' &= 197\ \ 87\ \ 55\ .64 \end{aligned}$$

§. VII. *Du polygone régulier de dix-sept côtés.*

CX. Nous terminerons ces applications du calcul trigonométrique en donnant, d'après l'excellent ouvrage de Gauss cité page 112, la maniere d'inscrire le polygone régulier de 17 côtés par la simple résolution des équations du second degré.

Soit l'arc $\frac{200^{\circ}}{17} = \varphi$, je dis d'abord qu'on aura l'équation

$$\cos\varphi + \cos 3\varphi + \cos 5\varphi + \cos 7\varphi + \cos 9\varphi + \cos 11\varphi + \cos 13\varphi + \cos 15\varphi = \tfrac{1}{2}.$$

Car si on appelle le premier membre P, et qu'on multiplie tous ses termes par $2\cos\varphi$; qu'ensuite on change chaque produit de deux cosinus en cosinus d'arcs simples d'après la formule :

$$2\cos A \cos B = \cos(A+B) + \cos(A-B)$$

on aura

$$2P\cos\varphi = 1 + 2\cos 2\varphi + 2\cos 4\varphi + 2\cos 6\varphi \ldots\ldots + 2\cos 14\varphi + \cos 15.\varphi$$

Or puisque $17\varphi = 200°$, on a $\cos 2\varphi = \cos(200° - 15\varphi) = -\cos 15\varphi$, $\cos 4\varphi = \cos(200° - 13\varphi) = -\cos 13\varphi$, et ainsi de suite jusqu'à $\cos 16\varphi = -\cos\varphi$. Donc
$2P\cos\varphi = 1 - 2\cos 15\varphi - 2\cos 13\varphi - 2\cos 11\varphi \ldots - 2\cos 3\varphi - \cos\varphi$
ou $2P\cos\varphi = 1 + \cos\varphi - 2P$, ou $2P(1+\cos\varphi) = 1+\cos\varphi$.
Donc $P = \frac{1}{2}$.

Cela posé, je partage la somme des termes qui composent P en deux parties, savoir :

$$x = \cos 3\varphi + \cos 5\varphi + \cos 7\varphi + \cos 11\varphi$$
$$y = \cos\varphi + \cos 9\varphi + \cos 13\varphi + \cos 15\varphi.$$

J'aurai donc d'abord $x + y = \frac{1}{2}$; je multiplie ensuite les quatre termes de x par les quatre termes de y, et changeant les produits de cosinus en cosinus d'arcs simples, j'obtiens, toutes réductions faites,

$$xy = 2(\cos 2\varphi + \cos 4\varphi + \cos 6\varphi \ldots + \cos 16\varphi)$$
ou $xy = -2(\cos 15\varphi + \cos 13\varphi + \cos 11\varphi \ldots + \cos\varphi)$
ou enfin $xy = -1$.

Au moyen de ces équations on trouve

$$x = \tfrac{1}{4} + \tfrac{1}{4}\sqrt{17}; \quad y = \tfrac{1}{4} - \tfrac{1}{4}\sqrt{17}.$$

Maintenant si l'on partage de nouveau les sommes x et y chacune en deux parties, savoir :

$$x = s + t \qquad y = u + z$$
$$s = \cos 3\varphi + \cos 5\varphi \qquad u = \cos\varphi + \cos 13\varphi$$
$$t = \cos 7\varphi + \cos 11\varphi \qquad z = \cos 9\varphi + \cos 15\varphi,$$

on trouvera semblablement

$$st = -\tfrac{1}{4} \qquad uz = -\tfrac{1}{4}.$$

De sorte qu'on pourra déterminer les quatre nombres s, t, u, z, à l'aide de deux nouvelles équations du second degré.

Enfin connaissant $\cos\varphi + \cos 13\varphi = u$ et $\cos\varphi \cos 13\varphi = \frac{1}{2}(\cos 12\varphi + \cos 14\varphi) = -\frac{1}{2}(\cos 3\varphi + \cos 5\varphi) = -\frac{1}{2}s$, on obtiendra, par une quatrieme équation du second degré, la valeur de $\cos\varphi$, et de là celle du côté du polygone proposé, laquelle est $2\sin\varphi$ ou $2\sqrt{(1 - \cos^2\varphi)}$.

Quant à la méthode qui a dirigé le partage de ces diverses équations, elle tient à une théorie très-délicate, fondée sur l'analyse indéterminée, et dont il faut voir le développement dans l'ouvrage même de Gauss, ou dans l'Essai sur la théorie des nombres, deuxième édition. On y trouvera la démonstration complete de ce théorême très-beau et très-général :

« Si le nombre n est premier, et que $n - 1$ résulte du « produit des facteurs premiers $2^\alpha\ 3^\beta\ 5^\gamma$, etc. la division « du cercle en n parties égales pourra toujours se réduire « à la résolution de α équations du deuxieme degré, β du « troisieme, γ du cinquieme, et ainsi de suite ».

FIN.

DE L'IMPRIMERIE DE FIRMIN DIDOT.

Fig. 1

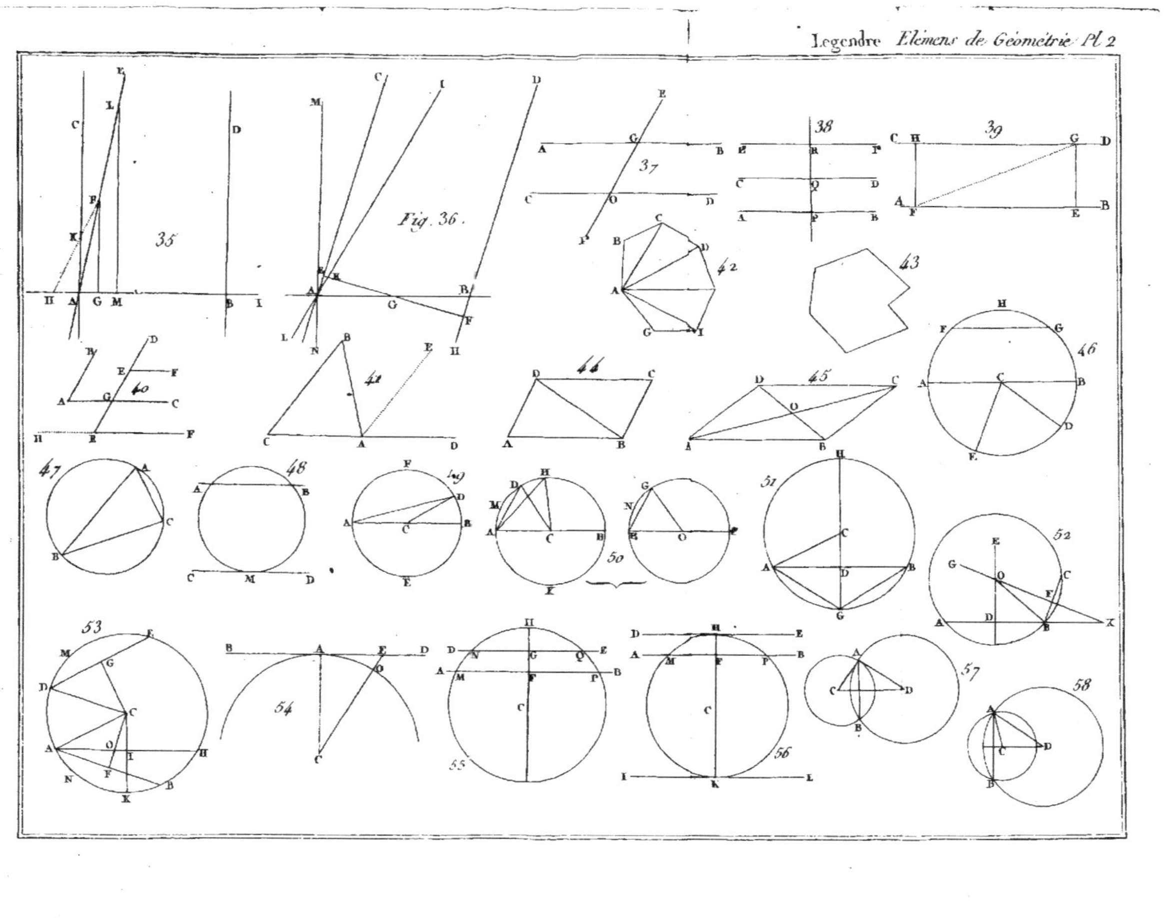
35
Fig. 36.
37
38
39
40
41
42
43
44
45
46
47
48
49
50
51
52
53
54
55
56
57
58

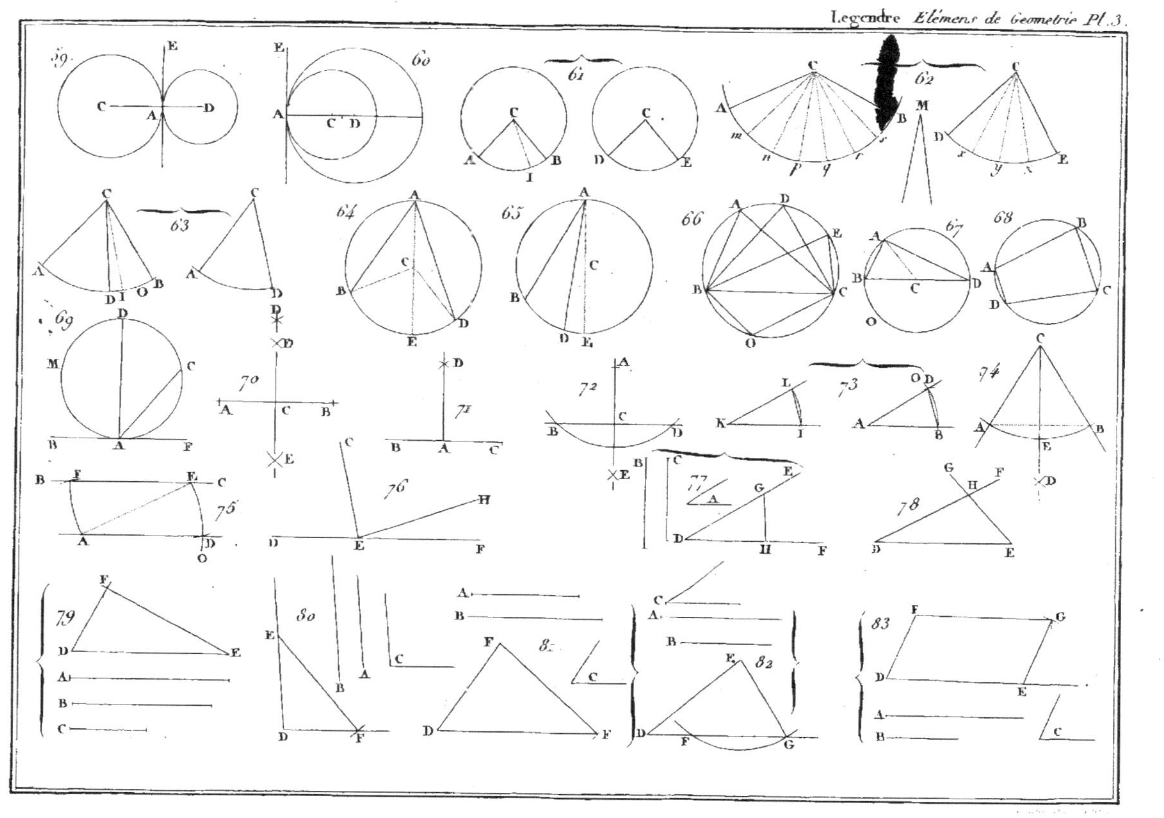
Legendre Élémens de Géométrie Pl. 3.

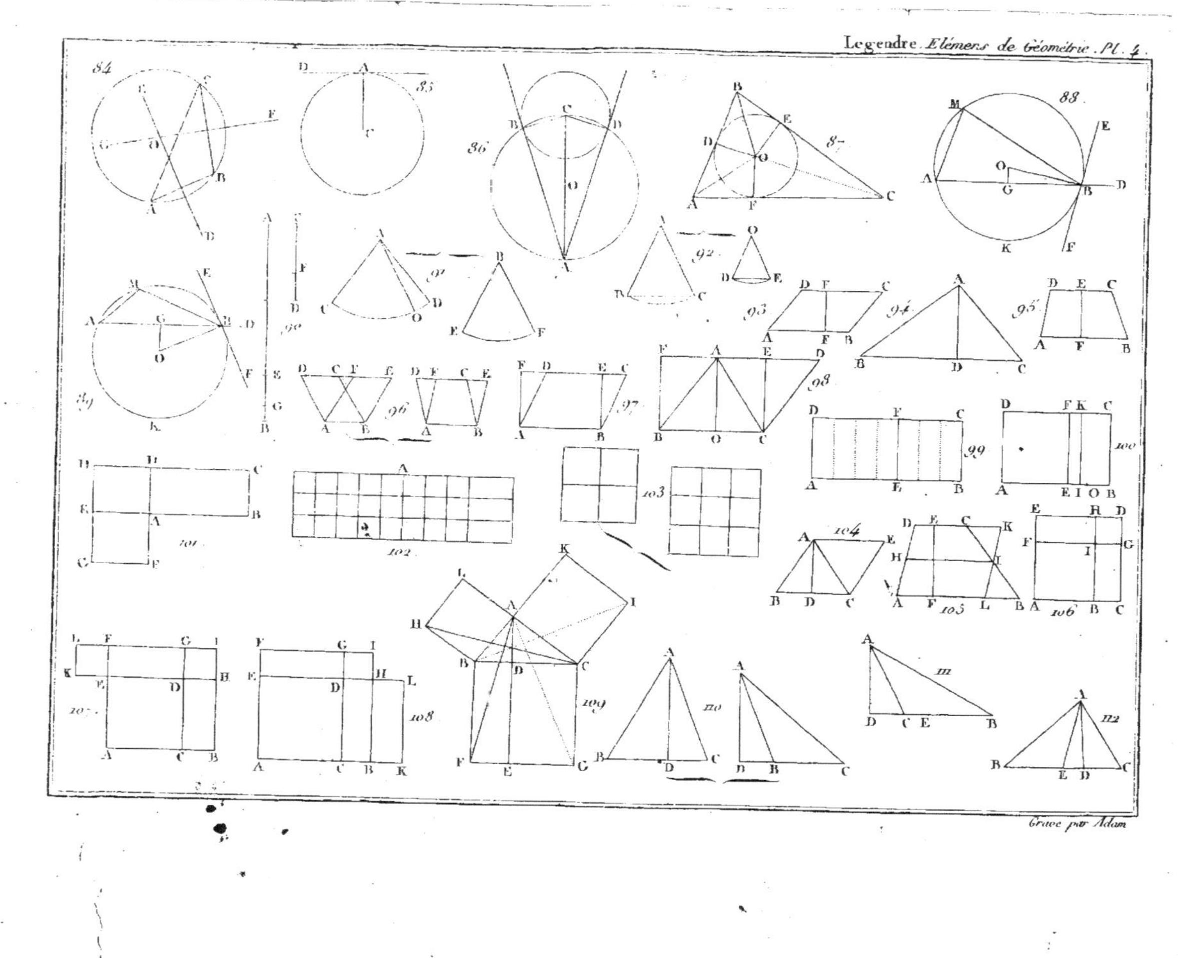
Legendre. Elémens de Géométrie. Pl. 4.
84
85
86
87
88
89
90
91
92
93
94
95
96
97
98
99
100
101
102
103
104
105
106
107
108
109
110
111
112
Gravé par Adam

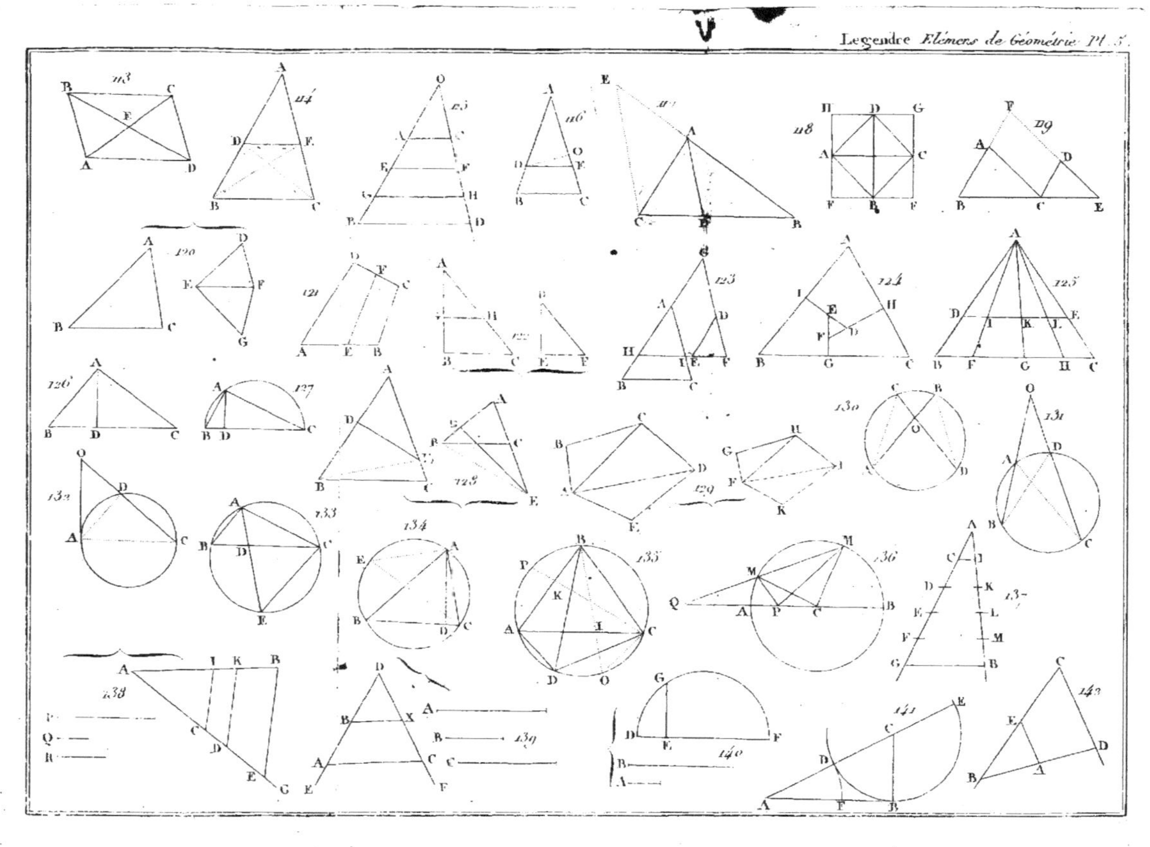

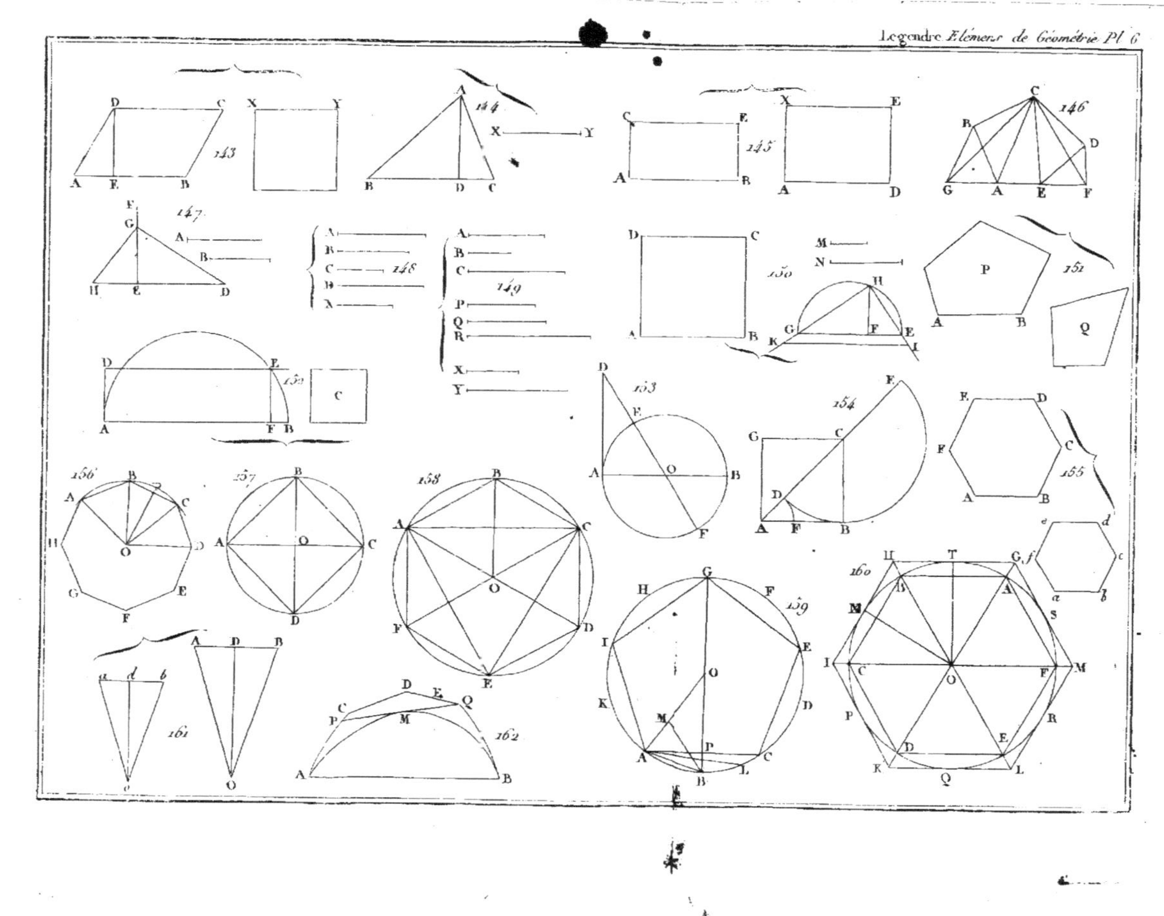
143
144
145
146
147
148
149
150
151
152
153
154
155
156
157
158
159
160
161
162

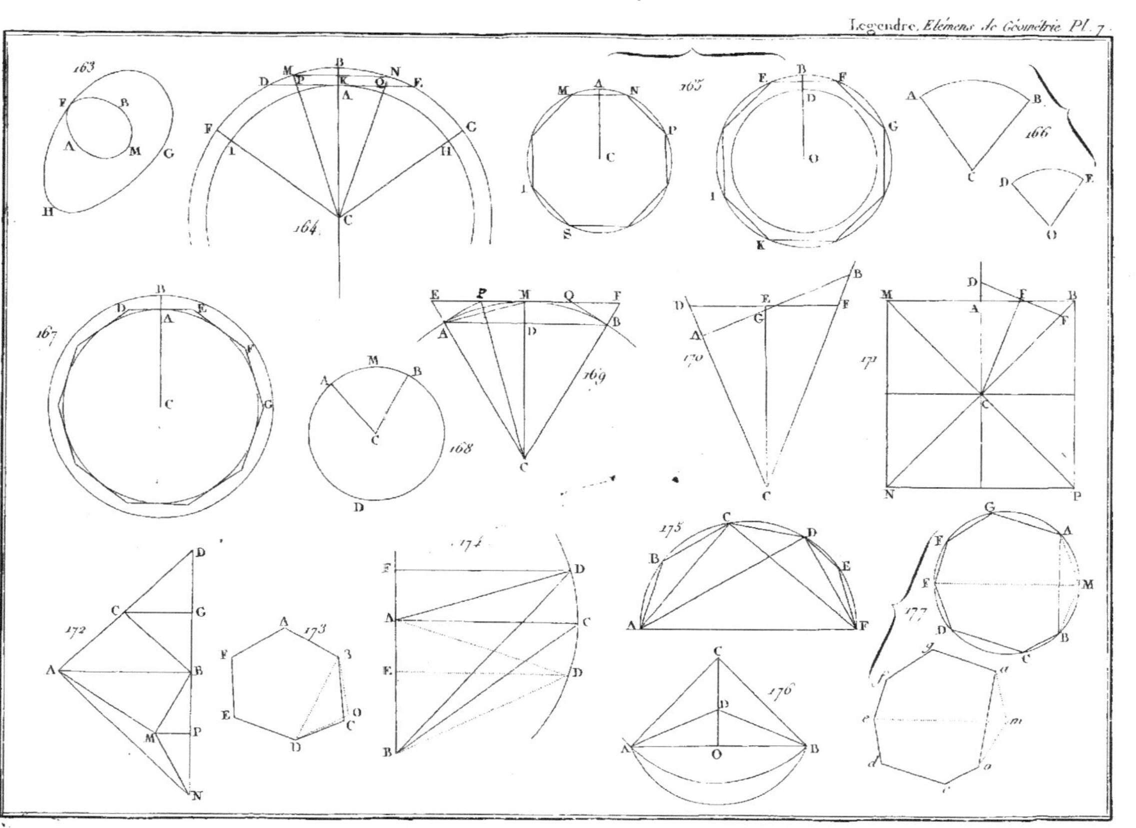
163
164
165
166
167
168
169
170
171
172
173
174
175
176
177

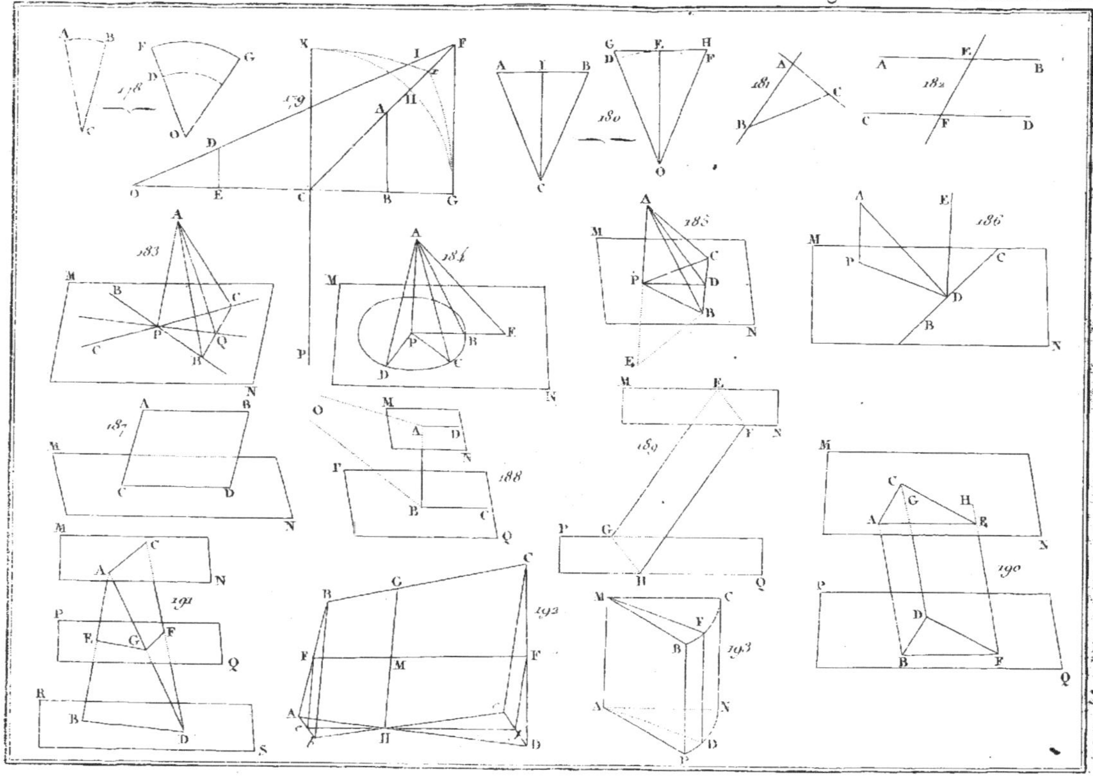

178 179 180 181 182

183 184 185 186

187 188 189 190

191 192 193

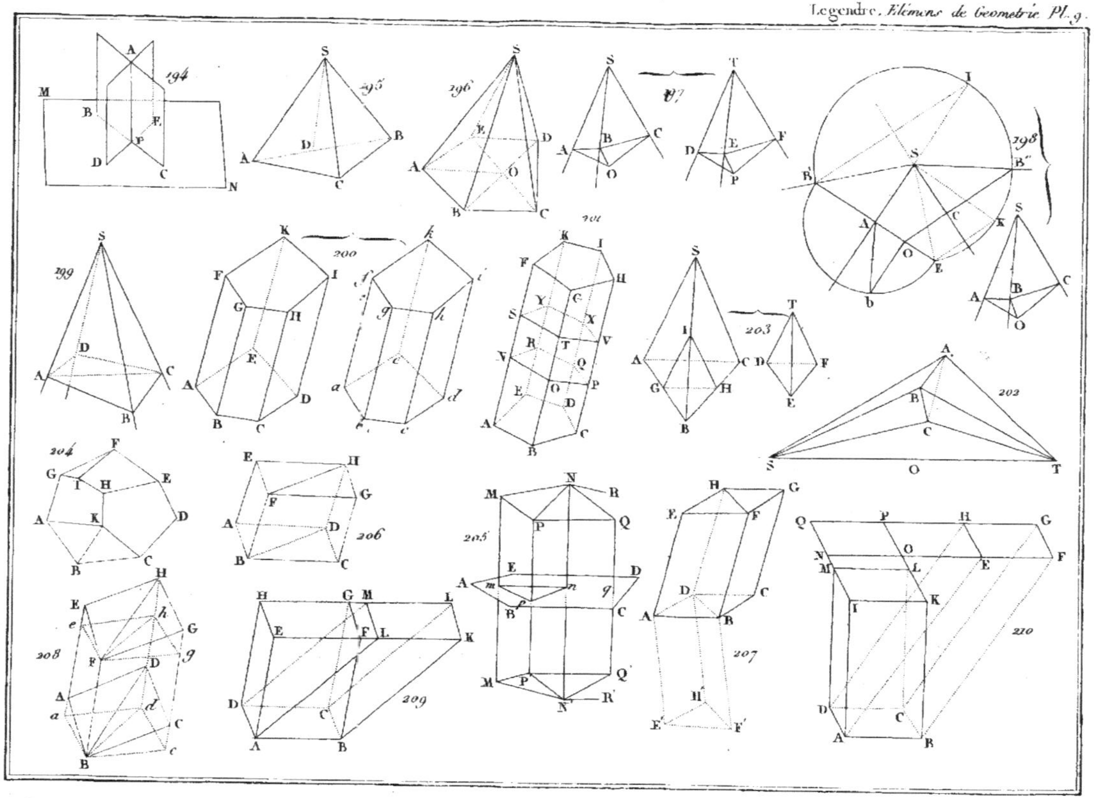

194 195 196 197 198 199 200 201 202 203 204 205 206 207 208 209 210

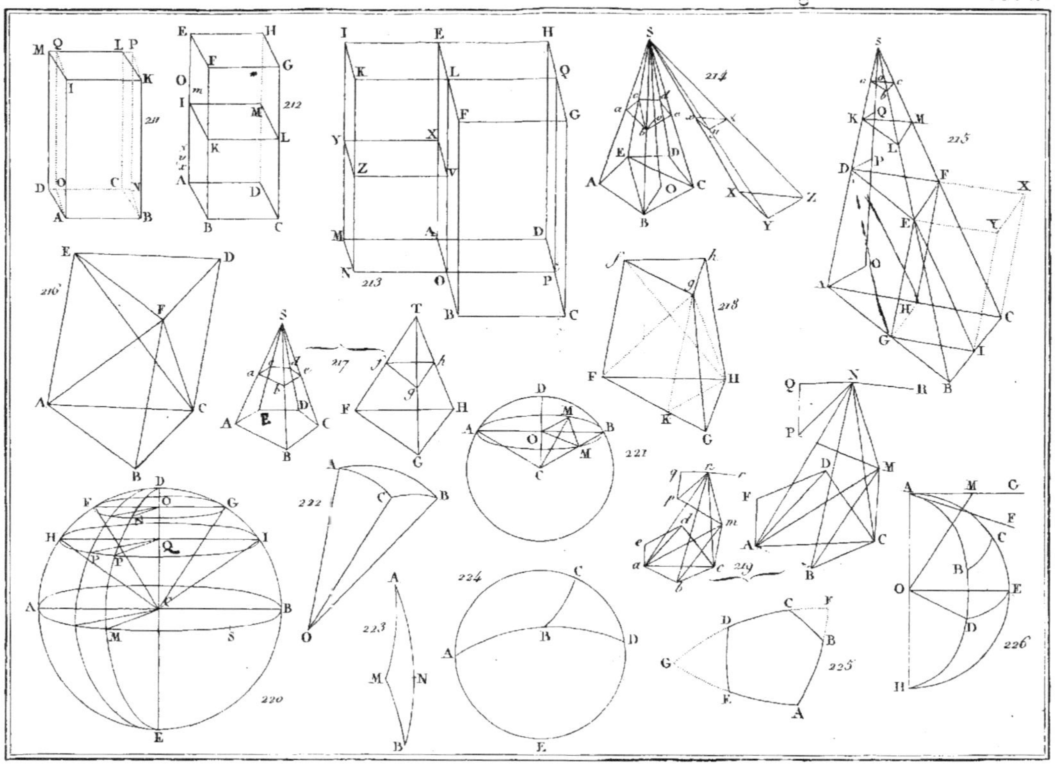

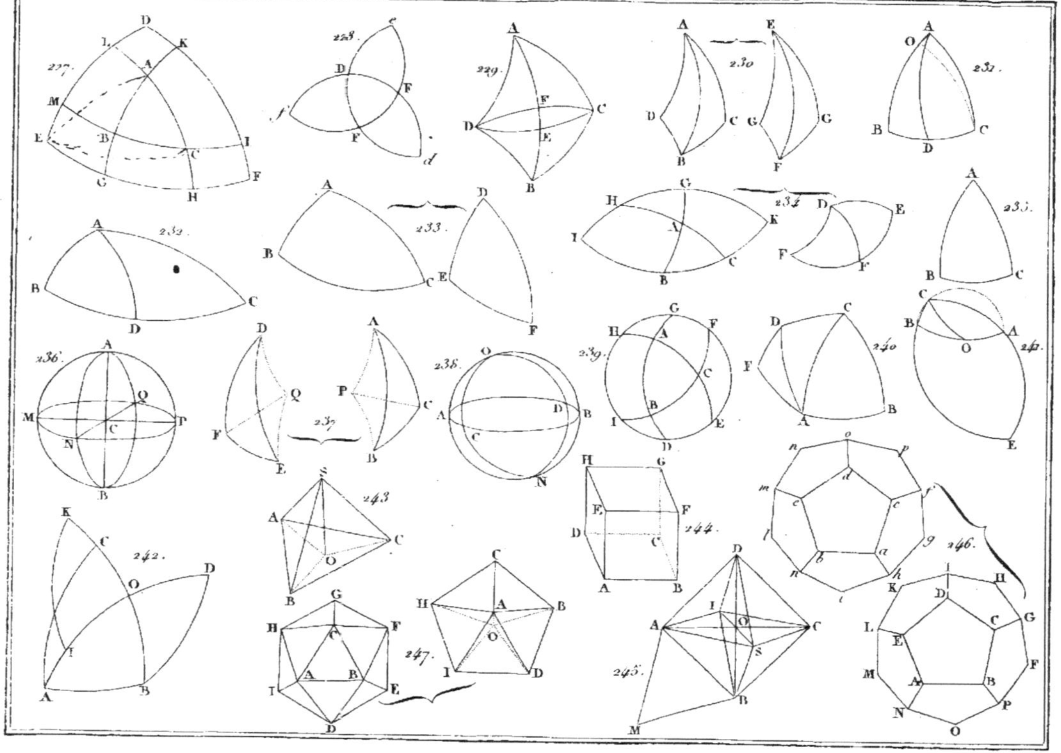

227. 228. 229. 230. 231.

232. 233. 234. 235.

236. 237. 238. 239. 240. 241.

242. 243. 244. 245. 246. 247.

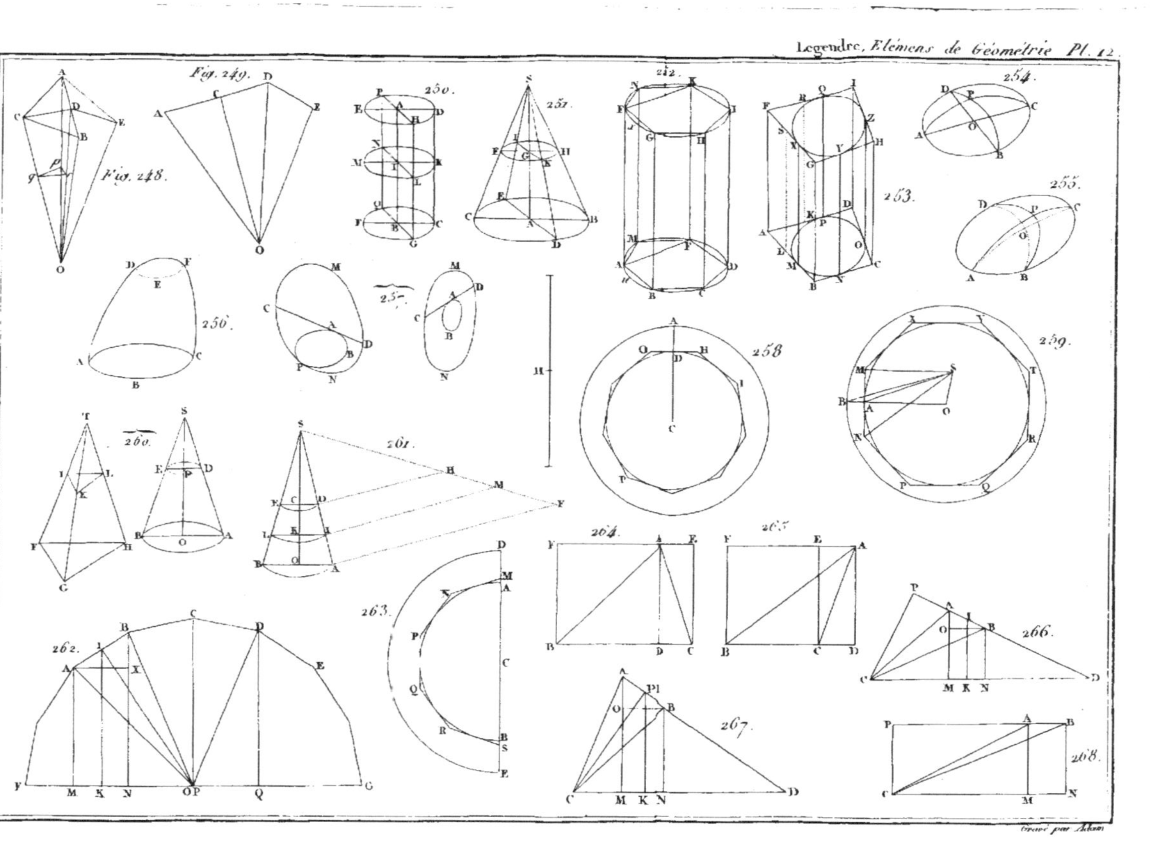

Gravé par Adam

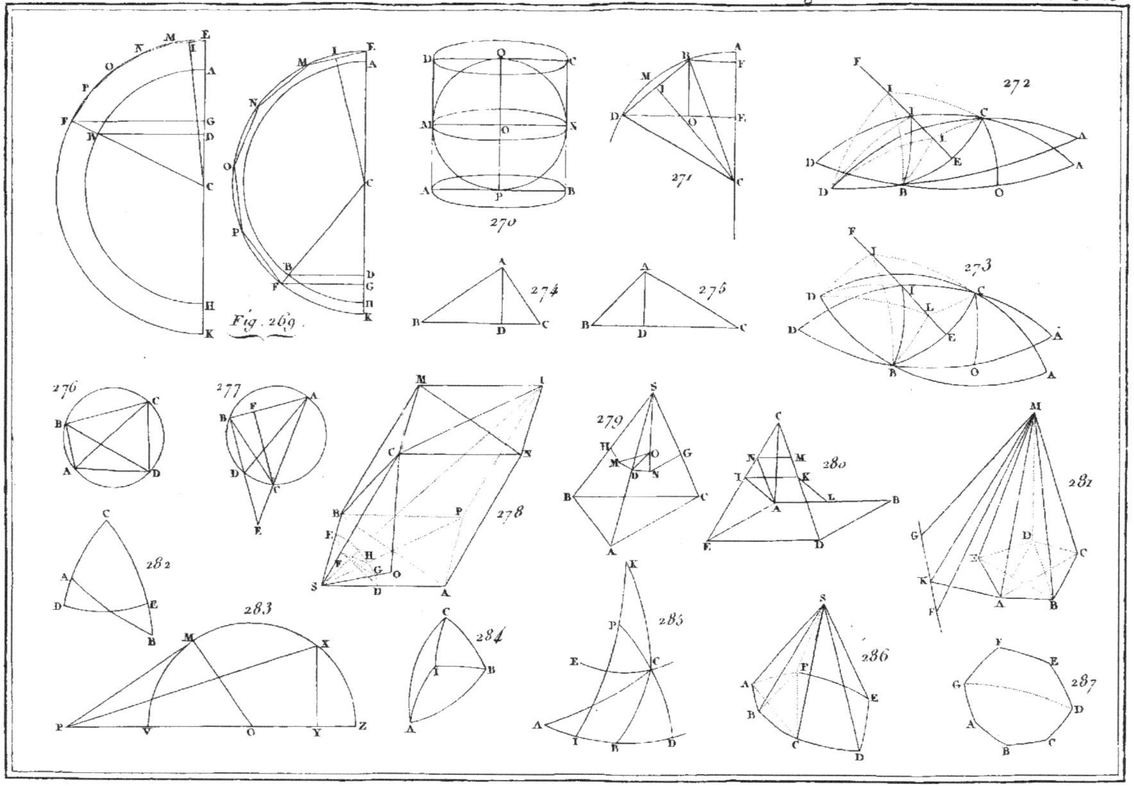

Fig. 269

270

271

272

273

274

275

276

277

278

279

280

281

282

283

284

285

286

287

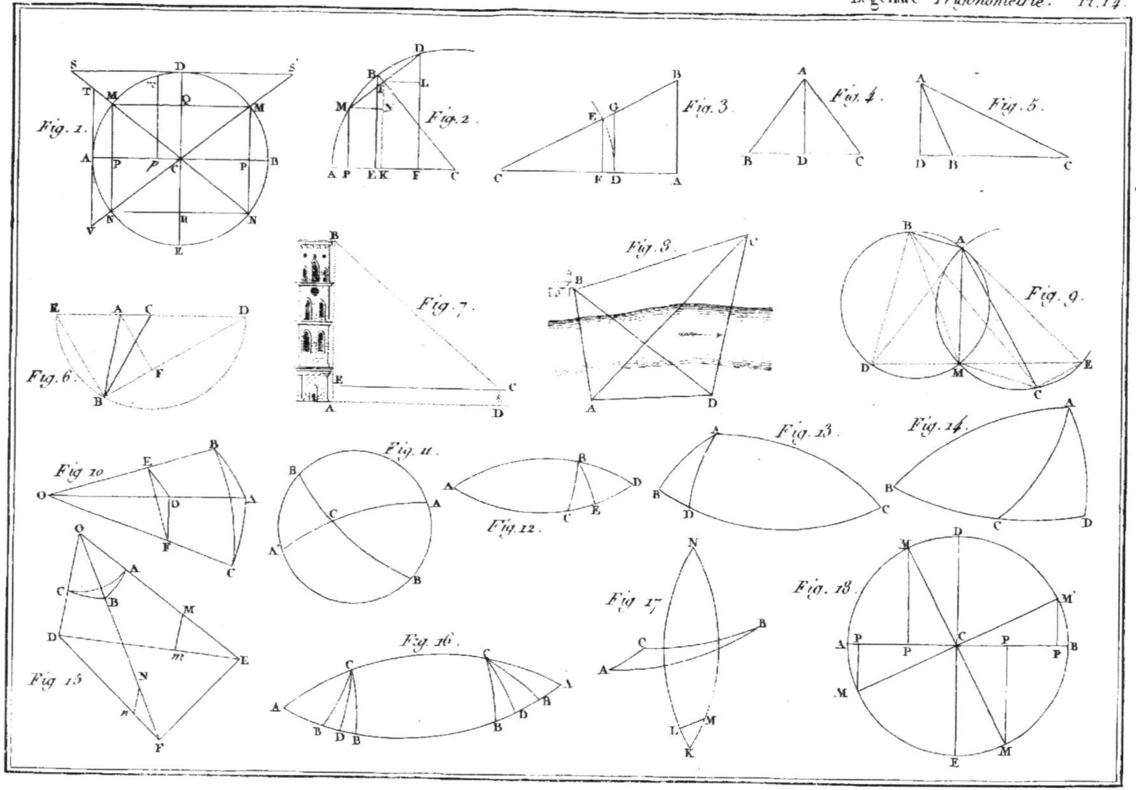

Fig. 1.

Fig. 2.

Fig. 3.

Fig. 4.

Fig. 5.

Fig. 6.

Fig. 7.

Fig. 8.

Fig. 9.

Fig. 10.

Fig. 11.

Fig. 12.

Fig. 13.

Fig. 14.

Fig. 15.

Fig. 16.

Fig. 17.

Fig. 18.

www.ingramcontent.com/pod-product-compliance
Lightning Source LLC
LaVergne TN
LVHW010125230826
846091LV00001BA/144

* 9 7 8 2 0 1 9 1 5 0 2 3 5 *